普通高等教育"十二五"规划教材

荣获中国石油和化学工业优秀教材一等奖

Introduction to Biochemical Engineering

生物工程与技术导论

李春　主编

化学工业出版社

·北京·

全书分为十二章，每章前面都有知识网络，直观地展示了本章的框架结构；主要章节按基础知识和理论、工程与技术、应用及案例分析三个部分编写，并尽量吸纳各领域最新研究成果，内容包括生物工程与生物技术专业发展历史与特点、碳代谢与代谢工程、蛋白质与蛋白质工程、酶与酶工程、核酸与基因重组技术、基因线路与合成生物学、微生物与发酵工程、细胞与细胞工程、生物反应器工程基础、生物分离工程基础、生物工程经济学、生物技术伦理与知识产权。每章后面都有思考题，为本章重点内容的提炼。与已有的生物工程或生物技术导论教材有所不同，本书增加了当前最新研究热点——合成生物学方面的知识，生物工程经济学则增加了生物工程与技术产业经济方面的知识，生物技术伦理与知识产权则涉及生物技术巨大发展带来的社会与伦理道德、知识产权问题。

本书是生物工程、生物技术、生物医学工程专业学生的入门和引领课程，面向刚进入大学校门的学生介绍生物工程和生物技术基本概念、发展历史、研究内容与现状以及未来的发展前景，为后续更深入的专业学习建立基础和培养兴趣，也适用于其他理科、工科和文科非生物类专业本科生的通识教育教材。

图书在版编目（CIP）数据

生物工程与技术导论/李春主编．—北京：化学工业出版社，2015.2（2022.11 重印）
普通高等教育"十二五"规划教材
ISBN 978-7-122-22755-3

Ⅰ.①生… Ⅱ.①李… Ⅲ.①生物工程-高等学校-教材 Ⅳ.①Q81

中国版本图书馆 CIP 数据核字（2015）第 007222 号

责任编辑：赵玉清　　　　　　　　　　文字编辑：周　倜
责任校对：边　涛　　　　　　　　　　装帧设计：王晓宇

出版发行：化学工业出版社（北京市东城区青年湖南街 13 号　邮政编码 100011）
印　　装：北京天宇星印刷厂
787mm×1092mm　1/16　印张 20½　字数 499 千字　　2022 年 11 月北京第 1 版第 3 次印刷

购书咨询：010-64518888　　　　　　售后服务：010-64518899
网　　址：http://www.cip.com.cn
凡购买本书，如有缺损质量问题，本社销售中心负责调换。

《生物工程与技术导论》编著人员

主　　编　李　春

副 主 编　修志龙　袁其朋　周晓宏

编 著 者

第一章	李　春	北京理工大学
第二章	修志龙　戴建英	大连理工大学
第三章	刘立明	江南大学
第四章	戴大章	北京理工大学
第五章	张　翀	清华大学
第六章	张根林　李　春	石河子大学、北京理工大学
第七章	范代娣　米　钰	西北大学
第八章	周晓宏　李　春	北京理工大学
第九章	贾晓强	天津大学
第十章	袁其朋　梁　浩	北京化工大学
第十一章	周晓宏	北京理工大学
第十二章	侯仰坤	北京理工大学

前　言

20 世纪末（1998 年起），中国高等教育的快速发展带来的高校专业数目增加和人数增多，由此产生部分专业的招生培养供过于求的社会矛盾，加之培养过程缺乏监控，部分专业之间培养计划和方案界限模糊，失去了特色和本征，导致学生和家长在专业选择和理解方面出现了严重误区，其中生物类专业表现得尤为严重，社会影响较大。在教育部 2012 年公布的高等学校本科专业目录中，与生物相关的专业共计 11 个。其中包括基本专业 5 个：生物科学、生物技术、生物信息学、生物工程和生物医学工程。特色专业 6 个：化学生物学（化学类），古生物学（生物科学类），化学工程与工业生物工程（化工类），生物制药（生物工程类），假肢矫形工程（生物医学工程类）和应用生物科学（农学类）。在 5 个基本专业中生物工程和生物技术是近 20 年来发展最快的，也是目前各个高校在培养方案制定过程中最容易混淆、学生最不易辨识的两个专业。生物工程和生物技术专业除了早期在理工科大学开办外，2000 年前后陆续在师范类、农业和医科大学开办，甚至连经贸类和民族类大学也都开办了这两个专业，因此，有必要在大一学生的教学中开展生物工程和技术专业的引导和讲解，这对于现行很多学校按生物大类专业招生、一年后再确定具体专业的培养模式非常重要。

《生物工程与技术导论》就是针对刚进入大学校门的生物类专业学生提供生物工程和生物技术基本概念、发展历史、研究内容与现状以及未来的发展前景，为后续更深入的专业学习建立基础和培养兴趣，本书也适用于其他理科、工科和文科非生物类专业本科生的通识教育，使学生了解生物工程与技术的基本知识。本书也是编著者在北京理工大学从 2005 年起开设该内容课程的体会和心得。是编著者在长期的教学过程中形成的对生物工程和生物技术专业较为完善的理解和深刻的认识。

生物技术（biotechnology）是指以现代生命科学理论为基础，结合其他学科的科学原理，创造出新的能够在体外实现生命过程的技术，并用于科学研究和解决社会与经济生活中对新技术的需求。因此，生物技术具有新兴前沿、交叉和综合性。生物技术专业是生物科学发展到一定程度，对生命过程规律有了深刻认识后（从分子和细胞层面上学习的生物化学、细胞生物学、微生物学、分子生物学等），通过人类的聪明才智将许多生物体内的生化过程在体外得以实现，如 PCR 技术、DNA 重组技术、细胞培养等，同时还有与其他学科交融发展的很多生化分析技术（如化学和物理学科）。生物技术属于生物科学领域的技术类应用专业。

生物工程（bioengineering）是采用工程技术手段，应用生物技术进行预先设计新的生物过程、生化工艺和生物基产品，并进行工程优化与放大，研究过程中的科学问题，实现过程的节能减排和清洁高效，满足人类生活所需产品和社会经济发展的要求。生物工程是利用工程学的思想将现有生命规律进行工程化的顶层设计与重构，生物过程单元的优化与集成，从而创造新的生物过程（自然界没有的）和探索未知生命现象的技术。这些思想是贯穿在整个生物工程的上游、中游和下游的，生物工程属于生物科学领域的工程类应用专业。

生物工程和生物技术这两个专业有着千丝万缕的联系，但又有它们本质的特征。作为生物科学的应用型和工程型专业，将来的就业领域分布在生物医药、食品、分析诊断、化工、能源和环境等领域和行业。因此，在课程设置上有 1/3～1/2 相同或相似的是正常的，但是还应该至少有 1/3 的课程是各自专业特色课程和本征课程。生物工程、生物技术是所有自然科学领域中涵盖范围最广的专业，它以包括微生物学、生物化学、分子生物学、细胞生物学等几乎所有生物科学的次级学科为支撑，又结合了诸如化学、化学工程、数学、微电子技术、计算机科学、信息学等生物学领域之外的学科和新技术，从而形成了多学科互相渗透的综合性专业。其中又以生命科学领域重大理论和技术的突破为基础，形成了基因工程、蛋白质与酶工程、生物反应工程、合成生物学、生物分离工程、发酵工程、生物过程设计与装备等主干课程。生机勃勃的生物工程与技术领域发展前景广阔，预计未来将有 20%～30% 的化学工艺过程会被生物过程取代或部分取代，生物产业将成为 21 世纪的国际经济的重大支柱产业之一。

《生物工程与技术导论》共十二章，包括绪论、碳代谢与代谢工程、蛋白质与蛋白质工程、酶与酶工程、核酸与基因重组技术、基因线路与合成生物学、微生物与发酵工程、细胞与细胞工程、生物反应器工程基础、生物分离工程基础、生物工程经济学、生物技术伦理与知识产权等。由来自北京理工大学、大连理工大学、北京化工大学、清华大学、西北大学、天津大学、江南大学和石河子大学长期从事该领域教学和研究的教师们编著。作为一本生物工程与技术专业入门级的教材或重要参考书，既要考虑基本知识的传授，又要力求反映当前本专业所取得的重要理论成果与进展。

《生物工程与技术导论》是生物工程、生物技术、生物医学工程专业学生的入门和引领课程，也是生物科学、化学工程与工艺、制药工程、环境科学与工程、资源与环境、食品科学类专业的选修拓展课程。也可供相关学科教学、科研人员和生物产业管理者学习参考。

本书在编著过程中，由于编著者水平有限，难免出现疏漏或不妥之处，敬请批评指正！

李　春

于北京理工大学

2014 年 12 月 28 日

目　　录

第一章 绪论

引言

生物工程与技术是21世纪的一项核心科技，广泛应用于制造业、农业、医药、环保、化工、能源等多个领域，世界各国均对生物技术寄予厚望，对其研究与开发已经成为世界性潮流。 生物工程与技术由传统生物技术和现代生物技术两部分组成，经过半个世纪的发展产生了巨大的经济效益以及现实的和潜在的生产力。

知识网络

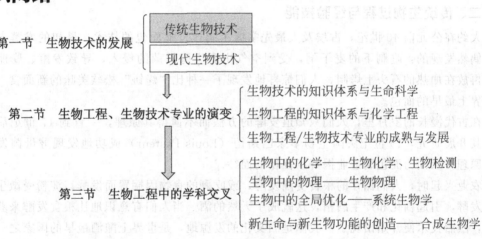

第一节 生物技术的发展 —— 传统生物技术 / 现代生物技术

第二节 生物工程、生物技术专业的演变 —— 生物技术的知识体系与生命科学 / 生物工程的知识体系与化学工程 / 生物工程/生物技术专业的成熟与发展

第三节 生物工程中的学科交叉 —— 生物中的化学——生物化学、生物检测 / 生物中的物理——生物物理 / 生物中的全局优化——系统生物学 / 新生命与新生物功能的创造——合成生物学

第四节 生物工程与技术的应用

优化与集成是生物工程的灵魂 | 生物工程与人类健康 | 生物工程与能源 | 生物工程与环境 | 生物工程与材料 | 生物工程与安全 | 生物工程与农业

第一节　生物技术的发展

生物技术（biotechnology），是指人们以现代生命科学的基本原理为基础，结合其他基础学科的科学原理，采用先进的工程技术手段，按照预先设计改造生物体或加工生物原料，为人们生产出所需产品或达到某种目的。

一、早期的生物技术与人类生存

早期的生物技术应用历史悠久，我国早在石器时代后期用谷物为原料酿酒，可谓最早的发酵技术。公元前 221 年周代后期，人们开始制作豆腐、酱、醋。公元前 6000 年左右，巴比伦人已经开始制作啤酒。公元前 3000 年前后，古埃及人开始用发酵的面团制作面包。这些都是早期酿造技术。

然而，很长时间内，人们并不了解这些技术的本质所在。直到 1676 年，荷兰人列文虎克（Leeuwenhoek）首次用显微镜观察到了微生物，人们才真正意识到微生物的存在。1857 年，法国学家巴斯德（L. Pasteur）首次证实发酵是由微生物引起的，这一发现为发酵技术发展提供了技术理论，使发酵技术步入正轨。从 19 世纪末到 20 世纪 20 年代后，人们相继发现了多种发酵技术，并出现如乙酸、丁醇、乙醇、柠檬酸、丙酮、甘油等多种产品的工业化发酵生产。发酵技术被广泛应用于医药、食品、化工、农产品加工等领域。

二、传统生物过程与经验技能

大约在公元前 40 世纪，古埃及人最先掌握了制作发酵面包的技术。最初的发酵方法可能是偶然发现的：吃剩下的麦子粥，受到空气中野生酵母菌的侵入，导致发酵、膨胀、变酸，再放在加热的石头上烤制，人们惊喜地发现了一种比"烤饼"松软美味的新面食，这便是世界上最早的面包。

在古代漫长的岁月里，人们只知道发酵的方法而不懂得其原理，一直到 17 世纪后人们才对其开展研究，19 世纪法国生物学家巴斯德（Louis Pasteur）成功地发现酵母菌发酵作用的原理，从而为面包制造业揭开了神秘的面纱。

农业兴起时，人们储存的粮食受潮发酵，或吃剩的食物因搁置而发酵。淀粉受微生物的作用发酵，引起糖化和产生酒精，这就成了天然的酒。当人们有意识地让粮食发酵来获取酒浆时，酿酒技术便开始出现了。我国是酒文化的发源地，是世界上酿酒最早的国家之一。酒的酿造，在我国已有相当悠久的历史。在中国数千年的文明发展史中，酒与文化的发展并行。东汉时期酿酒工艺路线如图 1-1，这一酿酒工艺路线，可以说是汉代及其以前很长一段历史时期酿酒的主要操作法。

从 20 世纪 60 年代起，生物技术的研究主要集中在上游处理过程、反应器的设计和下游纯化过程方面。在利用微生物生产产品的整个过程中，生物转化往往是最难优化的一个步骤。20 世纪初在遗传学的建立和应用的条件下，产生了遗传育种学，科学家们采用化学诱变、紫外线照射等方法产生突变体以改良菌种，从而提高发酵产量。但是传统方法提高产量的幅度是非常有限的，突变菌株的某一成分合成太多，其他代谢产物也会受到影响，继而影响微生物的发酵生长。传统的诱变和选择方法过程复杂，耗时长，费用高，需要筛选和检测大量的克隆。总的来说，传统生物技术具有很大的局限性。随着现代生物技术的发展，这一

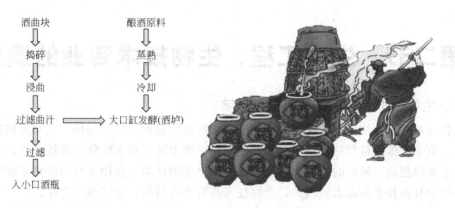

```
酒曲块              酿酒原料
  ⇓                   ⇓
 捣碎               蒸熟
  ⇓                   ⇓
 浸曲               冷却
  ⇓                   ⇓
过滤曲汁  ⟹  大口缸发酵(酒垆)
  ⇓
 过滤
  ⇓
入小口酒瓶
```

图 1-1 传统酿酒工艺路线

情况有了根本性的改变（表1-1）。

三、现代生物技术的形成与发展

现代生物技术时期是以分子生物学理论为先导，以20世纪70年代DNA重组技术的建立为标志的。1953年美国学者Watson和英国学者Crick发现了DNA的双螺旋结构，1958年Crick又阐明了DNA的半保留复制模式，奠定了现代分子生物学基础，揭开了生命科学划时代的一页。1961年，H. G. Khorana和M. W. Nirenberg破译了遗传密码，让人类知道了DNA编码的遗传信息如何传递给蛋白质。1972年，Berg首先实现了DNA体外重组技术，标志着生物技术的核心技术——基因工程技术的诞生。这项技术使人们可以按照意愿在试管内切割DNA、分离基因，然后重组导入其他细胞或生物体。

20世纪80年代初期，第一个重组药物——生长激素被注册，包括胰岛素、促红细胞生成素、第八因子等上百种药物都在研发中。过去的几十年，药物研究及医学诊断试剂越来越依赖个体基因组的信息。通过基因组测序，基因工程应用也越来越广泛。基因工程产品已超过了传统的发酵产品，如氨基酸、抗生素等，并呈现快速生长趋势。

现代生物技术的发展也深入到越来越多的领域，如医药、农业、畜牧业、食品、化工、材料、能源、环保、采矿等。随着DNA重组技术的发展，利用生物技术手段解决生产生活问题也越来越现实。

以基因工程为核心，带动了现代发酵工程、现代酶工程、现代细胞工程的迅速发展，使现代生物技术成为具有代表性的新兴学科和产业。当前，生物技术的发展在世界范围内掀起一股浪潮。美国把生物与医药产业作为新的经济增长点，政府的生物技术研发经费仅次于军事投资费用。英国、德国通过立法强化生命科学基础研究和生物技术企业的发展。新加坡更是制定了未来跻身生物技术顶尖行列、把新加坡建成生命科学中心的目标。随着基因工程的发展，专家预测人类将走进生物经济时代（表1-1）。

表 1-1 生物技术发展阶段

时期	名称	特征	典型产品
公元前6000年～20世纪70年代	传统生物技术	酿造技术、微生物发酵技术	酒类、酱、酸奶、青霉素、丙酮、甘油、柠檬酸、醛等
20世纪70年代后至今	现代生物技术	DNA重组技术及转基因技术、现代微生物发酵技术、现代生物反应工程、蛋白质工程等	转基因动植物、克隆动物、新兴酶制剂、基因工程药物、新型发酵产品等

第二节 生物工程、生物技术专业的演变

一、生物技术的知识体系与生命科学

生物技术源于生物科学的发展，在生命现象的遗传基础与化学基础之上引入其他学科如物理学、电子学等的科学原理，同时与其他学科交融发展了很多生化分析技术等，将生命过程的分子基础创造一种新的能够在体外实现生命过程的技术，并用于科学研究和解决社会与经济生活中对新技术的需求。因此，生物技术具有新兴前沿、交叉和综合性。

生物技术专业是生物科学发展到一定程度和阶段，对生命现象和生命过程规律有了深刻认识后，以生命科学领域的重大理论和技术的突破为基础，通过人类的聪明才智将许多生物体内或胞内的机制及其生化过程在体外得以实现，它属于生物学领域的技术应用型专业。生物技术专业以包括微生物学、生物化学、细胞生物学、分子生物学、遗传与免疫学等几乎所有生物科学的次级学科为支撑，结合了诸如化学、物理学科等生物领域之外的学科，形成一门多学科相互渗透的综合性学科（图1-2）。

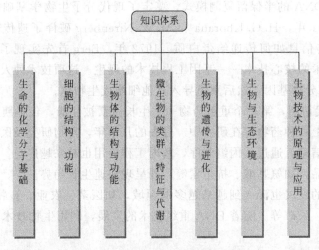

图1-2 生物技术专业知识体系一览

随着生物技术的不断发展，衍生出了一系列特色技术，如 PCR 技术、原核表达系统、真核表达系统、免疫荧光定位技术、酵母双杂交系统、细胞培养技术、高产细胞选育技术等，也正是这些技术的不断发展成熟进一步推进了生物技术学科的发展。

二、生物工程的知识体系与化学工程

生物工程源于化学工程发展与环境友好的要求，在生物化学与化工过程基础上引入生物技术改造化学反应过程，采用先进的工程技术手段，对应用的生物技术预先设计的生物过程、生化工艺和生物产品进行工程优化与放大，并研究生物化学反应过程中的工程学问题、过程当中的科学问题，实现节能减排、清洁生产，满足人类生活所需产品和社会经济发展的要求。

生物工程的核心思想是利用工程学的思维将现有生命现象、生命规律运用生物技术进行工程化的顶层设计与重构，过程单元的设计优化与集成，从而创造新的生物过程（自然界没

有的）和探索未知生命现象的技术，以实现对社会、经济发展的环境友好、健康、资源可再生、可持续的新技术和新方法研究。这些思想是贯穿在整个生物工程的上游、中游和下游的。规模化和工厂化只是将来实现生物产业化的一种形式而已，不是生物工程专业的核心思想体系，它属于生物科学与化学结合的工程类应用专业。

随着生物工程的不断发展，衍生出的一系列特色技术：发酵工程与控制技术、代谢工程与调控、酶工程与酶的固定化、生物分离技术、生物反应与分离耦合技术等，这些特色技术的应用使人们得以对生物过程、生化工艺等的各个环节进行优化。

现代生物工程与技术是所有自然科学领域中涵盖范围最广的专业之一。它以包括微生物学、生物化学、分子生物学、细胞生物学、遗传学等几乎所有生物科学的次级学科为支撑，又结合了诸如化学、化学工程学、数学、微电子技术、计算机科学、信息学等生物学领域之外的基础学科和新技术，从而形成一门多学科互相渗透的综合性专业（图1-3）。

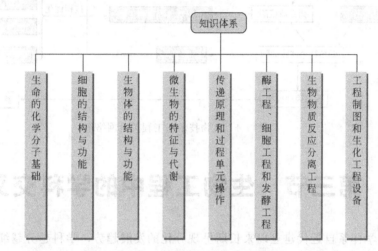

图 1-3 生物工程专业知识体系一览

三、生物工程/生物技术专业的成熟与发展

生物技术专业可以说是生物学领域一个新兴的本科专业。生物技术专业的发展源于最初的微生物学、生物学、生物化学等专业。1992年国内生物学专业最初划分为生物化学、微生物学和生物学。随着专业设置改革的进行，开始设置了生物技术专业并于20世纪90年代初开始挂牌招生。1998年教育部将生物技术专业正式列入专业目录，隶属理科办学专业。国内院校根据教育部专业目录和生物技术研究的主要内容，增设了一些生物二级学科专业，如生物化学、遗传学、动物学、昆虫学、植物学、生态学、微生物学、生物物理学、病毒学等。虽然我国生物技术专业的教育历史不长，但由于生命科学的迅速发展和生物技术在各个领域的巨大应用潜力，生物学科专业受到社会的广泛关注，成为全国少数的理科热门专业之一。

生物工程专业的发展始于20世纪40年代的发酵工程学，经过了50年代的抗生素专业，到后来的80年代的生物化学工程、生物化工专业。现在的生物工程专业的前身是生物化工专业，1985年欧阳平凯院士白手起家创建了全国第一个生物化工专业。1998年，我国教育部为了顺应新形势的要求，在高等院校学科调整时新增了生物工程本科专业，将过去分属于化工、轻工、医药等学科下的生物化工、发酵工程、微生物制药等专业统一为生物工程学科，由此开始了生物工程专业的蓬勃发展。关于生物工程专业，教育部专业目录中规定的课程并不多，主要有：有机化学、生物化学、微生物学、物理化学、化工原理等。与生物技术明显不同的是没有植物学、动物学、基因工程、细胞工程、生物工业下游技术，取而代之的是物理化学、化工原理、生物工艺学，体现了工科的特色。自1998年正式设立生物工程专业以来，发展迅速，全国办学点数从1998年的57个发展到2010年的284个，招生人数从1998年的约2250人达到2010年的30多万人，为生物技术领域培养了大量的专业人才。

随着各种生物学科相关技术的不断发展，为生物工程与技术的进一步发展提供契机，使之逐渐成为发展最快、应用最广、潜力最大、竞争最为激烈的领域之一，而生物技术、生物工程也是最有希望孕育关键性突破的学科之一（图1-4）。

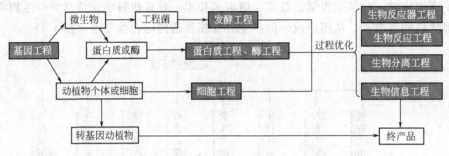

图 1-4　生物技术与工程关系网络图

第三节　生物工程中的学科交叉

现代科学体系自近代建立以来长期呈现分化的发展趋势，学科越分越细，但随着人类对自然与社会发展规律认识的深入，到了20世纪七八十年代，科学的学科门类在继续分化以外，还出现了综合的趋势，现代经济和社会问题越来越复杂，一个单一的学科很难回答经济和社会发展中存在的所有问题，使得21世纪成为多学科交叉综合大发展的时代。

回顾从生命科学与生物技术的学科发展史，在生命科学的发展过程中，由于其他科学技术的进步，使生命科学得到了突飞猛进的发展。由此可见学科交叉是生命学科乃至科学发展的必然规律（图1-5）。

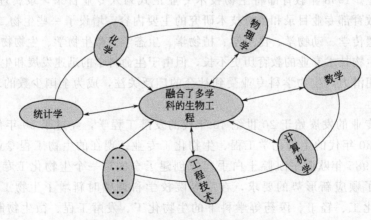

图 1-5　融合了多学科的生物工程

一、生物中的化学——生物化学、生物检测

生物化学是运用化学原理和方法，研究生物体的物质组成和遵循化学规律所发生的一系列化学变化，进而深入揭示生命现象本质的一门科学。它是化学与生物学学科领域相互交叉相互渗透的产物，利用化学的工具和方法研究生物学问题，而且生物学的手段也可被用来解决化学方面的问题。

生物检测就是一种采用生物体对被检测物质的特有反应而鉴定被检测物质的质量和功效的方法，主要是利用微生物和某些动物进行生物效价和安全性实验。近年来生物检测主要应用于抗生素检测方面，除此之外，生物检测还可在食品、卫生、环境等领域运用。检测方法主要有：生物分析法、蛋白质的免疫分析法及 DNA 检测法等。在各个检测领域，高通量、高灵敏度、自动化和低成本的生物检测技术是未来的发展趋势。此外，生物分子的标记和检测一直是生物分析领域的重要内容。近年来，纳米材料与生物检测技术的结合，使得生物分子的检测有了重要的发展，这一交叉学科现已成为生物分析领域最具活力的研究方向。

21 世纪是以分子生物学为代表的生命科学的时代，分子生物学技术在生物检测方面的应用也越来越广泛。最初应用于微生物检测的分子生物学技术是基因探针方法，它是用带有同位素标记或非同位素标记的 DNA 或 RNA 片段来检测样本中某一特定微生物核苷酸的方法。近年来，生物芯片技术的产生，逐渐引起大家的关注，生物芯片技术是将生物大分子，如寡核苷酸、cDNA、基因组 DNA、肽、抗原以及抗体等固定在诸如硅片、玻璃片、塑料片、凝胶和尼龙膜等固相介质上形成生物分子点阵，当待测样品中的生物分子与生物芯片的探针分子发生杂交或相互作用后，利用激光共聚焦显微扫描仪对杂交信号进行检测和分析。微生物检测基因芯片是指用来检测样品中是否含有微生物目的核酸片段的芯片。基于高通量、微型化和平行分析的特点，微生物检测基因芯片在微生物病原体检测、种类鉴定、功能基因检测、基因分型、突变检测、基因组监测等研究领域中发挥着越来越重要的作用。

二、生物中的物理——生物物理

生物物理学，是应用物理学的概念和方法研究生物各层次结构与功能的关系，是物质在生命活动过程中表现的物理特性的生物学分支学科。生物物理学旨在阐明生物在一定的空间、时间内有关物质、能量与信息的运动规律。物理与生物的相互渗透和结合有一段漫长的历史。在 17 世纪，考伯提到发光生物萤火虫；随后，伯莱利在《动物的运动》中利用力学原理分析血液循环和鸟的飞行问题；牛顿在《自然哲学的数学原理》中曾探讨过电与生物学的关系；达·芬奇也研究过鸟飞行的动力学问题。

1945 年，奥地利物理学家、量子力学创始人之一薛定谔在他著名的《生命是什么——细胞的物理观》一书中倡导用物理学的思想和方法探讨生命的秘密。他提出三个观点：①生命以负熵为主；②遗传的物质基础是有机分子，遗传是以密码的形式通过染色体来传递的；③生命体系中存在量子跃迁现象，X 射线照射可以引起遗传的突变就是证据。1953 年，沃森、克里克通过维尔金看到了富兰克林在 1951 年拍摄的一张十分漂亮的 DNA 晶体 X 射线衍射照片，提出了最早的 DNA 结构精确模型，并在随后得到了证实。还有通过 X 射线衍射来确定蛋白质的空间结构。在此期间，生物物理学诞生，并迈进了高速发展的轨道。研究活物质的物理规律，不仅能进一步阐明生物的本质，更重要的是能使人们对自然界整个物质运动规律的认识达到新的高度。

三、生物中的全局优化——系统生物学

系统生物学是继基因组学、蛋白质组学之后一门新兴的生物学交叉学科，代表着 21 世纪生物学的未来。生物学研究的最终目的是了解生物系统的所有组分和运行机制，分子生物学的发展使得生命的几乎每一个现象，如遗传、发育、疾病和进化等，都能从分子机制上得到诠释。基因组计划的成功使人们了解了包括大肠杆菌、酵母等模式生物和人类的所有遗传信息组成，大规模的基因和这些基因产物的功能正在得到揭示。蛋白质组学的发展使得人们对生物系统所有蛋白质的组成和相互作用关系有了更深的了解。这些研究方法着眼于将生物系统分解，或还原成各个组成部分，系统生物学是为了构建整个生物系统关系图并了解它们是怎样组装成一个系统，以及该系统的特性和动态变化（图 1-6）。

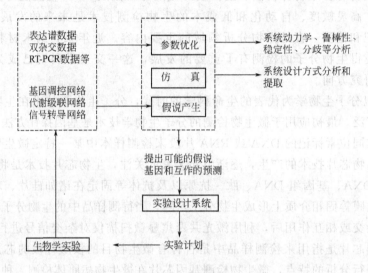

图 1-6　系统生物学研究流程

系统生物学是采用系统科学的方法，将生物过程不是作为孤立的许多部分而是作为整个系统来定量研究。它借助和发展多学科交叉的新技术方法，研究功能生命系统中所有组成成分的系统行为、相互联系以及动力学特性，进而揭示生命系统控制与设计的基本规律。系统生物学将使人们全息地了解复杂生命系统中所有成分以及它们之间的动态关系。

四、新生命与新生物功能的创造——合成生物学

合成生物学是一门涉及生物化学、物理化学、分子生物学、系统生物学、基因工程、工程学以及计算科学等多个领域的新兴综合性交叉学科，旨在设计和构建工程化的生物系统，包括基因线路、信号级联及代谢网络的构建等，使其能够处理信息、操作化合物合成、制造材料、生产能源、提供食物、改善人类的健康和生存环境，以可预测和可靠的方式得到新的细胞行为。合成生物学的学科任务主要有两方面：一方面是对新的生物零件、组件和非天然控制的细胞活动的分子网络系统的设计与构建，从而创建全新的完整生物系统乃至人工生命体；另一方面是对现有的、天然存在的生物系统的重新设计与改造，使其能按照需要完成特定的生物学目标。不难看出，合成生物学具有独特的学科特性，它颠覆了传统生物学通过对宏观个体进行解剖，获得细微结构来分析问题的方法，而是反其道行之，从最基本的元件开始逐步合成完整的生物体（图 1-7）。

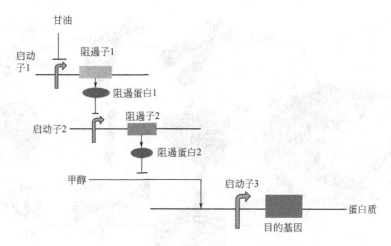

图 1-7　人工组装基因的表达与调控

第四节　生物工程与技术的应用

一、优化与集成是生物工程的灵魂

生物工程技术是工业可持续发展最有希望的技术。到 2030 年，生物经济将初具规模，大约有 35％的化学品和其他工业产品将来自生物工程技术。颇具前景的生物工程技术发展方向和研发重点究竟何在？过程强化和集成以及系统优化将是降低生物工程技术成本和减少排污的重要途径。

生物反应过程的结果取决于各个单元的效率，也取决于系统内各单元的相互作用，因此过程的优化与集成非常关键。相同的生物反应过程，操作条件不同，基本相同的投料量会得到完全不同的产量，有时会相差几十个百分点甚至数十倍，即生物反应过程存在系统优化问题。如美国 ADM 公司对玉米的综合利用进行了系统优化，除生产玉米淀粉外，还生产玉米油、胚芽蛋白和饲料，基本做到了将原料吃干榨尽。采用过程集成则可将多步过程集成在一步中进行，可大大降低能耗，提高收率。如美国杰能科（Genencor）公司用玉米淀粉生产乙醇的工艺，将传统的两步法淀粉糖化工艺集成在一步中，能耗降低 30％以上，大大提高了发酵效率。

本节将从以下 6 个方面对生物工程的优化与集成进行阐释。

(一) 生物分子功能

除病毒外的所有生物都是由细胞构成的，细胞是生物体基本的结构和功能单位。细胞的结构分为四个层次，从大到小依次为细胞、细胞器、生物大分子和生物小分子（图 1-8）。

生物大分子指生物体内主要活性成分中各种分子量达到上万或更多的有机分子，是由低分子量的有机化合物经过聚合而成的多分子体系，是细胞中起主要作用的分子。常见的生物大分子包括蛋白质、核酸、脂类、糖类等。这些生物大分子在体内的运动和变化体现着重要的生命功能。

分子的结构与功能的关系是一个永恒的研究课题，简称"构效关系"。分子的"构效关系"是人类认识和改造自然的重要方面，在理论上和实践上都有重大意义。

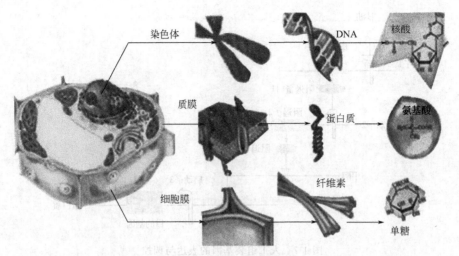

图 1-8 细胞的结构层次

随着人类基因组测序计划的完成，核酸和蛋白质的结构数据量迅速增加，由此派生和整理出来的数据库已达 500 余个，这一切构成了一个生物学数据的海洋。然而传统分子生物学实验往往是集中精力研究一条代谢途径或单个基因，因此不可能用实验的方法对这些数据中的每一条序列都进行详细的研究。现代生物工程技术提倡先对这些数据进行信息处理和分析，发现有用的线索，从而使研究的目的更加明确，然后在此基础上进行实验，这样就会大大缩短实验周期，节省大量的时间。

伴随着生物工程技术手段的发展，近些年，科学家在阐明重要细胞活动过程中关键性分子的相互作用、调控网络及其三维结构规律和作用机理方面取得了重要突破。通过对生物分子序列进行分析比较，对生物大分子的空间结构和活性进行研究，人类必将揭示更多的生命活动本质规律。

(二) 生物反应过程

生物反应过程是一个在活的有机体中发生的反应过程。生物反应过程与化学反应过程的本质区别在于其有生物催化剂参与反应。由于生物催化剂的参与，生物反应过程具有一些自身特性。例如，具有独特的反应特性，反应条件温和，易受环境微生物污染，成分复杂、目标产物浓度低等（图 1-9）。

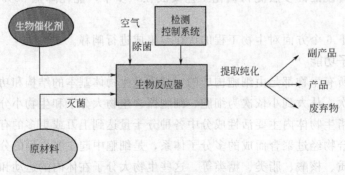

图 1-9 一般生物反应过程的示意图

生物反应过程的核心就是利用生物催化剂进行生物产品的生产。实际上，筛选到的优良菌种或基因构建的工程菌株，在大规模发酵培养过程时并不一定得到如人们所预期那样的效果。因此，生产企业除了不断扩大生产规模外，还对生物反应过程优化提出了更高的要求。一方面，在常规菌种或基因工程菌的基础上，通过对操作条件的研究，或装备的选型改造，使生物反应过程达到最优化。另一方面，现有基于多产物联产目标的全局调控也是生物反应过程优化的一大方向（图1-10）。随着微生物基因组学、细胞生理学、现代仪器分析技术和过程工程科学的快速发展及多学科交叉与融合，利用代谢物及生理特性分析技术，进行生物反应过程设计与调控将成为可能。

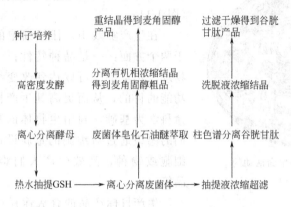

图 1-10　谷胱甘肽麦角固醇联产工艺路线

(三) 生物代谢

生物代谢指在活的生物体中的每个细胞发生的化学反应的总和，这些反应使得生物体能够生长和繁殖、保持它们的结构以及对外界环境做出反应。代谢途径（metabolic pathway）在生物化学中，是一连串在细胞内发生的化学反应，并由酶所催化，形成使用或储存的代谢物，或引发另一个代谢途径。生物体的代谢途径具有如下特征：反应条件温和；高度调控；一个代谢途径至少存在一个限速步骤；各种生物在基本的代谢途径上是高度保守的；代谢途径在细胞内是高度分室化的等。细胞内不同代谢途径组成了代谢网络。

功能基因组学和蛋白质组学的快速发展，为解决生物技术中的众多迫切问题搭建了一个平台。对生物体的基因和代谢途径进行方便的目的性操作，与计算能力的空前提高相结合，为生物技术的新领域——代谢工程的发展打开了方便之门。这个新兴的研究领域以代谢途径和基因网络为研究对象，最终的目标则是最优化。代谢工程为人们描绘了一个不同的研究前景，提供了一种崭新的思维方式。它不仅侧重于有机体生物操纵的新工具研究上，而且强调用系统的、综合的方式深入理解代谢途径。

经过 20 余年的发展，随着多种微生物全基因组测序的完成以及对微生物代谢网络的系统认识，代谢工程的改造范围已经发展到涉及跨种属多基因的联合协同表达及其调控。通过组合不同来源的多种酶分子来构建新的代谢途径既可以省略化学合成中间产物的纯化工作，同时可以更简便更节能地实现生物燃料、天然复杂产物的化学中间产物及其衍生物的合成。尽管目前已有很多成熟的控制基因表达的系统，但是能达到代谢工程要求的多基因、多水平的精确调控的系统还很少。另外，很多高附加值产品并没有天然的代谢途径，即缺少合成这些产品的天然酶分子，限制了利用微生物生产的可行性。合成生物学的出现为代谢工程中这些问题的解决提供了新的思路和工具。代谢工程采用系统生物学原理和转基因生物技术、计算机软件辅助设计技术，将细胞内次生代谢反应链重新设计，人工合成基因与基因调控网络，从而进入了代谢工程、基因工程的合成生物学——系统生物学基础的遗传工程时代。

(四) 细胞性能

任何生命有机体都由细胞构成，细胞是生命活动的基本单位。然而细胞并不是一个孤立的单元，而是一个开放的系统。在这个系统中有恒定的物质流不断进行着快速的转变。在一个单细胞内，有无数的代谢反应发生。这些反应既能保持一定的时空秩序，又能灵活地适应环境变化（图1-11）。

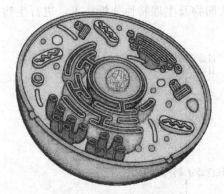

图1-11　细胞是生命活动的
基本单位

在生产实践中，任何细胞的生产性能主要取决于两个方面：一是品种特性；二是繁殖性能。借助物理、化学手段可以达到改变细胞遗传特性和生理功能的目的，从而提高其生产性能。生物工程以生命科学为基础，利用生物体的特性、功能，按照人们的愿望通过对细胞的重新设计和构建，创造新的细胞或物种，高效生产人们难以生产又必需的药品等。

生产目标产品的合成途径可能不存在于单一生物中，通过计算机模拟设计，可以将不同的生化反应组装到一个细胞中，形成一条完整的合成途径。在此基础上，根据基因组代谢网络和调控网络模型，设计出目标产品的最优合成途径。合成途径优化完之后，可以获得一个初步的人工细胞。需要进一步提高人工细胞的生理性能和生产环境适应能力，才能将其转变为实际生产可用的细胞工厂。进化代谢和全局扰动等技术的发展可以有效地提高细胞的生产性能。在此基础上，使用各种高通量组学分析技术可以解析细胞性能提升的遗传机制，并可用于新一轮优化。

(五) 生物群体性能

在工程学术语中，群体指一系列个体有着相似的习性，密切结合在一起。生物学上可以将群体定义为具有特定行为模式的物种。

细胞群体是生物工程的基本研究对象。在以往对生物反应过程的研究中，人们通常通过筛选高产菌株、改变培养条件、改善氧传质特性等手段考察细胞在生物反应器中的生长行为，努力寻找高密度细胞培养过程中的最适环境，来进行目标产品的大规模生产。遗憾的是，在大规模培养过程中，细胞密度经常达不到既定指标，目标产物的代谢产量也往往显著低于实验室水平，导致许多发酵过程的放大均以失败而告终。马里兰大学 William Bentley 研究组通过系统研究发现，大肠杆菌在发酵罐中培养的单细胞产量只有实验室水平的三分之一。他们进一步研究发现，在大肠杆菌发酵生产抗生素或其他产品的大规模培养过程中，细胞与细胞之间存在信息交流，会产生对应于细胞密度的胁迫效应，从而严重限制产品输出。

近年来的研究表明，细胞可以通过产生和释放某种化学分子——自诱导因子（autoinducer，AI），来实现细胞与细胞之间的信息交流，感知和理解周围环境的变化；其他细胞也会释放相同的自诱导因子来回应，使群体中的每个细胞协同作用，成为一个多细胞整体，并同时调整自身的生理行为和产物合成特性，这种现象被称为"细胞的群体效应"（图1-12）。

细胞的群体效应可以使细胞在其生长的特定环境中调节其生命活动。当周围的物理、化学和生物环境条件发生改变时，细胞就通过群体效应系统对所处的环境做出快速响应。掌握细胞群体效应的基本规律，能够使之为人们所用，如促进细胞群协同生长、促进目标产物产

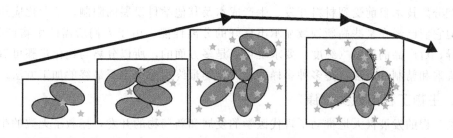

图 1-12　细胞的群体效应

量显著提高、生产新的功能产物等（图 1-12）。

但目前基于群体感应系统的研究还是略显不足。因此，需要对影响群体感应系统的各种因素进行深入分析，进而建立数学模型为微生物编程，将其长时间维持在所需要的浓度。可以通过延长稳定期来增加发酵产物的产量，通过延长指数期以便于对微生物生长动力学进行研究，这就意味着可以更有效地控制发酵过程，使微生物始终处于最佳工作状态，使生产效率成倍增加，使投入的成本得到最大化利用。

（六）生物分离工程

世界万物都是由有序自发地走向无序，所有的纯物质都逐渐变成混合物。生物分离工程是研究生产过程中混合物的分离、产物的提纯或纯化的一门新型学科，其主要任务是从发酵液中以最高的效率、理想的纯度、最小的能耗把目的产物分离出来。一个新的分离工艺的采用可以大幅度降低生产成本。例如在氨基酸生产中，采用离子交换色谱方法取代传统的沉淀方法，使产品收率由原来的不到 70% 提高到 90% 以上，而且产品质量也得到了提高。

通过生物/化学方法耦联、多目标联产以及反应/分离单元耦合等新技术和新方法的创新研究，最终将生物发酵过程和生物分离过程集成优化，可以实现整个生物工程过程的系统集成与全局优化（图 1-13）。

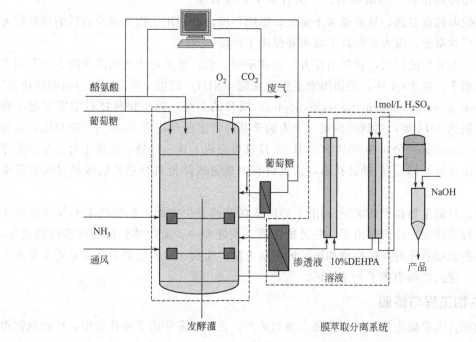

图 1-13　分离与发酵耦合工艺：L-苯丙氨酸生产

新型分离技术目前受到材料开发、生产成本及其他学科发展的限制，工业化应用程度还不高，但它们已经在某些高新领域显示出良好的分离性能。由于人们所需的生物产品不同，用途各异，对产品的质量（纯度）要求也可以是多方面的，所以分离与纯化步骤可有不同的组合，提取和精制的方法也是多种多样的，产物的最终用途决定了最终的加工方法。

二、生物工程与人类健康

生物工程的发展极大地推动了现代医学的发展和新药物的开发，拯救了无数的生命同时也守护了人类的健康。在第二次世界大战期间，英国科学家亚历山大·弗莱明首先发现了青霉素，青霉素在治疗感染性疾病方面发挥了奇特的疗效，拯救了无数战争中的伤员。

近些年，随着抗生素的滥用，细菌耐药性问题也渐渐浮出水面，这不仅要归咎于技术层面，也有商业层面的影响，抗生素由于用药期短且仅用于治疗目标疾病，其投资回报率不高，截至 2008 年，仅有五家大的制药公司葛兰素史克、诺华、阿斯利康、默克和辉瑞仍在进行抗生素发明规划。

随着科技的发展，开发新药和各种有效成分的方法不断涌现。生物转化（biotransformation）是指一般的外源化学物通过多种酶催化进行结构修饰而获得更有价值的目标产物的生理生化反应，具有反应选择性强、反应条件温和、副产物少、不造成环境污染等诸多优点，更为关键的是可以进行传统有机合成难以进行的化学反应。近年来，生物转化在获得中药苷类化合物、黄酮类化合物、三萜类化合物等活性成分的研究上已取得一定成果，如人生皂苷、芦丁、甘草酸等。以甘草酸为例，作为药用植物甘草（图 1-14）的主要有效成分之一，具有抗炎、抗病毒、抗肿瘤的作用，还可以作为天然甜味剂。但从甘草中获得甘草

图 1-14 甘草

酸的代价是挖取植物根部，易造成水土流失，影响环境，而利用生物工程改造后的细胞便可批量发酵生产甘草酸，极大地提高了效率并保护了环境。

在新药不断开发的同时，新的治疗方法也在不断更新，甚至对于疾病的预防也上升到了分子生物学水平。在 2004 年，美国国家卫生研究院（NIH）提供"革命性基因组测序技术"（revolutionary genome sequencing technologies）项目的基金，向生物科技科学家发起了新的挑战：计划到 2014 年，达到每测定一个人的全基因组序列只花费 1000 美元的目标。美国厂商 Life Technologies 公司在 2012 年 3 月 29 日宣布完成了这一计划，并推出台式基因测序仪 Ion Proton（图 1-15）。借助此技术，人类将有望规避或降低自身遗传病或易发疾病带来的损害。

据统计，目前生物技术的实际应用约 60% 是在医药卫生方面。生物技术不仅开发出了一大批新的特效药物，还研制出了一些灵敏度高、性能专一、实用性强的临床诊断新设备，并找到了某些疑难病症的发病原理和医治的崭新方法。生物工程的发展为医学的进步带来了新鲜的血液，使人类健康多了一重保证。

三、生物工程与能源

提到能源，大家最先想到的自然是石油和矿产，在 300 多年的工业社会中，矿物炼制得到了极大的发展。进入 21 世纪，生物炼制才开始崭露头角。

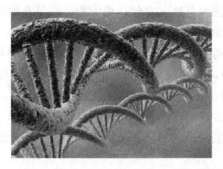

图 1-15 台式基因测序仪 Ion Proton

美国国家再生能源实验室将生物炼制定义为，以生物质为原料，将生物质转化工艺和设备相结合，用来生产燃料、电热能和化学产品集成的装置。其中，如何为人类提供化石燃料的新替代品成为主要目标。第一代生物燃料炼制技术以玉米等粮食作物为主要原料生产乙醇等生物燃料，该技术在巴西得到了很好的发展，但由于其与人争粮的弊端而退出舞台已成为必然趋势。第二代生物燃料炼制技术以秸秆等为原料，但这一"反生物进化"的过程似乎面临更多困难，因为纤维素作为植物的骨架型组成部分，不易被降解，而这一问题使得第二代技术在价格上高出第一代许多，成为商业化的主要障碍。此外，还有利用垃圾作为原料进行炼制，利用禽畜粪便进行沼气发酵等生物质能源转化技术，也都由于技术和成本因素仅停留在实验室阶段或无法推广。

2007 年，美国推出"微型曼哈顿计划"，其宗旨是以海洋藻类生产能源，以帮助美国摆脱严重依赖进口石油的窘境，这也就是第三代生物质能源利用技术。荷兰已在此领域夺得先机，AlgaeLink 公司 2007 年 10 月宣布开发成功新型微藻光生物反应器系统，开始向全球销售其反应器，并提供相关技术支持。其基本原理是通过藻类的光合作用，将废水中的营养物质和空气中的二氧化碳转化为生物燃料、蛋白质。微藻在处于"饥饿状态"时产油量高，其含油可达自重的 60%，而在这种状态下藻类植物又会丧失其快速繁殖及生长能力等诸多优势，并易致其他物种入侵，这也成为了微藻产油的主要技术瓶颈之一（图 1-16）。虽然生物炼制在起步阶段困难重重，但作为可再生能源，依然有很大潜力。

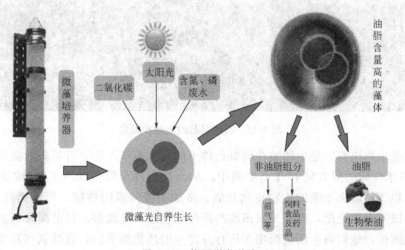

图 1-16 能源微藻技术

生物工程不仅在生物炼制起到了重要作用，在传统的石油工业中也有不俗的表现。微生物采油是利用微生物提高原油采收率技术方法的总称。它包括两大类，一是在地面通过工厂发酵生产，从发酵液中分离出有用的代谢产物，如高分子生物聚合物、生物表面活性剂等，将这些产物注入油藏来提高原油的采收率，通常称为地面发酵法；另一类是将油藏作为巨大的生物反应器，让微生物在油藏中就地发酵，在油层中生长、繁殖和代谢，利用其代谢产物，如高分子生物聚合物、生物表面活性剂、有机酸、气体等在油层中的运移，以及与岩石、油、气、水的相互作用，引起岩石、油、气、水物性的改变，以提高采收率，通常也称为地下发酵法。面对化石能源的日渐枯竭，生物工程的存在无疑给人类多了一个选择。

四、生物工程与环境

生物工程在环境方面的应用，从技术和理论方面来看，可以分为三个部分。第一部分是以基因工程为主导的近代污染防治工程，包括构建能降解毒害性化合物的高效基因工程菌，以及创造抗污染抗不良环境的转基因植物等，为防治污染、修复环境开辟的新方法；第二部分是以废物的生物处理为主的污染治理工程，为控制现阶段的环境提供了方法；第三部分是以氧化塘、人工湿地和农业生态为核心的生物工程，通过自然的生物环境系统的自净化和平衡功能，保持和修复现有的生态环境。

基因工程在固氮基因的应用上已经获得一定成果。目前化肥的利用率仅为 $30\%\sim60\%$，过量施用会导致土壤板结、土质下降，使水体富营养化，助长酸雨危害和臭氧层破坏等。生物固氮技术为减少化肥用量，减少环境污染提供了有效途径。目前主要采用两种方法：一是将固氮微生物的固氮基因转移至禾本科植物根际的细菌中去，使其获得固氮功能，为作物提供氮肥；二是通过细胞融合和基因工程技术把固氮基因直接重组到作物细胞的基因组中，从而获得自身能固氮的农作物，从根本上解决固氮问题。

对于干旱和半干旱地区因长期滴灌栽培引起的土壤次生盐渍化、化肥使用超量低效及土传病害严重等作物苗期生产中的突出问题，最新的生物工程技术开发的耐盐防病促生菌，解决了农作物在土壤贫瘠地区生长和土壤改良等问题，其经济效益、社会效益和生态效益显著（图 1-17）。

图 1-17　滴灌引起的土地盐渍化

生物质焦也称黑炭，是生物质在厌氧条件下的高温裂解产物，可长久地将生物质固定的大气 CO_2 以惰性碳的形式储存在土壤圈中，从而达到逐步降低大气 CO_2 浓度的目的；同时，生物质焦还可增强土壤的生物转化功能，增加土壤的吸附性能，可以提高土地 50% 的产量，且可以不需要化肥，有利于农田高产稳产和生态环境改善。目前澳大利亚在生物质焦方面占领先地位，他们将生活垃圾用工厂自身产生的热能烘干后，在低氧（乃至无氧）裂解炉中加热，这一过程中产生的气体具有很高的能量，可以用于发电。而裂解过程结束后产生的废渣就是生物质焦。将这些生物质焦运出城市，可用于肥沃土地，提高产量，且整个过程可以降低人类碳排放量 21%。

综上可以看出，在污染治理和环境保护方面，生物方法相对于其他方法更温和，效果更好，也更加符合绿色低碳的环保理念，是维持人类与环境之间和谐关系的中流砥柱。

五、生物工程与材料

材料工程是工程科学中的重要组成部分，它的发展对于生物工程具有举足轻重的意义，二者相辅相成。一方面，随着生物工程发展的日趋成熟，人们利用先进的生物技术生产出高性能的材料并广泛用于日常生活和生产中；另一方面伴随着材料领域的日新月异，尤其是高分子材料、纳米材料和复合型材料的卓越特性，不同类型、不同功能的材料对于生物工程的发展和应用起到了推波助澜的作用。

环境友好型材料和各具特色的功能性材料越来越受到人们的青睐，借助生物技术来合成这些材料不仅可以弥补化学合成法的高成本、反应条件苛刻、工艺流程繁琐、高污染等缺点，而且可以实现可再生资源的高效利用。从广义上讲一切与生物体相关的应用性材料或由生物体合成的材料统称为生物材料，现如今生物材料已成为材料学的一个重要分支并被用于日常生活和生产的各个领域。比如人们利用基因工程和发酵工程生产的聚羟基脂肪酸（polyhydroxyalkanoates，PHA）具有一些特殊的性能，包括生物可降解性、生物相容性、压电性和光学活性等，可用于组织工程、生物塑料、载体材料等方面。近来使用生物 3D 打印技术成型生物材料来制造人工的组织、器官、手术器械等一系列生物医疗领域的产品，已得到了广泛关注（图 1-18）。此外，由生物技术加工、合成的聚乳酸、聚苯、纤维等一系列产品被广泛用于医疗、包装、纺织等各行各业。

图 1-18　3D 打印装置和打印出来的活性人体肾

材料科学的发展可谓是一日千里，从金属材料到高分子材料和陶瓷材料，再到结构材料和复合材料，每个阶段的发展都为生物工程的发展和应用潜能带来了巨大促进作用。例如，高分子材料在生物工程的使用过程中有着令人瞩目的重要作用，另外在人造组织、器官制造以及酶、抗体、细胞等的固定化等方面同样表现出独特的优越性，图 1-19 列举了高分子材料在 DNA 重组技术中的具体应用。此外，利用纳米技术和仿生技术合成的功能化材料在生物工程领域越来越凸显出其应用价值，尤其在生物传感器、疾病分析与治疗、组织修复、药物载体等方面应用广泛。

随着科学技术的进步，生物工程和材料的交叉性越来越深入。从未来发展来看，这一关系将更多地体现于两者在发展和应用方面相互促进的关系上，相信生物工程和材料的契合在未来必将带给人们更多的期待和惊喜。

六、生物工程与安全

20 世纪 70 年代以来，以基因工程技术为代表的现代生物技术在解决人类社会所面临的

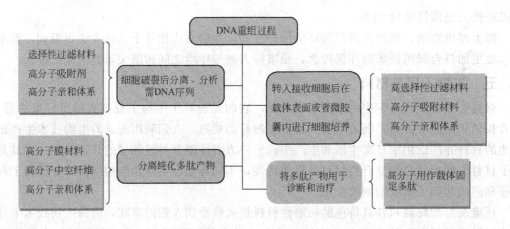

图 1-19　高分子材料在 DNA 重组技术中的具体应用

食物短缺、环境污染等重大问题上发挥了巨大作用，然而作为一把"双刃剑"，生物技术在给人们带来利益的同时也对自然环境和人类健康带来了一系列风险及威胁，对于转基因食品和转基因植物是否存在安全性问题仍然受到社会大众的质疑，生物多样性及生态系统的平衡是否会因为转基因微生物和动、植物的介入而被打破，克隆技术所带来的人类安全和伦理性问题等。总体来说，人们对于生物工程所引起的担忧主要集中体现在四个方面。

（1）基因工程对微生物的改造是否会产生某种带有致病性的微生物，进而造成大面积感染和扩散，给人类带来毁灭性的危害。如今许多经过基因重组后的微生物用于发酵生产已经实现了产业化，此过程中尚未发现释放到环境中的基因重组微生物造成任何不良的影响，当然这在任何意义上都不能说明重组 DNA 研究已经不具有潜在的危险性了，相反地更应该保持清醒的认识和敏锐的警惕性。

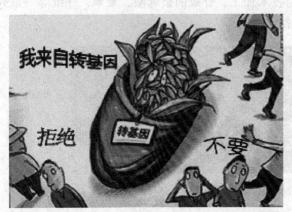

图 1-20　转基因食物遭受质疑

（2）转基因作物及食品的生产和销售是否会对人类自身健康和环境造成长期性的不可逆影响，对此已经引起了人们的高度重视。擅自改变生物基因可能会引起表现性状的改变、营养成分的变化及抗营养因子的出现、出现新的过敏原、产生天然有毒物质、标记基因和报告基因安全性问题等，从而直接危害人体健康。转基因作物及食品的种植可能会引起近缘野生种的基因污染等生态问题。另外人口压力对粮食和食品的要求迫使近代工农业向单一化的优质高产品种发展，转基因植物的释放，如果处理不当可能更加剧了品种的单一化，使农业处于脆弱状态（图 1-20）。

（3）在人体上应用分子克隆技术将会对人类自身进化产生影响并造成巨大的社会问题，而应用在其他生物上同样会具有危险性，因为所创造出的新物种可能具有某种极强的破坏力而引发灾难。同样动物克隆技术如果被用于人类将会对人类的社会伦理带来冲击。

（4）在众多生物技术所带来的危害中已经有惨痛现实教训的是生物武器的使用，生物技术的发展将不可避免地推动生物武器的研制与开发，对人类自身造成巨大的潜在危害。生物武器具有成本低、杀伤力强、持续时间长、使用简单、难以防治等众多特点，这引起了部分国家和恐怖分子极大兴趣。目前潜在的生物毒剂主要有炭疽杆菌、肉毒杆菌毒素、鼠疫耶尔森氏菌、埃博拉病毒、霍乱弧菌、天花杆菌等（图1-21），与生物武器相比生物武器防御系统处于落后地位，所以加强反生物武器的生物技术研究有待进一步提高。

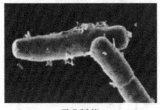

霍乱弧菌　　　　　　　　炭疽杆菌　　　　　　　鼠疫耶尔森氏菌

图 1-21　部分生物毒剂病菌的显微形态

针对生物工程所带来的安全问题，在全球范围内应该建立健全统一的生物安全法律体系、安全评价体系和监控体系，加强安全性管理措施及社会道德和伦理的约束力，重视生物安全基础研究，开展公众生物安全教育，从而使生物工程在造福人类的同时尽可能地减小其危害性。

七、生物工程与农业

农业是人类赖以生存的支柱产业，在人口、资源和环境等多重压力下，当前社会的农业已在多方面呈现出不堪重负的状态，发展以新兴生物工程为基础的现代化农业是解决当下和未来所面临问题的一条必由之路，生物工程在与农业相关的植物、动物及微生物应用方面已取得了显著成效。

在农业植物领域生物技术的运用表现在许多方面，比如使用细胞融合技术可以克服传统育种方法所面临的不亲和及生殖障碍，转移有利的农艺性状，培育出植物新品种（图1-22）；以细胞全能性为理论基础的植物组织培养技术已广泛用于植物的无性繁殖、脱毒和育种上；通过转基因育种可以使植物获得抗病毒、抗虫害、抗除草剂、耐寒等抗逆性；利用雄性不育及杂种优势来提高产量和改良品质；使用人工种子缩短育种年限及使用农作物分子标记辅助选择来进行育种等。通过这些技术，人们可以获得更加优质、高产的作物，从而创造出更多的经济价值。

动物为人类提供肉、蛋、奶以及毛皮、绢丝等产品，其生产已成为现代生物技术应用最广阔、最活跃、最富有挑战性的领域之一。动物转基因技术可以加强动物的抗病性、个体大小、生长速度等自然属性，已经成功应用于家畜、家禽、鱼等。动物胚胎生物工程能够帮助人们实现对哺乳动物的排卵、受精、胚胎早期发育等繁殖过程进行人工操作，从而提高动物良种的繁殖率和扩大推广途径（图1-23）。另外，生物技术在饲料作物育种、饲料工业和动物防病疫苗上表现出卓越的贡献。

微生物在促进和维持农业持续发展、特别是在发展绿色农业上发挥着至关重要的作用。生物工程在农业微生物领域的应用主要体现在利用先进的生物技术来制造微生物肥料、微生物农药、微生物饲料、微生物食品等，从而使农业的发展变得越来越科技化、高端化（图1-24）。目前多种微生物菌剂已经实现了开发和利用。北京理工大学生命学院李春教授课题组针对我国西北干旱和半干旱地区因长期滴灌栽培引起的土壤次生盐渍化、化肥使用超量及土传病害严重等作物苗期生产中的突出问题，以特殊环境中的微生物与植物互作为植物耐盐、防病和促生途径，提出了基于混菌代谢与植物细胞互作模式下的协同增效菌群的理性

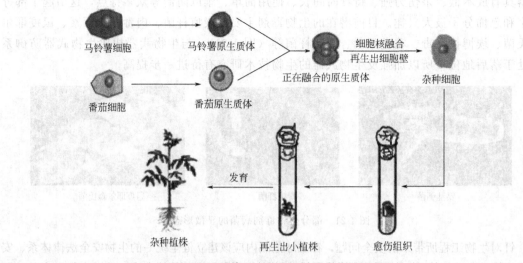

马铃薯细胞 → 马铃薯原生质体

番茄细胞 → 番茄原生质体

正在融合的原生质体 → 细胞核融合 再生出细胞壁 → 杂种细胞

杂种植株 ← 发育 ← 再生出小植株 ← 愈伤组织

图 1-22 利用原生质体融合技术和细胞全能性培育新品种

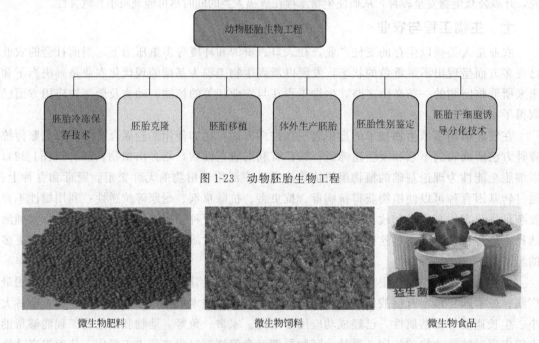

动物胚胎生物工程

| 胚胎冷冻保存技术 | 胚胎克隆 | 胚胎移植 | 体外生产胚胎 | 胚胎性别鉴定 | 胚胎干细胞诱导分化技术 |

图 1-23 动物胚胎生物工程

微生物肥料　　　微生物饲料　　　微生物食品

图 1-24 利用生物技术生产的相关产品

配伍原理，研制出具有解盐防病促生功能的生物种衣剂、滴灌肥料和微胶囊剂等系列产品，对棉花和加工番茄应用效果表明苗期病害综合防效达 55％以上，化学农药使用量较其他方法减少了 40％，棉花和番茄产量稳定提高了 10％以上，品质优良率提高了 20％以上，取得了很好的经济效益、社会效益和生态效益。

思考题:

1. 从生物技术的发展史结合现代生物技术的特点谈谈生物技术的发展前景。

2. 随着专业不断改革发展，未来生物工程生物技术专业可能会涵盖哪些新的领域，与哪些新的学科交叉？

3. 各个学科的相互交叉，对生物工程学科的发展，具有什么样的重要意义？

4. 通过组合不同来源的多种酶分子来构建新的代谢途径，既可以省略化学合成中间产物的纯化工作，同时可以更简便更节能地实现生物燃料、天然复杂产物的化学中间产物及其衍生物的合成。但其应用受到一定限制，其限制因素有哪些？

5. 通过查阅文献具体了解群体感应系统，举出一个基于群体感应系统的合成生物学应用实例。

6. 通过抗生素作用机理提出合理改良、开发新抗生素的思路或假想。

7. 微生物采油使用哪些菌种为宜？为什么？

8. 试讨论如何延长解盐促生菌在盐碱地中的功效？

9. 请你谈一谈材料科学对于生物工程的发展有何深远意义？

10. 从多个角度谈一谈你对生物技术利弊性问题的认识以及人类在使用生物技术时应该注意哪些问题？

11. 现代生物技术已经使农业发生了翻天覆地的变化，那么生物技术在改善农业状况过程中是否仍存在不足之处？

参 考 文 献

[1] 瞿礼嘉等. 现代生物技术. 北京：高等教育出版社，2004.
[2] 宋思扬，楼士林. 生物技术概论. 第三版. 北京：科学出版社，1999.
[3] 贺小贤. 现代生物工程技术导论. 北京：科学出版社，2005.
[4] 蒋太交，薛艳红，徐涛. 系统生物学——生命科学的新领域. 生物化学与生物物理学进展，2004，31 (11)：957-964.
[5] 林其谁. 合成生物学. 生命科学，2005，17 (5)：384-386.
[6] 朱星华，李哲. 合成生物学的研究进展与应用. 中国科技论坛，2011，5：143-148.
[7] 贾士儒. 生物反应工程原理. 第二版. 北京：科学出版社，2003.
[8] Stryer L. Biochemistry. 5th Ed. New York：W H Freeman and Company，2002.
[9] 莱茵哈德·伦内贝格. 生物技术入门. 北京：科学出版社，2009.
[10] Gibson I B. The 1000 Genomes Project：paving the way for personalized genomic medicine. Personalized Medicine，2013，10 (4)：321-324.
[11] Chavanet P. http：//apps. webofknowledge. com/full _ record. do? product＝UA&search _ mode ＝Refine&qid＝14&SID＝2FezIdiP1r966cZLHBv&page＝1&doc＝6. Medecine et Maladies Infectieuses，2012，42 (4)：149-153.
[12] Somerville R A, Fernie K, Smith A, Andrews R, Schmidt E, Taylor D M. Inactivation of a TSE agent by a novel biorefinement system. Process Biochemistry，2009，44 (9)：1060-1062.
[13] Amani H, Muller M M, Syldatk C. http：//apps. webofknowledge. com/full _ record. do? product ＝UA&search _ mode＝GeneralSearch&qid＝17&SID＝2FezIdiP1r966cZLHBv&page＝1&doc＝2. Applied biochemistry and biotechnology，2013，170 (5)：1080-1093.
[14] Alqueres S M C, Oliveira J H M, Nogueira E M. http：//apps. webofknowledge. com/ full _ record. do? product＝UA&search _ mode＝GeneralSearch&qid＝18&SID＝2FezIdiP1r966cZLHBv&page＝1&doc＝1. Archives of Microbiology，2010，192 (10)：835-841.
[15] Meyer S, Glaser B, Quicker P. http：//apps. webofknowledge. com/full _ record. do? product ＝ UA&search _ mode＝Refine&qid＝21&SID＝2FezIdiP1r966cZLHBv&page＝1&doc＝3. Environmental Science & Technology，2011，45 (22)：9473-9487.
[16] Nitesh R P, Piyush P G. A review on biomaterials：scope, applications & human anatomy significance. International Journal of Emerging Technology and Advanced Engineering，2012，4 (2)：91-101.
[17] John T. Biomaterials and medical implant science：Present and future perspectives：A summary report. Journal of Bio-

medical Materials Research，1996，32（2）：143-147.

[18]　杨汝德. 现代生物科学与生物工程导论. 广州：华南理工大学出版社，2006.

[19]　沈桂芳，丁仁瑞. 现代生物技术与21世纪农业. 杭州：浙江科学技术出版社，2000.

[20]　Vivienne M A. Agricultural biotechnology and smallholder farmers in developing countries. Current Opinion in Biotechnology，2012，2（23）：278-285.

第二章 碳代谢与代谢工程

引言

碳代谢主要包括糖代谢和脂代谢，其中糖代谢占据中心地位。 以生物质为原料，根据微生物体内的代谢途径，或按产品需求对其进行合理改造，可以生产一系列的生物基产品，例如生物质能源(乙醇和丁醇)、生物基大宗化学品(1,3-丙二醇、2,3-丁二醇、琥珀酸、乳酸等)、多不饱和脂肪酸(EPA 和 DHA 等)。 从生物资源利用的角度出发，本章主要介绍了一些碳代谢相关的基础知识，包括一些常见糖类和脂类的结构特点、生物体内糖类和脂类的合成和分解的基本途径，代谢工程的基本理论，包括代谢通量和代谢网络的分析、代谢途径的设计与优化，以及不同水平的代谢途径的调控，使读者基本理解与掌握糖代谢及其调控的基本要点。 最后，以葡萄糖发酵生产乙醇和甘油发酵生产 1,3-丙二醇为例，通过具体案例的分析使读者进一步深入理解糖代谢的基础知识，并能灵活应用于科研和实际生产。

知识网络

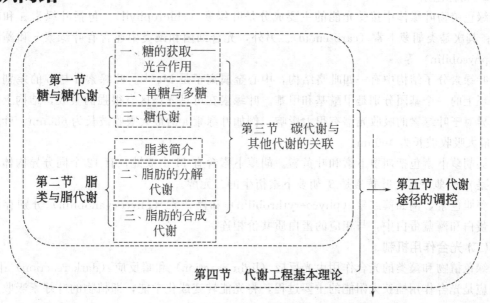

第一节　糖与糖代谢

一、糖的获取——光合作用

光合作用（photosynthesis）指的是绿色植物、光合细菌或藻类等利用光能，以 CO_2 为碳源、H_2O 或硫化物等为供氢体，以叶绿素捕获的光能为能源，合成以糖类物质为主的有机化合物的过程。光合有机体可分为生氧的和不生氧的两类。在绿色植物中光合作用在叶绿体中进行，以 H_2O 为氢（电子）供体还原 CO_2，同时产生糖类化合物 $[(CH_2O)_n]$ 和 O_2。总反应式为：

$$nCO_2 + nH_2O \xrightarrow{\text{光能、叶绿体}} (CH_2O)_n + nO_2$$

光合细菌如硫细菌以 H_2S 代替水作为氢（电子）供体。总反应式为：

$$2H_2S + CO_2 \xrightarrow{\text{光能}} (CH_2O) + H_2O + 2S$$

(一) 叶绿体及光合色素

1. 叶绿体（chloroplast）

叶绿体是藻类和植物进行光合作用的器官。每个细胞含 1~1000 个叶绿体，大小和形状各异。典型叶绿体为长约 $5\mu m$ 的椭圆体，由外膜和内膜组成。内膜包围着基质部分，基质中含有丰富的酶，包括糖合成所需要的酶，以及几种叶绿体蛋白合成所涉及的 DNA、RNA 和核糖体。基质中还分布着具有膜结构特点的片状类囊体（thylakoid）。类囊体膜由叶绿体的内膜内陷折叠而成，含有能捕获光能、传递电子和合成 ATP 所涉及的蛋白质复合物如光合色素。

光合细菌无叶绿体，它们的光合色素存在于由质膜形成内陷或类似基粒的多片层结构上。

2. 光合色素

绿色植物叶绿体中接受光能的主要成分是叶绿素（chlorophyll），包括叶绿素 a 和叶绿素 b；其次是类胡萝卜素（carotenoid）。另外，光合细菌和藻类中还含有叶绿素 c 和藻胆色素（phycobilin）等。

叶绿素分子结构中有一四吡咯结构，中心金属离子是 Mg^{2+}。叶绿素 a 与 b 的差别在于吡咯环上的一个基团分别是甲酰基和甲基。叶绿素在可见光谱区有很强的吸收，结构上的较小差异对于叶绿素的吸收光谱有很大影响，例如叶绿素 a 的最大吸收波长为 680nm，叶绿素 b 的最大吸收波长为 460nm。

类胡萝卜素包括胡萝卜素和叶黄素。胡萝卜素含有 11 个双键，有 12 个同分异构体，常见的是 β-胡萝卜素。叶黄素是 β-胡萝卜素衍生的二元醇。

藻胆色素，例如藻红素（phycoerythrobilin）和藻蓝素（phycocyanobilin）分别存在于藻红蛋白和藻蓝蛋白中，与相应的蛋白质共价相连。

(二) 光合作用机制

绿色植物和藻类的光合作用由光反应（light reaction）和暗反应（dark reaction）组成。光反应是光合作用捕获太阳能的主要过程，将光能转变成化学能，即植物的叶绿素吸收光能进行光化学反应，使水分子活化分解为 O_2、H^+ 并释放出电子，并产生 NADPH 和 ATP。

光反应的场所是叶绿体中的类囊体膜。光合细菌的光反应在细菌质膜或称为载色体的质膜内陷进行。暗反应是一个酶催化的反应过程，不需要光参加，由光反应产生的 NADPH 在 ATP 供给能量的情况下，使 CO_2 还原为简单糖类的反应。暗反应的场所是叶绿体的基质。

1. 光反应

（1）光反应系统（photosystem，PS） 光反应过程由叶绿体的两种光反应系统参加，称为光系统 I（PS I）和光系统 II（PS II），也被称为光反应中心（photoreaction center）。

PS II 包括一个捕获光能的复合体、一个反应中心及一个产生氧的复合体。其中，捕获光能的复合体中含有的色素分子不直接参与光化学反应，而是起收集光能的作用，常被称为天线色素，因其在 680nm 有最大吸收，又称 P_{680}；反应中心含有叶绿素 a 与质体醌等，由 P_{680} 吸收的光能以激发能形式转移至反应中心，并产生一种强氧化剂和一种弱还原剂；产生氧的复合体含有能够促进水裂解的酶类，反应中心产生的强氧化剂在酶催化下将水裂解为氧和电子。这种高能电子是推动暗反应的动力。

PS I 是一个跨膜复合物，反应中心含有 130 个叶绿素 a 分子，它的最大吸收波长为 700nm，所以又称为 P_{700}。光系统 I 由 700nm 波长的光照射，最终产生 NADPH。

这两个光合系统利用光能推动电子从 H_2O 到 $NADP^+$ 逆电势梯度传递。反应如下：

$$2H_2O + 2NADP^+ \xrightarrow{\text{光}} O_2 + 2NADPH + 2H^+$$

（2）光合磷酸化 由光照引起的电子传递与磷酸化作用相偶联而生成 ATP 的过程称为光合磷酸化。依照光合链电子传递的方式，光合磷酸化可分为非环式光合磷酸化和环式光合磷酸化。

在光照条件下，水分子光裂解产生的电子，经 P_{680} 将电子传递到 $NADP^+$，电子流动经过两个光系统，两次被激发成高能电子。电子传递过程产生的质子梯度，驱动 ATP 合成，并生成 NADPH（绿色植物）或 NADH（光合细菌），此过程为非环式光合磷酸化。反应式如下：

$$2H_2O + 2NADP^+ + 3ADP + 3Pi \xrightarrow{\text{非环式光合磷酸化}} 2NADPH + 2H^+ + 3ATP + O_2$$

PS I 反应中心 P_{700} 受光激发释放的高能电子，不传递给 $NADP^+$，而是回传给细胞色素 bf 复合物，然后通过质体蓝素 PC 传递给 P_{700}，电子在此循环流动过程中产生质子梯度从而驱动 ATP 的生成，此过程即为环式光合磷酸化。该过程只涉及 PS I，并且只生成 ATP，而无 NADPH 生成。

2. 暗反应

绿色植物和光合细菌通过光合磷酸化作用将光能转变为化学能，即 NADPH 的还原能和 ATP 的水解能。NADPH 在 ATP 供给能量的情况下，将 CO_2 还原成糖，此过程称为暗反应。多数植物暗反应的最初产物是三碳化合物（3-磷酸甘油酸），所以将其称为三碳循环（C_3 循环）。三碳循环是由 Calvin 首先提出来的，又称为 Calvin 循环。C_3 循环全部都是暗反应，催化 C_3 循环的酶系存在于叶绿体的间质中。C_3 循环是普遍存在于所有光合植物中的光合碳素途径。

Calvin 循环的总方程式为：

$$6CO_2 + 18ATP + 12NADPH + 12H^+ + 12H_2O \longrightarrow C_6H_{12}O_6 + 18ADP + 18Pi + 12NADP^+$$

1965 年澳大利亚植物生化学家 M. D. Hatch 和 C. R. Slack 发现甘蔗等热带或亚热带起

源的植物在 $^{14}CO_2$ 中进行光合作用时，同位素 ^{14}C 首先标记在苹果酸、草酰乙酸、天冬氨酸上。由于这类植物的光合作用起始产物是含四碳的二羧酸——草酰乙酸，所以将此代谢途径称为四碳循环（C_4 途径），又称 Hatch-Slack 途径。

一些重要的农作物，例如玉米、高粱、粟、其他禾本科、莎草科中的某些植物等均为 C_4 循环植物。在这些植物中，有两种叶绿体进行两类循环。在维管束鞘细胞中的叶绿体，以 C_3 循环途径固定 CO_2；而在叶肉细胞中，主要进行 C_4 循环，对大气中浓度较低的 CO_2 进行固定和浓缩，并以苹果酸的形式转移至维管束鞘细胞中作为 C_3 循环的 CO_2 源，从而提高了三碳循环固定 CO_2 的效率。

二、单糖与多糖

植物通过光合作用生成葡萄糖，并进一步转变成其他糖类化合物，例如蔗糖、纤维素、淀粉等。糖（saccharide），又称碳水化合物（carbohydrate），主要由碳、氢、氧组成，通式为：$(CH_2O)_n$。实际上，有些糖分子中氢氧比并不是 2∶1，如鼠李糖（$C_6H_{12}O_5$），而符合 $(CH_2O)_n$ 的化合物如乳酸（$C_3H_6O_3$）等也不一定都是糖。可见，碳水化合物这一叫法并不十分恰当，只是人们习惯如此称呼而已。从化学结构上看，糖是多羟基醛、多羟基酮或者经水解后易转化成多羟基醛或多羟基酮的化合物。

根据聚合度，糖类可分为单糖、低聚糖和多糖三大类。

(一)单糖（monosaccharide）

单糖是不能被水解成更小分子的一类糖。

根据所含羰基，单糖可分为醛糖（aldose）和酮糖（ketose）。单糖中的甘油醛有一个手性碳原子，所以有 D-甘油醛和 L-甘油醛两个旋光异构体。理论上由 D-甘油醛衍生出来的单糖（以单糖的最后一个不对称碳原子为标准）均称为 D-型糖，由 L-甘油醛衍生出来的单糖则称为 L-型糖。甘油醛中不对称碳原子可用 "C*" 来表示，在 Fischer 投影式中，—OH 在 C* 右边的为 D-型，—OH 在 C* 左边的为 L-型（图 2-1）。

自然界中存在的醛糖和酮糖种类很多，例如与人类关系密切的 D-葡萄糖（己醛糖）和 D-果糖（己酮糖），结构如图 2-2 所示。

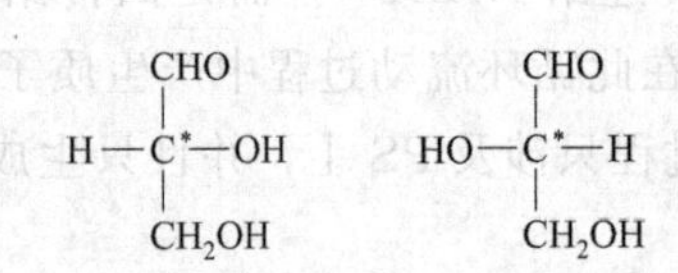

图 2-1　D-甘油醛和 L-甘油醛的 Fischer 投影式　　图 2-2　葡萄糖和果糖的 Fischer 投影式

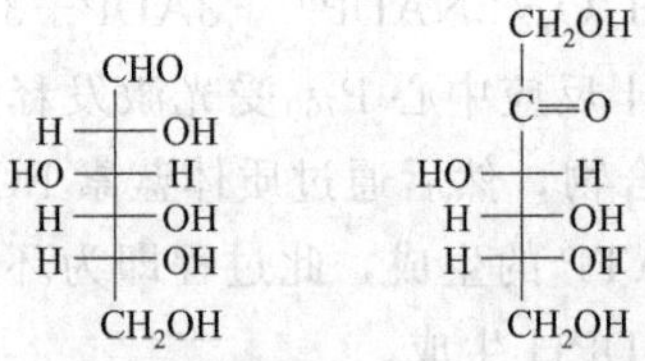

醛糖和酮糖易形成环状的半缩醛。在水溶液中糖分子总是处在链状和环状结构的动态平衡中。例如，葡萄糖在其结晶和水溶液中绝大多数分子是以环状结构存在的，因此，醛糖的水溶液有时不能体现出自由醛基性质。

单糖成环时，易形成五元环和六元环结构。例如 D-葡萄糖 C5 上的羟基与 C1 的醛基加成生成六元环的吡喃型葡萄糖（glucopyranose），C4 上的羟基与 C1 的醛基加成生成五元环的呋喃型葡萄糖。D-葡萄糖主要以吡喃糖存在，呋喃糖次之，主要是吡喃型比呋喃型稳定。

根据含碳数目，单糖又可分为丙糖（三碳糖）（如 D-甘油醛、二羟基丙酮）、丁糖（四碳糖）（如 D-赤藓糖、D-赤藓酮糖）、戊糖（五碳糖）（如核糖、阿拉伯糖、木糖）、己糖

（六碳糖）（如葡萄糖、半乳糖、甘露糖、果糖、山梨糖）、庚糖（七碳糖）等。这些单糖，有的以游离形式存在于自然界中，有的聚合成多糖，在生理、医学、工业等方面有广泛用途。例如，D-核糖和2-脱氧-D-核糖是RNA和DNA的组成成分；D-木糖主要以戊聚糖的形式存在于植物和细菌的细胞壁中，是树胶和半纤维素的组成成分，可通过酸水解富含半纤维素的植物，如木屑、秸秆、玉米芯等而获得，经还原可转变为一种无热量甜味剂——D-木糖醇；D-葡萄糖是自然界分布最广且最为重要的一种单糖，能被人体直接吸收利用，是人体和动物所需能量的主要来源，是植物中淀粉和纤维素等的构件分子；D-果糖是自然界中最甜的单糖，常以游离态的形式与葡萄糖共存于蜂蜜及各种果汁中，或与其他单糖结合成为寡糖（如蔗糖、龙胆糖、松三糖等），或以果聚糖形式存在于菊科植物中；含D-甘露庚酮糖和/或甘露庚糖醇的组合物可用于治疗和预防先天免疫变异疾病（皮奇里利等，2005）。

(二) 低聚糖（oligosaccharide）

低聚糖一般由2～10个单糖聚合而成，也称寡糖。其中以二糖（disaccharide）最常见，如蔗糖、麦芽糖、乳糖、海藻糖、纤维二糖等。

蔗糖，俗称食糖，广泛分布于植物体内，甜菜、甘蔗、糖枫和水果中含量极高。蔗糖是植物储藏、积累和运输糖分的主要形式。蔗糖是由一分子α-D-葡萄糖和一分子β-D-果糖通过α-1,2-糖苷键连接而成。蔗糖容易被酸水解，水解后产生等量的D-葡萄糖和D-果糖。蔗糖不具还原性，发酵形成的焦糖可以用作酱油等的增色剂。

麦芽糖，俗称饴糖，主要存在于发芽的谷物（尤其是麦芽）中。麦芽糖易溶于水，甜度比蔗糖低。麦芽糖是还原糖，能使斐林试剂还原并发生银镜反应。麦芽糖由两个葡萄糖分子失水缩合而成，连接键为α-1,4-糖苷键。

乳糖主要存在于哺乳动物的乳汁中，是婴儿能够吸收的唯一的糖，其甜度较低，水溶性也较差，是一种还原糖。乳糖是由一分子β-D-半乳糖和一分子α-D-葡萄糖以β-1,4-糖苷键缩合而成。

(三) 多糖（polysaccharide）

多糖，也称聚糖，是由多个单糖分子或其衍生物经糖苷键连接而成，水解后可产生单糖或糖的衍生物。多糖可分为同聚多糖和杂聚多糖。同（聚）多糖是由同种单糖结合而成，如淀粉、纤维素和糖原等均是由葡萄糖结合而成；杂（聚）多糖是由多种单糖或其衍生物结合而成，水解后可产生多种单糖及其衍生物，如菊粉、黏多糖等。

1. 淀粉（starch）

淀粉是植物储藏养分的一种形式，主要储存于植物的种子和块茎中，是人类重要的营养物之一。它可作为重要的工业原料，在酿酒、食品加工及工业发酵等行业中发挥着重要的作用。

天然淀粉含有直链和支链两种组分。支链淀粉占80%～90%，直链淀粉仅占10%～20%。直链淀粉和支链淀粉都不是均一的化合物，不同来源和不同制备方法获得的淀粉分子量亦不相同。直链淀粉是以α-1,4-糖苷键连接而成的链状聚合物，含有600～12000个葡萄糖残基；支链淀粉含有分支结构，25～30单位有一个分支点，线形链段通过α-1,4-糖苷键连接，分支点处以α-1,6-糖苷键连接，通常由6000～37000个葡萄糖残基组成。直链淀粉可少量溶于热水；支链淀粉不溶于水，在热水中可膨胀糊化，因而黏性较大。直链淀粉遇碘变蓝色，支链淀粉遇碘呈紫色到紫红色。糯米等黏性食品主要含有大量的支链淀粉，而皱缩豌豆中直链淀粉含量高达98%。

2. 糖原（glycogen）

糖原是动物和微生物细胞内糖及能源的一种储存形式，其作用与植物中淀粉类似，被称为"动物淀粉"。在动物体内，糖原主要存在于肝脏和骨骼肌中，约占湿重的 5% 和 1.5%，称为肝糖原和肌糖原。糖原也是由葡萄糖通过 α-1,4-糖苷键和 α-1,6-糖苷键连接而成，与支链淀粉不同的是它的分支程度更高。

3. 纤维素（cellulose）

纤维素是构成植物细胞壁和支柱组织的主要成分，占植物含碳量的 50% 左右，是生物圈里最丰富的有机物质。纤维素是由 300~15000 个葡萄糖分子经 β-1,4-糖苷键连接而成的线形葡聚糖。纯净的纤维素是无味白色粉末，不溶于水，经过酸作用可缓慢水解成葡萄糖。

除反刍动物外，一般动物的胃中无纤维素酶，因此不能消化纤维素。但是，食物中的纤维素（即膳食纤维）对人体的健康有着重要的作用，可用于治疗糖尿病、预防和治疗冠心病、降血压、减肥、治疗肥胖症等。

4. 菊粉（inulin）

菊粉，又名菊糖或天然果聚糖，由 31 个 β-D-呋喃果糖残基通过 β-2,1-糖苷键连接，1 个葡萄糖残基位于多糖链的末端，链内还含有 0~1 个葡萄糖残基。在稀酸作用下菊粉极易水解成果糖，也可被菊粉酶水解成果糖，用于生产乙醇、乳酸、丁二醇等（Li 等，2013）。菊粉在菊芋块茎、天竺牡丹（大理菊）的块根、蓟的根中含量较丰富。

5. 几丁质（chitin）

几丁质，又名壳多糖，是 N-乙酰-β-D-葡糖胺通过 β-1,4-糖苷键连接而成的同聚物，分子量达数百万。其结构与纤维素相似，只不过每个葡萄糖残基上的 C2 羟基被乙酰氨基所取代。几丁质经过脱乙酰作用得到的产物为乙酰壳多糖，即壳聚糖（chitosan），被广泛应用于水和饮料处理、化妆品、制药、医学、农业以及食品、饲料等行业。

6. 半纤维素（hemicellulose）

半纤维素指的是碱溶性的植物细胞壁多糖，即除去果胶物质后的残留物能被 15% NaOH 提取的多糖。它是由几种不同类型的单糖构成的异质多聚体，主要有 D-木糖、D-甘露糖、D-葡萄糖、D-半乳糖、L-阿拉伯糖、4-氧甲基-D-葡萄糖醛酸及少量 L-鼠李糖、L-岩藻糖等。这些多糖大多含有侧链，由 50~400 个残基构成，结合在纤维素微纤维的表面。半纤维素主要存在于植物的木质化部分，如木材中半纤维素占干重的 15%~25%，农作物秸秆中占 25%~45%。

半纤维素主要包括木聚糖、葡甘露聚糖、半乳葡甘露聚糖、木葡聚糖、愈创葡聚糖等。

三、糖代谢

进入细胞的单糖，在酶的催化作用下，发生进一步的分解代谢，生成的大量代谢中间体在工业、医药、能源等领域有广泛用途。例如，琥珀酸，可用于合成一些重要的化工产品如丁二醇、四氢呋喃等，也可用来合成可降解的生物聚合物，如聚丁烯琥珀酸酯（PBS）和聚酰胺（Beauprez 等，2010；Delhomme 等，2009）；L-乳酸被大量用于生产聚乳酸（Abdel-Rahman 等，2011）。

将以葡萄糖为例介绍糖在生物体内的降解过程。

(一) 糖酵解途径

生物体内的葡萄糖在酶的催化下降解成丙酮酸并生成 ATP 的过程称为糖酵解（glycolysis），它是动、植物及微生物细胞中葡萄糖分解产生能量的共同代谢途径。为了纪念

Embden、Mayerhof 和 Parmas 等人对阐明该过程所做出的贡献，糖酵解途径也被称为 EMP 途径。

糖酵解过程在细胞液中进行，分两个阶段共 10 步酶促反应，前 5 步是耗能阶段，1 分子葡萄糖被分解为 2 分子三碳糖，消耗 2 分子 ATP；后 5 步是放能阶段，三碳糖生成丙酮酸，共产生 4 分子 ATP，糖酵解的全过程如图 2-3 所示。其中，酶①、③和⑩催化的反应不可逆，磷酸果糖激酶是糖酵解的限速酶。这三步的逆反应需要其他的酶催化，其余反应均可逆。

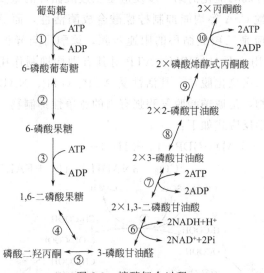

图 2-3　糖酵解全过程

催化各步反应的酶为：①己糖激酶，②磷酸葡萄糖异构酶，③磷酸果糖激酶，④醛缩酶，
⑤磷酸丙糖异构酶，⑥磷酸甘油醛脱氢酶，⑦磷酸甘油酸激酶，
⑧磷酸甘油酸变位酶，⑨烯醇化酶，⑩丙酮酸激酶

经过上述反应，1 分子葡萄糖降解成 2 分子丙酮酸。在氧供应充足时，丙酮酸进入线粒体，经三羧酸循环彻底氧化生成 CO_2 和 H_2O。

供氧不足或无氧条件下，丙酮酸在乳酸脱氢酶催化下还原生成乳酸。工业上以葡萄糖为碳源使用乳杆菌发酵生产乳酸。

在酵母菌、肠杆菌、枯草芽孢杆菌等微生物中，丙酮酸可转变成多种有机化合物，如乙醇、乙酸、2,3-丁二醇等，是生物法生产生物基化学品的基本机制（Sabra 等，2011）。

(二) 丙酮酸的氧化脱羧和柠檬酸循环

1. 丙酮酸的氧化脱羧

在丙酮酸脱氢酶复合体催化下，丙酮酸氧化脱羧生成乙酰 CoA，该反应不可逆。丙酮酸脱氢酶复合体由 3 个酶组成，包括丙酮酸脱羧酶、二氢硫辛酸乙酰转移酶和二氢硫辛酸脱氢酶，其催化能力受诸多因素影响。例如，反应中的产物乙酰 CoA 和 NADH 浓度高时，可分别抑制二氢硫辛酸乙酰转移酶和二氢硫辛酸脱氢酶的活性，丙酮酸脱羧酶活性受 ADP 和胰岛素的激活，受 ATP 的抑制。

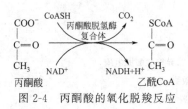

图 2-4　丙酮酸的氧化脱羧反应

丙酮酸氧化脱羧的重要特征是丙酮酸氧化释放的自由能储存在乙酰 CoA 中的高能硫酯键中，并生成 NADH+ H$^+$，反应式如图 2-4 所示。

2. 三羧酸循环

丙酮酸氧化脱羧生成的乙酰CoA进入由一连串反应构成的循环体系,被氧化生成CO_2。由于该循环的第一个产物是乙酰CoA与草酰乙酸缩合生成的含有三个羧基的柠檬酸,因此,称为三羧酸循环(tricarboxylic acid cycle,TCA)或柠檬酸循环(citric acid cycle)。三羧酸循环是Krebs于1937年发现的,故又称Krebs循环。三羧酸循环的全过程如图2-5所示。通过三羧酸循环,1分子乙酰CoA共生成1分子ATP、3分子NADH和1分子$FADH_2$。在此循环中,由柠檬酸合成酶催化的第一步反应是三羧酸循环的重要调节点,ATP、α-酮戊二酸、NADH、长链脂酰CoA等均能抑制柠檬酸合成酶活性,而AMP则起激活作用;异柠檬酸脱氢酶催化的反应是三羧酸循环的限速步骤,该酶可与异柠檬酸、Mg^{2+}、NAD^+、ADP结合起相互协同作用,而NADPH、ATP对其有别构抑制作用;α-酮戊二酸脱氢酶复合体催化了此循环的第二次氧化脱羧,其活性受ATP、GTP、NADH和琥珀酰CoA抑制;丙二酸是琥珀酸的类似物,是琥珀酸脱氢酶强有力的竞争性抑制物,可以阻断三羧酸循环。

三羧酸循环的总化学反应式如下:

$$乙酰CoA + 3NAD^+ + FAD + GDP + Pi + 2H_2O \longrightarrow$$
$$2CO_2 + 3NADH + 3H^+ + FADH_2 + GTP + CoASH$$

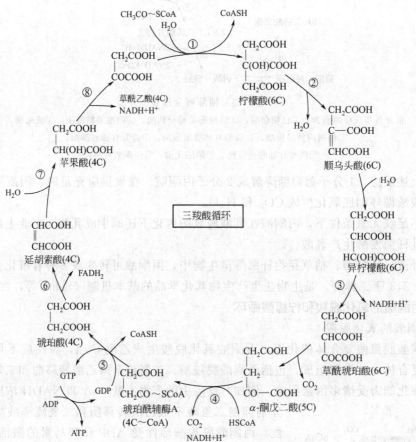

图2-5 三羧酸循环的全过程

催化各步反应的酶为:①柠檬酸合成酶,②顺乌头酸酶,③异柠檬酸脱氢酶,
④α-酮戊二酸脱氢酶复合体,⑤琥珀酸硫激酶,
⑥琥珀酸脱氢酶,⑦延胡索酸酶,⑧苹果酸脱氢酶

(三) 磷酸戊糖途径

在某些组织如肝脏、脂肪组织、肾上腺皮质等中尚有磷酸戊糖途径（pentose phosphate pathway），又称戊糖磷酸途径、五碳糖磷酸途径、己糖磷酸旁路，大约有 30% 的葡萄糖经磷酸戊糖途径分解。磷酸戊糖途径以葡萄糖-6-磷酸为起始物质，生成具有重要生理功能的 NADPH 和核糖-5-磷酸，还能够进行三碳糖、四碳糖、五碳糖、六碳糖和七碳糖之间的相互转化，是葡萄糖在体内生成核糖-5-磷酸的唯一途径。

磷酸戊糖途径在细胞胞液内进行，全过程如图 2-6 所示，分为不可逆的氧化阶段和可逆的非氧化阶段。在氧化阶段，3 分子葡萄糖-6-磷酸经氧化脱羧生成 6 分子 NADPH、3 分子 CO_2 和 3 分子核酮糖-5-磷酸，此阶段反应不可逆；在非氧化阶段，核酮糖-5-磷酸在不同酶催化下使部分碳链进行相互转换，最终生成 2 分子果糖-6-磷酸和 1 分子甘油醛-3-磷酸，此阶段所有反应均可逆。该途径中的限速酶是葡萄糖-6-磷酸脱氢酶，其活性受 NADPH 浓度影响，NADPH 浓度升高抑制酶的活性，因此，磷酸戊糖途径主要受体内 NADPH 的需求量调节。

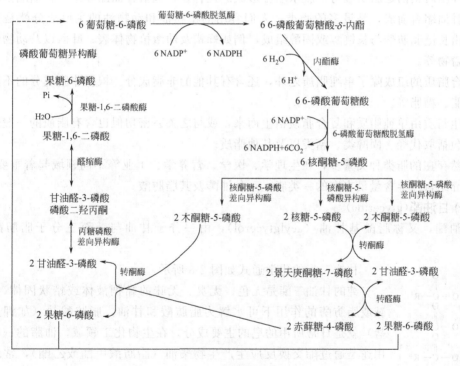

图 2-6　磷酸戊糖途径

(四) ED 途径

ED（Entner-Doudoroff）途径，又称 2-酮-3-脱氧-6-磷酸葡糖酸（KDPG）途径，是 Entner 和 Doudoroff 在研究嗜糖假单胞菌的代谢时发现的，所以简称为 ED 途径。该途径存在于某些缺乏完整 EMP 途径的微生物中，是 EMP 的一种替代途径，为微生物所特有，在革兰氏阴性菌中分布较广，大肠杆菌、嗜糖假单胞菌、铜绿假单胞菌、荧光假单胞菌、林氏假单胞菌、真养产碱菌、运动发酵单胞菌等都发现存在 ED 途径。其特点是葡萄糖只经过 4 步反应即可快速获得由 EMP 途径须经 10 步反应才能够形成的丙酮酸。ED 途径的全过程如图 2-7 所示。

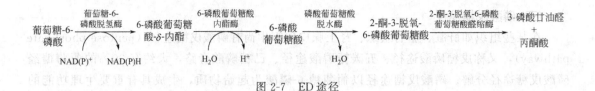

图 2-7 ED 途径

第二节 脂类与脂代谢

一、脂类简介

脂类（lipid），也称脂质，是一类低溶于水而高溶于非极性有机溶剂的生物有机分子，通常指的是由脂肪酸和醇作用生成的酯及其衍生物。从其化学组成分，可分为单纯脂质、复合脂质和衍生脂质。

单纯脂质指的是脂肪酸与醇脱水缩合形成的化合物，包括甘油酯和蜡。甘油酯由高级脂肪酸与甘油缩合而成，是最多的脂类，人们食用的植物油和动物油的主要成分就是甘油三酯；蜡由长链脂肪酸与长链醇或固醇组成，例如蜂蜡及幼嫩植物体表、叶面以及动物体表的蜡状覆盖物等。

复合脂质的组成除了单纯脂质之外，还含有其他的非脂成分。根据非脂成分的不同，可分为磷脂、糖脂等。

衍生脂质由单纯脂质和复合脂质衍生而来，或与之关系密切但也含有脂质的一般性质的物质，包括取代烃、固醇类、萜类以及其他脂质。

天然存在的脂类种类繁多，在生理学、医学、营养学、工业等不同领域起着重要用途。本节将介绍自然界含量最丰富的一类脂——甘油酯及其脂肪酸。

(一) 甘油酯（glyceride）

甘油酯，又称脂酰基甘油（acylglycerol），由一分子甘油与一至三分子脂肪酸酯化生成。

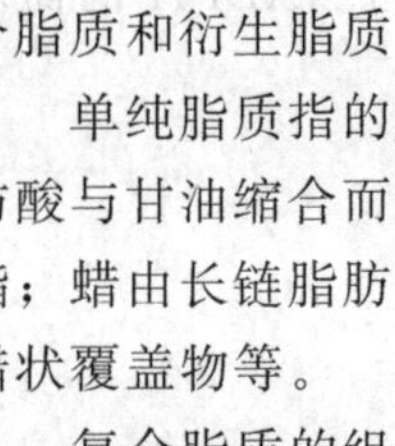

甘油三酯的化学通式如图 2-8 所示。

纯的甘油三酯是无色、无臭、无味的黏稠液体或蜡状固体，在酸、碱或脂肪酶的作用下可水解为脂肪酸和甘油，脂肪酸盐（如钾盐、钠盐）就是日常所用的皂的主要成分。在生物化工领域，油脂的一项重要用途是通过酯交换反应生产生物柴油（脂肪酸甲酯或乙酯），常用的催化剂是酸、碱或脂肪酶（Borugadda 等，2012）。

图 2-8 甘油三酯的化学通式

天然存在的油脂都是几种甘油三酯的混合物，所以其熔点无固定值，熔点范围随其含有的不饱和脂肪酸和分子量较低的脂肪酸的比例增高而降低。例如，大豆油的熔点为 $-16 \sim -10$℃，花生油为 $0 \sim 3$℃。

(二) 脂肪酸（fatty acid）

脂肪酸是指含有一个长的脂肪族碳氢链的羧酸。根据碳氢链饱和度不同，可分为三类，即碳氢链上没有不饱和键的饱和脂肪酸、有一个不饱和键的单不饱和脂肪酸以及有两个或两个以上不饱和键的多不饱和脂肪酸。富含单不饱和脂肪酸和多不饱和脂肪酸组成的脂肪在室温下呈液态，大多为植物油的主要成分。以饱和脂肪酸为主组成的脂肪在室温下呈固态，多为动物脂肪。但也有例外，如深海鱼油虽然是动物脂肪，但它富含多不饱和脂肪酸，如二十碳五烯酸（EPA）和二十二碳六烯酸（DHA），因而在室温下呈液态。

天然脂肪酸的结构大多为线形，分支或环状的很少，其骨架的碳原子多为偶数，这是因为生物体内脂肪酸是以二碳为单位从头合成的。奇数碳原子的脂肪酸在某些海洋生物中大量存在，而在陆地生物中含量很少。

二、脂肪的分解代谢

(一) 甘油三酯的分解代谢

甘油三酯（脂肪）在甘油三酯脂肪酶、甘油二酯脂肪酶、甘油单酯脂肪酶依次作用下水解为甘油和游离脂肪酸，经质膜进入血液以供其他组织氧化利用，该过程称为脂肪动员。在脂肪动员中，脂肪细胞内激素敏感性甘油三酯脂肪酶起决定性作用，是脂肪分解的限速酶。

(二) 甘油的分解代谢

脂肪细胞缺少甘油激酶，不能直接利用脂肪水解产生的甘油，所以，甘油只有通过血液循环运至肝脏，才能被甘油激酶催化形成 α-磷酸甘油，随后在磷酸甘油脱氢酶作用下氧化生成磷酸二羟丙酮。磷酸二羟丙酮经糖酵解途径，异构化生成 3-磷酸甘油醛，转化生成丙酮酸，再经柠檬酸循环彻底氧化生成 CO_2 和 H_2O 并提供能量；或经糖异生途径转化生成葡萄糖。

除此之外，自然界的某些厌氧菌和兼性菌，如克雷伯氏杆菌（*Klebsiella pneumoniae*）、弗氏柠檬酸杆菌（*Citrobacter freundii*）、成团肠杆菌（*Enterobacter agglomerans*）、短乳杆菌（*Lactobacillus brevis*）、布氏乳杆菌（*Lactobacillus buchneri*）和丁酸梭状芽孢杆菌（*Clostridium butyricum*）等，还可通过甘油歧化的方式进行甘油的代谢，其中，还原途径通过两步酶催化反应生成新型聚酯 PTT 的单体 1,3-丙二醇（Saxena 等，2009）。

(三) 脂肪酸的分解代谢

脂肪分解得到的脂肪酸在 O_2 充足时，在体内分解成 CO_2、H_2O 并释放大量能量，以 ATP 形式供机体利用。除脑组织外，大多数组织均能氧化脂肪酸，以肝和肌肉最为活跃。

饱和脂肪酸的氧化方式主要是 β-氧化，其过程包括脂肪酸的活化、脂酰 CoA 进入线粒体和脂酰 CoA 的 β-氧化。具体过程如下。

① 脂肪酸的活化：脂肪酸进入细胞后，在胞液中通过脂酰 CoA 合成酶（acyl-CoA synthetase）催化转变为脂酰 CoA，反应式如图 2-9 所示。

$$RCH_2CH_2CH_2C\overset{O}{-}OH + ATP + CoASH \xrightarrow[\text{脂酰CoA合成酶}]{Mg^{2+}} RCH_2CH_2CH_2C\overset{O}{-}SCoA + AMP + PPi$$

图 2-9　脂肪酸活化为脂酰 CoA 的反应式

② 脂酰 CoA 进入线粒体：进行脂肪酸氧化的酶存在于线粒体基质中，活化的脂酰 CoA 必须进入线粒体内才能进行代谢反应。在肉碱（carnitine，L-β-羟基-γ-三甲氨基丁酸）携带下，长链脂酰 CoA 被转运到线粒体内（图 2-10）。其中，肉碱脂酰转移酶 I 是脂肪酸 β-氧化的限速酶，脂酰 CoA 进入线粒体是主要限速步骤。

③ 脂酰 CoA 的 β-氧化：脂酰 CoA 进入线粒体基质后，在线粒体基质中脂肪酸 β-氧化多酶复合体的催化下，从脂酰基 β-碳原子开始进行脱氢、加水、再脱氢及硫解等四步反应，生成 1 分子乙酰 CoA 和比原来少 2 个碳原子的脂酰 CoA。以软脂酰 CoA 的 β-氧化为例，具体过程如图 2-11 所示。

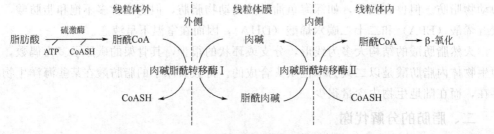

图 2-10 脂酰 CoA 进入线粒体的机制示意图

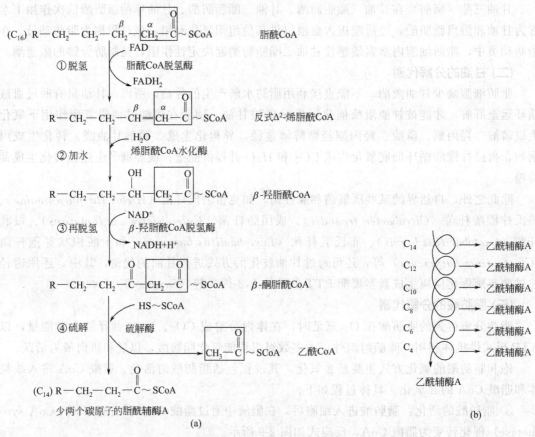

图 2-11 软脂酰 CoA 的 β-氧化

脂肪酸 β-氧化生成大量的乙酰 CoA，一部分在线粒体内通过三羧酸循环彻底氧化；一部分用来合成新的脂肪酸或胆固醇；还可以在线粒体中缩合生成酮体供肝外组织氧化利用。

奇数碳脂肪酸的氧化方式与偶数碳相似，只是奇数碳脂肪酸经 β-氧化后，产生多个乙酰 CoA 分子和 1 个丙酰 CoA。动物体内的丙酰 CoA 在丙酰 CoA 羧化酶、甲基丙二酸单酰 CoA 差向异构酶和甲基丙二酸单酰 CoA 变位酶作用下，生成琥珀酰 CoA 进入柠檬酸循环。

三、脂肪酸的合成代谢

合成甘油三酯的原料是 α-磷酸甘油和脂肪酸。

α-磷酸甘油主要来自两条途径：①糖代谢生成（脂肪细胞、肝脏）的磷酸二羟丙酮加氢生成 α-磷酸甘油；②脂肪动员生成的甘油转运至肝脏经磷酸化后生成 α-磷酸甘油。

脂肪酸的合成包括饱和脂肪酸的合成和饱和脂肪酸碳链的延长两个过程。

(一) 脂肪酸的合成

1. 饱和脂肪酸的合成

脂肪酸合成酶系存在于肝、肾、脑、肺、乳腺及脂肪等组织的细胞胞液中。肝是人体合成脂肪酸的主要场所。脂肪酸的合成包括乙酰 CoA 的转运、丙二酸单酰 CoA 的合成以及脂肪酸的合成 3 个过程。其中，乙酰 CoA 需要通过柠檬酸-丙酮酸循环来完成从线粒体到胞液的运输，然后在乙酰 CoA 羧化酶催化下羧化为丙二酸单酰 CoA，该酶是脂肪酸合成的限速酶。最后，以乙酰 CoA 为起始物、丙二酸单酰 CoA 为二碳单位供体合成长链脂肪酸，合成过程类似于 β-氧化逆反应，即缩合→还原→脱水→再还原。每循环一次，延长 2 个碳原子。但脂肪酸合成需要的酰基载体不是 CoA，而是带有磷酸泛酰巯基乙胺的酰基载体蛋白（acyl carrierprotein，ACP）。

16 碳软脂酸合成需经过连续 7 次重复加成反应，合成总反应式为：

$$CH_3COSCoA + 7HOOCCH_2COSCoA + 14NADPH + 14H^+ \longrightarrow$$
$$CH_3(CH_2)_{14}COOH + 7CO_2 + 6H_2O + 8HSCoA + 14NADP^+$$

2. 脂肪酸碳链的延长

碳链的延长发生在线粒体和内质网中。线粒体中碳链的延长是脂肪酸降解的逆反应。在内质网中，软脂酸可逐步延长碳链成 C_{18}、C_{20}、C_{24} 等高级脂肪酸，但催化碳链延长反应的酶体系与合成酶系不同，脂肪酰基载体是 CoA 而不是 ACP。

不饱和脂肪酸的合成是在去饱和酶系作用下，在原有饱和脂肪酸中引入双键。多数不饱和脂肪酸都是由棕榈油酸、油酸、亚油酸和亚麻酸这 4 种不饱和脂肪酸衍生而来，通过延长和去饱和作用交替进行来完成的。

(二) 甘油三酯的合成

人体可利用甘油、糖、脂肪酸和甘油一酯为原料，经过脂肪酸途径和甘油一酯途径合成甘油三酯。

1. 甘油一酯途径

以甘油一酯为起始物，与脂酰 CoA 一起在脂酰转移酶作用下酯化生成甘油三酯。

2. 磷脂酸途径

α-磷酸甘油在脂酰转移酶作用下与脂酰 CoA 反应生成磷脂酸，然后酯化生成甘油三酯，过程如图 2-12。

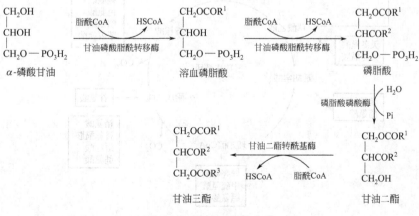

图 2-12　甘油三酯的合成

第三节 碳代谢与其他代谢的关联

在四类生物大分子（糖、脂、蛋白质、核酸）中，糖代谢占据着中心地位。从图 2-13 的代谢途径可以看出，无论是物质代谢还是能量代谢，都是通过糖代谢进行。尤其是糖、脂和蛋白质，在分解过程中乙酰 CoA 是它们共同的中间代谢物，三羧酸循环是彻底氧化的共同通路。四类生物大分子之间可以相互转化，又相互制约，平时产能以糖、脂为主。

一、糖代谢与脂代谢的关系

糖和脂之间可以相互转化。脂肪分解获得甘油和脂肪酸，甘油代谢产生磷酸二羟丙酮，可以进入糖酵解进一步分解，也可以作为原料合成糖；脂肪酸的主要代谢方式是 β-氧化，生成的乙酰 CoA 进入三羧酸循环进行代谢。

糖可以转变为脂肪。糖代谢产生的乙酰 CoA 可以作为合成脂肪酸的原料，糖酵解产生的磷酸二羟丙酮可以作为合成甘油的原料，从而合成脂肪。糖通过磷酸戊糖途径生成 NAD-PH，为脂代谢提供还原当量。

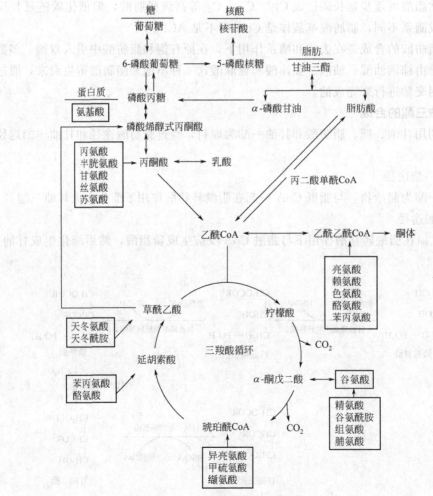

图 2-13 四类生物大分子的代谢

二、碳代谢与蛋白质代谢的关系

糖类和蛋白质在体内可以相互转化。形成蛋白质的氨基酸脱去氨基酸后剩下的碳骨架通过不同的结点物质进入糖代谢，如图 2-13 中的草酰乙酸、延胡索酸、琥珀酰 CoA 等，而糖代谢的中间产物可以转化成非必需氨基酸。例如，以 α-酮戊二酸为原料可以合成赖氨酸、谷氨酸、谷氨酰胺、脯氨酸和精氨酸，以草酰乙酸为原料可以合成天冬氨酸、天冬酰胺、甲硫氨酸、异亮氨酸和苏氨酸，以丙酮酸为原料可以合成丙氨酸、缬氨酸和亮氨酸，以 3-磷酸甘油酸为原料可以合成丝氨酸、甘氨酸、半胱氨酸，以 5-磷酸核糖为原料可合成组氨酸，以磷酸烯醇式丙酮酸和 4-磷酸赤藓糖为原料可合成苯丙氨酸、酪氨酸、色氨酸。

通常，动物体内的脂肪不能转化为氨基酸，而一些氨基酸可以通过不同的途径转变成甘油和脂肪酸。例如，丙氨酸、半胱氨酸、甘氨酸等可以转变为丙酮酸，丙酮酸氧化脱羧生成乙酰 CoA，乙酰 CoA 可以作为合成脂肪酸的原料。

三、核酸与其他代谢的关系

核酸由核苷酸聚合而成，组成核苷酸的核糖通过磷酸戊糖途径进行相应的转化，从而进行分解。

糖代谢和氨基酸代谢为核酸的合成提供了原料。葡萄糖磷酸化获得的 6-磷酸葡萄糖通过磷酸戊糖途径生成的 5-磷酸核糖为核苷酸的合成提供了糖基，是体内唯一生成核糖的途径。甘氨酸、天冬氨酸、谷氨酰胺为嘌呤和嘧啶的合成提供了原料。

第四节　代谢工程基本理论

一、基本概念

代谢工程（metabolic engineering）的概念最初是 Bailey 于 1991 年定义的，后来学者们有多种定义，可以概括为：在全面了解细胞代谢网络及其调控机制的基础上，采用基因工程手段改变细胞代谢系统的关键途径或引入新的途径，从而定向改进产物的生成或者合成新的产品。因此也有人将代谢工程称为途径工程、代谢途径工程、代谢设计等。

代谢途径（metabolic pathway）是指细胞内一系列可进行、可观测的生化反应步骤，这些反应步骤通过特定的代谢物相连，前一个反应的产物（输出）是后一个反应的底物（输入）；除第一和最后一个反应外，中间若干反应的底物和产物都称为中间代谢物。细胞内各种代谢途径组成的网络称为代谢网络（metabolic network）。

代谢工程是多学科交叉的研究方向，需要生物学、生物化学、遗传学、化学工程、生物技术、数学和系统科学等知识，如数学知识有助于代谢网络分析、优化，生物化学有助于对酶的特性和催化反应的理解，而分子生物学则提供了基因表达与调控等方面的知识。从系统科学的角度看，代谢工程是分子层次上的系统工程，按照人类的意愿将生物体组装成一个崭新的有机体。

代谢工程的研究内容主要包括两部分：一是研究生物代谢途径的控制策略，如代谢通量分析和代谢控制分析等理论分析方法；二是通过生物加工技术在生物体上实现代谢设计策略，如重组 DNA 等基因工程技术。

代谢工程可应用于以下几个方面：①通过基因改造合成原细胞无法得到的新产物；②提

高微生物转化的目标产物得率、产率或生产强度；③扩大基质利用范围，降低工业生产的原料成本；④减少副产物的形成；⑤提高细胞的抗底物、产物抑制能力以及耐受性；⑥环境污染物的微生物降解；⑦药物合成；⑧在医疗方面可用于器官和组织的代谢分析，以及用于鉴别基因治疗或营养控制疾病；⑨细胞信号传导途径的研究。

二、代谢通量及其分析

代谢通量（Metabolic flux）或称"代谢流"、"代谢流量"，是指输入代谢物生成输出代谢物的速率，它是代谢途径中的物质反应速率。代谢通量分析（metabolic flux analysis，MFA）是指利用数学计算方法分析代谢网络中物质流经各条途径的情况。代谢通量分析源于化学计量学，它反映的是底物转化为产物的生化反应网络量化关系。对于已知途径而言，代谢通量分析是了解环境条件变化对生物体内代谢流分布的影响，从而确定流向终产物的比例；对于未知的代谢途径而言，则是鉴别主、副途径，为代谢途径设计提供量化依据。

代谢通量分析主要包括以下几个方面。

（1）确定胞内代谢途径中各支路的通量分布，确定途径分支点上的通量分配比，判断胞内物质的代谢流向。进一步地，通过比较不同环境操作条件的分支点通量分配比的变化来判断分支点是刚性还是柔性的。刚性分支点抗拒分支点上通量分配比的变化，柔性分支点趋向于适应通量分配比的变化。

（2）识别胞内是否存在某条代谢途径。对于某些微生物其胞内的代谢途径并不是十分清楚，但如果已经知道几种类似生物体的胞内替代途径，则可以通过通量分布的对比分析确定哪些途径可能是存在的。

（3）预测未测量的胞外通量。在能够测量的胞外参数少于胞内通量计算所需的数目时，可通过前期实验确定的通量分配比计算胞外未测量的通量。这种利用通量计算模型确定胞外通量的方法可用来进行发酵过程，特别是稳态连续培养过程的监测和控制。

（4）计算最大理论得率。根据代谢网络的通量计算模型，可以计算目标产物的最大理论得率，并确定这种极限条件下物流在代谢网络中的分配情况。此外，还可以计算特定条件下的理论最大得率。最大理论得率的计算对发酵过程的最优控制具有指导意义。

代谢通量分析所需要的实测参数通常是胞外代谢物的通量，即底物消耗速率和产物生成速率。这些速率可以通过能够保证代谢物浓度恒定的稳态恒化实验或批式实验来获得。但对于复杂的代谢网络结构，仅测量胞外通量是不够的，为此建立了胞内代谢物的测量方法，其核心是利用同位素（如 ^{13}C 或 ^{31}P）标记实验。

（1）根据代谢物标记强度直接确定。利用核磁共振技术，直接定量测量放射性化合物的瞬时强度或稳态强度直接确定代谢途径的通量分配。这种方法要求实验过程稳态，且只能处理相对简单的代谢途径。

（2）物流平衡与同位素标记代谢物相结合。这种方法要求首先列出所有可能的标记代谢物，并建立包括同位素标记在内的所有代谢物的稳态平衡方程，然后通过迭代试差确定未知通量。此外还需要借助于气-质联用技术确定代谢物分子量。这种方法可用于确定包含循环途径在内的更复杂生化反应网络的通量分布。

（3）碳平衡分析结合同位素标记实验。在前面所提到的通量平衡方程都是针对代谢物建立的，而碳平衡则是对代谢网络中每个代谢物的每个碳原子建立平衡方程和原子映射矩阵（atom mapping matrix）。通过对碳原子建立平衡表达式，可以确定特定代谢物的特定碳原子富集度及其代谢物之间的转移方向。将测量的通量值带入上述碳平衡方程就可以得到输出代谢物的活性。

三、代谢网络及其分析

代谢通量分析能够确定不同途径之间代谢通量的分布，要想了解这种分布方式是如何被控制的，并保证当外部条件变化时代谢物之间仍能保持平衡，则需要借助于代谢网络的代谢控制分析（metabolic control analysis，MCA）。代谢控制分析的目的就是将代谢通量与酶活联系起来，确定代谢通量对酶活性的敏感性。代谢控制分析突破了传统的限制步骤的概念，使人们对代谢调控有了更全面的认识。

在代谢控制分析中，一般用通量控制系数、浓度控制系数和弹性系数三个参数来描述代谢网络的控制规律，其定义如下。

（1）通量控制系数：代谢途径中由任意小的酶活性变化引起的通量相对变化与该酶活性相对变化之比，即在特定稳态条件下该酶对代谢通量控制的影响程度。

（2）浓度控制系数：途径中第 i 个酶的活性相对变化引起中间产物 X_i 浓度的相对变化。

（3）弹性系数：在系统其他代谢物浓度不变的前提下，由第 j 个代谢物浓度的相对变化引起第 i 个反应速率的相对变化。

上述三个用于代谢控制分析的参数都可以看作是独立变量变化对代谢途径影响的对数增益。如果反应的动力学方程能够确定下来，则这些参数都可以通过求偏微分得到。遗憾的是，并非所有反应过程都可以用动力学方程描述，这种情况下就需要一些实验的测定方法。通量控制系数的实验确定方法可分为以下五种。

（1）直接法：根据通量控制系数的定义，通过对酶活性进行微小扰动直接测量得到一组酶活和通量的对应关系曲线，然后计算这条曲线的斜率从而得到通量控制系数。

（2）间接法：根据控制系数和弹性系数的连接定理，通过测量弹性系数来计算控制系数。根据弹性系数的定义，其数值可以通过测量不同环境操作条件下代谢物浓度与通量之间的相对变化来确定。

（3）通过瞬变代谢物的测量：假定酶反应动力学是线性的，则可以通过测量瞬变期间代谢物浓度来估算通量控制系数。

（4）根据动力学模型直接计算：当代谢途径的动力学模型完全建立之后，可以通过直接求取对数增益的方式来得到控制系数。

（5）根据大偏差理论计算：为了避免微小扰动实验的测量结果被实验误差所淹没，通过测量大范围的酶活扰动所产生的酶活和通量来计算控制系数。

代谢控制分析是针对代谢途径中单个反应对网络通量的影响而言的，控制系数反映的是单个酶动力学与通量之间的关系。如果一个支路代谢途径非常长，那么其中多数通量控制系数的值都比较小。这可以用来解释为什么提高菌株的代谢物产量需要反复的连续诱变和筛选。如果要改变一个酶的通量控制系数，即使其他酶的活性没有变化，其通量控制系数也会改变。对于包含成百上千种酶和反应的复杂代谢网络来说，要针对每一个酶进行分析就太困难了。解决的办法是将反应分组，考察各个反应组对网络通量的影响。为此产生了组控制系数的概念，即把整个反应组作为一步反应时的通量控制系数。在分支网络中，组控制系数的确定需要测量连接代谢物浓度及其进入每个反应组的通量。这些测量既包括基准稳态条件下的测量，也包括系统受到扰动后的新稳态的测量。这里所说的"扰动"必须被限制在单个反应组内，包括酶调控引起的活性变化、酶基因拷贝数扩增或者是外部转运增强等。

四、代谢途径设计与优化

提高流向目标产物的代谢通量是改进原有代谢途径或设计新的代谢途径的基本原则,代谢通量分析和代谢控制分析无疑可以提供有价值的信息,通过代谢途径优化的方法也可以为提高目标产物确定代谢途径改进的方向。代谢途径优化可分为五类:第一类涉及反应速率和稳态通量的最大化;第二类致力于物质转换时间的最小化,即在单位时间内得到较高的生产率;第三类是中间代谢物浓度的最小化;第四类是热力学效率的优化;第五类是最优的化学计量和代谢网络设计,如最大理论得率的计算。代谢途径优化方法是以代谢途径中每一步反应的动力学为基础的,通过动力学方程还可以求解代谢控制参数。

在生物化学领域应用最广泛的酶催化反应动力学方程是米氏(Michaelis-Menten)方程。对于单底物的酶催化反应来讲,米氏方程是介于零级和一级反应之间的动力学形式。由于代谢网络中涉及若干酶催化的反应步骤,并且具有代谢物抑制、辅酶或 ATP 参与反应等特征,这样就致使由米氏或修正的米氏方程构建的模型中存在着大量的非线性,使得其在数学上并不是很容易处理,尤其是在有时间限制(例如根据代谢模型进行发酵过程在线控制)的条件下,可能会带来错误的结果。另外一个问题是这种非线性对代谢途径控制优化的不利影响。对于非线性函数的优化问题,远没有线性函数的优化问题更容易处理,尽管一些仿生的进化算法已经被用来解决这类问题。

幂函数近似法是一种近似的线性化方法,可以用来处理复杂代谢网络的非线性问题,并实现代谢途径控制优化的目的。就反应性质而言,酶催化反应被简化描述为相关代谢物的 n 级反应,也就是说反应速率与代谢物浓度的 n 次方线性相关。将动力学方程两边取对数就变成线性关系。将代谢网络中相关的系列反应动力学方程综合起来就构建出该网络的系统动力学,进而可以对这个系统进行灵敏度分析。

灵敏度分析研究的是生化系统对偏离稳态的瞬态扰动的响应。在灵敏度分析中涉及两个重要的概念:对数增益(log gain)和灵敏度。前者反映的是生化系统对独立变量变化的响应程度,典型的独立变量变化的例子是当生物从一个环境转移到另一个环境的条件变化;后者反映的是生化系统对其内部参数变化的响应程度,例如途径结构改变、酶活改变、基因突变等。高灵敏度和对数增益说明一个参数或独立变量的微小变化会对系统产生很强烈的影响。但是在大多数情况下,这种强烈的响应可能是不现实的,这就表示模型中存在错误的地方。对数增益指出了每个非独立变量或通量受独立变量变化影响的程度,因此对数增益提供了一个可能对优化工作有用的独立变量筛选工具。如果一个独立变量与接近为零的对数增益之间具有相关性,那么,即使这个变量发生很大变化也不会产生多大的影响。另一方面,如果想得到的代谢产物或通量对某个特定的独立变量的对数增益很高,这个变量就可能是操纵变量的一个非常好的选择。

第五节　代谢途径的调控

细胞对代谢途径的调控是通过调节酶、底物、代谢物、调控因子的浓度或者活性来实现的,调控行为发生在基因转录和翻译、信号传导及蛋白相互作用等各个水平上。通过反馈抑制或者激活可使酶迅速地改变活性;在酶合成水平上的诱导、分解代谢物阻遏和反馈调节则是一种长期的调节机制。代谢调控最普遍的形式是酶活性的调节。

在一条代谢途径中，代谢通量是由代谢途径上各个反应的酶动力学调控决定的。在某些情况下，代谢通量被其中的一个酶所控制，该酶则被定义为限制性酶，其通量控制系数理论上有可能接近于 1。但在多数情况下，代谢通量控制分布在几个酶中，而途径中其他反应进行得相对较快，其对应的控制系数也相对较小。基因工程研究表明，单纯过表达限制性酶基因对改善代谢通量未必就有明显的作用。同样，单纯消除反馈抑制作用也未必能显著增加代谢通量。

在一个大的代谢网络中，一般认为只有少数分支点处的通量分配比实际影响着产品得率。按照刚性条件分支点可被分为三类：柔性节点、弱刚性节点和刚性节点。柔性节点通过底物亲和力和反应速率相近的竞争性酶来控制，其通量分配容易随着细胞代谢需求进行改变，不限制产物得率。弱刚性节点通量分配由其中一个分支途径控制，这个途径上的酶具有相对高的底物亲和力或活性且没有反馈抑制。强刚性节点处的通量分配受一个或多个分支途径控制，具有反馈控制和酶转移活化的特点。代谢工程就是要通过改变分支点的通量分配来达到提高产物得率。

一、酶水平的代谢调控

在生物体内发生的复杂生物化学反应过程中，酶除了具有催化功能外，还具有调节和控制各类生物化学反应速率、方向和途径的功能。酶的调节作用主要有两种方式：一是通过激活或抑制作用改变细胞内已有酶分子的催化活性；二是通过影响酶分子的合成或降解速率，即改变细胞内酶的含量。这种酶水平的调节作用是生物调控最基本、最关键的调节形式。虽然代谢物的浓度在一定范围内对代谢反应有调节作用，然而，这种调节作用是有限的，细胞代谢主要受到酶的调节。不同细胞对代谢物的反应有显著差别，这是由细胞内不同酶系统所决定的。

(一) 酶活性的调控

酶活性的调节包括酶的别构效应和共价修饰两种方式，酶的合成则属于基因表达调控。

1. 酶的别构调节作用

有些酶分子除了具有活性中心（结合部位和催化部位）外，还存在一个特殊的调控部位，即别构中心。别构中心虽然不是酶活性中心的组成部分，但它可以与某些化合物（称为别构剂）发生非共价结合，引起酶分子构象的改变，对酶起到激活或抑制的作用。这类酶通常称为别构酶（allosteric enzymes），由于别构剂与别构中心的结合而引起酶活性改变的现象则称为别构调节作用（allosteric regulation）。能够使酶分子发生别构调节作用的物质称为别构剂或效应物。按照别构剂的作用性质，可以分为激活别构剂和抑制别构剂。激活别构剂能够使酶活性增加，产生正协同性作用；抑制别构剂抑制酶的活性，产生负协同性作用。

一些代谢物往往起抑制或激活作用，并大多通过别构效应来实现，因而这些酶的活力可以极灵敏地感受到代谢产物浓度的调节，这对机体的自身代谢调控具有重要的意义。有些酶促反应中的底物和产物是别构剂，根据反应中产生的底物浓度、产物浓度以及能量等的变化，对代谢途径中的某一关键反应做出别构调节，从而决定代谢过程的反应方向和速率。

2. 酶的反馈调节机制

反馈调节是指酶促反应过程中底物或产物对反应进程的影响。

在生物代谢过程中，许多代谢途径的起始物、中间产物或终产物对反应途径中的某一步反应（通常是第一步反应）表现出调控作用，称为反馈调节作用。由于许多催化生物代谢的酶或酶系都具有别构酶的特性，因此，反馈调节的化学本质是酶的别构调节。在反馈调节中，反应的起始物、中间产物或终产物都可以起别构剂的作用。反馈调节可分为正反馈作用和负反馈作用两种。

（1）正反馈作用：反应的起始物、中间物或终产物能够起激活别构剂作用，使酶促反应速率加快，称为正反馈调节作用。例如，在糖原合成中，6-磷酸葡萄糖是糖原合成酶的别构激活剂，可以促进糖原的合成。

（2）负反馈作用：反应的中间产物或终产物对酶起别构抑制作用，使酶促反应速率降低。这种作用称为负反馈调节作用。负反馈作用在代谢过程中更为普遍。例如，葡萄糖的磷酸化反应中，产物 6-磷酸葡萄糖浓度增高时，反应速率显著降低。主要原因是 6-磷酸葡萄糖对己糖激酶有别构抑制作用。

3. 酶的共价修饰调控

某些酶分子上的基团可以在另一种酶催化下发生共价修饰作用（例如磷酸化或去磷酸化作用），从而引起酶活性的激活或抑制。这种作用称为共价修饰作用，这类酶则称为共价调节酶。共价修饰调控有如下两个特点。

（1）被修饰的酶可以有两种互变形式，即一种为活性形式（有催化活性），另一种为非活性形式（无催化活性）。正反两个方向的酶均发生共价修饰反应，并且都将引起酶活性的变化。例如，肌肉中存在一种能催化糖原合成和分解的酶，即磷酸化酶 b。该酶本身无活性，当磷酸化酶 b 活性中心的丝氨酸残基被磷酸化后，即形成高活性磷酸化酶 a。由无活性的磷酸化酶 b 转化为有活性的磷酸化酶 a 的反应被磷酸化酶激酶所催化，而磷酸化酶 a 去活化（去磷酸化）则由另一种磷酸酶所催化。

（2）共价修饰调节作用可产生酶的连续激活现象，所以具有信号放大效应。例如肾上腺素引起糖原分解过程中的一系列磷酸化激活步骤，结果将激素的信号逐级放大了约 300 万倍。

4. 酶原的激活

有些酶在生物体内首先合成出来的是它的无活性前体，称为酶原。这些酶原在一定的条件下，水解去除一部分肽链，使酶的构象发生变化，形成有活性的酶分子。酶原从无活性状态转变成为活性状态的过程是不可逆的。属于这种类型的酶有消化系统的酶（如胰蛋白酶、胰凝乳蛋白酶和胃蛋白酶等）以及凝血酶等。

（二）酶浓度的调节

酶蛋白通过其基因表达合成，因此基因调控作用可以调节酶的浓度。除通过改变酶分子的结构来调节细胞内原有酶的活性外，生物体还可通过改变酶的合成或降解速度以控制酶的绝对含量来调节代谢。酶在细胞内的含量取决于酶的合成速率和分解速率。细胞根据自身活动需要，严格控制细胞内各种酶的合理含量，从而对各种生物化学过程进行调控。

二、转录水平的代谢调控

酶浓度调节的化学本质是基因表达的调节。在细胞内，基因信息决定了所合成的酶的种类及数量。DNA 所携带的遗传信息，需要通过转录和翻译而合成蛋白。在细胞内进行的转录或翻译过程都有特定的调节控制机制，其中转录的调控占主导地位。因此，基因表达的调控主要在转录水平上进行。每个细胞都有一套完整的基因调控系统，使各种蛋白质只有在需要时才被合成，这样就能使生物适应多变的环境，防止生命活动中的浪费现象和有害后果的发生，保持体内代谢过程的正常状态。但是，原核细胞和真核细胞的基因调控有着明显的区别。原核生物基因表达调控主要包括转录水平和翻译水平的调控。原核生物主要由操纵子调控转录。操纵子是基因表达的协调单位，具有共同的控制区和调节系统，包括功能上相关的操纵部位和结构基因，前者包括启动子和操纵基因。操纵子的操纵部位可接受调节基因产物的调节。为酶蛋白编码的一段 DNA，至少包含有三个区域。

结构基因区：操纵子中被调控的编码蛋白质的基因可称为结构基因。一个操纵子中含有 2 个以上的结构基因，多的可达十几个。每个结构基因是一个连续的开放阅读框，5′端有翻译起始码，3′端有翻译终止码。各结构基因头尾衔接、串联排列，组成结构基因群。

操纵基因区：控制结构基因转录开始或停止。当操纵基因与阻遏蛋白结合时，转录不能进行，结构基因不表达，酶蛋白合成停止。而当阻遏蛋白构象改变不能与操纵基因结合时，转录开始进行，酶蛋白合成开始。

调节基因区：对整个转录过程起着调控作用。由调节基因转录和翻译产生的蛋白，称为阻遏蛋白。阻遏蛋白是对基因转录实施调控的蛋白质，有一个特殊部位可与操纵基因结合，使基因转录不能进行。阻遏蛋白中还存在另一个特殊部位，当这个部位与某种小分子物质结合时，可以引起阻遏蛋白的构象变化。

酶的诱导和阻遏是在调节基因产物阻遏蛋白的作用下，通过操纵基因控制结构基因或基因组的转录而发生的。与阻遏蛋白结合的小分子化合物可以分为两类：一类是引起阻遏蛋白的构象变化，不利于与操纵基因结合，该类物质称为诱导物（通常是酶的底物）；在酶的诱导时，阻遏蛋白与诱导物相结合，因而失去封闭操纵基因的能力，导致结构基因表达，如乳糖操纵子（lac operon）中乳糖是诱导物，诱导表达乳糖透过酶（基因 Y）、β-半乳糖苷酶（基因 Z）和转乙酰基酶（基因 A）；另一类是引起阻遏蛋白的构象变化，有利于与操纵基因结合，该类物质称为共阻遏物（通常是酶促反应的产物）。在酶阻遏时，原来无活性的阻遏蛋白与辅助阻遏物相结合而被活化，从而封闭了操纵基因，导致结构基因不表达。如色氨酸操纵子（trp operon）属于典型的酶阻遏作用，色氨酸是共阻遏物。当环境能提供足够浓度的色氨酸时，阻遏蛋白与色氨酸结合后构象变化而活化，就能够与操纵基因特异性结合，阻遏结构基因的转录。

三、细胞水平的代谢调控

细胞是生物体的最基本的结构与功能单位。细胞内发生的各种代谢反应及生理变化之所以能够有条不紊地顺利进行，首先是由于细胞本身具有特殊膜结构。假设细胞的完整性遭到破坏，细胞水平的调控作用也会消失。

(一) 细胞膜的调控

1. 酶在细胞内分布的分隔性

细胞内的不同部位分布着各种不同的酶，即酶在细胞内的分布是区域化的。代谢相关的酶常常组成一个酶体系，分布在细胞的某一组分中。例如，糖酵解酶系和糖原合成、分解酶系存在于胞液中；三羧酸循环酶系和脂肪酸 β-氧化酶系定位于线粒体；核酸合成的酶系则绝大部分集中在细胞核内。这样，酶催化的各种类型反应可以在相对独立的空间内进行，互不干扰，从而保证了整体反应的有序性。但是通过膜的通透性和转运机制，又可以使各个相关的反应能够连续和协调地进行。

物质代谢实质上是一系列的酶促反应，代谢速度的改变并不是由于代谢途径中全部酶活性的改变，而常常只取决于某些甚至某一个关键酶活性的变化。此酶通常是整条通路中催化最慢反应的酶，称为限速酶。它的活性改变不但可以影响整个酶体系催化反应的总速度，甚至还可以改变代谢反应的方向。如细胞中 ATP／AMP 的值增加，可以抑制磷酸果糖激酶（和丙酮酸激酶）的活性，这不但减慢了糖酵解的速度，还可以通过激活果糖-1,6-二磷酸酶而使糖代谢方向倾向于糖异生。因此，改变某些关键酶的活性是体内代谢调节的一种重要方式。

2. 生物膜的通透性

酶在细胞内的区域化分布以及酶催化的反应在相对独立的空间内进行是通过生物膜的分隔作用完成的。膜可以选择性地阻隔某些底物或酶穿过，亦可以将某些反应限制在一个特定的空间里进行。比如肌肉活动产生的代谢产物——氨是一种有害物质，但是因为它是碱性分子，故不能跨膜进入血液，而只能在细胞内被转化成无毒的中性物质丙氨酸或谷氨酰胺，再经血液循环运送到肝脏中进行处理。

生物膜不同，通透性也不相同。底物或酶通过膜的通透性和转运机制，可以使各个相关的酶促反应连续和协调地进行。在生物代谢过程中，不同代谢途径之间相互连接、相互转变，主要是通过膜的通透性来调节的。

某些激素和炎症能够影响膜的通透性，从而对膜的调控能力产生影响。例如，由于肝炎病人肝脏的炎症使肝细胞膜通透性增加，大量谷丙转氨酶从肝细胞跨膜进入血液，结果使肝细胞内谷丙转氨酶含量减少，使肝脏的转氨功能减弱。

(二) 线粒体和叶绿体的调控

线粒体和叶绿体是细胞内的两种产能细胞器，尽管它们最初的能量来源有所不同，但是却有着相似的基本结构，而且以类似的方式合成 ATP。ATP 是细胞生命活动的直接供能者，也是细胞内能量的获得、转换、储存和利用等环节的联系纽带。

线粒体中含有一些特定的酶系，通过氧化磷酸化作用，进行能量转换，对不同的代谢过程起着调控作用，同时为各种生命活动提供能量。例如，对于糖代谢而言，丙酮酸的氧化脱羧反应是连接糖酵解和三羧酸循环的中间环节。此反应是在真核细胞的线粒体基质中的丙酮酸脱氢酶系的催化下进行的。脂肪酸的氧化和合成两个代谢途径也分别在线粒体内外不同的区域进行。脂肪酸氧化的起始物脂酰 CoA 存于细胞液中，它需要经过肉碱脂酰转移酶的作用，才能跨膜进入线粒体基质进行 β-氧化。而脂肪酸合成的原料乙酰 CoA（糖、脂和氨基酸代谢中间产物）则存在于线粒体内，需要在柠檬酸合成酶催化下，与草酰乙酸缩合形成柠檬酸，再跨膜转移到细胞胞液中，并释放出乙酰 CoA，参与脂肪酸合成。

植物的绿色部分含有叶绿体，叶绿体中又含有叶绿素等光合色素，是绿色植物进行光合作用的场所。叶绿体由内、外膜组成，之间有间隙。膜内为基质，包含许多可溶性酶，是进行暗反应的场所。基质内还分布着具有膜结构特点的片层状类囊体，其中含有大量可进行光反应的光合色素。

绿色植物的光合作用包括光反应和暗反应。光反应是由光能转变成化学能的反应，即植物的叶绿素吸收光能进行光化学反应，使水分子活化分裂出 O_2、H^+ 和释放出电子，并产生 NADPH 和 ATP。暗反应为酶促反应，由光反应产生的 NADPH 在 ATP 供给能量情况下，使 CO_2 还原成简单糖类的反应。

第六节　代谢工程的应用

以酿酒酵母（*Saccharomyces cerevisiae*）转化葡萄糖为乙醇和克雷伯氏杆菌（*Klebsiella pneumoniae*）转化甘油为1,3-丙二醇为例。

一、葡萄糖发酵生产乙醇的代谢优化

在厌氧条件下，酿酒酵母（*Saccharomyces cerevisiae*）可以将葡萄糖转化为乙醇、甘油、糖原等，乙醇作为燃料污染小，正逐渐成为替代传统石化燃料的生物能源。

(一) 葡萄糖转化为乙醇的代谢机理

酵母和其他微生物可利用多种不同的原料作底物来生产乙醇，主要原料包括糖类、谷物淀粉类和纤维素类。酵母是发酵生产中最常用的微生物，它们能高度选择性地生产乙醇，仅产生微量的副产物。有关酵母发酵的生化知识已积累了多年，关于菌体内葡萄糖的消耗速率和甘油及乙醇生成速率的研究也有很多，也已经建立了比较完善的相关代谢物组和动力学。丰富的定性和定量信息体系已经提供了充分的条件进行代谢途径优化以提高目标产物的产率。根据文献中的相关信息和一些实验研究结果，可以提出简化的代谢途径模型（见图 2-14），并用传统的米氏反应及其推导形式建立相关的动力学方程。模型的第一步是胞外葡萄糖被转运到胞内，己糖激酶使胞内的葡萄糖磷酸化，生成 6-磷酸葡萄糖。在胞内，6-磷酸葡萄糖是整个代谢途径的第一个分支点。这里仅考虑了两个：一个是糖酵解的主要支路，生成乙醇；另一个支路负责多糖（糖原）和海藻糖的生成。

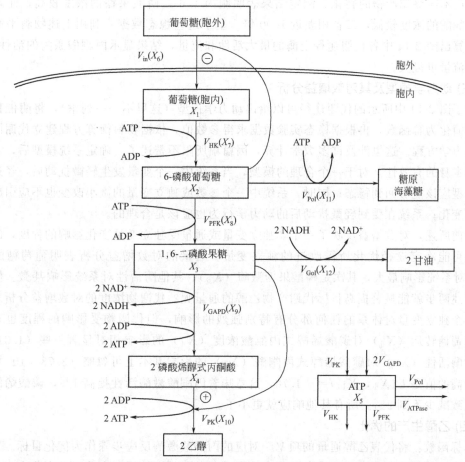

图 2-14　酿酒酵母利用葡萄糖在厌氧条件下生产乙醇、甘油和多糖的简化模型
（粗箭头代表反应，细箭头代表调控）

(二) 物料平衡方程

根据图 2-14 可以列出物料平衡方程：

$$\dot{X}_1 = V_{in} - V_{HK}$$

$$\dot{X}_2 = V_{HK} - V_{PFK} - V_{Pol}$$

$$\dot{X}_3 = V_{PFK} - V_{GAPD} - 0.5 V_{Gol}$$

$$\dot{X}_4 = 2 V_{GAPD} - V_{PK}$$

$$\dot{X}_5 = 2 V_{GAPD} + V_{PK} - V_{HK} - V_{Pol} - V_{PK} - V_{ATPase}$$

变量 X_i 代表中间代谢物的浓度；被编号的量 V 代表如下流量：V_{in} 表示被运到胞内的糖，V_{HK} 表示所有己糖激酶，V_{PFK} 是磷酸果糖激酶催化的反应，V_{GADP} 代表 3-磷酸甘油醛脱氢酶，V_{PK} 代表丙酮酸激酶，V_{Pol} 表示糖原合成酶，V_{Gol} 即 3-磷酸甘油脱氢酶，与 V_{PK} 成正比，V_{ATPase} 表示 ATP 的总用量。乙醇的生产速率被丙酮酸激酶的反应通量 V_{PK} 直接控制，生成乙醇的通量记作 V_{Eth} 或 V_4^-。

通过 ^{31}P NMR 获得的主要糖的磷酸盐的共振响应来估计胞内 6-磷酸葡萄糖、6-磷酸果糖、1,6-二磷酸果糖和 3-磷酸甘油酸的浓度，并通过 ^{13}C-葡萄糖的 NMR 谱测定葡萄糖的利用及其向不同终端产物的转化。测定结果表明胞内 1,6-二磷酸果糖的浓度较高，而磷酸烯醇式丙酮酸的浓度较低，二者相差近 1000 倍。基于这些稳态数据，利用上述物料平衡方程可以计算出图 2-14 中各代谢途径上酶的最大活性和流量，结果显示丙酮酸激酶的活性最高，相应的流量也最大。

(三) 动力学模型及其对数增益分析

对于图 2-14 中所示的代谢途径可以给出动力学模型（这里不一一列举），将酶催化动力学方程简化为幂函数，再根据稳态实验数据求得参数值，依据物料衡算方程建立代谢网络的系统动力学方程。这里涉及许多数学计算，因篇幅所限不赘述了。确定系统模型后，需要考察模型本身的有效性。对于一个合理的模型，当系统中一个变量发生轻微扰动后，经过一段时间模型应该能够回到稳态；同时，系统中一个参数或独立变量的微小改变也不应引起模型的巨大变化；系统在受到轻微扰动后的动力学行为也应该是合理的。

如前所述，对数增益反映了一个非独立变量或通量受独立变量变化影响的程度，因此通过它有可能确定途径优化所需改进的独立变量。通量的对数增益分析表明葡萄糖的转运 (X_6) 对系统影响最大，其次是磷酸果糖激酶 (X_8)；其他酶活性对系统影响甚微。但是否改变上述两步就能显著提高目标代谢产物乙醇的通量呢？代谢物浓度的对数增益分析表明没有哪一个独立变量对体系的任何部分有特别强烈的影响，但代谢物受影响的程度也有所不同。葡萄糖转运 (X_6) 对磷酸烯醇式丙酮酸浓度 (X_4) 的影响相对显著一些 (1.31)，而己糖激酶活性 (X_7) 对磷酸烯醇式丙酮酸 (X_4) 的影响基本上可忽略 (3.78×10^{-6})。数量级最高的值是 $L(X_4, X_{10}) = -1.78$，这意味着丙酮酸激酶活性提高 1%，磷酸烯醇式丙酮酸大致减少不到 2%。所有其他响应就更小了。

(四) 乙醇生产的优化

目标函数：将代表乙醇通量的项 V_4^- 对应的丙酮酸激酶反应步骤作为优化目标。

约束条件：独立变量的约束条件用来确定哪一种酶的活性可以变化以及变化多少。一般来讲，酶活在其基值的 1~50 倍间变化在生物技术上是可行性的。然而，为保证发酵过程以外的代谢不受干扰，向目标途径转移代谢通量的那些酶要保持恒定的稳态基值。为此，活性被控制在恒定基值的酶是糖原合成酶 (X_{11}) 和 3-磷酸甘油脱氢酶 (X_{12})。类似于酶活力的限制条件，代谢物浓度（非独立变量）的变化范围也要受到限制。在这里非独立变量变化的上下限分别设为其基值的 0.8～1.2 倍之间。这样就可以避免细胞的所有代谢发生显著变化。由于 NAD^+ 和 NADH 参与了其他代谢途径，因此 $NADH/NAD^+$ 值（X_{14}）可以作为独立的控制变量处理，并保持恒定值。

优化结果表明，只需要相关酶中等水平的过量表达（因子变化范围为 3.15～4.25）就可以获得最优值，这种水平的过表达在酵母中不用费太大劲就可以得到。代谢物浓度及主要代谢物通量优化结果表明，乙醇的产率比基准稳态提高了 3.48 倍。在优化计算的结果中，酶的活性仅仅稍有改变，而代谢物的水平都处于约束条件的上下限，这说明优化结果的主导约束是代谢物浓度。在这种情况下，从优化计算角度来讲，提高代谢物浓度的极限值可能更有利于提高乙醇的产率。

优化结果要求对全部的酶活性进行改变，这样需要大量的实验工作。随之而来的问题是能否通过调节少数酶就可以得到类似的结果，因此有必要考虑酶活性的部分调节以形成仅次于最优解的解。为显著提高乙醇通量必须调节所有的六种酶，并按照顺序进行调节。首先提高底物的转运速率（X_6），然后是 ATP 酶活性（X_{13}），这两步增加流量约 10%；下一步要调节的酶是磷酸果糖激酶（X_8）和丙酮酸激酶（X_{10}），尽管单独调节它们是无关紧要的，但附加调节 GADP（X_9）和己糖激酶（X_7）将引起明显的流量增加。

二、甘油代谢最大理论得率预测

1,3-丙二醇是一种重要的化工原料，可直接用于防冻剂、增塑剂、洗涤剂、防腐剂和乳化剂的合成，主要用于合成对苯二甲酸丙二酯。1,3-丙二醇目前主要利用石油原料生产，相对于其他二醇类产品 1,3-丙二醇的生产成本较高，为此利用甘油转化生产 1,3-丙二醇的生物制法日益受到重视。

对于 *Klebsiella pneumoniae* 利用甘油生产 1,3-丙二醇的代谢途径，有学者曾采用化学计量分析方法对其理论转化率进行了分析。这里将采用代谢通量分析方法对厌氧发酵和微氧发酵生产 1,3-丙二醇过程进行最大理论得率分析。

图 2-15 给出了甘油代谢的具体途径，图中厌氧发酵和微氧发酵的主要区别在于厌氧发酵不经过三羧酸循环。假定所考虑的代谢系统处于稳态，根据物料平衡的原则可以建立微氧发酵条件下的代谢通量平衡方程，列入表 2-1。

表 2-1　微氧发酵通量平衡方程

编号	代谢物	通量平衡方程
1	甘油	$v_1 - v_2 - v_3 - v_4 = 0$
2	磷酸烯醇式丙酮酸	$v_4 - v_5 - v_6 = 0$
3	丙酮酸	$v_5 - v_7 - v_8 - v_9 - v_{10} - v_{25} = 0$
4	乙酰辅酶 A	$v_9 + v_{10} - v_{12} - v_{13} = 0$
5	甲酸	$v_9 - v_{11} - v_{26} = 0$
6	CO_2	$v_{10} + v_{11} + v_7 - v_6 + v_{17} - v_{27} = 0$
7	柠檬酸	$v_{14} - v_{15} = 0$
8	异柠檬酸	$v_{15} - v_{20} - v_{16} = 0$
9	α-酮戊二酸	$v_{16} - v_{17} = 0$
10	琥珀酸	$v_6 + v_{17} + v_{20} - v_{18} - v_{30} = 0$
11	苹果酸	$v_{21} + v_{18} - v_{19} = 0$
12	草酰乙酸	$v_{19} - v_{14} = 0$
13	乙醛酸	$v_{20} - v_{21} = 0$
14	$NADH_2$	$-v_2 + v_3 + v_4 - v_6 - v_7 - v_8 - 2v_{13} + v_{16} + v_{17} + v_{19} - v_{22} + v_{29} = 0$
15	$FADH_2$	$v_{10} + v_{18} - v_{23} - v_{24} - v_{25} = 0$
16	ATP	$-7.5v_3 + v_5 + v_6 + v_{12} + 3v_{22} + 2v_{23} - v_{24} = 0$

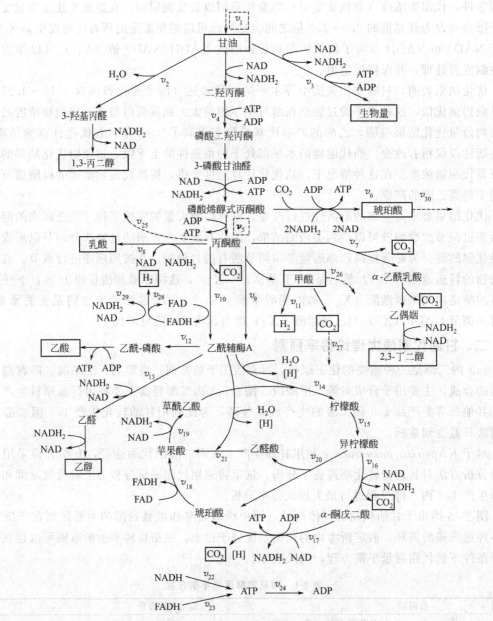

图 2-15　微氧条件下 *Klebsiella pneumoniae* 胞内甘油代谢途径

以产 1,3-丙二醇途径的通量最大化为优化目标,建立目标函数和约束方程。约束方程包括表 2-1 中列出的通量平衡方程以及各途径通量取值范围的不等式约束。具体优化算法这里不做介绍,可参阅相关参考书或 Matlab 等软件工具。

通过计算生成 1,3-丙二醇途径的最大通量,就可以得到微氧条件下克雷伯氏杆菌发酵生成 1,3-丙二醇的理论代谢通量分布。设定甘油消耗速率为 100mmol/(g·h)。由优化结果可以看出,在没有细胞生长的情况下,1,3-丙二醇得率最大,微氧条件的理论得率为 0.875mol/mol 甘油,主要是三羧酸循环为 1,3-丙二醇生成提供还原当量。相对于厌氧条件的理论得率为 0.75mol/mol 甘油,微氧发酵理论上比厌氧发酵有更高的 1,3-丙二醇得率。

思考题:

1. 简述从纤维素到生物乙醇的转化途径。
2. 简述乳酸菌发酵葡萄糖生产乳酸的代谢途径。
3. 简述微生物体内转化葡萄糖生产 2,3-丁二醇的代谢途径。
4. 简述自然界中微生物歧化甘油生产 1,3-丙二醇的代谢途径。
5. 简述发酵法生产琥珀酸时菌体内葡萄糖的代谢方式。

参 考 文 献

[1] 皮奇里利 A,皮卡尔迪 N,姆西卡 P,保罗 F,布雷迪夫 S. 含 D-甘露庚酮糖和/或甘露庚糖醇的组合物用于治疗和预防先天免疫变异疾病的用途:中国,200580020016.8.

[2] 谭天伟. 生物化学工程. 北京:化学工业出版社,2008.

[3] Torres N V,Voi t E O 著. 代谢工程的途径分析与优化. 修志龙等译. 北京:化学工业出版社,2005.

[4] 王镜岩,朱圣庚,徐长法. 生物化学 (上、下). 第 3 版. 北京:高等教育出版社,2002.

[5] 修志龙. 生物化学. 北京:化学工业出版社,2008.

[6] Abdel-Rahman M A,Tashiro Y,Sonomoto K. Lactic acid production from lignocellulose-derived sugars using lactic acid bacteria:Overview and limits. J Biotechnol,2011,156:286-301.

[7] Beauprez J J,De Mey M,Soetaert W K. Microbial succinic acid production:Natural versus metabolic engineered producers. Process Biochem,2010,45:1103-1114.

[8] Borugadda V B,Goud V V. Biodiesel production from renewable feedstocks:Status and opportunities. Renewable and Sustainable Energy Reviews,2012,16:4763-4784.

[9] Chen X-S,Mao Z-G. Comparison of glucose and glycerol as carbon sources for ε-poly-L-lysine production by *Streptomyces* sp. M-Z18. Appl Biochem Biotechnol,2013,170:185-197.

[10] Delhomme C,Weuster-Botz D,Kuhn F E. Succinic acid from renewable resources as a C4 building-block chemical—a review of the catalytic possibilities in aqueous media. Green Chem,2009,11:13-26.

[11] Li L,Li L,Wang Y,Du Y,Qin S. Biorefinery products from the inulin-containing crop Jerusalem artichoke. Biotechnol Lett,2013,35:471-477.

[12] Sabra W,Quitmann H,Zeng A-P,Dai J-Y,Xiu Z-L. Biofuels and Bioenergy Microbial Production of 2,3-Butanediol // Murray Moo-Young (ed.). Comprehensive Biotechnology. Second Edition. 2011,3:87-97.

[13] Saxena P K,Anand P,Saran S,Isar J. Microbial production of 1,3-propanediol:Recent developments and emerging opportunities. Biotechnol Adv,2009,27 (6):895-913.

[14] Wang Z,Yang S-T. Propionic acid production in glycerol/glucose co-fermentation by *Propionibacterium freudenreichii* subsp. *shermanii*. Bioresour Technol,2013,137:116-123.

第三章 蛋白质与蛋白质工程

引言

蛋白质是生命的物质基础，没有蛋白质就没有生命。因此，它是与生命及各种形式的生命活动紧密联系的物质。机体中的每一个细胞和所有重要组成部分都有蛋白质参与。蛋白质是由氨基酸通过"脱水缩合"作用连接成多肽链，经过盘曲折叠后形成的具有一定空间结构与生物催化活性的有机化合物。蛋白质的生理功能主要是由其一级结构决定的，即氨基酸的种类、数目和排列顺序。多个亚基利用折叠或螺旋等结构结合在一起，形成稳定的蛋白质的四级结构，从而发挥某一特定的生理功能。

1974 年，Berg 等在 Science 杂志上首次报道了 DNA 重组技术，并成功地应用于基因操作，从此解开了基因工程发展的序幕 (Berg et al., 1974)。1983 年，Ulmer 在 Science 杂志上发表了以 "Protein Engineering" (蛋白质工程) 为题的专论，从此产生了蛋白质工程，它是指在基因工程的基础上，结合蛋白质结晶学、计算机辅助设计和蛋白质化学等多学科的基础知识，利用对基因的人工定向改造等手段，从而达到对蛋白质进行修饰、改造和拼接的目的，以产生能满足人类需要的新型蛋白质的技术 (Ulmer, 1983)。此工程研究的设计与构想，深入揭示了蛋白质结构与功能的关系，使获得的蛋白质突变体表达出人类需要的蛋白质活性成为现实。目前，该技术被广泛应用于农业、工业、医药等领域。

蛋白质工程的基本内容和目的可以概括为：以蛋白质结构与功能为基础，通过化学和物理手段，对目标基因按预期设计进行修饰和改造，合成全新的蛋白质；以现有的蛋白质为基础，利用 DNA 重组技术进行定向设计、构建和改造，最终获得功能更优良、更符合人类需求的蛋白质。

知识网络

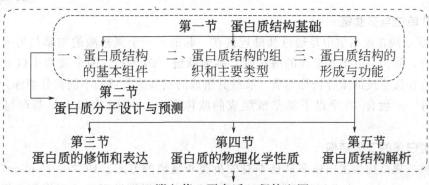

```
                    第一节  蛋白质结构基础
     一、蛋白质结构     二、蛋白质结构的组     三、蛋白质结构的
       的基本组件          织和主要类型           形成与功能
              第二节
          蛋白质分子设计与预测

     第三节              第四节              第五节
  蛋白质的修饰和表达    蛋白质的物理化学性质    蛋白质结构解析
              第六节  蛋白质工程的应用
```

51

第一节 蛋白质结构基础

一、蛋白质结构的基本组件

氨基酸是化学结构特征相近的一类生物小分子，是组成蛋白质的基本单位。氨基酸通过脱水缩合形成肽链，其顺序由编码基因中的核苷酸三联体遗传密码决定，它赋予蛋白质特定的分子结构，使蛋白质分子具有特定的生物活性。目前，已经发现的天然氨基酸有180多种，但是参与天然蛋白质合成的只有20种。

(一) 20种常见氨基酸

参与天然蛋白质合成的20种氨基酸具有十分相近的结构，除了脯氨酸外，都有一个氨

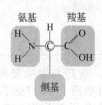

(a) 氨基酸的一般结构

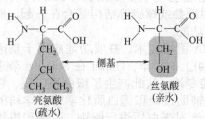

(b) R侧链的变化对氨基酸性质的影响

图 3-1 氨基酸的结构

基（NH2）、一个羧基（COOH）和一个中心碳原子。与中心碳原子相连的侧链称为R侧链，而20种氨基酸的主要差别就在于R侧链的不同，R侧链决定了氨基酸的化学性质（图3-1）。例如，最简单的氨基酸甘氨酸（Gly），其R侧链仅为一个氢原子。根据R侧链极性的不同可将氨基酸分为两类：疏水性氨基酸（如Leu）和亲水性氨基酸（如Ser）。

结构与性质不同的R侧链不但影响各个氨基酸的性质，而且还影响其组成蛋白质大分子的立体结构和性质。因此，根据R侧链基团的不同，可以将组成蛋白质常见的20种氨基酸分为三种类型（图3-2）。①非极性氨基酸：具有非极性的侧链基团，共10种，除甘氨酸外，其余属于疏水氨基酸，包括丙氨酸、缬氨酸、亮氨酸、异亮氨酸、脯氨酸、色氨酸、苯丙氨酸、半胱氨酸、甲硫氨酸。②极性氨基酸：具有极性的侧链基团，共5种，属于亲水性氨基酸，包括天冬酰胺、谷氨酰胺（可以视为天冬氨酸、谷氨酸的酰胺化的衍生物）、丝氨酸、苏氨酸（侧链基团带羟基）、酪氨酸（侧链基团带苯羟基）。③带电荷的氨基酸：具有可以解离的侧链基团，共5种，属于亲水氨基酸，包括天冬氨酸、谷氨酸（侧链基团有羧基，称为酸性氨基酸），赖氨酸、精氨酸、组氨酸（侧链基团可以碱性解离，称为碱性氨基酸）。

(二) 肽单位与多肽链

20种氨基酸在蛋白质中是通过肽键连接在一起的。一个氨基酸的羧基与另一个氨基酸的氨基缩合，除去一分子水形成的酰胺键，称为肽键（图3-3）。两个或两个以上氨基酸通过肽键共价连接形成的聚合物称为肽。肽按其组成的氨基酸数目的不同而分别称为二肽、三肽和四肽等，一般含10个以下氨基酸组成的肽称寡肽，由10个以上氨基酸组成的肽称多肽。

(三) 蛋白质的二级结构

蛋白质二级结构指蛋白质多肽链本身的折叠和盘绕的方式。1951年Pauling等（Pauling and Corey，1951）在美国科学院院刊（PNAS）首先报道发现了 α-螺旋和 β-折叠这两种

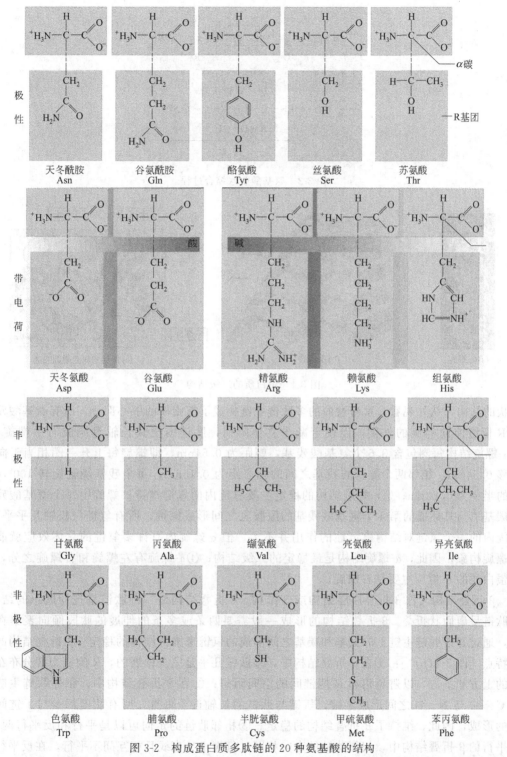

极性

天冬酰胺 Asn

谷氨酰胺 Gln

酪氨酸 Tyr

丝氨酸 Ser

苏氨酸 Thr

α碳

R基团

带电荷

酸

碱

天冬氨酸 Asp

谷氨酸 Glu

精氨酸 Arg

赖氨酸 Lys

组氨酸 His

非极性

甘氨酸 Gly

丙氨酸 Ala

缬氨酸 Val

亮氨酸 Leu

异亮氨酸 Ile

非极性

色氨酸 Trp

脯氨酸 Pro

半胱氨酸 Cys

甲硫氨酸 Met

苯丙氨酸 Phe

图 3-2　构成蛋白质多肽链的 20 种氨基酸的结构

极性氨基酸是亲水性的，非极性氨基酸是疏水性的，带电氨基酸的 R 侧基在细胞中具有电负性

周期性的多肽结构。目前，已经发现的二级结构主要有 α-螺旋、β-折叠、β-转角和无规则卷曲。

　　α-螺旋结构是有规律的结构，其主要结构特征［图 3-4(a)］：①α-螺旋结构是一个类似

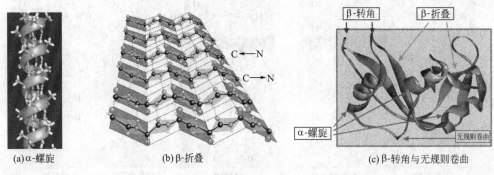

图 3-3 氨基酸脱水缩合过程

(a)α-螺旋　　　　　　(b)β-折叠　　　　　(c)β-转角与无规则卷曲

图 3-4 蛋白质的二级结构

棒状的结构，从外观看，紧密卷曲的多肽链主链构成了螺旋棒的中心部分，所有氨基酸残基的 R 侧链伸向螺旋的外侧，以便于减少立体障碍，肽链围绕其长轴盘绕成右手螺旋体；②α-螺旋结构每圈包含 3.6 个氨基酸残基，螺距为 0.54nm，即螺旋每上升一圈相当于向上平移 0.54nm，相邻两个氨基酸残基之间的轴心距为 0.15nm，每个残基绕轴旋转 100°，螺旋的半径为 0.23nm；③α-螺旋结构的稳定主要靠链内的氢键维持，螺旋中每个氨基酸残基的羰基氧与其后面的第 4 个氨基酸残基的酰胺氢之间形成氢键，所有氢键与长轴几乎平行，螺旋内的一个氢键对结构稳定性的作用并不大，但 α-螺旋内有许多氢键的总体效应就能稳定螺旋构象，因此，α-螺旋结构是最稳定的二级结构；④α-螺旋有左螺旋和右螺旋之分，天然蛋白质的 α-螺旋主要是右螺旋。

β-折叠结构又称 β-折叠片层结构或 β-结构。β-折叠结构是一种肽链呈现伸展态的结构，多肽链呈扇面状折叠。β-折叠结构的形成一般需要两条或多条的伸展的肽段倾向聚集在一起，通过邻近肽链主链上的氨基和羰基之间形成的氢键来维持结构的稳定。β-折叠结构的主要特点 [图 3-4(b)]：①在 β-折叠结构中，多肽链几乎是完全伸展的，R 侧链交替分布在片层的上方和下方，以避免相邻 R 侧链间的空间阻碍；②在 β-折叠结构中，相邻肽链主链上的 C—O 与 N—H 之间形成氢键，氢键与肽链的长轴近于垂直，所有肽键都参与了链间氢键的形成，因此，维持了 β-折叠结构的稳定；③相邻肽链的走向可以是平行和反平行两种，在平行的 β-折叠结构中，相邻肽链的走向相同，氢键不呈直线且相互间不平行，在反平行的 β-折叠结构中，相邻肽链的走向相反，但氢键几乎呈直线且相互间近于平行，即前者两条链从 N 端到 C 端是同方向的，后者是反方向的，从能量角度考虑，反平行结构更为稳定；④在平行的 β-折叠结构中，肽链同侧两个相邻的同一基团之间的间距为 0.65nm，而在反平行的 β-折叠结构中，其间距为 0.70nm。

β-折角结构又称为 β-弯曲或 β-转角结构等［图 3-4（c）］。蛋白质分子多肽链在空间结构中 180°回折处的结构就是 β-转角结构，一般由四个或三个连续的氨基酸组成。如果由四个氨基酸组成，其中第一个氨基酸的羧基和第四个氨基酸的氨基之间形成氢键。甘氨酸和脯氨酸容易出现在这种结构中。在某些蛋白质中也有三个连续氨基酸形成的 β-转角结构，第一个氨基酸的羰基氧和第三个氨基酸的亚氨基氢之间形成氢键。

　　无规则卷曲或称卷曲，泛指那些不能归入明确的二级结构的多肽区段，它们也像其他的二级结构一样是明确而稳定的结构，受侧链相互作用的影响很大，经常构成酶活性部位和其他蛋白质特异的功能部位［图 3-4（c）］。

二、蛋白质结构的组织和主要类型

　　蛋白质分子是由氨基酸首尾相连缩合而成的共价多肽链，但是天然蛋白质分子并不是走向随机的松散多肽链。每一种天然蛋白质都有自己特有的空间结构或称三维结构，这种三维结构通常被称为蛋白质的构象。蛋白质的分子构象又称为空间结构、高级结构、立体结构、三维结构等，是指蛋白质分子中所有原子在三维空间中的分布情况和规律。蛋白质的结构可划分为一级结构、二级结构、三级结构和四级结构（图 3-5）。

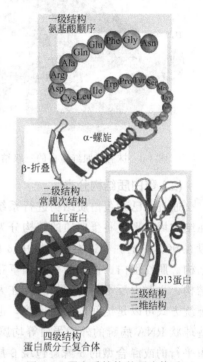

（一）蛋白质结构的层次体系

　　蛋白质的一级结构就是蛋白质多肽链中氨基酸残基的排列顺序，也是蛋白质最基本的结构。它是由基因上遗传密码的排列顺序所决定的。各种氨基酸按遗传密码的顺序，通过肽键连接起来，成为多肽链，故肽键是蛋白质一级结构中的主键。蛋白质的一级结构决定了蛋白质的二级、三级等高级结构，决定每一种蛋白质生物学活性的结构特点。

　　所谓蛋白质的二级结构是指多肽链主链骨架中的若干肽段，各自沿着某个轴盘旋或折叠，并以氢键维系，从而形成有规则的构象，不涉及侧链部分的构象，如：α-螺旋、β-折叠、β-转角和无规则卷曲。蛋白质的三级

图 3-5　蛋白质结构的层次体系

结构是指蛋白质的多肽链在各种二级结构的基础上再进一步盘曲或折叠形成具有一定规律的三维空间结构。蛋白质三级结构的稳定主要靠次级键，包括氢键、疏水键、盐键以及范德华力，此外还有共价键（二硫键）。这些次级键可存在于一级结构序列相隔很远的氨基酸残基的 R 基团之间，因此蛋白质三级结构主要指氨基酸残基的侧链间的结合。次级键都是非共价键，易受环境中 pH、温度、离子强度等的影响，有变动的可能性。二硫键是共价键，不属于次级键，可使在某些肽链中远隔的两个肽段联系在一起，这对于维持蛋白质三级结构的稳定性起着重要作用。具备三级结构的蛋白质从其外形上看，有的细长，属于纤维状蛋白质，如丝心蛋白；有的呈球形，属于球状蛋白质，如肌红蛋白（图 3-6）。

　　蛋白质的四级结构是指具有两条或两条以上独立三级结构的多肽链组成的蛋白质，其多肽链间通过非共价键彼此缔合而形成的聚合体结构。在具有四级结构的蛋白质中，每个具有独立三级结构的多肽链单位称为亚基。四级结构实际上是指亚基的立体排布、

相互作用及接触部位的布局。亚基之间通过其表面的次级键相互作用，形成完整的寡聚蛋白分子。亚基一般仅由一条肽链组成，亚基单独存在时没有活性。有些蛋白质的四级结构是均一的，即由相同的亚基组成；而有些是不均一的，即由不同亚基组成。亚基的数目一般为偶数，个别为奇数，其在蛋白质中的排布一般是对称的，对称性是具有四级结构蛋白质的重要性质之一。一种蛋白质中，亚基结构可以相同，也可不同。如烟草斑纹病毒的外壳蛋白是由 2200 个相同的亚基形成的多聚体；正常人血红蛋白 A 是两个 α 亚基与两个 β 亚基形成的四聚体（图 3-7）。

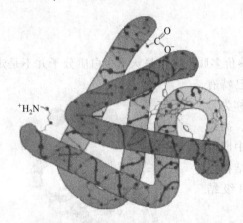

图 3-6　抹香鲸肌红蛋白的三级结构

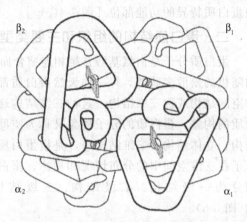

图 3-7　人体血红蛋白的四级结构

(二) 蛋白质结构分类

通过对已知蛋白质结构进行系统的解剖分析，M. Levitt、C. Chothia 和 J. S. Richardson 在结构域水平上将蛋白质的结构分为五类。①α 型结构：主要由 α-螺旋组成，其螺旋含量一般在 60% 以上。在这类蛋白质中 α-螺旋大多以反平行方式排布和堆积，所以又称反平行 α 结构。肌红蛋白、血红蛋白、烟草花叶外壳蛋白、细胞色素 b5 等均属于此类结构。②β 型结构：主要由反平行 β-层构成，在大多数情况下该反平行 β-层都缠绕成一柱状或圆桶状，其缠绕方式可以是链间的顺序连接，也可以是链间的跨接。丝氨酸水解酶、免疫球蛋白 A、一些球状 RNA 病毒的外壳蛋白等均属此类。③α/β 型结构：是已知数量最多的一类结构，它由平行的或混合型的 α-螺旋包绕 β-层构成，主要是 αβα 模式的组合。多数情况下，一个 5～9 条链组成的平行 β-层在中央，两侧是 α-螺旋，形成二层式结构。丙糖磷酸异构酶、醛缩酶、乳酸脱氢酶、醇脱氢酶、磷酸甘油酸激酶等均属于此类结构。④α+β 型结构：这类结构中既含 α-螺旋又含 β-层结构，但 α-螺旋与 β-层在空间上彼此不混杂，分别处于分子的不同部位。溶菌酶、嗜热蛋白酶、核酸酶等属于此类结构。⑤无规型/富含二硫键和金属离子型：这是一类小蛋白质分子，没有典型的二级结构，或者所含二级结构的组成和组织没有明显的规律可循，含有较多的二硫键或金属离子以稳定其三维结构。

三、蛋白质结构的形成与功能

蛋白质是具有高度组织、结构极复杂的生物大分子。因此，了解这种复杂蛋白质结构的形成机理，对于以设计和构建新型蛋白质为目标的蛋白质工程具有十分重要的意义。蛋白质在体内的形成可以大致分为两个阶段：第一阶段，在遗传密码指导下将氨基酸按特定序列在核糖体上连接起来，形成只有一级结构的多肽链，称为多肽链的生物合成；第二阶段，合成的多肽链自动折叠成为特定的三维结构，形成具有完整结构和功能的蛋白质分子，称为新生肽链折叠或蛋白质折叠。在这一过程中的基本法则是：遗传密码决定氨基酸序列，氨基酸序列决定三维结构，三维结构决定蛋白质功能。

(一) 多肽链的生物合成

多肽链生物合成主要包括坏节：双链 DNA 分子的遗传信息转录到单链信使 RNA (mRNA) 上和 mRNA 在核糖上的翻译（图 3-8）。大致分为四个阶段。①氨基酸的活化：氨基酸在参与肽链合成前必须先进行活化，即氨基酸首先被活化为氨酰-tRNA，只有氨酰-tRNA 才能够作为蛋白质生物合成的前体，催化该过程的酶是氨酰-tRNA 合成酶。②肽链合成的起始（以原核生物为例）：在大肠杆菌中，肽链合成的起始并不是从 mRNA 的 5′端第一个核苷酸开始的，起始密码子往往位于 5′端的第 25 个核苷酸以后，多数为 AUG。肽链合成的起始氨基酸为蛋氨酸，以 N-甲酰蛋氨酸-tRNA 的形式起始。在核糖体上进行的蛋白质合成是从氨基末端开始，逐步加上一个个氨基酸，在羧基端终止。③肽链的延长：在此阶段，多肽链上每增加一个氨基酸都需要经过进位、转肽和移位三个步骤。根据 mRNA 上密码子的要求，新的氨基酸不断地被特异 tRNA 运至核糖体 A 位，依次以肽键缩合成肽链。同时，核糖体与 mRNA 相对移动推进翻译过程。肽链的延长阶段需要非核糖体蛋白的延长因子、GTP 等的参与。④肽链合成的终止与释放：UAA、UAG、UGA 是 mRNA 肽链合成的终止密码子。当核糖体移动到终止密码子 UAA、UAG 或 UGA 处时，这些终止密码子可被释放因子所识别，使多肽链的氨基末端与 tRNA 的酯键水解断裂，多肽链被释放。

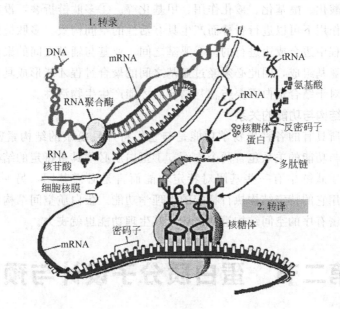

图 3-8　多肽链的合成

(二) 多肽链的折叠与加工

由核糖体中直接释放的多肽链一般不具有生物活性。蛋白质多肽链要形成具有生物活性的构象必须进行一系列的翻译后修饰。多肽链的加工与折叠是蛋白质生物合成的最后阶段（图 3-9）。对于不同的蛋白质来说，加工过程有所差异，一般有下列几种方式。①N 端的甲酰甲硫氨酸的切除：蛋白质合成是从甲酰甲硫氨酸开始的，在加工过程中甲酰甲硫氨酸被除去。在真核生物中，常常在多肽链合成到 15～30 个氨基酸时，其 N 端的甲硫氨酸就被氨基肽酶切除。在原核生物内也有少数肽链 N 末端的 fMet 只去除甲酰基，而甲硫氨酸被保留下

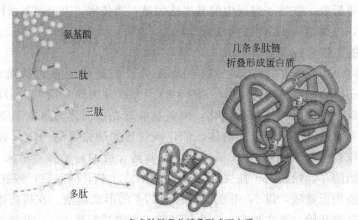

氨基酸

二肽

三肽

多肽

几条多肽链
折叠形成蛋白质

一条多肽链盘曲折叠形成蛋白质

图 3-9　由氨基酸形成蛋白质的过程

来，因此蛋白质多肽链的 N 末端氨基酸就是甲硫氨酸。②多肽链的水解修饰：有些多肽链要在蛋白酶作用下切除部分肽段才具有活性，而部分肽链的信号肽则在肽链被输送到某特定部位后被切除。③个别氨基酸残基的修饰：氨基酸残基可进行修饰，这些氨基酸的侧链被修饰，一般是在翻译后的加工过程中被专一酶催化而形成的。其修饰方式有很多，主要有羟基化、糖基化、磷酸化、酰基化、羧化作用、甲基化等。④多肽链折叠：没有活性的多肽链在酶或分子伴侣的作用下可以进行折叠而产生具有活性的空间构象。多肽链的折叠可能是在蛋白质生物合成过程中边合成边进行的。⑤亚基之间、亚基与辅基之间的聚合：具有四级结构的蛋白质由几个亚基组成，因此必须经过亚基之间的聚合过程才能形成具有特定构象和生物功能的蛋白质。对于结合蛋白需要与辅基结合后才能产生生物活性。

(三) 蛋白质结构与功能的关系

蛋白质分子所具有的各种生物学功能是与它们特殊且复杂的结构紧密相关的。一般来说，蛋白质结构与功能的关系包含两个方面：①蛋白质必须具备特定的结构，才能表现特定的功能，在蛋白质肽链中有一些基团对特定功能而言是必需基团，另一些是非必需基团；②蛋白质分子利用它的特定结构执行特定的生理学功能。蛋白质空间结构是蛋白质功能的基础。若蛋白质严密有序的空间结构遭到破坏，其生理功能也就丧失。

第二节　蛋白质分子设计与预测

一、蛋白质常用数据库

目前，随着大量生物学实验数据的积累，形成了数以百计的生物信息数据库。它们各自按一定的目标收集和整理生物学实验数据，并提供相关的数据查询与数据处理服务。一般而言，这些生物信息数据库可以分为一级数据库和二级数据库。一级数据库的数据都直接来源于实验获得的原始数据，只经过简单的归类整理和注释；二级数据库是在一级数据库、实验数据和理论分析的基础上针对特定目标衍生而来，是对生物学知识和信息的进一步整理。例如：国际上著名的一级核酸数据库有 Genbank、EMBL 和 DDBJ 等；蛋白质序列数据库有 SWISS-PROT 等；蛋白质结构数据库有 PDB 等。下面简要介绍一些著名的有特色的蛋白质数据库及其应用。

(一) SWISS-PROT

SWISS-PROT 是国际上主要的蛋白质序列数据库之一，主要由日内瓦大学医学生物化学系和欧洲生物信息学研究所（EBI）合作维护。数据库由蛋白质序列条目构成，每个条目包含蛋白质序列、引用文献信息、分类学信息、注释等。注释包括蛋白质功能、转录后修饰、特殊位点和区域、二级结构、四级结构、与其他序列的相似性、序列残缺与疾病的关系、序列变异体与冲突等信息。SWISS-PROT 中尽可能减少了冗余序列，并与其他 30 多个数据库建立了交叉引用，其中包括核酸序列库、蛋白质序列库和蛋白质结构库等。SWISS-PROT 只接受直接测序获得的蛋白质序列，序列提交可以在其 Web 页面上完成。

(二) PDB

PDB 是国际上唯一的生物大分子结构数据库，由美国 Brookhaven 国家实验室建立。PDB 收集的数据来源于 X 射线晶体衍射和核磁共振（NMR），经过整理和确认后存档而成。目前 PDB 数据库的维护由结构生物信息学研究合作组织（RCSB）负责。RCSB 的主服务器和世界各地的镜像服务器提供数据库的检索和下载服务，以及关于 PDB 数据文件格式和其他文档的说明，PDB 数据也可以从发行的光盘获得。使用 Rasmol 等软件可以在计算机上按 PDB 文件显示生物大分子的三维结构。

(三) SCOP

SCOP 数据库详细描述了已知蛋白质结构之间的关系。分类基于若干层次：家族，描述相近的进化关系；超家族，描述远源的进化关系；折叠子，描述空间几何结构的关系；折叠类，所有蛋白质二级结构归于全 α、全 β、α/β、α+β 和多结构域等几个大类。SCOP 还提供一个非冗余的 ASTRAIL 序列库，该库通常用来评估各种序列比对算法。此外，SCOP 还提供一个 PDB-ISL 中介序列库，通过与这个库小序列的两两比对，可以找到与未知结构序列远源的已知结构序列。

二、蛋白质结构与功能预测

蛋白质结构是蛋白质模拟研究与计算的基础。所以，准确的蛋白质结构，是正确模拟蛋白质的必要条件。由于 PDB 数据库中收集的有限生物大分子三维结构已经无法满足需要，因此，出现了许多蛋白质结构的预测方法，如同源建模法、折叠识别法、从头计算法等。由于同源建模法是目前应用最为广泛的蛋白质三维结构预测方法，本节以同源建模法为例，说明如何预测蛋白质的三维结构。同源建模方法使用与目标序列同源的某一蛋白质的实验结构作为模板，对目标序列进行三维结构的预测，该方法的前提条件：①目标序列的同源蛋白质中某一个或者几个结构已经被解析（X 射线或者 NMR 结构均可）；②目标序列与该蛋白质的同源性足够高，一般 50% 以上的同源性能够得到比较合理的构象。

(一) 手动同源建模

一般同源建模法推测蛋白质结构需要四个步骤。①模板选择与序列比对：使用基于一系列双序列比对的数据库搜索技术，如 FASTA、BLAST，以及敏感度更高的基于多重序列比对的方法，如 PSI-BLAST，通过重复更新特定位点的打分矩阵发现更多的远源同源模板。②建立模型：建立模型的方法主要有三种——序列拼接、片段匹配和空间限制。序列拼接的方法基于完整模型从同源性的保守结构拼接而成；片段匹配的方法是把目标蛋白分成一系列的片段，每一个片段都与 PDB 中的对应模板相匹配；空间限制的方法是首先从 NMR 得到的实验数据中提取构建蛋白质三维结构所需的数据，然后用一个或者多个目标模板建立一套几何结构标准，接着把这套标准转化成概率密度函数，用于限制新建蛋白质的蛋白质骨架距离和二面角。③环区建模：目标序列中与模板没有叠合区的区域都是通过环区域建模构建的，在目标蛋白和模板蛋白有很小的序列相似性时最容易发生建模错误，这些未匹配的区域不如有模板结构对应的区域准确，尤其是大于 10 个氨基酸的环，另外，活性中心附近侧链二面角的偏移，对于建模的准确性也有很大的影响。④模型评估：同源建模结果的评估一般有两种方法——统计势能和基于物理能量计算。统计势能是通过 PDB 中已知结构蛋白残基间的相互碰撞频率计算，给两氨基酸相互作用时分配一种可能性或能量值，然后合并成完整模型的能量值；基于物理能量计算的方法是基于蛋白折叠的能量面假说，需要获得溶液中稳定蛋白的内部原子相互作用力，特别是范德华力和静电力。很多在线工具可以辅助实现这一过程，如：SWISS-MODEL、MODELLER、PARMODEL、HHpred、MODBASE、3D-JIGSAW、PROTEUS 和 I-TASSER 等。

(二) 自动同源建模

随着同源建模方法的日趋成熟，运用一些自动建模的程序也可以得到很准确的蛋白质三维结构。SWISS-MODEL 是一种可以通过 ExPASy 服务器的 Web 界面（http：//swissmodle.expasy.org）免费访问的自动化蛋白质同源建模服务器。通常，SWISS-MODEL 的氨基酸序列提交方式分为三种：①简洁模式（first approach mode），可以在 Web 界面直接贴入预测蛋白质的氨基酸序列或是 Swiss-Prot/TrEMBL 编号，然后服务器可以完全自动的建立模型，另外，用户也可以指定模板结构；②联配模式（alignment mode），该模式需要多序列联配的方式，用户需要提供一条目标序列和一条模板序列；③项目模式（project mode），该模式适用于对建模有细节要求的用户，可以选择不同的模板，手工编辑目标序列和模板的联配结果，以便判断插入与删除的位置。

三、蛋白质分子设计的原理与原则

自 20 世纪 80 年代，提出蛋白质工程与蛋白质设计的概念以来，蛋白质工程研究已取得许多激动人心的成果，但是通过蛋白质设计产生一个结构确定、具有新特性的稳定新蛋白质并不容易。因此，进行蛋白质设计（即蛋白质结构与功能的预测）及结构与功能关系的研究是非常必要的。

(一) 蛋白质分子设计的原理

蛋白质分子设计的原理如下。①内核假设。蛋白质内部侧链的相互作用决定蛋白质的特殊折叠。所谓内核是指蛋白质在进化中保守的内部区域。在大多数情况，内核由氢键连接的二级结构单元组成。②所有蛋白质内部都是密堆积，并且没有重叠。该限制取决于两个因素：第一个因素是分子是从内部排出的，是总疏水效应的一部分；第二个因素是由原子间的色散力所引起的，是对短吸引力的优化。③所有内部氢键都是最大满足的。蛋白质的氢键形成涉及一个交换反应，溶剂键被蛋白质键所替代。随着溶剂键的断裂，所带来的能量损失是由折叠状态的重组以及释放结合水分子而引起的熵的增益所弥补。④疏水及亲水基团需要合理地分布在溶剂表面。这种分布代表了疏水效应的主要驱动力。这种分布的正确设计不是简单地使暴露残基亲水、使埋藏残基疏水。因此在建模过程中要在原子水平上区分侧链的疏水及亲水部分，并正确的分布安排少许疏水基团在表面，少许亲水基团在内部。⑤在金属蛋白中，配位残基的替换要满足金属配位几何。要求围绕金属中心放置合适数目的蛋白质侧链或溶剂分子，并符合正确的键长、键角以及整体的几何。⑥对于金属蛋白，围绕金属中心的第二壳层中的相互作用是重要的。大部分配基会有多于一个与金属作用或形成氢键的基团。氢键的第二壳层通常涉及与蛋白质主链的相互作用，有时也参与同侧链或水分子的相互作用，满足蛋白质折叠的热力学要求，固定在空间的配位位置。⑦最优的氨基酸侧链几何排列。蛋白质中侧链构象是由空间两个立体因素所决定：旋转每条链的立体势垒与氨基酸在结构中的位置。蛋白质内部的密堆积表明在折叠状态侧链构象只能采取一种合适的构象，即一种能量最低的构象。⑧结构及功能的专一性。形成独特的结构，独特的分子间相互作用是生物相互作用及反应的标志，这是蛋白质设计最困难的问题。要构筑一个蛋白质模型必须满足所有的合适的几何要求，同时满足蛋白质折叠的几何限制，因此在设计程序中必须引入一个特征，它稳定所希望的状态，而不稳

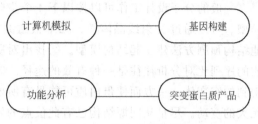

图 3-10　蛋白质设计循环

定不希望的状态，这也是最困难的计算机模拟技术之一。目前蛋白质设计还是实验性科学，它的成功需要几个"设计循环"，即设计、构筑、再设计等（图 3-10）。情况愈复杂，循环次数就会愈多。

(二) 蛋白质分子设计的目的与原则

蛋白质设计的目的主要有两个：①为定向蛋白质工程改造提供设计方案和指导性信息，如提高蛋白质的热稳定性、酸稳定性、增加活性、降低副作用、提高专一性等；②探索蛋白质的折叠机理，如蛋白质骨架的从头设计为研究蛋白质内相互作用力的类型及本质提供了一条很好路径，也为解决蛋白质折叠问题而寻找定性和定量的规律提供了方向。目前，蛋白质设计存在的主要问题是设计的蛋白质与天然蛋白质比较，缺乏结构的独特性及明显的功能优越性。所有设计的蛋白质具有正确的形貌、显著的二级结构及合理的热力学稳定性，但三级结构的确定性较差，如设计蛋白质的核磁共振谱有限的分散、非协同的热去折叠等。因此，蛋白质分子设计遵循的原则：①活性设计；②专一性设计；③框架（scaffold）设计；④疏水基团与亲水基团合理分布；⑤最优的氨基酸侧链几何分布。

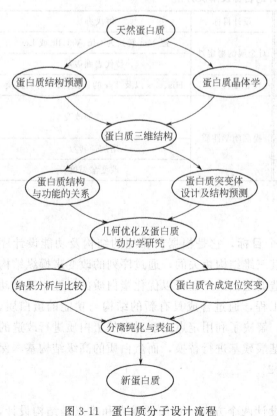

图 3-11　蛋白质分子设计流程

四、基于天然蛋白质结构的分子设计

蛋白质结构的分子设计是为定向蛋白质工程改造提供设计方案。天然蛋白质只有在自然条件下才能起到最佳功能，而在人为条件下则不然，例如：工业生产中常见的高温高压条件。因此，需要对蛋白质进行改造，使其能够在特定条件下起到特定的功能。蛋白质的分子设计可分为两个层次：①在已知立体结构的基础上所进行的直接将立体结构信息与蛋白质功能相关联的高层次设计；②在未知立体结构的情

形下借助于一级结构的序列信息及生物化学性质所进行的分子设计。蛋白质分子设计的过程，简单说来就是通过建立所研究对象的结构模型，进行结构-功能关系研究，然后提出设计方案，通过实验验证后进一步修正设计，往往需要几次循环才能达到目的。

(一) 蛋白质结构的分子设计步骤

一般的分子设计工作可以按以下 4 个步骤进行（图 3-11）。①建立所研究蛋白质的结构模型。可以通过 X 射线晶体学、二维核磁共振等测定结构，也可以根据类似物的结构或其他结构预测方法建立起结构模型。②找出对所要求性质有重要影响的位置。同一家族中蛋白质的序列比对分析往往是一种有效的途径。③选择一系列的在②中所选出位点上改变残基所得到的突变体，一方面使蛋白质可能具有所要求的性质，另一方面又尽量维持原有结构，而无大的变动。尽量从同源结构已有此位点的氨基酸残基序列中进行选择，同时考虑残基的体积、疏水性等性质的变化所带来的影响。④预测突变体的结构，并进行定性或定量计算优化所得到的突变体结构。

(二) 蛋白质结构突变体的设计步骤

蛋白质突变体的设计，主要分为 3 个步骤：①从天然蛋白质的三维结构出发（实验测定或预测），利用计算机模拟技术确定突变位点及替换的氨基酸；②利用能量优化及蛋白质动力学方法预测修饰后的蛋白质结构；③预测的结构与原始的蛋白质结构比较，利用蛋白质结构-功能或结构-稳定性相关知识及理论计算预测新蛋白质可能具有的性质。Hanley 等于 1986 年完成了一个我们所要的设计目标及解决的办法，如表 3-1 所示。该表至今仍有重要的参考价值。

表 3-1　蛋白质设计的目标及解决方法

设计目标	解决办法	设计目标	解决办法
热稳定性	引入二硫桥	对金属的稳定性	把 Met 转换为 Gln、Val、Ile 或 Leu
	增加氢键数目		替代表面羧基
	改善疏水堆积，增加表面盐桥	pH 稳定性	His、Cys 以及 Tyr 的置换，离子对的置换
对氧化的稳定性	把 Cys 转换为 Ala 或 Ser	提高酶学性质	专一性的改变
	把 Met 转换为 Gln、Val、Ile 或 Leu		增加逆转数
	把 Typ 转换为 Phe 或 Tyr		改变酸碱度
对重金属的稳定性	把 Cys 转换为 Ala 或 Ser		

五、全新蛋白质设计

全新蛋白质设计是从相反的方向实现这个目标，它是根据所希望的结构及功能设计序列，称反折叠研究。蛋白质的功能是直接与其三维结构相关的，通过序列的改变来操纵结构提供功能的多样性。基于天然蛋白质结构改造的蛋白质工程可以优化蛋白质的活性，改善动力学性质。而全新蛋白设计是另一类蛋白质工程，通过合成具有新的结构与功能的蛋白质，实现获得具有任意结构和功能的全新蛋白质，解决了利用定点突变对天然蛋白质进行改造的缺陷，即点突变只对天然蛋白质中少数的氨基酸残基进行替换，而蛋白质的高级结构基本保持不变。全新蛋白质设计的设计过程见图 3-12。

(一) 设计目标的选择

全新蛋白质设计可分为功能设计和结构设计两个方向。目前的重点和难点是结构设计，结构设计是从最简单的二级结构开始，以探索蛋白质结构稳定的规律。在超二级结构和三级结构设计中，一般选择天然蛋白质结构中比较稳定的模块作为设计目标，如四螺旋束和锌指结构等。

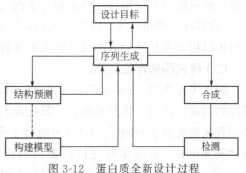

图 3-12　蛋白质全新设计过程

(二) 设计方法

最早的设计方法是序列最简化法（minimalist approach），其特点是尽量使设计序列的复杂性最小，一般仅用很少几种氨基酸，设计的序列往往具有一定的对称性或周期性。这种方法使设计的复杂性减少，并能检验一些蛋白质的折叠规律如：HP 模型。1988 年，Mutter 首先提出模板组装合成法，其思想是将各种二级结构片段通过共价键连接到一个刚性的模板分子上，形成一定的三级结构。模板组装合成法绕过了蛋白质三级结构设计的难关，通过改变二级结构中的氨基酸残基来研究蛋白质中的作用力，是研究蛋白质折叠规律和进行全新蛋白质设计规律探索的有效手段。

(三) 结构检测

设计的蛋白质序列只有合成并经结构检测后才能判断设计是否与预想结构符合。一般从三方面来检测：设计的蛋白质是否为多聚体，二级结构含量是否与目标符合，是否具有预定的三级结构。测定分子体积大小的方法（如体积排阻色谱法）可以判断分子以几聚体形式存在，同时可以初步判断蛋白质结构是无规卷曲还是有一定的三级结构。圆二色谱（CD）是检测设计蛋白质二级结构最常用的方法，根据远紫外 CD 谱可以计算蛋白质中各二级结构的大致含量。三级结构测定目前主要依靠 NMR 技术和荧光分析。

第三节　蛋白质的修饰和表达

一、蛋白质工程新技术策略

2001 年 Shinichi Ozaki 等（Ozaki et al.，2001），在国际期刊 Accounts of Chemical Research 发表利用分子工程改造血红素的研究成果，成功说明了利用结构生物学和基因操作技术对酶分子进行改造的有效性，促进了分子酶工程学（Molecular enzyme engineering）的发展。分子酶工程学就是采用基因工程和蛋白质工程的方法和技术，研究酶基因的克隆和表达、酶蛋白的结构与功能的关系以及对酶进行再设计和定向加工，以发展性能更加优良的酶或新功能酶，主要研究 3 个方面的内容：①利用基因工程技术大量生产酶制剂；②通过基因定点突变（site directed mutagenesis）和体外分子定向进化（in vitro molecular directed evolution）对天然酶蛋白进行改造；③通过基因和基因片段的融合构建双功能融合酶（fusion enzyme）。目前，融合蛋白技术已被广泛应用于多功能工程酶的构建与研究中，并已显示出较高的理论及应用价值。

(一) 融合蛋白与酶的表达和纯化

融合蛋白技术的应用可以使酶的表达与纯化更方便地进行。一般来说，与酶融合的小分子蛋白或短肽具有识别特异性结构分子的特征。将酶基因与一段被称为"亲和尾"（affinity tail）的编码序列相连接，这段"亲和尾"可以与亲和色谱柱上的配基特异地结合，使目标蛋白可以用亲和色谱的方法快速而简便地纯化出来。

(二) 研究酶的定位及移动

绿色荧光蛋白（green fluorescent protein，GFP）是一类存在于包括水母、水螅和珊瑚等腔肠动物体内的生物发光蛋白。其内源发光基团在受到紫外或蓝光激发时，可高效发射绿光，且无需底物和辅因子。GFP 可融合于酶蛋白的 N 端或 C 端，也可插入其内部，作为一种"荧光标签"被用来研究目标蛋白的定位及移动情况。Gordon 等构建了糖化酶（glucoamylase，GA)-GFP 融合蛋白，利用 GFP 作为信号蛋白，来研究黑曲霉体内 GA 分泌的动态过程，确定 GA 在黑曲霉胞内及胞外的分布情况。

(三) 控制酶固定的空间取向

酶固定化过程中酶分子的活性中心对于构象的微小改变非常敏感。常用的固定方法如化学交联或共价连接，通常导致酶活的大幅度降低。研究表明，酶固定过程中空间取向的控制是制备高质量固定化酶的前提。融合蛋白技术的发展为酶固定空间取向的控制提供了新的方法。FMN：NAD(P)H 氧化还原酶和荧光素酶是催化细菌生物发光的两种酶。Min 等将生物素羧化载体蛋白（biotin carboxy carrier protein，BCCP）分别融合在荧光素酶和 FMN：NAD(P)H 氧化还原酶的 N 末端，通过生物素（biotin）和亲和素（avidin）的相互作用，将这两个体内生物素化的融合蛋白定向固定在亲和素包被的琼脂糖颗粒上，在低酶和高NADH 浓度的条件下，定向共固定酶的生物发光能力是游离酶的 8 倍，同时，其稳定性也大大提高。

(四) 构建具有双催化活性的融合酶

生化反应常常需要多酶顺序催化来进行，称为顺序酶反应（sequence enzyme reaction）。大量的研究表明，通过基因融合构建具有双酶活力的融合蛋白，可有效提高顺序酶反应的总转化效率。D-氨基酸的合成需要 D-乙内酰脲酶（D-hydantoinase，HYD）和 N-氨甲酰酶（N-carbamylase，CAB）的顺序催化作用，是顺序酶反应的典型应用。Kim 等将两种不同来源的 D-乙内酰脲酶（HYD 来源于 B. sthearothermophilus SD1，HYD1 来源于 B. thermocatenulatus GH2）分别与 N-氨甲酰酶融合，构建 CAB-HYD 和 CAB-HYD1 两种融合蛋白。CAB-HYD 和 CAB-HYD1 都同时具有 D-乙内酰脲酶和 N-氨甲酰酶活力，但 CAB-HYD1 的性能优于 CAB-HYD。与原多酶反应相比，两融合酶具有更高的将乙内酰脲衍生物转化成相应氨基酸的能力。

二、蛋白质修饰的分子生物学途径

蛋白质工程的基本途径是从预期功能出发，设计期望的结构，合成目的基因且有效克隆表达或通过诱变、定向修饰和改造等一系列工序，合成新型优良蛋白质。详细来说，蛋白质工程是利用反向生物学技术（图 3-13），按期望的结构寻找最适合的氨基酸序列，通过计算机设计，进而模拟特定的氨基酸序列在细胞内或在体内环境中进行多肽折叠形成三维结构的全过程，并预测蛋白质的空间结构和表达出生物学功能的可能及其高低程度。目前，蛋白质的分子生物学修饰已成为新型生物催化剂分子设计的有效手段，主要有：定点突变技术、融合蛋白技术、定向进化技术、DNA 改组技术、合理组合技术、tRNA 介导蛋白质工程技术等。

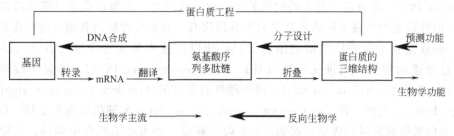

图 3-13 蛋白质工程研究策略

(一) 定点突变技术（site directed mutagenesis）

定点突变技术是在已知 DNA 系列中取代、插入或删除特定的核苷酸，从而改变酶结构中的个别氨基酸残基。由于定点突变是在已知酶的结构与功能的基础上，有目的地改变酶的某一活性基团或模块，从而产生新性状的酶，故又称理性分子设计。利用定点突变技术在对天然酶蛋白的催化活性、抗氧化性、底物专一性、抗稳定性以及拓宽酶作用底物的范围，改进酶的别构效应等方面的研究已取得了众多成就。例如：纳豆激酶是由纳豆枯草杆菌产生的丝氨酸蛋白酶，具有很强的纤维蛋白溶解活性，是极具开发价值的潜在心血管药物，但在实际应用中存在稳定性差、易氧化等缺陷。Weng 等采用定点突变技术，将 Ser 和 Ala 引入纳豆激酶，分别替换催化残基 Ser^{221} 附近的 Thr^{220} 和 Met^{222}，筛选得到两个突变体 T220S 和 M222A，并成功地在大肠杆菌中得到表达。抗氧化活性测试结果显示：纯化后的突变体 M222A 的抗氧化活性明显强于野生型酶，其对浓度为 $1.0mol/L$ 以上的 H_2O_2 也表现出抵抗性，而野生型酶在 $0.1mol/L$ 的 H_2O_2 作用下便失活；另一突变体 T220S 的抗氧化活性虽低于 M222A，但较野生型酶有所提高，经浓度为 $1.0mol/L$ 的 H_2O_2 处理后仍保留 40% 的残余活力。突变体 T220S 抗氧化活性提高的部分原因是，220 位 Thr 替换为 Ser 后，使得 Met^{222} 的空间结构发生了变化，致使原先位于表面易于氧化的 Met^{222} 变成了一个隐蔽残基。

(二)DNA 改组技术（DNA shuffling）

DNA 改组是体外同源重组的一种再组装 PCR 技术。它是将一群密切相关的序列，在 DNase I 作用下，随机酶切成许多片段，这些小片段之间有部分重叠碱基序列，通过自身引导 PCR（self-priming PCR），使这些小片段重新组装成全长基因，建立突变文库，再对突变文库进行筛选，选择改良的突变体组成下一轮 DNA 改组的模板，重复多次重排与筛选，直到获得性状较为满意的突变体。DNA 改组已广泛用于改进生物催化剂与创制新酶，它们在提高酶的活性、热稳定性、底物特异性、对映体的选择性及可溶性表达和表达水平等方面都已取得了很多成果。例如：胞嘧啶脱氧核糖核苷酸脱氨酶（CDAs）为核苷酸代谢中的重要酶类，能催化胞嘧啶核苷和脱氧胞嘧啶核苷经水解脱氨而生成尿嘧啶核苷，可用于核苷类抗病毒药如拉米夫定的合成，在抗癌和抗微生物药物的研发中极具应用价值。Park 等将源自 *Bacillus caldolyticus* DSM405（T53）和 *B. stearothermophilus* IF012550（T101）的 CDAs 进行了 DNA 改组，结果显示：经 DNA 改组后获得的突变体 SH1067、SH1077 的热稳定性强于 T53 和 T101，其活性在 70℃ 时能保持 3h；突变体 SH2426 在 70℃ 时的半衰期为 T53 的 150%。

(三) 定向进化技术（directed evolution）

酶的体外定向进化（direction evolution of enzyme in vitro），又称分子进化（molecular evolution）就是在实验室模拟自然进化机制。随机突变、重组和自然选择通过易错 PCR (error-prone PCR) 等方法，对编码酶的基因进行随机诱变，再通过高通量筛选或选择方法定向选择出性能更加优良的酶或创造出自然界所没有且具优良性质的新酶，定向进化与定点突变的不同点是它不需要已知酶的结构信息，所以该技术又称为非理性设计（Li et al.，2008）。已发展的常见定向进化策略有易错 PCR（error-prone PCR）、外显子改组（exon shuffling）、杂合酶（hybrid enzyme）、体外随机引发重组（random priming in vitro recombination，RPR）、交错延伸（stagger extension process step）和随机定向突变等。以下以易错 PCR 为例来解释取得的成果，例如：1,3-丙二醇是一种重要的医药中间体，主要作为合成聚酯、聚醚和聚氨酯的单体，可经 1,3-丙二醇氧化还原酶催化 3-羟基丙醛而制得。有研究发现，与 1,3-丙二醇氧化还原酶相比，其同工酶（编码基因 yqhD）的催化活性更高。Li 等采用易错 PCR 对基因 yqhD 进行突变处理，筛选得到催化活性及亲和力均高于野生型 1,3-丙二醇氧化还原酶的突变体 D99Q、N147H 和 Q202A，其中 D99Q、N147H 对其他醛类也表现出催化活性。

(四) tRNA 介导蛋白质工程技术（tRNA-mediated protein engineering）

tRNA 介导蛋白质工程（tRNA-mediated protein engineering）技术指将人为设计的非天然氨基酸选择性地掺入蛋白质，亦称定点非天然氨基酸替代法（site-directed non-natural amino acid replacement，SNAAR）（Olejnik et al.，2005）。该技术与定点突变技术相似，均可选择性地对目的蛋白进行定向改良，具体操作步骤：先用化学氨酰化等方法使抑制型 tRNA（即含有 UAG 三联体的反密码子的 tRNA）错酰化，使其携带非天然氨基酸，然后将该非天然氨基酸通过错酰化的 tRNA 的反密码子靶向引入目的蛋白的设定位点，再在体外细胞游离合成系统或体内细胞体系中合成含该非天然氨基酸的蛋白质。例如：Olejnik 等采用 tRNA 介导蛋白质工程技术，建立了一个高效、高特异性的蛋白 N 端标记方法，用于蛋白质的结构和功能研究。Thibodeaux 等利用酪氨酰 tRNA 合成酶，将 50 多个非天然氨基酸引入大肠杆菌及哺乳动物细胞的蛋白质中，从而为哺乳动物细胞蛋白质分子的改良提供了更多的途径，并为蛋白质结构和功能的研究开辟了新思路。

三、蛋白质修饰的化学途径

蛋白质的生物活性是由其特定的化学结构和空间结构决定的，化学结构不变，而空间结构破坏导致蛋白质生物学功能丧失的过程称为蛋白质变性或去折叠。如果化学结构发生改变则称为蛋白质的化学修饰。有的情况下，化学结构改变并不影响蛋白质的生物学活性，这些修饰称为非必需部分的修饰。但是在大多数情况下，蛋白质化学结构的改变将导致生物活性的改变。因此，化学修饰是研究蛋白质的结构与功能关系的一种重要手段，也是定向改造蛋白质性质的一种有力工具。

(一) 蛋白质分子的侧链基团修饰

巯基修饰：由于巯基具有很强的亲核性，巯基基团一般是蛋白质分子中最容易反应的侧链基团。烷基化试剂和其他一些卤代酸和卤代酰胺是重要的巯基修饰试剂。这种修饰的优点是容易做到定量定位修饰，可使修饰蛋白的生物活性全部保留，是人们最先研究的特异性修饰。但随着定位诱变的迅速发展，半胱氨酸侧链基团的化学修饰有被取代的趋势。

氨基修饰：非质子化的赖氨酸 ε-氨基是蛋白质分子中亲核反应活性很高的基团。氨基的烷基化、利用氰酸盐使氨基甲氨酰化是重要的赖氨酸修饰方法。氨基的化学修饰在蛋白质序列分析中占了极其重要的地位。氨基修饰已经成功应用于研究血红蛋白的作用机理以及结构与功能之间的关系。

羧基修饰：目前应用最普遍的标准方法是用水溶性的碳化二亚胺类特定修饰蛋白质分子的羧基基团，产物一般是酯类或酰胺类，它在比较温和的条件下就可以进行。用甲醇的盐酸溶液也可与羧基发生酯化反应。由于羧基在水溶液中的化学性质使得这类修饰方法很有限。

其他侧链修饰：咪唑基、酚和脂肪族羟基和二硫键等的化学修饰。这些修饰反应与大多数有机反应不同的一个重要特征是反应条件要温和得多，这是防止蛋白质分子变性的一个必要条件。pH值决定了具有潜在反应能力的基团所处的可反应和不可反应的离子状态，因此是影响化学修饰反应的最重要条件。

(二) 蛋白质分子的主链基团修饰

肽链氨基酸切除：随着对胰岛素结构研究的深入，越来越多的链段信息和相应的功能为人们所了解。胰岛素是由 A 和 B 两条肽链构成，肽链之间靠两对二硫键（A7-B7，A20-B19）相连接。胰岛素 B 链氨端的八肽是胰岛素分子的结构易变区，具有较强的柔性和易变性。移去 B 链氨端 B1-Phe 并不影响胰岛素生物活力，但免疫活力显著下降。不同部位的胰岛素化学修饰物的研究结果表明，胰岛素 A 链 N 端 Gly 是影响胰岛素分子与其受体相互诱导契合作用以及活性作用正常发挥的重要部位之一。

氨基酸定位突变：采用定位诱变技术在目标基因的预定位点导入突变，然后在适当的载体系统—宿主细胞中表达经过改变的基团，可以获得主链结构有特定改变的蛋白质分子。以下以研究胰岛素结构与功能的关系和改善胰岛素的治疗学性质方面为例，来论述定位诱变，主要体现在：①速效胰岛素类似物，通过在胰岛素二聚体形成面上引入电荷或引入侧链有较大空间位阻的氨基酸残基阻止胰岛素形成二聚体，得到单体速效胰岛素；②长效胰岛素类似物，利用蛋白质工程方法向胰岛素分子引入正电荷或消除原有负电荷以升高其等电点，起到长效的作用；③高效胰岛素类似物，定位突变（B10Asp）类的胰岛素体外活力和受体结合能力提高 2～5 倍，甚至更高。

四、重组蛋白质表达的典型宿主

基因工程为目标蛋白质的生产、随之对其结构功能的研究以及蛋白质及多肽药物的开发在理论和实际应用上开辟了一条崭新的道路。重组蛋白质在原核细胞（以大肠杆菌为例）和真核细胞（以酵母为例）中的表达成为研究最成熟的两个典例。

(一) 目标蛋白质在大肠杆菌中的表达

大肠杆菌（*Escherichia coli*）表达体系是目前应用最广的一个外源基因表达体系，即外源基因表达的首选体系，只有在 *E.coli* 中的表达产物由于不能正确折叠或缺乏翻译后修饰而没有生物活性，或当天然蛋白质的回收率太低时，才考虑选择其他表达体系。利用 *E.coli* 作为表达体系的优点：遗传学和生理学背景清楚；容易培养，特别是高密度发酵；外源基因经常可以达到高效表达。*E.coli* 系统最大的不足之处：①不能进行典型真核细胞所具有的复杂的翻译后修饰，如糖基化、烷基化、磷酸化、特异性的蛋白水解加工等；而广泛二硫键的形成以及外源蛋白质组装成多亚基复合体的能力也受到限制。②外源基因产物在 *E.coli* 细胞内易形成不溶性的包涵体；而当真核基因在 *E.coli* 中表达时，作为起始氨基酸，Met 常依然保留在蛋白质的 N 末端。③由于真核 mRNA 的结构特性以及密码子使用频率与 *E.coli* 本身的差异，当用真核 mRNA 的序列直接在 *E.coli* 细胞中表达时，有时不能得到足够的产物。然而，当外源蛋白质的分子质量小于 70kDa，不存在 Cys 或分子内的二硫键少于 3～4 个，以及不需要翻译后修饰而能保持其生物活性的蛋白质，大多可以利用 *E.coli* 系统得到满意的结果。

在 E.coli 表达系统表达不同的蛋白质，需要采用不同的载体。目前已知的 E.coli 的表达载体可分为非融合型表达载体和融合型表达载体两种。非融合表达是将外源基因插到表达载体强启动子和有效核糖体结合位点序列下游，以外源基因 mRNA 的 AUG 为起始翻译，表达产物在序列上与天然的目的蛋白一致。融合表达是将目的蛋白或多肽与另一个蛋白质或多肽片段的 DNA 序列融合并在菌体内表达。融合型表达的载体包括分泌表达载体、带纯化标签的表达载体、表面呈现表达载体、带伴侣的表达载体。

(二) 目标蛋白质在酵母中的表达

目前，很多在商业、医学以及研究中所用的重组蛋白质或多肽都是通过工程化的酵母菌产生的。酵母很容易用来进行遗传操作，对培养条件的要求也不苛刻，易于高密度发酵。酵母更是理想的真核宿主，可以进行很多翻译后的修饰，这些修饰对某些蛋白质生物活性的表达是重要的，酵母本身具有以下特点：①在酿酒酵母（Saccharomyces cerevisiae）基因组中大约 5% 的基因含有一个内含子，如其他酵母品系一样，S. ceremsiae 品系不具备从外源基因的初级转录物去除内含子的能力，因而绝对必要用外源基因编码序列的 cDNA 拷贝作为任何蛋白表达的起始点。②如果目标蛋白需要翻译后加工（例如：二硫键形成、糖基化），蛋白需要通过分泌途径进行表达。然而，酵母品系只具有非常低的分泌能力，这样得到高表达分泌体系的机会就会受到限制。③考虑到外源蛋白在酵母细胞中表达，可能对细胞造成毒害，特别是一些膜蛋白或膜相关蛋白，所以要用紧密调控的表达体系。④外源基因是否在酵母体系中高表达并不是必然事件，在选用酵母体系的同时，要试其他体系，这样才能万无一失。

酵母表达系统作为一种后起的外源蛋白表达系统，由于兼具原核以及真核表达系统的优点，正在基因工程领域中得到日益广泛的应用，应用此系统可高水平表达蛋白，且具有翻译后修饰功能，故被认可为一种表达大规模蛋白的强有力工具。常用的酵母表达系统：①S. cerevisiae 表达系统，由于 S. cerevisiae 难于高密度培养，分泌效率低，几乎不分泌分子质量大于 30kDa 的外源蛋白质，也不能使所表达的外源蛋白质正确糖基化，而且表达蛋白质的 C 端往往被截短。因此，一般不用酿酒酵母做重组蛋白质表达的宿主菌。②甲醇营养型酵母表达系统，甲醇酵母表达系统是目前应用最广泛的酵母表达系统。目前甲醇酵母主要有汉森酵母属（Hansenula）、毕赤酵母属（Pichia）、球拟酵母属（Torulopsis）等，并以毕赤酵母属（Pichia）应用最多。甲醇酵母的表达载体为整合型质粒，载体中含有与酵母染色体中同源的序列，因而比较容易整合入酵母染色体中，大部分甲醇酵母的表达载体中都含有甲醇酵母醇氧化酶基因 1（AOX1），在该基因的启动子（P_{AOX1}）作用下，外源基因得以表达。

第四节　蛋白质的物理化学性质

一、热力学函数与蛋白质构象

天然蛋白质含有由链折叠成面、由点向晶体、由非共价键结合在一起、规则重复的三维网络结构。失活就是这些结合的破裂，是多肽链从相对紧致有序且具刚性的结构转变为不规则、弥散排布、柔性的开放链。具有适当初级序列的多肽链折叠成具有生物活性的天然结构，使得从遗传信息到生物功能的信息传递表达过程得以完成。在正确的物理化学条件下，蛋白质的折叠是自发的；在不正确的物理化学条件下，蛋白质通常没有紧密而特定的结构。基因一旦表达，即被翻译为一定的多肽序列，热力学就代替生物学机制起主导作用。原本是柔性、不规则的多肽链就折叠为生物学功能所需要的、更紧致、特定的结构。

在我们完全不考虑化学键的变化时多肽链的内能由构象和内部运动所确定。体系的焓为：

$$H = E + pV \tag{3-1}$$

式中，p 为大气压力；V 为体系体积。

蛋白质的天然态总是在多肽链与环境（通常是水溶液）的相互作用中形成而稳定的。多肽链的构象变化总是伴随着溶液的变化。式中的内能和焓均应包含溶液所作的贡献以及多肽链与溶液相互作用所作的贡献。体积 V 是整个溶液的体积。体积的变化往往很小，所以，许多文献常常不区分内能与焓。体系的吉布斯自由能为：

$$G = H - TS = E + pV - TS \tag{3-2}$$

式中，T 为热力学温度；S 为体系的熵。

熵是描述体系宏观状态不确定程度的量。就多肽链的内部运动而言，如果多肽以概率 f_i 处在第 i 个内部振动能级，那多肽链的内部振动对熵的贡献为：

$$-k_B \sum f_i \ln f_i \tag{3-3}$$

式中，k_B 为玻尔兹曼常数。

熵由体系处于各种微观状态的概率所决定，并与这个概率分布的弥散程度有关。同样，热力学量 G 和 S 都应包括来自溶液的贡献以及来自多肽链与溶液相互作用的贡献。

假定多肽链有 N 和 U 两种稳定状态，假设 N 为天然状态，U 为失活或退折叠状态。在状态 N，多肽链有确定的构象、不确定的是它的内部运功。状态 U 的情况就可能很复杂，它可能有几个、许多个或无数个可能的构象，它以不同的概率选择它所可能采取的构象。在状态 U，也有可能一条多肽链只有它长度上的一段不再停留在天然状态，而其余部分仍与天然状态相同。也就是说，失活态或退折叠态包含了天然态以外的其他任何状态，而且蛋白质分子不停地在可能状态之间转变。

如果溶液中所有蛋白质分子都处于状态 N，体系（即整个溶液）的自由能为：

$$G_N = H_N - TS_N \tag{3-4}$$

而当所有分子都处于状态 U，体系的自由能为：

$$G_U = H_U - TS_U \tag{3-5}$$

式中，H_N、H_U、S_N、S_U 分别为所有蛋白质分子都处于状态 N 或状态 U 时体系的焓或熵。

当溶液中的活性状态 N 与失活状态 U 处于热力学平衡时，平衡常数 $K = [U]/[N]$（式中方括号表示取浓度）取决于上述两种自由能之差 $\Delta G = G_U - G_N$。

$$K = \exp \frac{-\Delta G}{RT} \tag{3-6}$$

自由能差 ΔG 也可以用焓差 $\Delta H = H_U - H_N$ 和熵差 $\Delta S = S_U - S_N$ 表示为：

$$\Delta G = \Delta H - T\Delta S \tag{3-7}$$

于是

$$-RT \ln K = \Delta H - T\Delta S \tag{3-8}$$

式中，存在如下事实：

(1) 在多肽链的两种状态（N 与 U）平衡共存时，体系也有自己的自由能、焓和熵等热力学量，只是没有明显地用到它们。相对于这些热力学量，上述带下标的热力学量，称为"标准热力学量"。

(2) 体系的热力学平衡是由体系自由能极小决定的。在平衡达成时各种组分（处于状态 N 或状态 U 的分子）所占比例，取决于它们的标准自由能之差。

(3) 无论是从热力学还是从统计力学来看，熵都是一个有明确定义的物理量。熵的变化可以用实验方法测定，也可以用统计力学方法计算。

二、蛋白质突变、稳定性与折叠

蛋白质折叠/退折叠的平衡热力学的和动力学研究表明，具有生物活性的蛋白质天然态是在热力学平衡状态下存在的单一构象状态，而失活态则是多构象状态。一般多肽链的折叠/退折叠是非常复杂的过程，而且往往是不可逆的。许多单结构域小蛋白质的可逆折叠/退折叠转变成了认识一般蛋白质折叠过程的基础。这些小蛋白质折叠表现出典型的两态协同过程。这种协同性是以大量的弱相互作用为基础的。单独的相互作用不足以稳定结构，但许多不同残基的协同作用显现出足够的稳定效果，并引导多肽链以一定的方式运动。

(一) 突变与热稳定性

疏水突变：这是一类改变疏水残基的突变。每次改变一个疏水残基，然后测量稳定自由能的改变量 $\Delta\Delta G = \Delta G(天然) - \Delta G(突变)$。为了减少立体化学变化引起的张力，只考虑了由较大残基变为较小残基的突变，表 3-2 给出了对 6 种蛋白质从 Ile 到 Val 突变后测得的 $\Delta\Delta G$ 值。另外，有些突变侧链的位置只是部分掩埋的。疏水突变引起的稳定性改变（$\Delta\Delta G$）与被突变残基在天然态被掩埋的侧链可及表面积成正比（相关系数 0.82）。以残基侧链在天然态被掩埋的可及表面积与侧链总的可及表面积之比为侧链的掩埋率，$\Delta\Delta G$ 的观测值/掩埋率得到的修正值可以更好地比较在相同掩埋率（100%）条件下不同蛋白质在不同位点上的疏水突变所引起的稳定性变化（表 3-2）。修正以后，平均的 $\Delta\Delta G$ 从 4.22kJ/mol 增加到了 4.64kJ/mol。

表 3-2　对 6 种蛋白质的从异亮氨酸到缬氨酸突变测得的稳定化自由能降低 $\Delta\Delta G$

蛋白质名称	突变位点	掩埋率/%	$\Delta\Delta G$/(kJ/mol) 观测值	$\Delta\Delta G$/(kJ/mol) 掩埋率修正值[①]
葡萄球菌核酸酶	15	77	3.34	4.34
	18	86	4.60	5.35
	72	94	7.52	8.00
	92	100	2.09	2.09
	139	77	6.27	8.14
Barnase	4	68	2.51	3.69
	25	87	4.60	5.29
	51	100	7.52	7.52
	55	47	0.84	1.78
	76	100	3.34	3.34
	88	100	5.43	5.43
	96	100	3.76	3.76
	109	86	3.34	3.89
T4 溶菌酶	3	79	2.09	2.63
胰凝乳酶抑制剂	39	100	5.02	5.02
	48	93	4.18	4.49
	76	100	-0.84	-0.84
核糖核酸酶 T1	47	100	5.02	5.02
	61	100	8.36	8.36
	90	100	4.60	4.60
平均值±标准差		100	4.22±2.21	4.64±2.26

① 掩埋率修正值＝观测值/掩埋率。

氢键突变：研究氢键突变体的目的是为了阐明一个在退折叠态与水形成氢键的极性基团在天然态中脱水而形成特定的分子内氢键之后，使得蛋白质的稳定性增加了多少。最普遍的方法是用不能形成氢键的残基（如 Ala）取代在天然态中形成氢键的残基。在表 3-3 中总结了把 Asn 突变为 Ala 的结果。Asn 侧链一般来说要比 Ile 侧链更加地暴露于溶剂，并且这个残基还形成 1～4 个分子内氢键（每个酰胺基作为给体和受体各可以形成两个氢键）。以基于辛醇的转移自由能 ΔG_U 为标准，Ala 侧链的疏水性要比 Asn 侧链高 5.18kJ/mol。考虑了从氢键对自由能的贡献中扣除疏水性改变所带来的影响，表 3-3 最后两列列出了用两种不同方法修正后的 $\Delta\Delta G$ 值。修正之后 $\Delta\Delta G$ 从 4.60kJ/mol 增加到 6.69kJ/mol。

表 3-3　三种蛋白质中把天冬酰胺突变为丙氨酸所引起的稳定化自由能降低 $\Delta\Delta G$

蛋白质名称	突变位点	氢键数	掩埋率/%		$\Delta\Delta G$/(kJ/mol)			
			侧链	酰胺基	观测值	每个氢键	修正值1	修正值2
核糖核酸酶 T1	9	1	66	54	3.39	3.34	6.69	6.69
	36	1	28	9	−0.08	0.00	1.25	0.42
	44	3	81	85	8.23	2.93	4.18	4.18
	81	3	100	100	12.08	4.18	5.85	5.85
Barnase	5	1	68	58	7.73	7.94	11.29	10.87
	23	2	94	98	9.41	2.48	7.11	7.52
	58	3	85	88	11.33	3.76	9.63	5.43
	77	3	56	56	6.90	7.11	10.03	10.03
	84	4	71	93	8.44	2.09	2.93	3.34
葡萄球菌核酸酶	100	2	100	100	19.31	9.61	12.12	16.30
	118	2	96	95	6.86	3.34	5.85	6.27
	119	1	77	73	3.30	3.34	7.11	7.52
	138	1	68	58	3.68	3.76	7.11	7.11
平均值					4.60±2.51		6.69±2.93	6.69±2.93

适应极端条件的突变体：退折叠态和折叠态之间的自由能差表示：在给定的溶和温度条件下，在热力学平衡态，天然态蛋白质对抗热运动涨落的能力。但它并不直接和完全地表征折叠态对抗温度变化或溶液条件（pH 值、盐浓度等）变化的能力。考虑到这些影响蛋白质结构的因素之后，蛋白质的稳定性可以用一个多维的相图来表示，也就是把稳定化自由能表示为这些因素的函数。图 3-14 把 ΔG 表示为 pH 值和温度的函数的两维相图，其上部可以看成是相图的一个截面，表示 ΔG 与温度的关系。一般来讲稳定化自由能与温度的关系是抛物线（图 3-15）。温度升高或降低都可以使蛋白质失活，即热失活和冷失活。冷失活在生理的溶液条件下一般不可能观察到，因为转变温度太低，但是在适当的失活剂浓度或 pH 值条件下可以观察到。在嗜热生物中，蛋白质 ΔG 与温度的关系曲线不是往高温方向移动（图 3-15c），而是变得较为平坦（图 3-15d），或普遍增加（图 3-15b）。

图 3-15 中，a：普通生物蛋白质的稳定化自由能曲线；b～d：嗜热蛋白质的稳定化自由能曲线；T_m 和 T'_m：分别为普通蛋白质与嗜热蛋白质的熔化温度（退折叠转变温度）。嗜热蛋白质的稳定化不是通过如 c 那样使整条曲线向高温方向移动，而是使曲率变小，稳定的温度范围变宽（d），或使最高稳定自由能增加（b），两种变化的结果都使熔化温度升高。普通的和嗜热的两种有机体的最佳生长温度 T_{top} 和 T'_{top} 都比它们各自的蛋白质最稳定的温度高许多，说明有机体只是希望蛋白质保持适当的稳定性。

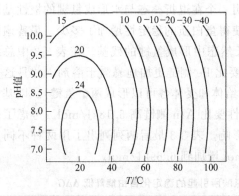
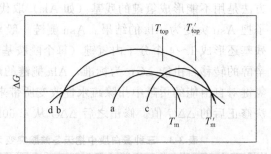

图 3-14 表示折叠态稳定性与 pH 值和
温度的关系的两维相图

图 3-15 寻常生物蛋白质和嗜热蛋白质的
稳定化自由能 ΔG 的温度截面

[等高线上稳定化自由能相等。数字示出 ΔG（kJ/mol）

的值。在 $\Delta G=0$ 的线的左边，折叠态更稳定；

右边，退折叠态更稳定]

(二)突变与折叠过程

过渡态的突变分析：过渡态是在从天然态到退折叠态（或从退折叠态到折叠态）的变化过程中分子跨越自由能位垒时的短暂状态，也是转变过程中随时间变化最慢的状态。过渡态的寿命很短，没有直接测定其结构的实验手段，关于过渡态结构的知识只能从折叠动力分析间接得来。从表观速率常数的 V 形图分析，可以得到用 β 值表征的过渡态在退折叠态和天然态之间的"反应路径"上的位置。通常突变单个的残基，可以改变天然态、退折叠态和折叠过渡态相互间的能量差。因此，突变可以用来报告蛋白质中每一个位点或区域对折叠中各种状态自由能的影响。当然，作为一个先决条件，当用突变来探测折叠过渡态的结构时，这些突变应该只改变折叠过渡态的相对稳定性，而不改变它的结构。

突变对稳定性和折叠过程的影响：单位点突变可以在不同程度上影响蛋白质的稳定性。从使稳定性有一定程度的增加，到使稳定性降低，直至使突变体在一般的实验条件下不再有稳定的折叠态，除了取决于突变的性质（突变导致的残基侧链大小、几何形状和极性、电离势等化学物理性质上的变化）以外，还取决于突变在三维空间结构中的位置（包括是在核心部位还是在表面、在二级结构片段的中部还是两侧、是在刚性的转折区还是在松散柔性的链套区等）。X 射线晶体学已经在天然蛋白质中发现了一些不在脯氨酸之前的肽键，它们常出现在活性位点附近，可能在这些地方这种特殊的构象对蛋白质的活性很重要。

第五节　蛋白质结构解析

一、X 射线晶体结构分析

X 射线衍射法是测定蛋白质晶体结构的重要方法，通过 X 射线衍射法可间接地研究蛋白质晶体的空间结构。对晶体结构的研究将帮助人们从原子水平上了解物质。1913 年布拉格父子用 X 射线衍射法对氯化钠、氯化钾晶体进行了测定，指出通过分析晶体衍射图可以确定晶体内部原子（或分子）间的距离和排列。X 射线衍射法在蛋白质结构解析方面的应用，主要体现在：1959 年佩鲁茨和肯德鲁对血红蛋白和肌红蛋白进行结构分析，解决了三维空间结构，获 1962 年诺贝尔化学奖。1953 年克里克、沃森在 X 射线衍射资料的基础上，提出了 DNA 三维结构的模型，获 1962 年诺贝尔生理学或医学奖。20 世纪 50 年代后期，有机化学家豪普特曼和卡尔勒建立了应用 X 射线直接分析晶体结构的纯数学理论，这对于研究生物大分子物质如激素、抗生素、蛋白质及新型药物分子结构方面起到了重要推进作用，获 1985 年诺贝尔化学奖。有些蛋白质像纤维系或尼龙一样，既具有纤维状又具有晶体状，例如，丝心蛋白、角蛋白和胶原蛋白。德国物理学家

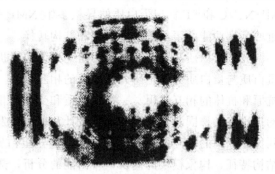

图 3-16　蛋白质的 X 射线衍射图

赫佐格通过显示这些物质能够衍射 X 射线（图 3-16），从而证明了它们的结晶度。德国物理学家布里尔分析了衍射图，从而确定了多肽链中原子的间距。英国生物化学家阿斯特伯里等人利用 X 射线衍射进一步了解多肽链的结构，能够相当精确地计算出相邻原子间的距离和相邻键所成的角度。

X 射线晶体学

　　马克思·冯·劳厄发现 X 射线晶体的现象为测定晶体结构奠定了坚实的基础。两个英国科学家，威廉·亨利·布喇格爵士和威廉·劳伦斯·布喇格爵士开始用 X 射线衍射测定化合物中原子在晶体中的位置。威廉·亨利·布喇格发明了 X 射线分光计，并与他的儿子威廉·劳伦斯·布喇格创立了用 X 射线分析晶体结构的新学术领域。威廉·劳伦斯·布喇格 1912 年就发现了他一生中最著名的成就——布喇格定律。其间，他与在利兹大学的父亲进行了讨论。父子两人对 X 射线的研究为后来 DNA 双螺旋结构的发现奠定了基础。1937 年，欧内斯特·卢瑟福去世后，威廉·劳伦斯·布喇格接替他称为剑桥大学卡文迪什实验室主任。1948 年，威廉·劳伦斯·布喇格开始对蛋白质结构的研究产生兴趣，并且创建了一个使用物理方法解决生物问题的研究小组。正是由于这种物理方法，1915 年父子二人一同被授予诺贝尔物理学奖。

二、核磁共振波谱的溶液结构解析

　　X 射线晶体衍射在蛋白质研究中受到一定限制，主要有两方面原因：①要求用于结晶的样品必须具有相当高的纯度；②从晶体得到的三维结构信息可能与分子体系在生物条件下溶液中的结构信息不一致。因此，确定蛋白质分子在溶液中结构信息的方法是核磁共振波谱技术，它使用较低强度辐射能测定蛋白质分子在流动化液态下的三维结构信息，从而更真实地反映蛋白质在生物环境下的结构信息，并能确定小分子与大分子复合物的结构。核磁共振波谱技术在蛋白质结构解析方面的应用，主要体现在如下方面。

　　（1）蛋白质折叠和结构转换的研究　蛋白质的低级结构是形成更高级结构的基础，而高级结构可能对低级结构有进一步的调整和完善作用。其中，二级结构和折叠中间体的形成直接影响着球状蛋白质的折叠和寡聚体的组装，结构转换和错误折叠往往导致蛋白质聚合。二级结构转换已引起人们的重视，特别是某些蛋白质中的 α-螺旋向 β-折叠转变是改变蛋白质稳定性和聚合的原因。因此，通过深入研究寡聚体蛋白质折叠和装配的机理，能够较深入地揭

示蛋白质折叠和聚合问题。目前，DS、荧光、微分差热（DSC）谱以及 NMR（特别是采用 ^{15}N、^{13}C 和 ^{19}F 标记蛋白质的异核多维 NMR 等）等方法已经用于研究中等分子量大小有重要生理功能的蛋白质溶液构象和结构转换。

（2）蛋白质与蛋白质互作的研究　蛋白质折叠的研究主要是研究分子内的相互作用，而蛋白质与蛋白质互作是研究分子间的相互作用。蛋白质与蛋白质互作包括亚基的相互作用、抗原和抗体的相互作用、一些蛋白质和受体的相互作用等等，揭示它们的本质规律具有重要的理论意义，同时，它也是分子设计和药物开发的结构基础。利用生物 NMR 技术着重于不同类型亚基的相互作用，具体包括：建立蛋白质-蛋白质相互作用的数据库，分析结合区的结构特征，构象模块的确认，自由能的分析，热力学和动力学的研究和比较蛋白质分子内识别与分子间识别的差异性。

（3）蛋白质三维结构和构效关系的研究　采用近代 NMR 波谱技术，系统研究同源蛋白质的溶液三维结构，并在此基础上探讨其构效关系，进一步揭示了毒素与不同靶受体结合特异性和选择性的分子基础，完成了两个钠离子通道抑制剂和两个钾离子通道抑制剂的溶液三维结构测定。

多维核磁共振技术

　　回顾核磁共振技术的发展过程，核磁共振领域的重大实验进展不乏大师的身影。伊西多尔·艾萨克·拉比建立了分子束磁性共振检测方法，为此被授予 1944 年诺贝尔物理学奖；爱德华·米尔·斯珀塞尔和费利克斯·布洛赫发现了核磁共振精密测定物质结构和性能的方法，发展成为核磁共振成像，共享了 1952 年的诺贝尔物理学奖；阿尔弗雷斯·科斯特勒与让·布罗塞尔合作，研究了光共振与磁共振的结合，发展出光泵技术，提出了激光器与微波发射器理论，被授予 1966 年诺贝尔物理学奖。近年来，最主要的研究进展应是理查德·罗伯特·恩斯特对核磁共振光谱测定的进一步发展，使检测灵敏度提高了数十倍乃至上百倍，因此被授予 1991 年诺贝尔化学奖。

三、蛋白质结构解析其他技术

　　X 射线衍射和 NMR 波谱固然是大分子结构分析有力的工具，它几乎可以得到大分子结构的全部信息，但分析周期长，工作量大，并且不易说明大分子在生理状态下结构与功能的关系。在人类对探索生命奥秘的要求越来越迫切的时候，能说明不同生理状态下结构与功能关系的各种大分子溶液构象的测定手段就越来越引起人们的兴趣。如紫外-可见差光谱、圆二色谱、激光拉曼光谱和傅里叶红外光谱等。

（一）紫外-可见差光谱

　　紫外-可见分光光度法是各种光谱方法的基础。它是测定物质对紫外、可见区波长的选择性吸收而产生的吸收光谱，并借助于吸收光谱对被测物质进行定性分析或定量分析。蛋白质的光吸收是由于芳香族氨基酸侧链，主要是酪氨酸、色氨酸，其次是苯丙氨酸吸收光的结果。通过这些氨基酸的环境来推断蛋白质分子的构象主要是在紫外区。可见光区的研究则限于蛋白质酶、酶底物的相互作用等，有时还需引入蛋白质、酶生色团才能进行。差光谱的产生是基于生色团经受一定的环境变化时，吸收峰发生位移，吸光度和谱带半宽度所发生的改变。生色团经受的这种环境变化称为微扰作用，变化后和变化前的光谱差称为差光谱。根据差光谱的光谱参数，可以推断这些生色团在大分子中是隐藏的、半暴露的还是暴露的。

(二) 圆二色谱

圆二色性（CD）和旋光色散（ORD）都用于测定分子的立体结构。旋光色散利用不对称分子对左、右圆偏振光折射的不同进行结构分析，而圆二色性则利用不对称分子对左、右圆偏振光吸收的不同来进行结构分析。椭圆度（或比椭圆度等）与波长的关系称为圆二色谱。圆二色谱和旋光色散谱本质上是相同的。从光学活性物质的吸收光谱、圆二色谱和旋光色散谱可以看到它们的相互关系同一个光学活性物质的吸收峰和 CD 峰的峰位相同，即在此波长的 A 和 θ 均为最大，而在此波长的 α 却等于 0。蛋白质是由氨基酸组成的，氨基酸的碳是不对称碳，因而具有光学活性。在蛋白质分子中，每个氨基酸残基的 α 碳仍然是不对称碳，再加上主链构象也是不对称结构，因此也有光学活性。蛋白质的主链构象可分为 4 种形式：α-螺旋、β-折叠、β-转角和无规则卷曲。图 3-17 为常用作标准的 Poly-L-Lys 的 α-螺旋、β-折叠、β-转角和无规则卷曲的圆二色谱。通过对此光谱的计算就可求得各种结构的结构量，从而推断分子的主链构象。

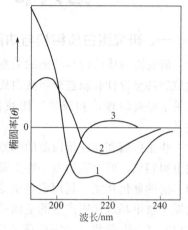

图 3-17　Poly-L-Lys 的圆二色谱
1—α-螺旋，pH11.5，Poly-L-Lys；
2—β-折叠，pH11.5，加热至 50℃
后或加 1% SDS；3—无规则卷曲，
pH4～5，Poly-L-Lys

(三) 红外光谱

红外光谱（FTIR）应用于多肽和蛋白质的二级结构分析。蛋白质和多肽在红外区域表现为 9 个特征振动模式或基团频率（表 3-4），其中最常用于二级结构分析的是酰胺 Ⅰ 带，位于 $1700\sim1600\ cm^{-1}$ 范围。酰胺 Ⅰ 带的振动频率取决于 C=O 和 H—N 之间的氢键性质，即特征振动频率反映了多肽或蛋白质的特定二级结构（α-螺旋、β-折叠、回转结构和无规则卷曲）。一般来说，蛋白质含有多种不同的二级结构，这些构象对应的振动吸收峰重叠在一起，形成宽峰，由于各子峰固有的宽度大于仪器分辨率，利用普通光谱技术难以直接将各子峰分开。傅里叶变换红外光谱是调制光谱，有其独特的优越性：①高的分辨率；②高的灵敏度；③高的信噪比；④准确的频率精度。这些特点使得二阶导数、去卷积技术都可以应用于 FTIR 上，因而可以把原来酰胺 Ⅰ 带中未能分辨的峰进一步分解为多个子峰，并指出各子峰的峰位值。通过曲线拟合的方法，可以定量地分析蛋白质分子中二级结构的各个组分。

表 3-4　酰胺基团的特征振动

名　称	波　数/cm^{-1}	振　动　模　式
酰胺 A	3300	N—H 伸缩振动
酰胺 B	3100	酰胺 Ⅱ 带的一次泛频，费米共振
酰胺 Ⅰ	1660	C=O 伸缩振动
酰胺 Ⅱ	1570	N—H 面内弯曲振动和 C—N 伸缩振动
酰胺 Ⅲ	1300	C—N 伸缩振动和 N—H 面内弯曲振动
酰胺 Ⅳ	630	O=C—N 面内弯曲振动
酰胺 Ⅴ	730	N—H 面外弯曲振动
酰胺 Ⅵ	600	C=O 面外弯曲振动

第六节　蛋白质工程的应用

一、研究蛋白质结构与功能的关系

研究蛋白质结构与功能的关系是按照人类的意愿改造蛋白质的特性、产业化生产活性蛋白质、甚至设计和制造全新蛋白质的基础。而蛋白质工程则为解析蛋白质结构与功能的关系提供了必要的理论和技术，使我们有可能利用基因工程技术研究蛋白质的结构与功能的关系。

胰蛋白酶和弹性蛋白酶的酶原在激活时发生类似的构象变化，它们的三维结构和催化机制也很相似，但对底物专一性上都表现出较大差异，其原因可能是酶活性部位的空间位阻影响了酶的催化功能。利用定点诱变获得 Ala^{216}、Ala^{226} 和 $Ala^{216}+Ala^{226}$ 三种突变体，以研究氢原子被甲基取代所产生的空间效应对底物专一性以及酶的催化活性的影响（Yuan et al.，2011）。Craik 等将三个突变菌分别在猴肾细胞表达，并对产物进行了动力学分析，发现三种突变菌的活力均下降，但对 Arg 肽键和 Lys 肽键的水解速度的下降在不同突变菌中表现不同。突变酶 Ala^{216} 由于对 Arg 肽键的催化活性高于 Lys 肽键，导致 Ala^{216} 突变体对赖氨酰肽键催化活性的降低较对精氨酰肽键更为明显。与此相反，Ala^{226} 位甲基由于空间障碍，影响了 414 位水分子的存在以及精氨酰通过该水分子与 Asp^{189} 的氢键配对，从而大大降低了它对精氨酰肽键的水解速率。双突变酶 $Ala^{316}+Ala^{226}$ 由于 316、226 位两个甲基的取代使结合口缩小，而且由于局部构象的变化使结合状态的底物取向可能与酶的活性部位不相匹配，因而催化活性最低。

二、改变蛋白质的特性

蛋白质工程的发展，使人们有可能通过改造蛋白质的结构来改变蛋白质的生物学特性。如改变酶的催化活性、酶对底物的专一性、酶与配体的结合能力、酶在 pH 和温度以及溶剂系统条件下分子结构的稳定性等。这些都可以通过蛋白质工程将酶分子中某个或某一段氨基酸残基更换、增加、删除或修饰来实现。

为了增加大肠杆菌中 PHA 的生产，Amara 等（Amara et al.，2002）利用点突变技术对来源于 *Aeromonas punctata* 的 PHA 合成酶进行蛋白质改造，借助高通量筛选技术获得 5 株 PHA 合成酶明显提高的菌株，最终使得 PHA 的积累量提高了 125%。Leonard 等（Leonard et al.，2010）通过系统性的提高导向异戊烯二磷酸和二甲丙烯二磷酸的碳流，并不能有效提高左旋海松二烯的产量，然而，通过对牛儿基二磷酸合成酶和左旋海松二烯合成酶进行蛋白质模拟分析与点饱和突变提高酶对底物的亲和力，最终使得左旋海松二烯的产率提高了 2600 倍。自然界中存在的许多酶都具有产物广谱性，即酶能催化一种底物产生多种产物，如 γ-蛇麻烯合成酶能够催化法呢基二磷酸生成 52 种不同的倍半萜烯。为了降低 γ-蛇麻烯合成酶的产物广谱性，提高产物特异性，Yoshikuni 等（Yoshikuni et al.，2006a），借助同源建模技术分析获得 19 个待突变的氨基酸位点，利用点饱和突变技术获得 4 个对于其催化活性具有重大影响的位点，并通过将该 4 个点突变进行组合最终获得 7 个能够催化生成单一产物的 γ-蛇麻烯合成酶突变体。

三、生产蛋白质和多肽类活性物质

设计和研制多肽及蛋白质类药物：随着蛋白质工程技术的建立和发展，医药生物高科技产品也迅速发展。当前，人们不仅可以利用基因克隆和表达技术，使可以应用于临床的微量蛋白质（如胰岛素、干扰素等）得以产业化生产，而且可以应用蛋白质工程"重新设计"的思想，以 DNA 重组技术为手段，对多肽和蛋白质类药物的结构加以改造，以期更好地解决蛋白质类药物的导向性问题。如把白介素 2 的基因同白喉毒素的第 Ⅱ 和第 Ⅲ 区段拼接，通过基因工程获得白介素 2-白喉毒素的杂合蛋白。该杂合蛋白可定向与 T 细胞表面的白介素 2 受体结合，进入细胞继而杀死 T 细胞，因而具有特异性的治疗 T 细胞白血病的作用，并可抑制器官移植的免疫排斥作用和治疗某些自身免疫性疾病。

天然酶的产量低、稳定性差，限制了酶的应用范围。DNA 重组技术对酶工业的渗透，导致了酶工业的迅速发展。目前，已有多种酶实现了克隆化，并在适宜宿主菌中表达成功，从而极大地提高了酶的产量。蛋白质工程技术的兴起，给创建新型酶、改变酶的生理特性提供了强有力的工具。如利用基因定点诱变技术，将 T4 溶菌酶的第 3 位 Leu 变成 Cys，后者与第 97 位的 Cys 形成二硫键，从而稳定了两个结构域所形成的活性中心，使酶在高温下的稳定性大大提高。如果将该酶的第 51 位 Thr 换成 Pro，可使酶的活性提高 25 倍。蛋白质工程技术使酶的产量增加，稳定性提高，从而扩展了酶的应用范围。

四、设计合成酶绞手架控制代谢流

合成生物学所构建的代谢途径，由于代谢中间产物的形成而对宿主细胞产生毒害作用，为了降低该毒害作用宿主细胞会降解该代谢中间产物或将其转运到胞外，最终导致目标代谢产物的得率降低。为了规避这种缺点，促使代谢底物快速而有效的被传送到代谢的下一步骤，降低对宿主细胞代谢的影响，减少被降解与转运的量，这就需要一种技术能够在空间结构上重新排布代谢路径中的酶。绞手架蛋白是自然界中常用的空间构架蛋白，能够将代谢途径相关酶共价连接到一个有序的蛋白质骨架上，最大程度上缩短代谢路径催化酶的几何距离，提高代谢中间产物在合成代谢路径中的传输速率，降低对宿主的影响，提高导致目标代谢产物的得率。目前，科研人员已经开始探索利用绞手架蛋白联合合成路径中的酶，使其形成复合体以优化酶的功能。

受自然界底物通道系统的启发，Dueber 等（Dueber et al.，2009）通过改造绞手架蛋白促进合成路径中酶蛋白-蛋白之间的联系来改善合成路径的生产效率。将甲羟戊酸生产路径中的三种酶乙酰乙酰辅酶 A 硫激酶、羟甲基戊二酰辅酶 A 合成酶和羟甲基戊二酰辅酶 A 还原酶，借助共价连接尾巴连接到绞手架蛋白组成复合体，最终使得甲羟戊酸的产量提高了 77 倍。该绞手架蛋白技术有利于独立的调节与优化复合体内酶活性的平衡，改善代谢路径的产率。

五、设计合成全新蛋白质

根据蛋白质结构与功能关系的研究结果，利用计算机对信息进行分析，通过实验，即可设计出一种预定空间结构的全新多肽和蛋白质分子，再利用基因重组、基因克隆和基因表达技术即可制造出具有全新化学性质、生物学活性的蛋白质。例如：Yoshikuni 团队（Yoshikuni et al.，2006b）通过改造源自 *Gossypium arboretum* 的 δ-杜松烯合成酶，最终获得一个能够催化法呢基二磷酸生成大根香叶烯的全新倍半萜烯合成酶。全新蛋白质的设计合成是一项十分复杂的工作，目前虽已有人报道已合成某种模拟蛋白质，但仍处于实验初级阶段。

思考题：

1. 蛋白质二级结构组件对蛋白质功能的影响有哪些？
2. 在蛋白质结构分子设计时，如何确定酶的催化活性中心？
3. 重组蛋白质在宿主菌中，不能进行有效表达的原因有哪些？改进措施有哪些？
4. 改善蛋白质热力学性质的措施有哪些？
5. 圆二色谱在天然蛋白质结构改造过程中的应用有哪些？
6. 2009 年，Jay D. Keasling 教授团队于 Nature Biotechnology 杂志上，首次报道了合成蛋白质绞手架（protein scaffold）在控制代谢流方面的应用，那么，近年来在蛋白质绞手架的研究方面又取得了哪些重要的进展？

参 考 文 献

[1] Amara A A，Steinbuchel A，Rehm B H. In vivo evolution of the *Aeromonas punctata* polyhydroxyalkanoate（PHA）synthase：isolation and characterization of modified PHA synthases with enhanced activity. Appl Microbiol Biotechnol，2002，59：477-482.

[2] Berg P，et al. Potential biohazards of recombinant DNA molecules. Science，1974，185：303.

[3] Dueber，J E，Wu G，Malmirchegini G R，Moon T S，Petzold C J，Ullal A V，Prather K L，Keasling J D. Synthetic protein scaffolds provide modular control over metabolic flux. Nat Biotechnol，2009，27：753-759.

[4] Leonard E，Ajikumar P K，Thayer K，Xiao W H，Mo J D，Tidor B，Stephanopoulos G，Prather K L，Combining metabolic and protein engineering of a terpenoid biosynthetic pathway for overproduction and selectivity control. Proc Natl Acad Sci U S A，2010，107：13654-13659.

[5] Li H M，Chen J，Li Y H. Enhanced activity of yqhD oxidoreductase in synthesis of 1，3-propanediol by error-prone PCR. Prog Nat Sci，2008，18：1519-1524.

[6] Olejnik J，Gite S，Mamaev S，Rothschild K J. *N*-terminal labeling of proteins using initiator tRNA. Methods，2005，36：252-260.

[7] Ozaki S，Roach M P，Matsui T，Watanabe Y. Investigations of the roles of the distal heme environment and the proximal heme iron ligand in peroxide activation by heme enzymes via molecular engineering of myoglobin. Acc Chem Res，2001，34：818-825.

[8] Pauling L，Corey R B. Atomic coordinates and structure factors for two helical configurations of polypeptide chains. Proc Natl Acad Sci U S A，1951，37：235-240.

[9] Ulmer K M. Protein engineering. Science，1983，219：666-671.

[10] Yoshikuni Y，Ferrin T E，Keasling J D. Designed divergent evolution of enzyme function. Nature，2006a，440：1078-1082.

[11] Yoshikuni Y，Martin V J，Ferrin T E，Keasling J D. Engineering cotton （＋）-delta-cadinene synthase to an altered function：germacrene D-4-ol synthase. Chem Biol，2006b，13：91-98.

[12] Yuan C，Chen L，Meehan E J，Daly N，Craik D J，Huang M，Ngo J C. Structure of catalytic domain of Matriptase in complex with sunflower trypsin inhibitor-1. BMC Struct Biol，2011，11：30.

第四章 酶与酶工程

引言

    酶是活细胞产生的一类具有催化功能的生物分子，按照其化学组成，可以分为蛋白类酶（酶）和核酸类酶（R酶）两大类别。蛋白类酶主要由蛋白质组成，核酸类酶主要由核糖核酸（RNA）组成。各种动物、植物、微生物细胞在适宜的条件下都可以合成各种各样的酶。因此，人们可以采用适宜的细胞，在人工控制条件的生物反应器中生产各种所需的酶。在一定的条件下，酶可催化各种生化反应。而且酶的催化作用具有催化效率高、专一性强和作用条件温和等显著特点，所以酶在医药、化工、环保、能源等领域广泛应用。酶工程是将酶所具有的生物催化功能，借助工程学的手段，应用于生产、生活、医疗诊断和环保等方面的一门科学技术，是生物技术与化工技术等领域相互渗透、有机结合而发展形成的一门新的交叉技术学科。

知识网络

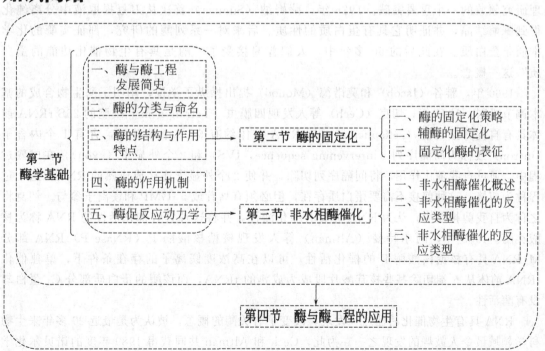

第一节　酶学基础

一、酶与酶工程发展简史

酶与酶工程是现代生物产业的核心内容之一，早在几千年前我们的祖先就已经不自觉地利用酶的催化作用来制造食品和治疗疾病。据文献记载，我国早在 4000 多年前的夏禹时代就已经掌握了酿酒技术；在 3000 多年前的周朝，就会制造饴糖、食酱等食品；在 2500 多年前的春秋战国时期，就懂得用曲来治疗消化不良等疾病。然而，人们从 19 世纪 30 年代开始才真正认识酶的存在和作用。100 多年来，人们对酶的认识经历了一个不断发展、逐步深入的过程。1833 年，佩恩（Payen）和帕索兹（Persoz）从麦芽的水抽提物中用乙醇沉淀得到一种可使淀粉水解生成可溶性糖的物质，称为淀粉酶（diastase），并指出了它的热不稳定性，初步触及了酶的一些本质问题。19 世纪中叶，巴斯德（Pasteur）对酵母的乙醇发酵进行了大量研究，认为在活酵母细胞内有一种可以将糖发酵生成乙醇的物质。1878 年，昆尼（Kunne）首次将酵母中进行乙醇发酵的物质称为酶（enzyme），这个词来自希腊文，意思是"在酵母中"。1896 年，巴克纳（Buchner）兄弟发现酵母的无细胞抽提液也能将糖发酵成乙醇。这就表明酶不仅在细胞内，而且在细胞外也可以在一定的条件下进行催化作用。此项发现促进了酶的分离以及对其理化性质的研究，一般认为酶学研究始于此。

1902 年，亨利（Henri）根据蔗糖酶催化蔗糖水解的实验结果，提出中间产物学说，认为底物在转化成产物之前，必须首先与酶形成中间复合物，然后再转变为产物，并重新释放出游离的酶。1913 年，米彻利斯（Michaelis）和曼吞（Menton）根据中间产物学说，推导出酶催化反应的基本动力学方程——米氏方程。米氏方程的提出，是酶反应机理研究领域的一个重要突破。1926 年，萨姆纳（Sumner）首次从刀豆提取液中分离纯化得到脲酶结晶，并证明它具有蛋白质的性质。后来对一系列酶的研究，都证实酶的化学本质是蛋白质。在此后的 50 多年中，人们普遍接受了"酶是具有生物催化功能的蛋白质"这一概念。

1960 年，雅各（Jacob）和莫诺德（Monod）提出操纵子学说，阐明了酶生物合成的基本调节机制。1982 年，切克（Cech）等人发现四膜虫（Tetrahynena）细胞的 26S rRNA 前体具有自我剪接功能（selfsplicing）。该 RNA 前体约有 6400 个核苷酸，含有 1 个内含子（intron）或称为间隔序列（intervening sequence，IVS）和 2 个外显子（exon），在成熟过程中，通过自我催化作用，将间隔序列切除，并使 2 个外显子连接成成熟的 RNA，这个过程称为剪接。这种剪接不需要蛋白质存在，但必须有鸟苷或 $5'$-GMP 和镁离子参与。切克将之称为自我剪接反应，认为 RNA 亦具有催化活性，并将这种具有催化活性的 RNA 称为核酸类酶。1983 年，阿尔特曼（Altman）等人发现核糖核酸酶 P（RNase P）RNA 部分 M1RNA 具有核糖核酸酶 P 的催化活性，可以在高浓度镁离子的存在条件下，单独催化 tRNA 前体从 $5'$ 端切除某些核苷酸片段成为成熟的 tRNA，而该酶的蛋白质部分 C_5 蛋白却没有酶活性。

RNA 具有生物催化活性这一发现，改变了有关酶的概念，被认为是最近 20 多年来生物科学领域最令人鼓舞的发现之一。为此，Cech 和 Altman 共同获得 1989 年度的诺贝尔化学奖。20 多年来,新发现的核酸类酶越来越多。现在知道,核酸类酶具有自我剪接、自我剪切和催化分子间反应等多种功能,作用底物有 RNA、DNA、糖类、氨基酸酯等。研究表明,核酸类酶具有完整的空间结构和活性中心,有独特的催化机制,具有很高的底物专一性,其反应动力学亦符合米氏方程的规律。可见,核酸类酶具有生物催化剂的所有特性,是一类由 RNA 组成的酶。由此引出"酶是具有生物催化功能的生物大分子(蛋白质或 RNA)"的新概念。

二、酶的分类与命名

(一) 蛋白类酶 (P 酶) 的分类与命名

对于蛋白类酶的分类和命名,国际酶学委员会 (International Commission of Enzymes) 做了大量的工作。国际酶学委员会成立于 1956 年,受国际生物化学与分子生物学联合会 (International Union of Biochemistry and Molecular Biology) 以及国际纯粹化学和应用化学联合会 (International Union of Pure and Applied Chemistry) 领导。该委员会一成立,第一件事就是着手研究当时混乱的酶的名称问题。在当时,酶的命名没有一个普遍遵循的准则,而是由酶的发现者或其他研究者根据个人的意见给酶定名,这就不可避免地产生混乱。有时,相同的一种酶有两个或多个不同的名称,例如,催化淀粉水解生成糊精的酶,就有液化型淀粉酶、糊精淀粉酶、α-淀粉酶等多个名字。相反,有时一个名称却用以表示两种或多种不同的酶,例如,琥珀酸氧化酶这一名字,曾经用于琥珀酸脱氢酶、琥珀酸半醛脱氢酶、NAD(P)$^+$琥珀酸半醛脱氢酶等多种不同的酶。有些酶的名称则令人费解,例如,触酶、黄酶、间酶等。而高峰淀粉酶则来自日本学者高峰让吉的姓氏,他于 1894 年首次从米曲霉中制备得到一种淀粉酶制剂,用作消化剂,并命名为高峰淀粉酶。由此可见,确立酶的分类和命名原则,在当时是急需解决的问题。国际酶学委员会于 1961 年在"酶学委员会的报告"中提出了酶的分类与命名方案,获得了"国际生物化学与分子生物学联合会"的批准。此后经过多次修订,不断得到补充和完善。

根据国际酶学委员会的建议,每一种具体的酶都有其推荐名和系统命名。推荐名是在惯用名称的基础上,加以选择和修改而成。酶的推荐名一般由两部分组成:第一部分为底物名称,第二部分为催化反应的类型。后面加一个"酶"字(-ase)。不管酶催化的反应是正反应还是逆反应,都用同一个名称。例如,葡萄糖氧化酶,表明该酶的作用底物是葡萄糖,催化的反应类型属于氧化反应。对于水解酶类,其催化水解反应,在命名时可以省去说明反应类型的"水解"字样,只在底物名称之后加上"酶"字即可,如淀粉酶、蛋白酶、乙酰胆碱酶等。有时还可以再加上酶的来源或其特性,如木瓜蛋白酶、酸性磷酸酶等。

酶的系统命名则更详细、更准确地反映出该酶所催化的反应。系统名称包括了酶的作用底物、酶作用的基团及催化反应的类型。例如,上述葡萄糖氧化酶的系统命名为"β-D-葡萄糖∶氧 1-氧化还原酶"(β-D-glucose∶oxygen 1-oxidoreductase)。表明该酶所催化的反应以 β-D-葡萄糖为脱氢的供体,氧为氢受体,催化作用在第一个碳原子基团上进行,所催化的反应属于氧化还原反应。蛋白类酶(P 酶)的分类原则如下。

① 按照酶催化作用的类型,将蛋白类酶分为 6 大类。即第 1 大类,氧化还原酶;第 2 大类,转移酶;第 3 大类,水解酶;第 4 大类,裂合酶;第 5 大类,异构酶;第 6 大类,合成酶(或称连接酶)。

② 每个大类中,按照酶作用的底物、化学键或基团的不同,分为若干亚类。

③ 每一亚类中再分为若干小类。

④ 每一小类中包含若干个具体的酶。

根据系统命名法，每一种具体的酶，除了有一个系统名称以外，还有一个系统编号。系统编号采用四码编号方法。第一个号码表示该酶属于 6 大类酶中的某一大类，第二个号码表示该酶属于该大类中的某一亚类，第三个号码表示属于亚类中的某一小类，第四个号码表示这一具体的酶在该小类中的序号。每个号码之间用圆点（.）分开。例如，上述葡萄糖氧化酶的系统编号为 EC1.1.3.4。其中，EC 表示国际酶学委员会（Enzyme Commission）；第一个数字"1"表示该酶属于氧化还原酶（第 1 大类）；第二个数字"1"表示属氧化还原酶的第 1 亚类，该亚类所催化的反应系在供体的 CH—OH 基团上进行；第三个数字"3"表示该酶属第 1 亚类的第 3 小类，该小类的酶所催化的反应是以氧为氢受体；第四个数字"4"表示该酶在小类中的特定序号。

(二) 核酸类酶 (R 酶) 的分类与命名

自 1982 年以来，发现的核酸类酶越来越多，研究也越来越广泛和深入。但是对于分类和命名却没有统一的原则和规定。一般根据核酸类酶的作用底物、催化反应类型、结构和催化特性等的不同，对 R 酶采用下列分类原则。

① 根据酶作用的底物是其本身 RNA 分子还是其他分子，将核酸类酶分为分子内催化（incis）R 酶和分子间催化（intrans）R 酶两大类。

② 在每个大类中，根据酶的催化类型不同，将 R 酶分为若干亚类，如剪切酶、剪接酶和多功能酶等。据此，可将分子内催化的 R 酶分为自我剪切酶（self-cleavage）、自我剪接酶（self-splicing）等亚类；分子间催化的 R 酶可以分为 RNA 剪切酶、DNA 剪切酶、氨基酸酯剪切酶、多肽剪切酶和多糖剪接酶等亚类。

③ 在每个亚类中，根据酶的结构特点和催化特性的不同，分为若干小类。如自我剪接酶中，可分为含有 I 型 IVS 的自我剪接酶和含 II 型 IVS 的自我剪接酶等小类。

④ 在每个小类中，包括若干个具体的 R 酶。

⑤ 在可能与蛋白类酶（P 酶）混淆的情况下，标明 R 酶，以示区别。

由于蛋白类酶和核酸类酶的组成和结构不同，命名和分类原则有所区别。为了便于区分两大类别的酶，有时催化的反应相似，在蛋白类酶和核酸类酶中的命名却有所不同。例如，催化大分子水解生成较小分子的酶，在核酸类酶中属于剪切酶，在蛋白类酶中则属于水解酶；核酸类酶中的剪接酶可以催化剪切与连接反应，蛋白类酶中的转移酶亦催化相似的反应，可以从一个分子中将某个基团剪切下来，连接到另一个分子中去等（郭勇等，2004）。

三、酶的结构与作用特点

(一) 酶的结构

绝大多数酶的本质是蛋白质，根据酶的组成成分，分为单纯酶和结合酶两类。单纯酶的结构组成中除蛋白质外无其他成分，酶的活性决定于蛋白质部分。而结合酶的分子组成中除蛋白质成分外，还有一些对热稳定的非蛋白质小分子物质，其分子组成中的蛋白质部分称酶蛋白，非蛋白质小分子物质称辅助因子。酶蛋白与辅助因子结合形成的复合物称全酶，通常只有全酶才能起催化作用。在催化反应中，酶蛋白与辅助因子所起的作用不同，酶反应的专一性及高效性取决于酶蛋白，而辅助因子则起电子、原子或某些化学基团的传递作用。

直接与底物结合并和酶催化作用直接有关的区域叫酶的活性中心（active center）或活

性部位（active site）（图 4-1）。酶的活性中心有两个功能部位：①结合部位，一定的底物靠此部位结合到酶分子上；②催化部位，底物的键在此处被打断或形成新的键，从而发生一定的化学变化。

参与构成酶活性中心和维持酶特定构象所必需的基团称为酶的必需基团。酶的必需基团包括两大类：①活性中心内的必需基团，活性中心内的一些化学基团，是酶发挥催化作用与底物直接作用的有效基团；②活性中心外的必需基团，在活性中心外的区域，还有一些不与底物直接作用的必需基团，这些基团与维持整个酶分子的空间构象有关，可使活性中心的各个有关基团保持于最适的空间位置，间接对酶的催化活性发挥其必不可少的作用。

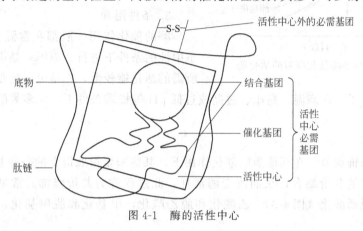

图 4-1 酶的活性中心

(二) 作用特点

1. 专一性

酶的专一性是指在一定的条件下，一种酶只能催化一种或一类结构相似的底物进行某种类型反应的特性。酶的专一性按其严格程度的不同，可以分为绝对专一性和相对专一性两大类。

（1）绝对专一性 一种酶只能催化一种底物进行一种反应，这种高度的专一性称为绝对专一性。例如，乳酸脱氢酶（EC1.1.1.27）催化丙酮酸进行加氢反应生成 L-乳酸。

$$
\begin{array}{ccc}
CH_3 & & CH_3 \\
| & 乳酸脱氢酶 & | \\
C=O & \xrightarrow{\quad\quad} & H-C-OH \\
| & NADH\quad NAD^+ & | \\
COOH & & COOH \\
丙酮酸 & & L\text{-}乳酸
\end{array}
$$

核酸类酶也同样具有绝对专一性：四膜虫 26S rRNA 前体等催化自我剪接反应的 R 酶，只能催化其本身 RNA 分子进行反应，而对于其他分子一概不作用。

（2）相对专一性 一种酶能够催化一类结构相似的底物进行某种相同类型的反应，这种专一性称为相对专一性。相对专一性又可分为键专一性和基团专一性。键专一性的酶能够作用于具有相同化学键的一类底物。例如，酯酶可催化所有含酯键的酯类物质水解生成醇和酸。

$$
\begin{array}{c}
\quad\quad O \\
\quad\quad \| \\
R-C-O-R' + H_2O \xrightarrow{酯酶} R-COOH + R'-OH
\end{array}
$$

基团专一性的酶则要求底物含有某一相同的基团。如胰蛋白酶（EC 3.4.31.4）选择性地水解含有赖氨酰或精氨酰的羧基的肽键。

再如核酸类酶 M1 RNA（核糖核酸酶 P 的 RNA 部分），催化 tRNA 前体 5′末端的成熟。

要求底物核糖核酸的 3′ 端部分是一个 tRNA，而对其 5′ 端部分的核苷酸链的顺序和长度没有要求，催化反应的产物为一个成熟的 tRNA 分子和一个低聚核苷酸。

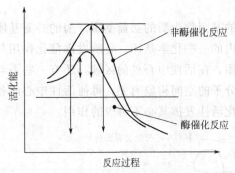

图 4-2　酶与非酶催化所需的活化能

2. 高效性

酶催化的转换数（每个酶分子每分钟催化底物转化的分子数）一般为 $10^3\,min^{-1}$ 左右。酶催化和非酶催化反应所需的活化能有显著差别，如图 4-2 所示。从图 4-2 中可以看到，酶催化反应比非酶催化反应所需的活化能要低得多。

3. 条件温和

酶的催化作用一般都在常温、常压、pH 近乎中性的条件下进行。原因一是由于酶催化作用所需的活化能较低，二是由于酶是具有生物催化功能的生物大分子。在高温、高压、过高或过低 pH 等极端条件下，大多数酶会变性失活而失去其催化功能。

4. 可调节性

（1）共价修饰调节　在其他酶的催化作用下，某些酶蛋白肽链上的一些基团可与某种化学基团发生可逆的共价结合，从而改变酶活性，此过程称为共价修饰。常见调节类型主要有：磷酸化与脱磷酸化（图 4-3），乙酰化和脱乙酰化，甲基化和脱甲基化，腺苷化和脱腺苷化等。

（2）变构调节　具有变构调节作用的酶称为变构酶，一般是寡聚酶，由多亚基组成，包括催化部位和调节（别构）部位。使酶分子变构并使其催化活性发生改变的物质称为效应物或变构剂。根据配体性质分为同促效应和异促效应；根据配体结合后对后继配体的影响分为正协同效应和负协同效应。变构酶的动力学曲线（图 4-4）：v 对 [S] 作图不服从米-曼（Michaelis-Menten）关系式，不呈直角双曲线，而是 S 形曲线（正协同）或表观双曲线（负协同）。

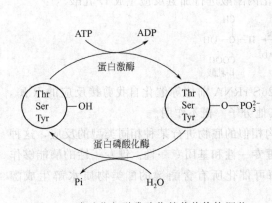

图 4-3　磷酸化与脱磷酸化的共价修饰调节

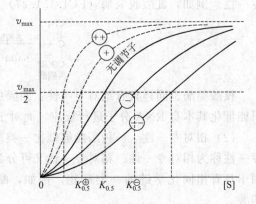

图 4-4　变构酶的动力学特征

（3）同工酶调节　在同一种属中，催化活性相同而酶蛋白的分子结构、理化性质及免疫学性质不同的一组酶称为同工酶（isoenzyme）。同工酶在体内的生理意义主要在于适应不同组织或不同细胞器在代谢上的不同需要。如乳酸脱氢酶（LDH）为 2 种亚基构成的四聚体，在体内有 5 种分子形式，即 LDH1（H_4）、LDH2（MH_3）、LDH3（M_2H_2）、LDH4

（M_3H）和 LDH5（M_4）（图 4-5）。

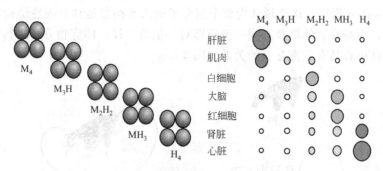

图 4-5　乳酸脱氢酶的五种同工酶

（4）酶原激活调节　有些酶在细胞内合成或初分泌时只是酶的无活性前体，此前体物质称为酶原。在一定条件下，酶原向有活性酶转化的过程称为酶原的激活，例如胃蛋白酶的酶原激活调节（图 4-6）。

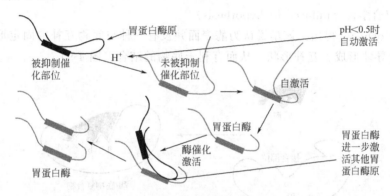

图 4-6　胃蛋白酶的酶原激活调节

除了这四种常见的调节方式外，酶活性调节还有一些其他的调节方式，例如限制性蛋白水解作用、抑制剂与激活剂的调节等。

四、酶的作用机制

(一) 专一性机制

1. 三点附着学说（three-point attachment theory）

认为酶与底物的结合处至少有三个点，而且只有一种情况是完全结合的形式。只有这种情况下，不对称催化作用才能实现（图 4-7）。

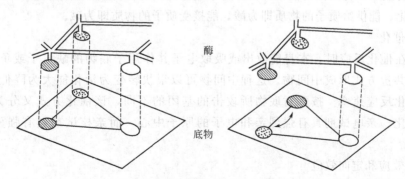

图 4-7　酶与底物"三点附着"示意图

2. 锁钥学说 (lock and key hypothesis)

1894 年 Fischer 提出。该学说认为整个酶分子的天然构象是具有刚性结构的，酶表面具有特定的形状，酶与底物的结合如同一把钥匙对一把锁一样，即底物分子进行化学反应的部位与酶分子活性中心具有紧密互补的关系（图 4-8）。

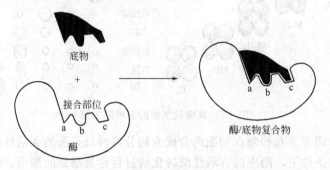

图 4-8　酶与底物"锁钥"结合示意图

3. 诱导契合学说 (induced fit hypothesis)

1958 年 Koshland 提出。该学说认为酶表面并没有一种与底物互补的固定形状，而只是由于底物的诱导才形成了互补形状，从而有利于底物的结合（图 4-9）。

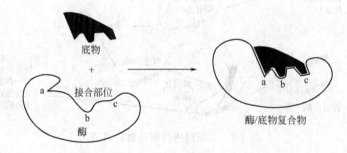

图 4-9　酶与底物"诱导契合"示意图

(二) 高效性机制

从热力学的角度来看，酶催化的高效性主要是由于酶能降低反应的活化能（但不会改变反应平衡点）。综合来说，与降低反应活化能相关及酶催化效率相关的因素主要有如下几个方面。

1. 广义的酸碱催化

广义上的酸碱催化是指酶活性部位上的某些基团可以作为质子供体或质子受体对底物进行酸或碱催化。能供给质子的物质即为酸，能接受质子的物质即为碱。

2. 共价催化

某些酶在催化反应时，本身能放出或吸取电子并作用于底物的缺电子或负电子中心，并与底物以共价方式形成中间物。这种中间物可以很快转变为活化能大为降低的转变态，从而提高催化反应速率。按酶对底物所攻击的基团的不同，该催化方式又分为亲核催化和亲电子催化。亲电试剂具有强烈亲和电子的原子中心，而亲核试剂具有强烈供给电子的原子中心。

3. 邻近效应和定向效应

邻近效应指双分子反应的两个底物分子相邻近时，提高了底物的有效浓度。而底物分子在活性中心的"定向"排布，有利于原子轨道的重叠——轨道定向，使分子间反应近似于分子内反应（图 4-10）。

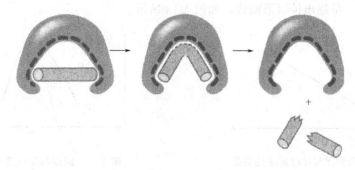

图 4-10　邻近效应和定向效应示意图

4. 变形或张力

酶使底物分子中的敏感键发生变形或张力，从而使底物的敏感键更易于破裂。

5. 表面效应

酶的活性中心为酶分子的凹穴，此处多为非极性或疏水性的氨基酸残基的疏水区域。底物与酶的反应常在酶分子的内部疏水环境中进行，疏水环境排斥了介于底物与酶分子之间的水膜，从而消除了水分子对酶和底物功能基团的干扰，有利于底物与酶分子间的直接接触。总之，一种酶的催化反应常常是多种催化机制的综合作用，这是酶促反应提高效率的原因。

五、酶促反应动力学

酶促反应动力学是研究酶促反应速率及其影响因素的科学。酶的催化作用主要受到底物浓度、酶浓度、温度、pH 值、激活剂、抑制剂等诸多因素的影响。

(一) 底物浓度的影响

底物浓度是决定酶催化反应速率的主要因素。在其他条件不变的情况下，酶催化反应速率与底物浓度的关系如图 4-11 所示。

米氏方程：$v = \dfrac{v_{max}[S]}{K_m[S]}$

式中，v 为反应速率；$[S]$ 为底物浓度；v_{max} 为最大反应速率；K_m 为米氏常数，为酶催化反应速率等于最大反应速率一半时的底物浓度。

从图 4-11 中可以看到，在底物浓度较低的情况下，酶催化反应速率与底物浓度成正比，反应速率随着底物浓度的增加而加快。当底物浓度达到一定的数值时，反应

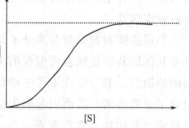

图 4-11　底物浓度与酶
催化反应速率的关系

速率的上升不再与底物浓度成正比，而是逐步趋向平衡。这一酶催化反应的基本动力学方程阐明了底物浓度与酶催化反应速率之间的定量关系。有些酶在底物浓度过高时，反应速率反而下降，这主要是由于高浓度底物引起的抑制作用。

(二) 酶浓度的影响

在底物浓度足够高的条件下，酶催化反应速率与酶浓度成正比，如图 4-12 所示。它们之间的关系可以表示为：$v = k[E]$。

(三) 温度的影响

每一种酶的催化反应都有其适宜温度范围和最适温度。在最适温度条件下，酶的催化反应速率达到最大，呈现出钟罩形曲线，如图 4-13 所示。

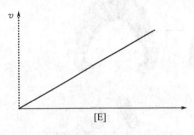

图 4-12 酶浓度与反应速率的关系

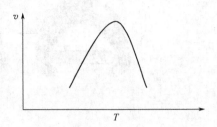

图 4-13 温度与反应速率的关系

(四) pH 值的影响

酶的催化作用与反应液的 pH 值有很大关系。每一种酶都有其各自的适宜 pH 值范围和最适 pH。在最适 pH 值条件下，酶催化反应速率达到最大。如图 4-14 所示。

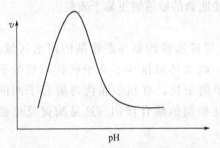

图 4-14 pH 值与反应速率的关系

由于在不同的 pH 值条件下，酶分子和底物分子中基团的解离状态发生改变，从而影响酶分子的构象以及酶与底物的结合能力和催化能力。在极端的 pH 值条件下，酶分子的空间结构发生改变，从而引起酶的变性失活。

(五) 抑制剂的影响

酶的抑制剂是指使酶的催化活性降低或者丧失的物质，分为可逆性抑制剂和不可逆抑制剂。主要的外源抑制剂有各种无机离子、小分子有机物和蛋白质等。例如，银（Ag^+）、汞（Hg^{2+}）、铅（Pb^{2+}）等重金属离子对许多酶均有抑制作用，抗坏血酸抑制蔗糖酶的活性，胰蛋白酶抑制剂抑制胰蛋白酶的活性等。有些酶抑制剂是一类有重要应用价值的药物，例如，胰蛋白酶抑制剂治疗胰腺炎，胆碱酯酶抑制剂治疗血管疾病等。

不可逆抑制剂是指与酶分子结合后，抑制剂难于除去，酶活性不能恢复。抑制剂与酶的必需基团以共价键结合而引起酶失活。包括非专一性不可逆抑制的抑制剂和专一性不可逆抑制的抑制剂。非专一性不可逆抑制的抑制剂作用于酶分子中一类或几类基团，而这些基团中包含了必需基团，因而引起酶失活。如金属离子、烷化剂、有机磷化合物、有机砷化合物、有机汞、氰化物、青霉素等。专一性不可逆抑制的抑制剂选择性很强，只能专一性地与酶活性中心的某些基团不可逆结合，引起酶活性丧失。

可逆性抑制剂与酶的结合是可逆的，只要将抑制剂除去，酶活性即可恢复。根据可逆性抑制作用的机理不同，酶的可逆性抑制作用可以分为竞争性抑制、非竞争性抑制和反竞争性抑制三种。

1. 竞争性抑制（competitive inhibition）

指抑制剂和底物竞争与酶分子结合而引起的抑制作用。竞争性抑制剂与酶作用底物的结构相似。它与酶分子结合以后，底物分子就不能与酶分子结合，从而对酶的催化起到抑制作用。例如，丙二酸是琥珀酸的结构类似物。丙二酸是琥珀酸脱氢酶的竞争性抑制剂。

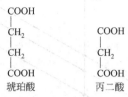

竞争性抑制的效果强弱与竞争性抑制剂的浓度、底物浓度以及抑制剂和底物与酶的亲和力大小有关。随着底物浓度增加，酶的抑制作用减弱。竞争性抑制酶催化反应的最大反应速率 v_{max} 不变，而米氏常数 K_m 增大，如图 4-15 所示。

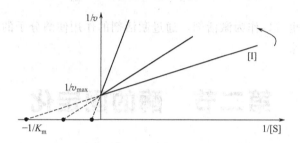

图 4-15 线性竞争性抑制的 K_m 和 v_{max} 变化

2. 非竞争性抑制（noncompetitive inhibition）

指抑制剂和底物分别与酶分子上的不同位点结合，而引起酶活性降低的抑制作用。由于非竞争性抑制剂是与酶的活性中心以外的位点结合，所以，抑制剂的分子结构可能与底物分子的结构毫不相关。增加底物浓度也不能使非竞争性抑制作用逆转。非竞争性抑制的酶促反应的最大反应速率 v_{max} 减小，而米氏常数 K_m 不变，如图 4-16 所示。

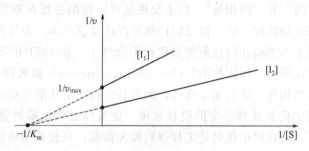

图 4-16 非竞争性抑制的 K_m 和 v_{max} 变化

3. 反竞争性抑制（uncompetitive inhibition）

在底物与酶分子结合生成中间复合物后，抑制剂再与中间复合物结合而引起的抑制作用。反竞争性抑制剂不能与未结合底物的酶分子结合，只有当底物与酶分子结合以后由于底物的结合引起酶分子结构的某些变化，使抑制剂的结合部位展现出来，抑制剂才能结合并产生抑制作用。所以亦不能通过增加底物浓度使反竞争性抑制作用逆转。反竞争性抑制的酶促反应的最大反应速率 v_{max} 和米氏常数 K_m 同时减小，如图 4-17 所示。

（六）激活剂的影响

酶的激活剂或活化剂是指能够增加酶的催化活性或使酶的催化活性显示出来的物质。常见的激活剂有 Ca^{2+}、Mg^{2+}、Co^{2+}、Zn^{2+}、Mn^{2+} 等金属离子和 Cl^- 等无机负离子。例如，氯离子（Cl^-）是 α-淀粉酶的激活剂，钴离子（Co^{2+}）和镁离子（Mg^{2+}）是葡萄糖异构酶

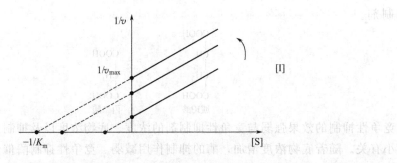

图 4-17　反竞争性抑制的 K_m 和 v_{max} 变化

的激活剂等。有的酶也可以作为激活剂，通过激活剂的作用使酶分子的催化活性提高或者使酶的催化活性显示出来。

第二节　酶的固定化

1916 年 Nelson 和 Griffin 最先发现了酶的固定化现象，从此拉开了固定化酶研究工作的序幕。1953 年 Grubhofer 和 Sohleith 首先将羧肽酶、淀粉酶和糖化酶、胃蛋白酶和核糖酸酶等用重氮化聚氨基聚苯乙烯树脂进行固定。1969 年日本的千烟一郎博士首次将固定化酶应用于工业生产，将固定化的酰化氨基酸水解酶用来从混合氨基酸中生产 L-氨基酸，开辟了固定化酶工业化应用的新纪元。

固定化酶最初主要是将水溶性酶与不溶性载体结合起来，成为不溶于水的酶的衍生物，所以曾称为"水不溶酶"和"固相酶"。后来发现也可以将酶包埋在凝胶内或置于超滤装置中，高分子底物与酶在超滤膜一边，而反应产物可以透过膜逸出。在这种情况下，酶本身是可溶的。因此，仍用水不溶酶和固相酶的名称就不恰当了。在 1971 年召开的第一届国际酶工程会议上，正式建议采用"固定化酶"（Immobilized enzyme）的名称。

固定化酶与游离酶相比，具有明显优势，例如易于将固定化酶与底物、产物分开，固定化酶可重复使用；固定化酶具有一定的机械强度，使反应过程能够管道化、连续化和自动化；在大多数情况下，酶在固定化后稳定性得到较大提高，可较长期地使用或贮藏等。正因如此，固定化酶技术的研究才颇受关注，其应用也日益广泛（陈石根等，1987）。

一、酶的固定化策略

(一) 酶的固定化方法

优良的酶固定化载体应具备以下性能：较好的机械强度；耐受化学物质或微生物的侵蚀；具有合适的反应基团，或容易用物理或化学方法进行衍生；适当的亲水性和疏水性；使用后的载体最好能通过简单、经济的方法再生。依据载体的性质，酶的固定化方法主要分为吸附法、结合法、包埋法及交联法四大类。

1. 吸附法

利用各种固体吸附剂将酶或含酶菌体吸附在其表面而使酶固定化的方法称为吸附法。吸附法包括物理吸附和离子结合法。吸附法制备固定化酶，工艺简便、条件温和，酶活性中心不易被破坏，酶高级结构变化少，酶失活后可重新活化，载体价廉易得，而且可以再生反复使用，载体选择范围很大，涉及天然或合成的无机、有机高分子材料，吸附过程可同时达到纯化和固定化。吸附法是目前在经济上最具吸引力的固定化方法，但吸附法中酶与载体相互作用力弱，由离子键、氢键、偶极键及疏水键固定的酶易受反应介质的 pH、离子强度等的影响而从载体上脱落，所以它的使用受到一定的限制。

2. 包埋法

这是一种不需要化学修饰酶蛋白的氨基酸残基，反应条件温和，很少改变酶结构的固定化方法。其基本原理是单体和酶溶液混合，再借助引发剂进行聚合反应，将酶固定于载体材料的网格中。固定化时保护剂和稳定剂的存在不影响酶的包埋产率。这种酶包埋在高聚物内的方法对大多数酶、粗酶制剂甚至完整的微生物细胞都适用。

包埋法又分为凝胶包埋法和微囊化法。凝胶包埋法［图 4-18(a)］是将酶分子包在高聚物格子中，可以将块状聚合形成的凝胶切成小块，也可以直接包埋在珠状聚合物中，后者可以使固定化酶机械强度提高 10 倍，并改进酶的脱落情况。常用的有聚丙烯酰胺凝胶包埋法、辐射包埋法和卡拉胶包埋法。微囊化法［图 4-18(b)］是将酶溶液或悬浮液包裹在膜内，膜既能使酶存在于类似细胞内的环境中，又能阻止酶的脱落或直接与外环境接触。小分子底物则能迅速通过膜与酶作用，产物也能扩散出来。常用的制备方法有：界面聚合法、液体干燥法、分相法、液膜（脂质体）法等。

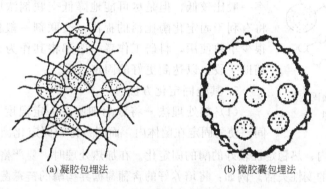

(a) 凝胶包埋法　　　　　　　(b) 微胶囊包埋法

图 4-18　包埋法固定化酶示意图

3. 结合法

结合法是使酶蛋白分子上的功能团和固相支持物表面上的反应基团之间形成化学共价键连接以固定酶的方法。根据酶与载体结合的化学键不同，结合法分为离子键结合法［图4-19(a)］和共价键结合法［图 4-19(b)］。其常用载体包括天然高分子（纤维素、琼脂糖、淀粉、葡萄糖凝胶、胶原及衍生物等）、合成高聚物（尼龙、多聚氨基酸、乙烯-顺丁烯二酸酐共聚物等）和无机支持物（多孔玻璃、金属氧化物等）。

由于结合法固定化的酶与载体间连接牢固，一般不会因底物浓度高或存在盐类等原因而轻易脱落，有良好的稳定性及重复使用性，成为目前研究最为活跃的一类酶固定化方法。但与吸附法相比，反应条件苛刻，操作复杂，且由于采用了比较激烈的反应条件，会引起酶蛋白高级结构变化，破坏部分活性中心，因此往往不能得到比活高的固定化酶，酶活回收率一般为 30% 左右，甚至底物的专一性等酶的性质也会发生变化；载体的活化或固定化操作较复杂，要严格控制条件才能使固定化酶的活力提高。蛋白质通过什么基团参加共价连接、载体的物理和化学性质等对固定化酶都有影响。因此，常常将其与交联法联用。

4. 交联法

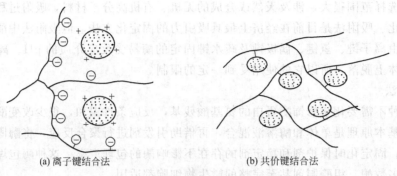

(a) 离子键结合法　　　　　　　(b) 共价键结合法

图 4-19　结合法固定化酶示意图

　　交联法是不使用载体，利用双功能或多功能试剂在酶分子间、酶分子与惰性蛋白间，或酶分子与载体间进行交联反应，以共价键制备固定化酶的方法（图 4-20）。交联法也可用于含酶菌体或菌体碎片的固定化。根据使用条件和添加材料的不同，能够产生不同物理性质的

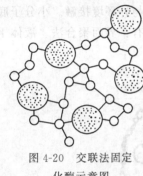

图 4-20　交联法固定
化酶示意图

固定化酶。最常用的交联试剂是戊二醛，其他还有异氰酸酯、双重氮联苯胺-2,2′-二磺酸、1,5-二氟-2,4-二硝基苯、己二酰亚胺酸二甲酯等。交联法反应条件比较激烈，固定化的酶活回收率一般比较低，但是尽可能地降低交联剂浓度和缩短反应时间将有利于固定化酶比活的提高。交联剂一般价格昂贵，此法也很少单独使用，科研工作者一般都将其作为其他固定化方法的辅助手段，以达到更好的固定效果。

　　5. 其他固定化方法

　　（1）热处理法　将含酶细胞在一定温度下加热处理一段时间，使酶固定在菌体内，而制备得到固定化菌体。热处理法只适用于那些存在于胞内、热稳定性较好的酶的固定化。在加热处理时，要严格控制好加热温度和时间，以免引起酶的变性失活。例如：将培养好的含葡萄糖异构酶的链霉菌细胞在 $60\sim65℃$ 的温度下处理 15min，葡萄糖异构酶全部固定在菌体内。

　　（2）介孔材料固定法　以介孔材料为固定化载体，例如介孔分子筛等。介孔分子筛是一种具有六方有序规整孔道排列和窄孔径分布的新型材料，其孔径与一些酶的大小相似，如 SBA-15、MCM-41、Ultrastable-Y 等，且可通过表面的可反应基团与酶分子结合。介孔材料的孔道内保持一定的水分，能为酶提供一种适于发挥活性的"潮湿"环境，这一特点对于非水相酶催化反应较为有利。

　　（3）纳米材料固定法　纳米材料的结构单元尺寸介于 $1\sim100nm$ 之间，接近电子的相干长度，几乎为光的波长，会显现出特殊的光学、导热、磁性、导电性，而且可能与其宏观组成物质所表现出的特性具有天壤之别。纳米载体比表面积大，在酶固定中有一定优势，如果能结合纳米材料的磁、电等物理特性，使其能在磁场或电场等条件下分离，将大大拓展酶的纳米级固定化载体的适用范围，这也是近来研究者普遍关注无机-有机混合材料载体，即磁性高分子微球的原因。

（二）各酶固定化方法的优缺点比较

　　不同的固定化方法具有不同的特点，因此有不同的适用范围（表 4-1）。一般来说，对于一个特定酶的固定化来说，要根据酶学性质、固定化材料特性以及成本因素来选择其固定化方法。

表 4-1　各酶固定化方法的比较

特性	物理吸附法	离子结合法	包埋法	共价结合	交联法
制备	易	易	易	难	难
结合力	中	弱	强	强	强
酶活力	高	高	中	中	中
底物专一性	无变化	无变化	无变化	有变化	有变化
再生	能	能	不能	不能	不能
固定化费用	低	低	中	中	高

(三) 固定化酶的性质变化

酶分子经固定处理化以后，从游离态变为结合态。酶分子处在一个与游离态酶完全不同的微环境中，微环境的许多性质会因此而影响酶原有的性质。如微环境的化学组成、与酶相结合的表面结构、底物进入与底物排出微环境的速度、微环境的局部 pH 等。

固定化酶的稳定性一般比游离酶的稳定性好，最适温度也比游离酶高。最适 pH 值在酶经过固定化后往往也因载体带电性质与产物性质的影响而发生一些变化。例如，用带负电荷载体制备的固定化酶，最适 pH 比游离酶最适 pH 高；用带正电荷载体制备的固定化酶，最适 pH 比游离酶最适 pH 低；用不带电荷载体制备的固定化酶，最适 pH 一般不改变。另外，酶催化反应产物为酸性时，固定化酶的最适 pH 比游离酶的最适 pH 要高；若酶催化反应产物为碱性时，固定化酶的最适 pH 比游离酶的最适 pH 要低；若酶催化反应产物为中性时，固定化酶的最适 pH 基本不变。

由于载体的空间位阻，固定化酶的底物特异性与游离酶比较可能有些不同，其变化与底物分子量的大小有一定关系。对于那些作用于低分子底物的酶，固定化前后的底物特异性没有明显变化。

固定化酶的米氏常数（K_m）通常也会发生一定的改变：当酶结合于电中性载体时，由于扩散限制造成表观 K_m 上升；由于带电载体和底物之间的静电作用会引起底物分子在扩散层和整个溶液之间不均一分布，与载体电荷性质相反的底物在固定化酶微环境中的浓度比整体溶液高。与游离酶相比，固定化酶即使在底物浓度较低时，也可达到最大反应速率，即表观 K_m 低于游离酶的 K_m；载体与底物电荷相同时，会造成固定化酶的表观 K_m 增加。这种 K_m 变化受溶液中离子强度的影响：离子强度升高，载体周围的静电梯度逐渐减小，K_m 变化也逐渐消失。例如：在低离子浓度条件下，多聚阴离子衍生物固定化胰蛋白酶对苯甲酰胺酸酯的 K_m 比原酶小 96.8%，但在高离子浓度下，接近原酶的 K_m。

总体来说，固定化酶性质取决于酶、底物及载体材料的性质；酶固定化后的变化主要是活性中心的氨基酸残基、高级结构和电荷状态等发生变化；载体影响主要是在固定化酶的周围形成了能对底物产生立体影响的扩散层及静电相互作用等引起的变化。

二、辅酶的固定化

辅酶（coenzyme）是一类可以将化学基团从一个酶转移到另一个酶上的有机小分子，与酶较为松散地结合，对于特定酶的活性发挥是必要的。许多维生素衍生物，如核黄素、硫胺素和叶酸，都属于辅酶。

尽管关于固定化酶的研究及应用已经有很长一段时间了，但很少有关固定化辅酶的报道。最大的挑战在于如何完成固定化酶体系的辅酶原位再生。目前多种方法包括物理包埋以及共价结合等应用于固定化辅酶一酶体系，但仍然无较大的突破，难于工业化，固定化的方式有辅酶的大分子化、膜包埋、微粒固定化等。

辅酶的相对分子量只有几百，要将其包埋在半透膜比较困难，若将辅酶与不溶性载体结合，则不能在多个酶之间传递作用。因此目前都是将辅酶结合于水溶性的高分子载体，使其高分子化来解决。辅酶的高分子化是先将辅酶的一定部位进行修饰，引入适当的功能团或间隔臂，生成辅酶衍生物，再与水溶性高分子结合。辅酶的固定化一般需遵循三个原则：①选择合适的载体，常用的是琼脂糖、纤维素、合成高分子载体；②间隔臂选择适当，一般辅酶和载体间手臂为 0.5～1.0nm；③考虑到辅酶的性质，如疏水性、离子性和体积大小等。辅酶固定化在方法上与酶相似，主要应用共价偶联法，如溴化氰法、碳二亚胺法以及重氮偶联法等（图 4-21）。

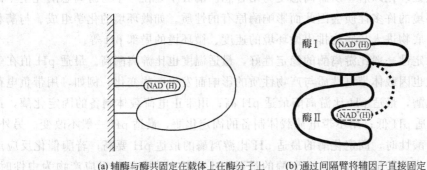

(a) 辅酶与酶共固定在载体上在酶分子上　　(b) 通过间隔臂将辅因子直接固定

图 4-21　辅酶的固定化

三、固定化酶的表征

1. 固定化酶（细胞）的活力

固定化酶（细胞）催化某一特定化学反应的能力，可用在一定的条件下它所催化的某一反应的初速率来表示，可定义为每毫克干重固定化酶（细胞）每分钟转化底物（或生成产物）的量。

2. 偶联率及相对活力

偶联率＝（加入蛋白活力－上清液蛋白活力）/加入蛋白活力×100％

相对活力＝固定化酶总活力/（加入蛋白活力－上清液中未偶联酶活力）×100％

活力回收＝固定化酶总活力/加入酶的总活力×100％

3. 固定化酶（细胞）的半衰期

固定化酶（细胞）的半衰期是指在连续测定时，固定化酶（细胞）的活力下降为最初活力一半所经历的连续工作时间，以 $t_{1/2}$ 表示。

在没有扩散限制时，固定化酶（细胞）活力随时间成指数关系，半衰期 $t_{1/2}=0.693/KD$，KD 称为衰减常数。

第三节　非水相酶催化

一、非水相酶催化概述

酶制剂已在医药、食品、轻工、化工、能源、环保等领域得到了广泛的应用，这些应用大多数是在水溶液中进行的，而相关酶的催化理论也是基于酶在水溶液中的催化反应而建立起来的。在其他介质中，酶往往不能催化，甚至会使酶变性失活。故此，传统观念认为，只有在水溶液中酶才具有催化活性。

1984年美国麻省理工大学学者用脂肪酶在几乎无水的有机溶剂中成功地催化合成了肽、手性醇、酯和酰胺，打破了认为有机溶剂是酶的变性剂的这一传统观念（Klibanov等，1984）。随后日本学者田中渥夫、瑞典学者Norin以及荷兰学者Zwanenburg等许多著名学者相继投入该研究领域，自此酶在非水介质中的催化作用的研究逐渐受到人们的重视并进行了卓有成效的研究工作，使该领域的理论研究和实际应用都取得了突破性的进展，这些研究使得传统酶学领域迅速成长出一个全新的分支——非水酶学（nonaqueous enzymology）。

酶在非水介质中进行的催化作用称为酶的非水相催化反应。在非水相中，酶分子受到非水介质的影响，其催化特性与在水相中催化有着较大的不同。酶的非水相体系主要包括以下几种。

(一) 微水有机溶剂单相体系

指以含微量水的有机溶剂为介质的反应体系。有机相酶催化是上世纪六十年代发展起来的目前在生物技术中颇具基础性和应用性的研究领域。例如吡啶中枯草杆菌蛋白酶催化的选择性酰化反应（图4-22）。该反应可以专一性得到1位选择性酰化产物，传统的化学法是无法区分这些二级羟基的，显示了非水相酶法合成的优越性。

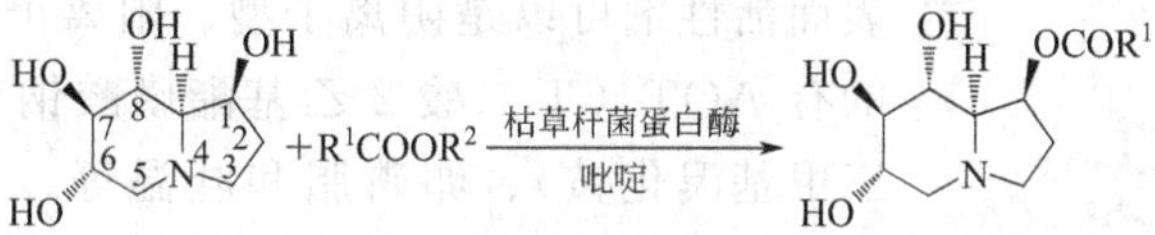

R^1=烷基, 芳基, α-氨基烷基; R^2=氯乙基, 2,2,2-三氟乙基, 乙烯基

图 4-22　枯草杆菌蛋白酶催化的选择性酰化反应

(二) 水-有机溶剂单相体系

指在水中加入有机助溶剂或共溶剂而形成的与水互溶的均相系统。常用助溶剂：二甲基亚砜、二甲基甲酰胺、四氢呋喃、丙酮和低级醇等。

由于形成均相系统，因此通常不会发生传质障碍。用量可达总体积的$10\%\sim20\%$，特殊条件下可高达90%。如果系统中有机溶剂的比例高过某阈值或亲水性过强，将夺去酶分子表面的必需水，使酶失活。少数稳定性很高的酶，如南极假丝酵母脂肪酶，只要水互溶有机溶剂中有极少量的水，就能保持它们的催化活性。

水互溶有机溶剂体系还能降低反应体系的冰点温度，这是低温酶学研究的内容之一。

(三) 水-有机溶剂两相体系

指由水和非极性有机溶剂组成的非均相反应系统。酶溶解于水相，底物和产物溶解于有机相。常用的水不溶性溶剂有烃类、醚、酯等。

例如，珊瑚诺卡菌（氧化酶）生物转化烯烃产生的环氧化物被及时地转移到有机相中，可使其对微生物的毒害降低。巨大芽孢杆菌环氧水解酶催化的缩水甘油苯基醚的对映体选择性开环水解反应也适合于在两相系统（异辛烷）中进行，由于底物和产物大部分溶解在有机相中，因此可以减少其自发水解和对酶的抑制作用。

(四) 仿水溶剂体系

某些强极性有机溶剂可替代反应体系中的微量"必须"水，使酶在"高燥"的有机介质中仍然表现出一定的催化活性。这些强极性有机溶剂被称为"仿水溶剂"。这类仿水溶剂主要有乙腈、二甲基甲酰胺、乙二醇、丙三醇等。仿水溶剂可通过形成氢键与酶蛋白分子相互作用，使酶分子具有一定的柔性构象，从而改善其催化活性和对映体选择性（表4-2）。

表 4-2 仿水溶剂对酶催化的影响

辅助溶剂的体积分数	反应初速率 /[μmol/(L·h·mg)]	辅助溶剂的体积分数	反应初速率 /[μmol/(L·h·mg)]
无	0	1%水＋9%甘油	820
1%水	19	1%水＋9%乙二醇单醚	140
4%水	3500	1%水＋9%乙二醇二甲醚	60
1%水＋9%甲酰胺	3800	1%水＋9%二甲基甲酰胺（DMF）	51
1%水＋9%乙二醇	1500	9%甲酰胺	0

虽然如此，仿水溶剂只能作为辅助溶剂部分替代水，而不能完全替代水的作用。这是因为干燥的酶水合时要经过几个阶段，其中某个阶段（可能是最初的离子化阶段）是不可能完全被仿水溶剂替代的。仿水溶剂替代水的意义在可以控制和消除由水而引起的逆反应和水解等副反应，因此仿水溶剂的应用范围很广，而且可以开发成新的酶催化反应体系。

(五) 微乳液/反胶束体系

微乳液是由水、表面活性剂以及非极性有机溶剂等构成的宏观均匀、微观多相的热力学稳定体系。低水含量的油包水（W/O）微乳液又称为反胶束。

表面活性剂是由亲水憎油的极性基团和亲油憎水的非极性基团两部分组成的两亲分子。

图 4-23 反胶束结构示意图

表面活性剂可以是阴离子型、阳离子型或非离子型。常用的有 AOT（丁二酸-2-乙基酯磺酸钠）、CTAB（十六烷基三甲基溴化铵）、卵磷脂和吐温等。水含量少（Wo＜15）的聚集体通常称为反胶束（图 4-23），水含量多（Wo＞15）的聚集体通常称为微乳液。

反胶束体系能较好地模拟酶的天然环境，在此体系中大多数的酶均能保持一定的催化活性和稳定性，有的甚至表现出超活性。国内外有 20 多个实验室对 50 多种酶在反胶束体系中的酶学性质进行了广泛而深入的研究，并由此形成了一个新的跨学科交叉研究领域——胶束酶学。

(六) 超临界流体体系

超临界流体是处于临界温度和临界压力以上，介于气体和液体之间的高密度流体。气、液两相呈平衡状态的点叫临界点。在临界点时的温度和压力称为临界温度和临界压力，高于临界温度和临界压力而接近临界点的状态称为超临界状态。部分超临界流体的 p-V-T 性质如表4-3所示。

超临界流体具有和液体同样的凝聚力、溶解力；然而其扩散系数又接近于气体，是通常液体的近百倍。用作超临界流体的溶剂主要有氟里昂、烷烃类（甲烷，乙烯，丙烷）、无机化合物（CO_2、H_2O、N_2O）等。酶在这些溶剂中具有与在亲脂性有机溶剂中一样的稳定，适于多数酶催化的酯化、转酯、醇解、水解、羟化和脱氢等反应。

表 4-3 超临界流体的 p-V-T 性质

流体名称 \ 项目	乙烷	丙烷	丁烷	戊烷	乙烯	氨	CO_2	二氧化硫	水
临界温度/℃	32.3	96.9	150	296.7	9.9	132.4	31.1	157.6	374.3
临界压力/MPa	4.26	3.8	3.38	5.12	11.28	7.38	7.88	22.11	4.88
临界密度/(g/cm³)	0.22	0.228	0.232	0.227	0.236	0.46	0.525	0.326	0.203

(七) 离子液体体系

离子液体（ionic liquid，IL）是只由离子构成且在常温下呈液态的化合物，为一种低熔点的盐，其性质依赖于它所包含的阴阳离子，如溴化乙基吡啶、氯化 1-甲基-3-乙基咪唑等（图 4-24）。

与传统的溶剂不同，离子液体没有可观测蒸气压，具有很好的热稳定性，可以溶解多种混合物，还可以与多种溶剂组成两相体系。值得注意的是，离子液体的极性、亲水性/亲脂性和溶解性能可以通过改变不同的正负离子及其烷基碳链的长短进行调节，因此又被称为可设计的溶剂。

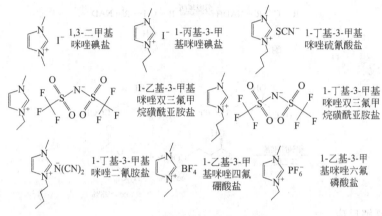

图 4-24 几种常见的离子液体

(八) 拟低共熔体系

两种固态不互溶的底物按一定比例混合时在一定温度下（低共熔点）能形成低共熔的状态。此时固、液同时存在，酶促反应能在高底物浓度下进行。然而要找到既适合酶促反应的温度及反应用酶，又符合严格的物化概念上的低共熔二元反应底物体系，实际上是很困难的，因此往往加入极少量的第三、第四液相组分来产生反应所需的液相形成固-固-液悬浮体系，或一种反应底物以液态存在，另一种反应底物以固态存在而形成液-固悬浮体系，即拟低共熔体系（pseudo eutectic systems）。

(九) 无溶剂体系

在化学反应研究中，人们一直努力寻找适当的溶剂。但从经济学观点和环保的角度来看，一个化学反应最好是不加任何溶剂。无溶剂有机合成体系有以下几种形式：①反应物均为液体；②其中的一种反应物为固态，一种为液体；③两种反应物均为固体；④一种反应物为气体，另一种为固体。其中后两种形式称为固态反应体系。

无溶剂合成是有机合成的一种新方法。无溶剂条件下的酶催化反应表现出明显的优越性：①克服了溶剂对酶催化活性和选择性的影响；②底物浓度达最大值而不必考虑底物浓度对酶活性的影响；③具有污染少、成本低、产率高、反应过程和处理过程简单等优点。

(十) 气相体系

采用生物酶的气固相反应器已用于单步的生物转化，所用生物酶包括氢化酶、醇氧化酶、醇脱氢酶、脂肪酶等。

酶用于气相催化是一种可行的新技术，未来可能用于生产香料一类的挥发性产品，也可用于移出气体中的有毒物质，以及用于生物传感器等。对于生物酶和细胞的气相催化反应研究还有大量的工作要做。

二、非水相酶催化的反应类型

1. 氧化-还原反应

① 氧化反应：醇、酚以及羧酸等的氧化。

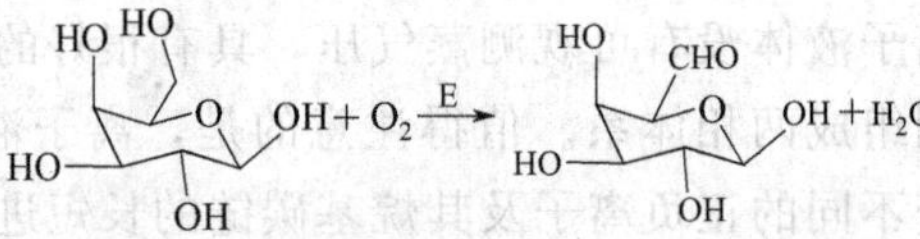

② 还原反应：催化醛类或酮类还原成醇类。

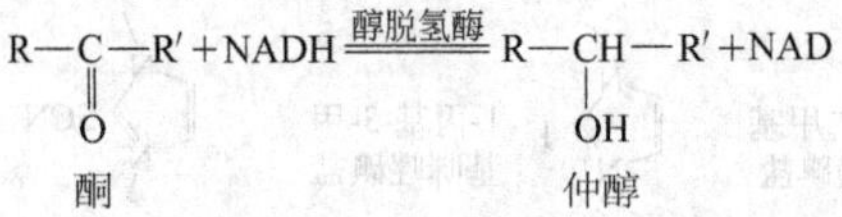

2. 转移反应

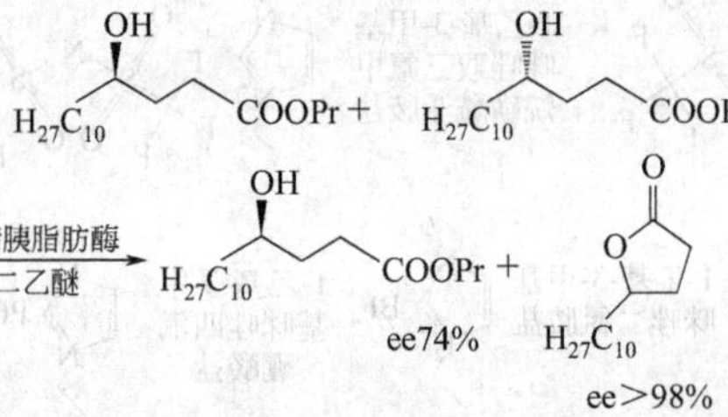

3. 醇解/氨解反应

如假单胞脂肪酶催化酸酐醇解生成二酸单酯化合物：

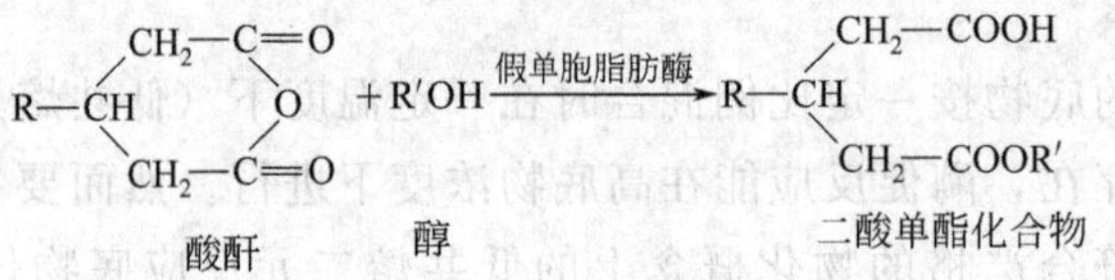

再如脂肪酶：

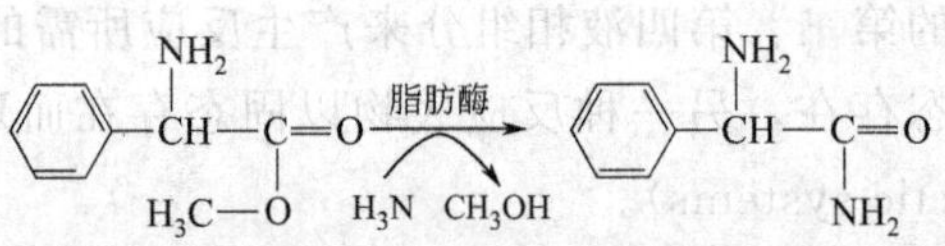

4. 合成反应

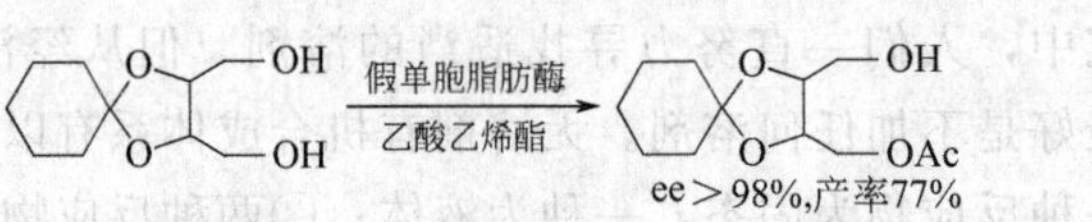

5. 异构反应

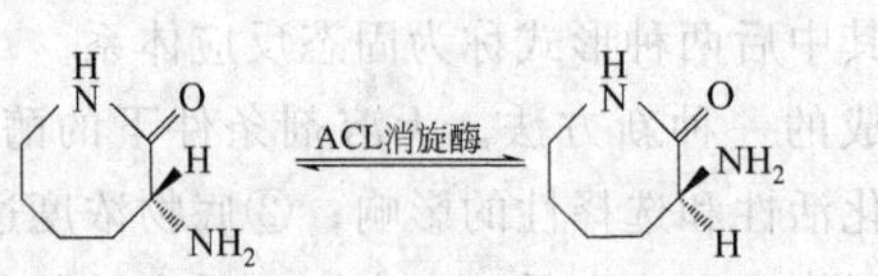

6. 裂合反应

$$R-CHO + HCN \xrightarrow{\text{醇腈酶}} R-CH(OH)-CN$$

三、非水相酶催化的影响因素

(一) 有机溶剂

有机溶剂主要通过以下三种途径发生作用：①有机溶剂与酶直接发生作用，通过干扰氢键和疏水键等改变酶的构象，从而导致酶的活性被抑制或酶的失活；②有机溶剂还可以直接和酶分子周围的水相互作用；③有机溶剂和能扩散的底物或反应产物相互作用影响反应的进行。

1. 有机溶剂对酶结合水的影响

一些相对亲水性的有机溶剂能够夺取酶表面的必需水而导致酶失活。酶失水的情况与溶剂的介电常数和疏水性参数有关。增大压力会更多地夺取酶分子的结合水，从而降低酶的活性；增加酶表面的亲水性可以限制酶在有机溶剂中的脱水作用。由于酶与溶剂竞争水分子，体系的最适含水量与酶的用量及底物浓度有关。

2. 有机溶剂对酶的影响

酶均一地溶解在水溶液中时，能较好地保持其构象；有机溶剂中酶分子不能直接溶解，因此根据酶分子特性与有机溶剂特性不同，其空间结构的保持情况也有不同。有些酶在有机溶剂作用下，其结构受到破坏；有的酶分子则保持完整，但酶分子本身的动态结构及表面结构却发生了不可忽视的变化。①对酶的动态移动力性的影响：通过改变蛋白分子的动态移动性（dynamic motion）来影响酶的活力。②对酶结构的影响：由于酶分子与溶剂的直接接触，蛋白质分子表面结构发生不可忽视的变化。③对酶活性中心的影响：减少整个活性中心的数量（活性中心滴定法测定），活性中心数目丧失的多少取决于溶剂中的疏水性大小。溶剂与底物竞争酶活性中心结合位点，溶剂为非极性时影响更明显。

3. 溶剂对底物和产物分配的影响

有机溶剂能直接或间接地与底物和产物相互作用，改变酶分子必需水层中底物或产物的浓度。一般地，有机溶剂极性小，疏水性强，疏水性底物难于进入必需水层；有机溶剂极性过强，亲水性强，疏水性底物在有机溶剂中溶解度太低。

(二) 水

水在酶催化反应中发挥着双重作用：一方面，水分子直接或间接地通过氢键及范德华力等非共价键作用来维持酶的催化活性所必需的构象；另一方面水是导致酶热失活的重要因素，有水存在时随着温度的升高酶分子会发生以下变化而失活。①形成不规则结构；②二硫键受到破坏；③天冬酰胺和谷氨酰胺水解为相应的天冬氨酸和谷氨酸；④天冬氨酸肽键发生水解。因此，在非水相酶反应体系中进行的酶促反应的最适含水量不仅与酶的种类及用量、底物浓度有关，也与选用的溶剂有关。

有机介质中含两类水：结合水、游离水。在结合水不变的条件下，体系含水量的变化对酶催化活性影响不大；为了排除溶剂对最适含水量的影响，有人建议用水活度（a_w）描述有机介质中酶催化活力与水的关系。a_w定义为体系中水的逸度与纯水逸度之比，水的逸度在理想条件下用水蒸气压代替，因此a_w可以用体系中水蒸气压与相同条件下纯水蒸气压之比表示：$a_w = p/p_o$（p为一定条件下体系中水蒸气压，p_o为相同条件下纯水蒸气压）。

各种酶因结构不同，维持酶活性构象的必需水也不同，大部分酶需较高的水活度才表现较好的活力；不同反应酶所需的最适水量也不同。

(三)添加剂

近年来用于非水相中酶催化反应的添加剂有很多，综合目前的文献来看，这些添加剂主要分为以下几个类型。

① 无机盐类添加剂：由于酶的构象与其离子化状态有关，此类添加剂的加入可改变酶在非水相介质中的构象，从而对酶催化反应产生影响。

② 有机助溶剂：此类添加剂可增加疏水性底物的溶解度，从而可以增加底物浓度，从而对酶催化反应产生影响。

③ 多醇类添加剂：多羟基类添加剂一般具有较强的亲水性，对酶必需水层的微环境产生影响，提高酶催化活性的作用称为"溶剂活化"，抑制酶催化活性的作用称为"溶剂抑制"。

④ 表面活性剂：离子型表面活性剂因其带电基团与酶分子间的静电作用而对酶构象产生影响，进而影响酶在非水介质中的催化性能；非离子表面活性剂与酶分子间仅有氢键和疏水作用，影响较小。此外，表面活性剂的加入还可影响底物的分散状况，从而对酶催化过程产生影响。

(四) 生物印迹

生物印迹是指以天然生物材料如蛋白质和多糖为骨架进行分子印迹而产生对印迹分子具有特异性识别空腔。利用酶与配体的相互作用，诱导、改变酶的构象，制备具有结合该配体及其类似物能力的"新酶"，即印迹酶。酶在含有其配基的缓冲液中，肽键和配体之间的相互作用使酶的构象改变，这种新构象在去除配体后在无水有机溶剂中仍可保持，即具有"记忆"性。

例如：当枯草杆菌蛋白酶从含有竞争性抑制剂（N-Ac-Tyr-NH$_2$）的水溶液中冻干出来后，再将抑制剂除去，该酶在辛烷中催化酯化反应的速度比不含抑制剂的水溶液中冻干出来的酶高 100 倍，但在水溶液中其活性与未处理的酶相同。

(五) 化学修饰

利用两亲分子共价或非共价修饰酶分子表面，可以增加酶表在的疏水性，使酶均一地分散有有机溶剂，从而提高酶的催化效率和稳定性。

智能水凝胶是一种对环境敏感的能够显著地溶胀于水中但并不溶解的亲水性聚合物。用智能水凝胶共价修饰酶，使酶能在均相条件下进行催化，反应结束后酶又能从体系中沉淀出，因此可看作一种兼有可溶性酶均相催化和固定化酶稳定性高的修饰酶。

(六) 固定化载体

在有机介质中进行酶催化反应时，使用合适的载体对酶进行固定可以调节和控制酶的活性与选择性。目前常用的固定化方法是把酶固定在不溶的聚合物载体或无机载体上，其原理是为蛋白分子与载体的互补表面提供多点的相互作用，从而把自然构象固定下来。

由于某些介面酶类如脂肪酶等直接加入到有机溶剂中进行反应时它们常聚集成团而不利于发挥催化作用，因此固定化是非常必要的。酶经固定化后可以提高其在有机溶剂中的分散性和热力学稳定性，有利于酶的回收和连续化生产。

(七) 温度、pH 与离子强度

与水相酶催化反应类似，温度对非水相中的酶催化反应同样具有两方面的影响：温度较低时升高温度能提高酶促反应速度，但是温度过高则会导致酶失活。除了影响酶活性外，温度对酶的选择性也会产生一定的影响。一般认为酶和其他催化剂一样，温度低时选择性高。

在水溶液中，pH 与离子强度是影响酶催化的重要因素。因为溶液的 pH 与离子强度决定了酶分子活性中心基团的解离状态和底物分子的解离状态，从而影响酶与底物的结合和催化反应。大量研究表明，有机介质中酶所处的 pH 环境与酶在冻干或吸附到载体上之前所使用的缓冲液 pH 值相同。这种现象称之为称为 pH 记忆。利用酶的这种 pH 印记特性，可以通过控制缓冲液中 pH 值的方法，达到控制有机介质中酶催化反应的最适 pH 值。

然而也有研究表明，在含有微量水的有机介质中，某些疏水性的酸与其相对应的盐组成的混合物，或者某些疏水性的碱与其相对应的盐组成的混合物，可以作为有机相缓冲液使用。它们以中性或者离子对的形式溶解于有机溶剂中，这两种存在形式的比例控制着有机介质中酶的解离状态。采用有机相缓冲液时，酶分子的 pH 印记特性不再起作用，即酶在冷冻干燥前缓冲液的 pH 值状态对酶在有机介质中的催化活性没有什么影响，而主要受到有机相缓冲液的影响。

(八) 超声辐射

超声对酶促反应的作用主要包括机械作用、加热作用和空化作用。适宜超声可降低溶液黏度和表面张力，从而加强传质。适度超声处理可使酶分子的构象微小变化，使其超微结构更具柔性，有利于非水介质中的底物分子进入酶活性中心，也有利于产物分子进入介质。同时，适度超声处理还可使生成的水再分配，避免新生成的水在酶分子表面形成较厚的水化层而影响传质，并使酶的有效表面积增加。但持续超声会导致有机溶剂中少量水分子的重新分布，阻止酶分子周围水膜的形成，从而对酶促反应产生负面影响。

(九) 其他技术

蛋白质工程技术（定点突变）、进化酶技术、抗体酶技术、模拟酶技术等都是改变酶在有机介质（非天然条件）中的催化活性、稳定性和选择性的重要手段，近年来这方面的研究也得到了较快的发展。

例如，枯草杆菌蛋白酶经六点定位突变后，在二甲酰胺中的稳定性提高了 60 倍；南极假丝酵母脂肪酶活性中心附近的氨基酸残基突变后，在环己烷中催化 4-庚醇和丁酸乙烯酯的选择性常数提高了 270 倍。

第四节　酶与酶工程的应用

一、酶与酶工程的应用概况

自 1894 年日本学者高峰让吉用米曲霉制备淀粉酶并用作消化剂，开创了酶技术走向商业化的先例算起，酶作为商品生产已 100 多年历史。在此期间相当一段时间内，酶工业并没有什么太大的发展。直到 20 世纪 50 年代日本采用微生物液体深层培养法进行 α-淀粉酶的发酵生产，揭开了近代酶工业的序幕。60 年代随着发酵技术和菌种选育技术的进步，欧洲加酶洗涤剂流行，70 年代酶法生产果葡糖浆又获成功，带动了淀粉深加工工业的兴起。80 年代以后，遗传工程被广泛用于产酶菌种之改良，现在酶制剂工业已成为国民经济的一门重要高科技产业。酶制剂的世界市场于 1970 年以后迅速增长。从 1978 年不到 2 亿美元增加到 1990 年的 5 亿美元，1993 年已达 10 亿美元，据统计 1999 年为 19.2 亿美元，2002 年 25 亿美元，2008 年 30 亿美元，而 2015 年市场总值有望达 100 亿美元。

目前业已发现的酶有 5000 种左右，其中已经利用的有 150 种左右，工业生产的酶 60 多种，而大量生产的只有 20 多种，占已知酶的很小一部分（约 0.4%），其中 80% 为水解酶，而自然界中大量存在的生化反应是氧化还原反应，氧化还原酶的工业应用价值急待开发。随着遗传工程的普及，现在工业用微生物酶的 80% 以上已是用基因改良菌株生产的产品，但在饲料用酶，食品工业用酶，据说在欧共体遭到禁用，新日本化学工业也强调是非 GMO（genetic modified organism）产品。在国外，酶制剂是作为食品添加剂的，对其生产所用菌株，工艺过程和产生场地要符合 GMP（Good Manufacturing Practice）要求，所用菌株要符合 FAO/WHO 食品添加剂专家委员会 JECFA（Joint FAO/WHO Expert Committee On Food Additives）的评估标准，在美国酶制剂产品要符合 GRAS（General Recognized as Safe）或食品添加剂要求。

在美国用来生产食品酶的动物性原料（如胰、牛肉膏等）必须符合肉类检验的各项指标，执行 GMP 生产。此外近年世界食品市场推行 Kosher 食品认证制度，即符合犹太教规要求的食品制度，有了 Kosher 证书，才可进入世界犹太组织的市场。在美国不仅是犹太人，连穆斯林、素食者以及对食物过敏者大多数购食 Kosher 食品。Kosher 食品中不得含有猪、兔、马、蛇、虾、贝类、有翼昆虫和爬虫类的成分。加工 Kosher 食物的酶同样要求符合 Kosher 食品的要求，故国外许多食品酶制剂都印有符合 Kosher 食品的标记，Kosher 食品要求专门权威机构授予，审批手续比 FDA 还严，我国酶制剂要向海外发展对此应加以注意（郭勇等，1987）。

二、酶与酶工程的应用进展

(一) 酶与酶工程在医药方面的应用

现代酶学与酶工程技术具有投资小、工艺简单、能耗粮耗低、产品收率高、效率高、效益大和污染小等优点，成为化学、医药工业应用方面的主力军。以往采用化学合成、微生物发酵及生物材料提取等传统技术生产的药品，皆可通过现代酶工程生产，甚至可获得传统技术不可能得到的昂贵药品，如人胰岛素、McAb、IFN 等。

目前，酶在医药方面的应用多种多样，可归纳为下列 3 个方面：①用酶进行疾病的诊断；②用酶进行疾病的治疗；③用酶制造各种药物。

1. 酶在疾病诊断方面的应用

疾病诊断的方法很多，其中酶学诊断特别引人注目。由于酶具有专一性强、催化效率高、作用条件温和等显著的催化特点，酶学诊断已经发展成为可靠、简便又快捷的诊断方法。

酶学诊断方法包括两个方面，一是根据体内原有酶活力的变化来诊断某些疾病，二是利用酶来测定体内某些物质的含量，从而诊断某些疾病。

（1）根据体内酶活力的变化诊断疾病 一般健康人体内所含有的某些酶的量是恒定在某一范围的。当人们患上某些疾病时，则由于组织、细胞受到损伤或者代谢异常而引起体内的某种或某些酶的活力发生相应的变化。因此，可以根据体内某些酶的活力变化情况诊断出某些疾病（表 4-4）。

表 4-4 通过酶活力变化进行疾病诊断

酶	疾病与酶活力变化
淀粉酶	胰、肾疾病时活力升高；肝病时活力下降
胆碱酯酶	肝病、肝硬化、有机磷中毒、风湿等，活力下降
酸性磷酸酶	前列腺癌、肝炎、红细胞病变时，活力升高
碱性磷酸酶	佝偻病、软骨病、骨瘤、甲状旁腺功能亢进时，活力升高；软骨发育不全等，活力下降
谷丙转氨酶	肝病、心肌梗死等，活力升高
谷草转氨酶	肝病、心肌梗死等，活力升高
γ-谷氨酰转肽酶(γ-GT)	原发性和继发性肝癌，活力增高至 200 单位以上，阻塞性黄疸、肝硬化、胆道癌等，活力升高
醛缩酶	急性传染性肝炎、心肌梗死，活力显著升高
精氨酰琥珀酸裂解酶	急、慢性肝炎，活力增高

酶	疾病与酶活力变化
胃蛋白酶	胃癌,活力升高;十二指肠溃疡,活力下降
磷酸葡糖变位酶	肝炎、癌症,活力升高
β-葡萄糖醛缩酶	肾癌及膀胱癌,活力升高
碳酸酐酶	坏血病、贫血等,活力升高
乳酸脱氢酶	肝癌、急性肝炎、心肌梗死,活力显著升高;肝硬化,活力正常
端粒酶	癌细胞中含有端粒酶,正常体细胞内没有端粒酶活性
山梨醇脱氢酶(SDH)	急性肝炎,活力显著提高
5'-核苷酸酶	阻塞性黄疸、肝癌,活力显著增高
脂肪酶	急性胰腺炎,活力明显增高,胰腺癌、胆管炎,活力升高
肌酸磷酸激酶(CK)	心肌梗死,活力显著升高;肺炎、肌肉创伤,活力升高
α-羟基丁酸脱氢酶	心肌梗死、心肌炎,活力增高
单胺氧化酶(MAO)	肝脏纤维化、糖尿病、甲状腺功能亢进,活力升高
磷酸己糖异构酶	急性肝炎,活力极度升高;心肌梗死、急性肾炎、脑出血,活力明显升高
鸟氨酸氨基甲酰转移酶	急性肝炎,活力急速增高;肝癌,活力明显升高
乳酸脱氢酶同工酶	心肌梗死、恶性贫血,LDH1 增高;白血病、肌肉萎缩,LDH2 增高;白血病、淋巴肉瘤、肺癌,LDH3 增高;转移性肝癌、结肠癌,LDH4 增高;肝炎、原发性肝癌、脂肪肝、心肌梗死、外伤、骨折,LDH5 增高
葡萄糖氧化酶	测定血糖含量,诊断糖尿病
亮氨酸氨肽酶(LAP)	肝癌、阴道癌、阻塞性黄疸,活力明显升高

（2）用酶测定体液中某些物质的变化诊断疾病　人体在出现某些疾病时，由于代谢功能异常或者某些组织器官受到损伤，就会引起体内某些物质的量或者存在部位发生变化。通过测定体液中某些物质的变化，可以快速、准确地对疾病进行诊断。酶具有专一性强、催化效率高等特点，可以利用酶来测定体液中某些物质的含量变化，从而诊断某些疾病（表4-5）。

表 4-5　用酶测定物质的量的变化进行疾病诊断

酶	测定的物质	用途
葡萄糖氧化酶	葡萄糖	测定血糖、尿糖,诊断糖尿病
葡萄糖氧化酶 + 过氧化物酶	葡萄糖	测定血糖、尿糖,诊断糖尿病
尿素酶	尿素	测定血液、尿液中尿素的量,诊断肝、肾病变
谷氨酰胺酶	谷氨酰胺	测定脑脊液中谷氨酰胺的量,诊断肝昏迷、肝硬化
胆固醇氧化酶	胆固醇	测定胆固醇含量,诊断高血脂等
DNA 聚合酶	基因	通过基因扩增、基因测序,诊断基因变异、检测癌基因

2. 酶在疾病治疗方面的应用

酶可以作为药物治疗多种疾病，用于治疗疾病的酶称为药用酶。药用酶具有疗效显著，不良反应小的特点，其应用越来越广泛（表 4-6）。

表 4-6　酶在疾病治疗方面的应用

酶	来源	用　途
淀粉酶	胰、麦芽、微生物	治疗消化不良、食欲不振
蛋白酶	胰、胃、植物、微生物	治疗消化不良、食欲不振,消炎、消肿、除去坏死组织、促进创伤愈合、降低血压
脂肪酶	胰、微生物	治疗消化不良、食欲不振
纤维素酶	霉菌	治疗消化不良、食欲不振
溶菌酶	蛋清、细菌	治疗各种细菌性和病毒性疾病
尿激酶	人尿	治疗心肌梗死、结膜下出血、黄斑部出血
链激酶	链球菌	治疗血栓性静脉炎、咳嗽、血肿、下出血、骨折、外伤
链道酶	链球菌	治疗炎症、血管栓塞,清洁外伤创面
青霉素酶	蜡状芽孢杆菌	治疗青霉素引起的变态反应
L-天冬酰胺酶	大肠杆菌	治疗白血病

酶	来源	用途
超氧化物歧化酶	微生物、植物、动物血液、肝等	预防辐射损伤,治疗红斑狼疮、皮肌炎、结肠炎、氧中毒
凝血酶	动物,细菌,酵母等	治疗各种出血病
胶原酶	细菌	分解胶原,消炎,化脓,脱痂,治疗溃疡
右旋糖酐酶	微生物	预防龋齿
胆碱酯酶	细菌	治疗皮肤病,支气管炎、气喘
溶纤酶	蚯蚓	溶血栓
弹性蛋白酶	胰	治疗动脉硬化,降血脂
核糖核酸酶	胰	抗感染,祛痰,治肝癌
尿酸酶	牛肾	治疗痛风
L-精氨酸酶	微生物	抗癌
L-组氨酸酶	微生物	抗癌
L-蛋氨酸酶	微生物	抗癌
谷氨酰胺酶	微生物	抗癌
α-半乳糖苷酶	牛、人胎盘	治疗遗传缺陷病(弗勃莱症)
核酸类酶	生物、人工改造	基因治疗,治疗病毒性疾病
降纤酶	蛇毒	溶血栓
木瓜凝乳蛋白酶	番木瓜	治疗腰椎间盘突出,肿瘤辅助治疗
抗体酶	分子修饰、诱导	与特异抗原反应,清除各种致病性抗原

3. 酶在药物制造方面的应用

酶在药物制造方面的应用是利用酶的催化作用将前体物质转变为药物。这方面的应用日益增多,现已有不少药物包括一些贵重药物都是由酶法生产的（表4-7）。

表 4-7　酶在药物制造方面的应用

酶	主要来源	用途
青霉素酰化酶	微生物	制造半合成青霉素和头孢霉素
11-β-羟化酶	霉菌	制造氢化可的松
L-酪氨酸转氨酶	细菌	制造多巴(L-二羟苯丙氨酸)
β-酪氨酸酶	植物	制造多巴
α-甘露糖苷酶	链霉菌	制造高效链霉素
核苷磷酸化酶	微生物	生产阿拉伯糖腺嘌呤核苷(阿糖腺苷)
酰基氨基酸水解酶	微生物	生产L-氨基酸
5′-磷酸二酯酶	橘青霉等微生物	生产各种核苷酸
多核苷酸磷酸化酶	微生物	生产聚肌胞,聚肌苷酸
无色杆菌蛋白酶	细菌	由猪胰岛素(Ala[30])转变为人胰岛素(Thr[30])
核糖核酸酶	微生物	生产核苷酸
蛋白酶	动物、植物、微生物	生产L-氨基酸
β-葡萄糖苷酶	黑曲霉等微生物	生产人参皂苷 Rh2

(二) 酶与酶工程在食品方面的应用

目前国内外广泛使用酶的领域是食品工业部门。国内外大规模工业生产的 α-淀粉酶、β-淀粉酶、异淀粉酶、糖化酶、蛋白酶、果胶酶、脂肪酶、纤维素酶、氨基酰化酶、天冬氨酸酶、磷酸二酯酶、核苷酸磷酸化酶、葡萄糖异构酶、葡萄糖氧化酶等大部分都在食品工业中得到了较为广泛的应用（表4-8）。

表 4-8 酶在食品工业中的应用

酶	来源	主要用途
α-淀粉酶	枯草杆菌、米曲霉、黑曲霉	淀粉液化, 制造糊精、葡萄糖、饴糖、果葡糖浆
β-淀粉酶	麦芽、巨大芽孢杆菌、多黏芽孢杆菌	制造麦芽, 啤酒酿造
糖化酶	根霉、黑曲霉、红曲霉、内孢霉	淀粉糖化, 制造葡萄糖、果葡糖
异淀粉酶	气杆菌、假单胞杆菌	制造直链淀粉、麦芽糖
蛋白酶	胰、木瓜、枯草杆菌、霉菌	啤酒澄清, 水解蛋白、多肽、氨基酸
右旋糖酐酶	霉菌	糖果生产
果胶酶	霉菌	果汁、果酒的澄清
葡萄糖异构酶	放线菌、细菌	制造果葡糖、果糖
葡萄糖氧化酶	黑曲霉、青霉	蛋白加工、食品保鲜
柑苷酶	黑曲霉	水果加工, 去除橘汁苦味
橙皮苷酶	黑曲霉	防止柑橘罐头及橘汁出现浑浊
氨基酰化酶	霉菌、细菌	由 DL-氨基酸生产 L-氨基酸
天冬氨酸酶	大肠杆菌、假单胞杆菌	由反丁烯二酸制造天冬氨酸
磷酸二酯酶	橘青霉、米曲霉	降解 RNA, 生产单核苷酸用作食品增味剂
色氨酸合成酶	细菌	生产色氨酸
核苷磷酸化酶	酵母	生产 ATP
纤维素酶	木霉、青霉	生产葡萄糖
溶菌酶	蛋清, 微生物	食品杀菌保鲜

(三) 酶在轻工、化工方面的应用

利用酶的催化作用可将原料转变为所需的轻工、化工产品, 也可利用酶的催化作用除去某些不需要的物质而得到所需的产品。

1. 酶法生产 L-氨基酸

利用酶或固定化酶的催化作用, 可以将各种底物转化为 L-氨基酸, 或将 DL-氨基酸拆分而生成 L-氨基酸。有多种酶可用于 L-氨基酸的生产, 其中有些已采用固定化酶进行连续生产。

(1) DL-酰基氨基酸生产 L-氨基酸　氨基酰化酶 (EC 3.5.1.14) 可以催化外消旋的 N-酰基-DL-氨基酸进行不对称水解, 其中 L-酰基氨基酸被水解生成 L-氨基酸, 余下的 N-酰基-D-氨基酸经化学消旋再生成 DL-酰基氨基酸, 重新进行不对称水解。如此反复进行, 可将通过化学合成方法得到的 DL-酰基氨基酸几乎都变成 L-氨基酸。

$$\begin{array}{c} H-N-OOC-R' \\ | \\ R-CH-COOH \end{array} + H_2O \xrightarrow{\text{氨基酰化酶}} \begin{array}{c} NH_2 \\ | \\ R-CH-COOH \end{array} + R'COOH$$

(2) 用天冬氨酸酶将延胡索酸氨基化生成 L-天冬氨酸　天冬氨酸酶又称为天冬氨酸氨裂合酶 (EC 4.3.1.1), 是一种催化延胡索酸 (反丁烯二酸) 氨基化生成 L-天冬氨酸的裂合酶。其催化反应如下:

$$\begin{array}{c} H-C-COOH \\ \parallel \\ HOOC-C-H \end{array} + NH_3 \xrightarrow{\text{天冬氨酸酶}} \begin{array}{c} COOH \\ | \\ H-C-H \\ | \\ H-C-NH_2 \\ | \\ COOH \end{array}$$

工业上已用固定化大肠杆菌菌体的天冬氨酸酶连续生产 L-天冬氨酸。

(3) 用 L-天冬氨酸-4-脱羧酶生产 L-丙氨酸　工业上已用固定化假单胞菌菌体的 L-天冬

氨酸-4-脱羧酶（EC 4.1.1.12）将 L-天冬氨酸的 4-位羧基脱去，而连续生产 L-丙氨酸。

$$\text{HOOC}-\text{CH}_2-\overset{\overset{\displaystyle NH_2}{|}}{\text{CH}}-\text{COOH} \xrightarrow{\text{L-天冬氨酸-4-脱羧酶}} \text{CH}_3-\overset{\overset{\displaystyle NH_2}{|}}{\text{CH}}-\text{COOH} + CO_2$$

（4）用 L-α-氨基-ε-己内酰胺水解酶生产 L-赖氨酸　该法由 L-α-氨基-ε-己内酰胺水解酶与 α-氨基-ε-己内酰胺消旋酶联合作用，将 DL-α-氨基-ε-己内酰胺转化为 L-赖氨酸。所用的原料 DL-α-氨基-ε-己内酰胺（DL-ACL）是由合成尼龙的副产品环己烯通过化学合成法得到的。原料中的 L-α-氨基-ε-己内酰胺经 L-α-氨基-ε-己内酰胺水解酶作用生成 L-赖氨酸。余下的 D-α-氨基-ε-己内酰胺在消旋酶的作用下变为 DL-型，再把其中的 L-型水解为 L-赖氨酸。如此重复进行，可把原料几乎都变成 L-赖氨酸。

$$\xrightarrow{\text{L-α-氨基-ε-己内酰胺水解酶}}$$

（5）用噻唑啉羧酸水解酶合成 L-半胱氨酸　将化学合成的 DL-2-氨基噻唑啉-4-羧酸中的 L-2-氨基噻唑啉-4-羧酸经噻唑啉羧酸水解酶作用生成 L-半胱氨酸。余下的 D-2-氨基噻唑啉-4-羧酸再经消旋酶作用变为 DL-型。反复进行，不断生成 L-半胱氨酸。

$$+2H_2O \xrightarrow{\text{噻唑啉羧酸水解酶}} \overset{\overset{\displaystyle NH_2}{|}}{\underset{\underset{\displaystyle SH}{|}}{\text{CH}_2}}-\text{CH}-\text{COOH} + NH_3 + CO_2$$

2. 酶法生产有机酸

各种有机酸是一类有重要应用价值的轻工、化工产品。通过酶的催化作用可以生产各种有机酸。

（1）用延胡索酸酶生产 L-苹果酸　延胡索酸酶又称为延胡索酸水合酶（EC 4.2.1.2），是催化延胡索酸与水反应，水合生成 L-苹果酸的裂合酶。其催化下述反应：

$$\underset{\text{HOOC}}{\overset{\text{H}}{\diagdown}}\text{C}=\text{C}\underset{\text{H}}{\overset{\text{COOH}}{\diagup}} +H_2O \xrightarrow{\text{延胡索酸酶}} \begin{array}{c}\text{COOH}\\|\\\text{CH}_2\\|\\\text{H}-\text{C}-\text{OH}\\|\\\text{COOH}\end{array}$$

工业上已采用固定化黄色短杆菌或产氨短杆菌的延胡索酸酶连续生产 L-苹果酸。

（2）用环氧琥珀酸酶催化环氧琥珀酸水解生成 L-酒石酸　L-酒石酸是从葡萄酒的酒石中分离得到的一种有机酸。可以通过环氧琥珀酸酶催化环氧琥珀酸水解，开环而生成 L-酒石酸。

$$\begin{array}{c}\text{COOH}\\|\\\text{CH}\\\diagup\;\diagdown\\\text{O}\\\diagdown\;\diagup\\\text{CH}\\|\\\text{COOH}\end{array} \xrightarrow{\text{环氧琥珀酸酶}} \begin{array}{c}\text{COOH}\\|\\\text{HO}-\text{CH}\\|\\\text{HO}-\text{CH}\\|\\\text{COOH}\end{array}$$

3. 酶法制造化工原料

化工原料的生产通常采用化学合成法，需要在高温高压的条件下进行反应。对设备的要求高，投资大，甚至造成环境污染。如果采用酶催化，则由于酶具有作用条件温和等显著特点，所以可以在常温常压的条件下生产许多化工原料，从而减少设备投资，降低生产成本。

例如，腈水合酶可以催化腈类化合物加水，合成丙烯酰胺、烟酰胺、5-腈基苯戊胺等重要的化工原料。丙烯酰胺是一种重要的化工原料，可以用于聚合生成聚丙烯酰胺，广泛用作絮凝剂和制成各种凝胶。利用丙烯腈为原料，在腈水合酶的催化作用下，可以水合生成丙烯酰胺。

$$CH_2\!=\!CH\!-\!CN + H_2O \xrightarrow{\text{腈水合酶}} CH_2\!=\!CH\!-\!CONH_2$$

腈水合酶也可以催化 3-腈基吡啶水合，生成烟酰胺：

$$\text{（吡啶环）CN} + H_2O \xrightarrow{\text{腈水合酶}} \text{（吡啶环）CONH}_2$$

(四) 酶在环境保护方面的应用

人类的生产和生活与自然环境密切相关，地球环境由于受到各方面因素的影响，正在不断恶化，已经成为举世瞩目的重大问题。如何保护和改善环境质量是人类面临的重大课题。随着生物科学和生物工程的迅速发展，生物技术在环境保护领域的研究、开发方面已经展示了巨大的威力。酶在环保方面的应用日益受到关注，呈现出良好的发展前景。

1. 酶在环境监测方面的应用

环境监测是了解环境情况、掌握环境质量变化，进行环境保护的一个重要环节。酶在环境监测方面的应用越来越广泛，已经在农药污染监测、重金属污染的监测、微生物污染监测等方面取得重要成果。

（1）利用胆碱酯酶检测有机磷农药污染　最近几十年来，为了防治农作物的病虫害，大量使用各种农药。农药的大量使用，对农作物产量的提高起了一定的作用，然而由于农药，特别是有机磷农药的滥用，造成了严重的环境污染，破坏了生态环境。为了监测农药的污染，人们研究了多种方法，其中采用胆碱酯酶监测有机磷农药的污染就是一种具有良好前景的检测方法。胆碱酯酶可以催化胆碱酯水解生成胆碱和有机酸：

$$R\!-\!\underset{\underset{O}{\|}}{C}\!-\!O\!-\!CH_2\!-\!CH_2\!-\!\overset{+}{N}(CH_3)_3 + H_2O \xrightarrow{\text{胆碱酯酶}} HO\!-\!CH_2\!-\!CH_2\!-\!\overset{+}{N}(CH_3)_3 + R\!-\!COOH$$

有机磷农药是胆碱酯酶的一种抑制剂，可以通过检测胆碱酯酶的活性变化，来判定是否受到有机磷农药的污染。20 世纪 50 年代，就有人通过检测鱼脑中乙酰胆碱酯酶活力受抑制的程度，来检测水中存在的极低浓度的有机磷农药。现在可以通过固定化胆碱酯酶的受抑制情况，检测空气或水中微量的酶抑制剂（有机磷等），灵敏度可达 0.1mg/L。

（2）利用乳酸脱氢酶的同工酶监测重金属污染　乳酸脱氢酶（lactate dehydrogenase，EC 1.1.1.27）有 5 种同工酶，它们具有不同的结构和特性。通过检测家鱼血清乳酸同工酶（SLDH）的活性变化，可以检测水中重金属污染的情况及其危害程度。镉和铅的存在可以使 SLDH5 活性升高；汞污染使 SLDH1 活性升高；铜的存在则引起 SLDH4 的活性降低。

（3）通过 β-葡聚糖苷酸酶监测大肠杆菌污染　将 4-甲基香豆素基-β-葡聚糖苷酸掺入选择性培养基中，样品中如果有大肠杆菌存在，大肠杆菌中的 β-葡聚糖苷酸酶就会将其水解，生成甲基香豆素。甲基香豆素在紫外光的照射下发出荧光，由此可以监测水或者食品中是否有大肠杆菌污染。

（4）利用亚硝酸还原酶检测水中亚硝酸盐浓度　亚硝酸还原酶（EC 1.6.6.4）是催化亚硝酸还原生成一氧化氮的氧化还原酶。其反应如下：

$$HNO_2 + NAD(P)H \xrightarrow{\text{亚硝酸还原酶}} NAD(P)^+ + NO + H_2O$$

利用固定化亚硝酸还原酶，制成电极，可以检测水中亚硝酸盐的浓度。

2. 酶在废水处理方面的应用

不同的废水，含有各种不同的化学成分，要根据所含物质的不同，采用不同的酶进行处理。有的废水中含有淀粉、蛋白质、脂肪等各种有机物质，可以在有氧和无氧的条件下用微生物处理，也可以通过固定化淀粉酶、蛋白酶、脂肪酶等进行处理。冶金工业产生的含酚废水，可以采用固定化酚氧化酶进行处理。含有硝酸盐、亚硝酸盐的地下水或废水，可以采用固定化硝酸还原酶（EC 1.7.99.4）、亚硝酸还原酶（EC 1.7.99.3）和一氧化氮还原酶（EC 1.7.99.2）进行处理，使硝酸根、亚硝酸根逐步还原，最终成为氮气。其反应过程如下：

$$HNO_3 + 还原型受体 \xrightarrow{\text{硝酸还原酶}} HNO_2 + 受体$$

$$HNO_2 + 还原型受体 \xrightarrow{\text{亚硝酸还原酶}} NO + H_2O + 受体$$

$$2NO + 还原型受体 \xrightarrow{\text{一氧化氮还原酶}} N_2 + 受体$$

3. 酶在可生物降解材料开发方面的应用

目前应用于各个领域的高分子材料，大多数是生物不可降解或不可完全降解的材料。这些高分子材料使用以后，成为固体废弃物，对环境造成严重的影响。研究和开发可生物降解材料，已经成为当今国内外的重要课题。其中，利用酶的催化作用合成可生物降解材料，已经成为可生物降解的高分子材料开发的重要途径。

利用酶在有机介质中的催化作用合成的可生物降解材料主要有：利用脂肪酶的有机介质催化合成聚酯类物质、聚糖酯类物质；利用蛋白酶或脂肪酶合成多肽类或聚酰胺类物质等。

总之，随着生物技术的进步，酶与酶工程技术及其应用在近30年中日新月异，已经深入渗透到各个行业，较大地带动了社会经济的发展。尤其是遗传工程的应用，使微生物的潜能无限发挥，使许多不可思议的设想变成事实，这就是知识的力量。酶制剂工业的发展依赖于生物技术的进步，需要不断地投入。我国酶制剂工业从无到有、从小到大，成绩是有目共睹的，但技术水平、经济效益与国外相比差距还很大，存在企业小、设备差、产酶水平低、产品种类少、质量差、技术含量低、应用面不广、产品结构不合理等现象，为了我国酶制剂行业的继续发展，赶上国际先进水平，应以市场需求为导向，调整产业结构，深化改革开放，实现行业创新；提高产品技术含量，增加品种；提高质量，做好综合利用和环境保护，实现社会效益、经济效益和环境效益同步发展。

思考题：

1. 什么是酶？什么是酶工程？
2. 酶有哪些结构特点，这些特点对酶学性质有何影响？
3. 酶的抑制作用有哪些类型，各有哪些特征？
4. 酶的固定化方法有哪些？各有哪些特点？
5. 非水相酶催化的反应体系有哪些？各有哪些特点？
6. 酶与酶工程技术在现代生产与生活中有哪些主要应用？

参 考 文 献

[1] 陈石根，周润琦. 酶学. 长沙：湖南科学技术出版社，1987.

［2］ 袁勤生，赵健，王维育. 应用酶学. 上海：华东理工大学出版社，1984.

［3］ 郭勇. 酶工程. 北京：科学出版社，2004.

［4］ 罗贵民. 酶工程. 第二版. 北京：化学工业出版社，2008.

［5］ Zaka A，Klibanov A M. Enzymatic catalysis in organic media at 100℃ Sci，1984，224：1249.

［6］ Margolin A L，Klibanov A M. Peptid synthesis catalyzed by lipases in anhydrous organic solvents. J Am chem Soc，1987，109：3802.

［7］ Kirchner G，Scollar M P，Klibanov A M. Resolution of racemic mixture via lipase catalysis in organic solvents. J Am Chem Soc，1986，107：7072.

［8］ Fukui T，Kawamoto T，Sonomoto K，Tanaka A. Construction of a non-support bioreactor：Optical resolution of 2-(4-chlorophenoxy)-propanoic acid in an organic solvent system. Appl Microbiol Biotechnol，1991，35：563-567.

［9］ Hult K，Norin T. Enantioselectivity of some lipases-Control and prediction. Pure Appl Chem，1992，64：1129-1132.

［10］ Janssen A J M，Klunder A J H，Zwanenburg B. Resolution of secondary alcohols by enzyme-catalyzed transesterification in alkyl carboxylate as the solvent. Tetrahedron，1991，47：7645-7662.

第五章 核酸与基因重组技术

引言

　　基因重组技术通过人为的方法将外源的基因片段提取出来，离体条件下用适当的工具酶切割，与载体 DNA 分子进行连接，连接后的重组载体导入受体细胞中，使外源遗传物质在其中"安家落户"并进行正常的复制与表达，从而获得新的物种。

　　基因重组技术有以下几个主要的特征：①作为所有生物共同的遗传物质，基因序列(DNA 片段)或者外源的核酸分子能够跨越天然物种之间的屏障，在不同的宿主细胞中繁殖，一种生物的基因可以人为地放入新的生物中，而这种生物可以与原来的生物毫无亲缘关系；②外源的基因片段导入新的宿主细胞后，可以实现少量 DNA 样品的大量"拷贝"，并且这种拷贝没有其他 DNA 序列的"污染"。

知识网络

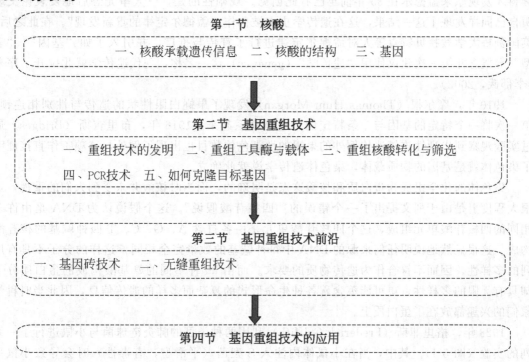

第一节　核酸

一、核酸承载遗传信息　二、核酸的结构　三、基因

第二节　基因重组技术

一、重组技术的发明　二、重组工具酶与载体　三、重组核酸转化与筛选
四、PCR技术　五、如何克隆目标基因

第三节　基因重组技术前沿

一、基因砖技术　二、无缝重组技术

第四节　基因重组技术的应用

第一节　核　酸

一、核酸承载遗传信息

一、核酸承载遗传信息

核酸（nuclear acid）最早于 1869 年由瑞士生物学家米歇尔（Friedrich Miescher）发现。年仅 25 岁的他从白细胞的细胞核中分离出了一种富含磷的化合物，并将其命名为"核素"。他发现"核素"由基础部分（蛋白质）和酸性部分组成。后来人们将酸性部分称为核酸。20世纪初，科赛尔（Albrecht Kossel）和列文（Levene）等人对核酸的化学组成和结构进行了研究，知道了核酸是由许多核苷酸聚合而成的大分子。核苷酸由戊糖、碱基和磷酸构成，其中戊糖有核糖和脱氧核糖两种，因而核酸被分为核糖核酸（RNA）和脱氧核糖核酸（DNA）两类。今天人们都知道核酸是遗传信息的承载者，但科学家们认识到这一点却经历了不少曲折。

孟德尔（1822—1884）

现代遗传学诞生于 20 世纪初孟德尔遗传定律的重新发现。1865 年，孟德尔在自然科学研究协会报告了他豌豆杂交实验的结果，并发表了题为《植物杂交试验》的论文。论文中提出了遗传因子（现在称为基因）、显性和隐性性状等概念，并揭示了遗传的基本规律。令人遗憾的是，他的工作当时并未引起学术界的重视，导致这篇具有划时代意义的论文被埋没了整整 35 年。到 1900 年，德佛里斯（Hugo de Vries）、科伦斯（Carl Correns）和切尔马克（Erich von Tschermak）各自进行的植物杂交试验都得到了和孟德尔相同的试验结果，而随后阅读资料才发现原来孟德尔在 35 年前早已有此创见。戏剧性的是，三人争先恐后地发表论文表明自己同样发现了这一结果，这在遗传学史上被称作"孟德尔定律的重新发现"。在此之后，英国剑桥大学教授贝特森等人对孟德尔定律进行了宣传与推广，并引入了如"基因"、"表型"等概念并第一次建议使用"遗传学"（genetics）这一名称，现代遗传学就此拉开了序幕（李邵武，2002）。

1910 年，摩尔根（Thomas Hunt Morgan）发现了果蝇白眼性状的遗传与性别相连锁，第一次将一个特定的基因与一条特定的染色体联系起来。1916 年，布里吉斯（Bridges）通过实验观察到出现性连锁遗传例外的果蝇的性染色体数目也出现了例外，这项工作直接证明了染色体就是基因的物质载体，染色体遗传学说就此确立。

染色体的化学组成为蛋白质和核酸这点是明确的，而当时核酸并未受到人们的重视，这很大程度上是由于列文提出了一个错误的"四核苷酸假说"。这个假说认为 DNA 是由许多相同的四核苷酸单元组成，这个四核苷酸单元是由各自含 A、G、C、T 四种碱基的核苷酸构成。这很显然地说明任何来源的 DNA 中每种碱基的数量完全相同，这样的分子不具有序列的多样性，因而不符合作为遗传物质的要求。而由 20 种不同的氨基酸构成的蛋白质分子却具有无限的多样性，更可能蕴含着各种生命形式的复杂而多样的遗传信息，因此当时科学家们的兴趣都放在了蛋白质上。

1928 年，格里菲斯（Frederick Griffith）利用两种类型的肺炎链球菌与小鼠进行了一系列的实验（图 5-1）。其中，当在小鼠体内注入 S 型菌（平滑型，有毒性）时会导致小鼠死亡，而注入 R 型菌（粗糙型，无毒性）的小鼠能够存活。将 S 型菌高温杀死后感染小鼠不会引起小鼠死亡，但将高温杀死的 S 型菌与活的 R 型菌混合后感染小鼠却能引起小鼠死亡，而且死亡小鼠体内能分离出活的 S 型菌。因此，格里菲斯提出 R 型菌被杀死的 S 型菌中的某种"转化因子"转化成了致命性的 S 型菌。后来，艾弗里（Oswald Theodore Avery）和他的同事证明了这种转化因子的化学本质是 DNA。而由于"四核苷酸假说"的影响，依旧有人怀疑是残留的蛋白质起到了转化作用。

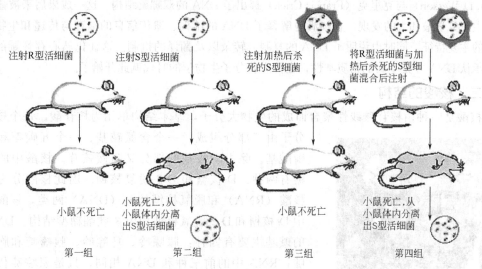

图 5-1　格里菲斯肺炎双球菌转化实验

1952 年，美国生物学家赫尔希和蔡斯通过同位素标记磷元素（^{32}P，存在于 DNA）和硫元素（^{35}S，存在于蛋白质），利用 T2 噬菌体侵染大肠杆菌进行了一系列的实验（图 5-2）。实验结果显示，含 ^{32}P 标记的噬菌体侵染后，将细菌与噬菌体外壳用离心机分离，放射性元素存在于细菌体内；而用含 ^{35}S 标记的噬菌体侵染后分离细菌与噬菌体外壳，放射性元素存在于噬菌体外壳中。很显然，这表明了进入宿主体内并提供遗传信息的是 T2 噬菌体的

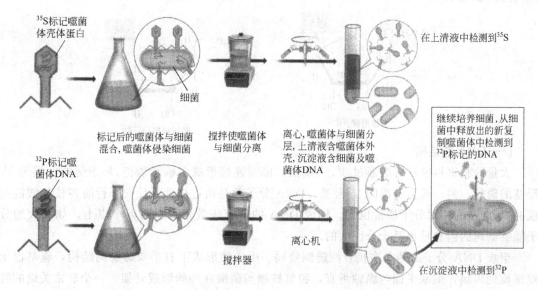

图 5-2　T2 噬菌体侵染大肠杆菌实验

113

DNA 而不是蛋白质。几乎与此同时，奥地利生物学家查格夫（Chargaff）在 1950 年发现了 DNA 中腺嘌呤与胸腺嘧啶数目几乎完全一样，鸟嘌呤和胞嘧啶也是如此，但 A、G、C、T 之间的相对数量并不相等。同一物种的不同的器官、组织的 DNA 组成是一定的，而不同物种之间有很大的区别，这就是著名的"查格夫法则"。这些结果最终证明了列文"四核苷酸假说"的错误性。

1953 年，在"查格夫法则"和威尔金斯与富兰克林的 DNA 的 X 射线衍射照片的启示下，沃森（J. D. Watson）与克里克（Francis Crick）提出了 DNA 的双螺旋结构，这一成果后来被誉为 20 世纪生命科学最伟大的发现。它圆满地解释了 DNA 的结构、遗传信息的储存与传递和生物化学方面的主要特征，同时也说明了 DNA 的复制、转录以及翻译的机制。这让仍然心存怀疑的人们终于承认 DNA 才是基因的物质本性，也标志着分子生物学的时代就此开始了。

二、核酸的结构

核酸是一种由核苷酸线性聚合而成的生物大分子，基本结构单元为核苷酸。每个核苷酸分子由三部分组成：一个含氮碱基、一个五碳糖和一个磷酸基。除去磷酸基的部分又叫做核苷。核酸中的五碳糖有两种：D-核糖和 D-2-脱氧核糖。因此核酸分为核糖核酸（RNA）和脱氧核糖核酸（DNA）两类。核酸分子中 D-核糖和 D-2-脱氧核糖均为 β-呋喃糖型结构。DNA 中的碱基主要有四种：腺嘌呤、鸟嘌呤、胞嘧啶和胸腺嘧啶；RNA 中的前三种和 DNA 相同，只是尿嘧啶代替了胸腺嘧啶，只有在极少数情况下胸腺嘧啶出现在 RNA 中

沃森和克里克

或尿嘧啶出现在 DNA 中。除此之外，DNA 中常存在一些甲基化的稀有碱基，它们被认为与遗传信息调控和保护有关；RNA 尤其是 tRNA 中也有很多类型的稀有碱基的存在。在核苷酸分子中，碱基分子（嘌呤的第 9 位氮原子或嘧啶的第 1 位氮原子）通过 N-β-糖苷键与五碳糖的第一位碳原子缩合形成核苷，五碳糖的羟基（通常在第 5 号碳原子上）被磷酸酯化（王镜岩，2002）。

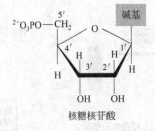

核糖核苷酸

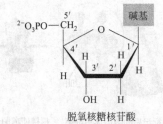

脱氧核糖核苷酸

(一) DNA 的结构

大量的脱氧核糖核苷酸通过 3′,5′-磷酸二酯键连接形成多核苷酸链，每条链的一端为 5′-羟基的磷酸，另一端为游离的 3′-羟基，DNA 分子就是由这样两条反向平行的多核苷酸链组成的。DNA 的相对分子质量很大，构成 DNA 的核苷酸数量可达百万个以上，如此大的分子能够编码的信息量也是十分巨大的。

组成 DNA 分子的两条多核苷酸链围绕同一中心轴形成了右手双螺旋的结构，碱基位于双螺旋的内侧，碱基平面与纵轴垂直，脱氧核糖与磷酸在外侧形成骨架。一个非常关键的特征是一条链上的嘌呤碱基必须与另一条链上的嘧啶碱基互补配对，碱基之间形成氢键，其中

腺嘌呤（A）总是和胸腺嘧啶（T）配对，中间形成 2 个氢键；鸟嘌呤（G）总是和胞嘧啶（C）配对，中间形成 3 个氢键，只有这样才能形成一个稳定的双螺旋结构（图 5-3）。因此，只要知道了一条链的碱基序列，就能将另一条链的推断出来。DNA 的双螺旋结构在生理条件下是十分稳定的，而维持这种稳定性的作用力主要是互补碱基对之间的氢键和碱基堆积力。

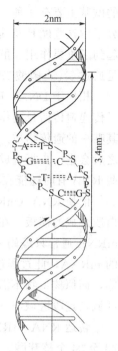

DNA 具有多种不同的三维构象，B 型构象在细胞中最为常见，这种构象的 DNA 分子平均直径约 2nm，相邻两个核苷酸间的距离为 3.4 Å[1]，每绕中心轴一周有 10.5 个核苷酸。双螺旋的表面有两种凹槽（大沟和小沟），大沟宽 1.2nm，小沟宽 0.6nm。各个碱基靠近大沟一侧比较容易和外界接触，因此，如转录因子一类的能与特定序列结合的蛋白质通常作用于靠近大沟一侧。

除此之外，常见的还有 A 型和 Z 型。A 型 DNA 常在一些不含水的溶液中出现，同样为右手螺旋但螺距比 B 型 DNA 大，每绕中心轴一周有 11 个核苷酸。Z 型 DNA 与 B 型 DNA 有较大的不同，它是左手双螺旋，每绕中心轴一周有 12 个核苷酸，相比其他两种要显得更加瘦长，有研究推测 Z 型 DNA 可能起到调控基因表达的作用。

图 5-3　DNA 双螺旋结构

起初人们认为 DNA 分子都是线性的，但后来人们发现事实上有些 DNA 分子，例如某些病毒和细菌的 DNA 是呈环形的，而环形的 DNA 分子可以进一步扭转折叠形成"超螺旋"结构（图 5-4）。

在一定条件下，DNA 双螺旋结构会受到破坏，两条链间碱基形成的氢键断裂，双链解开成为两条单链，这样的过程叫做 DNA 的变性或熔解，在此过程中共价键未受到破坏。由于 DNA 分子具有吸收紫外线的特性，DNA 的变性过程可以通过测定 260nm 下的吸光度来检测。双螺旋中的碱基由于相互堆积，对紫外线的吸收有所"束缚"，因而当 DNA 分子变性之后，更利于碱基间电子相互作用，从而增加对紫外线的吸收，这种现象称为"增色效应"。引发 DNA 变性的条件有温度升高、有机物（如尿素）诱导、pH 的升高等，这些过程被应用于许多分子生物学技术之中，例如著名的聚合酶链反应（PCR）。

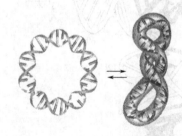

图 5-4　环状 DNA 与超螺旋 DNA

DNA 变性后的两条互补链可能重新组合恢复其原有的双螺旋结构和性质，这一过程叫做 DNA 的复性或退火。DNA 的复性不是件容易的事情，它受到很多因素的影响，如温度、盐浓度以及 DNA 分子自身序列的复杂性等。不同来源的 DNA 分子在复性时能形成杂交 DNA 分子，DNA 与互补的 RNA 之间也能发生杂交。人们通过研究 DNA 的变性、复性以及杂交等特点发展出了许许多多分子生物学研究的重要方法，在基因工程乃至生物科学研究的各个领域都得到了广泛的应用（Nelson et al.，2004）。

(二) RNA 的结构

与 DNA 一样，RNA 也是由核苷酸单元形成的长链，通常以单链形式存在。RNA 所含

---

[1]　1Å=0.1nm。

的碱基主要有 4 种：腺嘌呤（A）、鸟嘌呤（G）、胞嘧啶（C）和尿嘧啶（U）。成熟的 RNA 分子中这些碱基及其相连的核糖常通过各种方法被修饰，这些修饰对于 RNA 的生物学功能起到了重要作用。虽然构成 RNA 的核糖的 C′2 有一个羟基，但组成 RNA 的核苷酸通常也是通过 3′,5′-磷酸二酯键相连接的。

相比于 DNA，RNA 的种类更多，结构更复杂，功能也更丰富。RNA 在生物体内起到了传递遗传信息的作用，并参与蛋白质的合成、基因表达的调控等。很多病毒以 RNA 作为其唯一的遗传物质。与 DNA 长的双螺旋结构不同，RNA 在水溶液中形成局部双螺旋结构，之后会进一步折叠成复杂的三级结构，中间可能涉及非常规的碱基配对和蛋白质的辅助。一些 RNA 有时还能在不同结构间转换，这具有重要的生物学意义。

信使 RNA（mRNA）由 DNA 模板链转录而来，携带遗传信息至核糖体，作为指导蛋白质合成的模板。在原核生物中，一个 mRNA 分子能编码一条或多条多肽链，而真核生物 mRNA 通常只编码一条多肽链。真核生物转录形成的 mRNA 前体需要经加工才能得到成熟的 mRNA，此过程包括 5′端加上一个"帽子"、mRNA 的剪接和 3′端加 poly A 的"尾巴"等，而原核生物不需要这一过程。除了编码蛋白质的编码区外，mRNA 上还存在着非编码区域，这段区域与 mRNA 的稳定性和翻译的效率等有关。

转运 RNA（tRNA）在蛋白质合成过程中起到携带并转运氨基酸的作用，长度通常为73 至 94 个核苷酸。细胞内 tRNA 种类非常多，每种氨基酸都有一种或几种 tRNA 与其相对应。tRNA 二级结构为三叶草形（图 5-5），其主要特点如下。

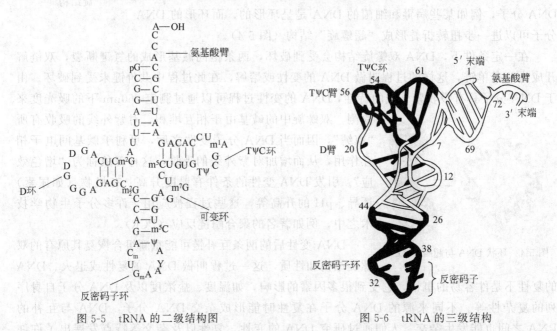

图 5-5　tRNA 的二级结构图　　　　图 5-6　tRNA 的三级结构

① 5′端与 3′端的 7 对核苷酸配对形成氨基酸臂（或受体臂），中间存在如 G-U 这类的不规则配对。3′末端总是 CCA—OH 的结构，用以接受特定的氨基酸，这段序列对于翻译过程至关重要。其余 3 条臂均为茎环结构。

② D 臂长为 4bp，末端的 D 环包含特殊的碱基二氢尿嘧啶。

③ 反密码子臂常有一个 5bp 的茎区和 7 个核苷酸的环，环上包含了反密码子。

④ TψC 臂常为 5bp 茎区和 7 个核苷酸的环，包含特殊的碱基 ψ（假尿嘧啶）。

⑤ 反密码子臂和 TψC 臂之间常存在一个可变环，不同 tRNA 可变环的大小不同。

tRNA 形成二级结构后，进一步折叠形成倒 L 形的三级结构（图 5-6）。氨基酸臂和 TψC 臂形成的连续双螺旋区构成 L 下面的一横，D 臂与反密码子臂构成 L 的一竖。臂中的碱基之间形成很多氢键，是维持 tRNA 三级结构的重要因素。

核糖体 RNA（rRNA）是核糖体中的 RNA 部分，它是所有生命体合成蛋白质所必不可少的。核糖体有大、小两个亚基，包含 2 个主要的 rRNA 和数十种蛋白质。原核生物核糖体所含 rRNA 有 5S、16S 和 23S 三种；真核生物核糖体中有 5S、5.8S、18S 和 28S 四种 rRNA。rRNA 的分子量很大，结构相当复杂。

除了以上三种最常见的 RNA 外，生物体内还有 miRNA、snRNA、scRNA 等类型的 RNA 存在。还有一种具有催化功能的特殊 RNA——核酶，大多参与 RNA 自身的剪切、加工等过程，具有一定的特异性。

三、基因

(一) 基因的概念

基因是生命体的基本遗传单元，直至 20 世纪 50 年代人们才发现 DNA 是基因的载体。现在人们将其定义为一段能够编码多肽或 RNA 的特定的 DNA（或 RNA）序列。人们在研究烟草花叶病毒时首先发现了 RNA 也能传递遗传信息，因此并非所有的基因都是由 DNA 构成的，一些植物病毒、动物病毒或噬菌体的遗传物质是 RNA 而非 DNA。

1955 年，美国分子生物学家本泽提出顺反子的概念，认为一个顺反子决定一条多肽链，一个顺反子大约含有 1500 个核苷酸对，是由一群突变单位和重组单位组成的线性结构。这表明基因并非最小单位，它仍然是可分的。事实上，真核生物基因以单顺反子形式存在，而原核生物常以多顺反子形式存在，转录产生的 mRNA 能编码数种基因产物。

(二) 基因的结构

20 世纪 70 年代开始，随着基因克隆和 DNA 测序技术不断发展，人们开始从单碱基水平上剖析基因的分子结构。真核生物和原核生物的基因都能划分为编码区和非编码区两部分。非编码区紧邻着编码区的两侧，存在调控遗传信息表达的调控序列。编码区中含有能被细胞质中翻译机器解读的遗传密码，真核生物与原核生物基因中的编码区有所不同，真核生物基因的编码区由内含子和外显子组成，内含子属于非编码序列，而原核生物基因的编码区无内含子和外显子之分。

启动子和终止子是基因结构中的两个重要组成部分。启动子是结构基因 5′上游的一段 DNA 序列，它能引导 RNA 聚合酶与基因准确结合并起始转录。启动子通过与转录因子结合，能够调控基因表达的起始时间和表达程度等。终止子是位于结构基因 3′下游外侧与终止密码子相邻的一段 DNA 序列，具有给予 RNA 聚合酶转录终止信号的功能。

(三) 基因的表达与调控

通过 DNA 转录会得到一条单链的 mRNA，它和 DNA 模板链互补，而另一条与 mRNA 序列相同的 DNA 链叫编码链。转录是靠 RNA 聚合酶来完成的，RNA 聚合酶识别并结合启动子序列起始转录，之后按 5′到 3′的方向合成 RNA 链。一个最主要的调控机制就是通过阻遏物结合或调整 DNA 结构来阻塞或隔绝启动子区域从而影响转录的起始。原核生物的转录发生在细胞质中，当产物过长时，边转录边翻译的现象就会发生。真核生物的转录发生在细胞核中，转录产物经过进一步加工修饰才会输出到细胞质中去进行翻译。由于真核基因的编码区中存在内含子，在加工过程中对内含子按不同的方式剪接能使得同一基因产生不同序列的成熟 mRNA，因而能合成不同的蛋白质，这是真核细胞一个主要的转录调控形式。

成熟的 mRNA 就能作为模板，在核糖体中进行翻译。核糖体从 mRNA 的 5′端移到 3′端，每次读取一个密码子，携带有相应氨基酸的 tRNA 上的反密码子与 mRNA 上的密码子相配对，这时候核糖体就将氨基酸与原多肽链连接，形成新的多肽链。多肽链是按照氮端向碳端的方向合成的，合成后的多肽链再经折叠加工才形成具有生物活性的蛋白质。

第二节　基因重组技术

一、重组技术的发明

DNA 重组技术（recombinant DNA technology）也叫基因工程（genetic engineering），是指用分离纯化或人工合成的 DNA 在体外与载体 DNA 结合，成为重组 DNA，并使之掺入到原先没有这些基因的宿主细胞内，且能稳定地遗传。DNA 重组技术有两个重要的科学基础：限制性核酸内切酶和连接酶的发现和应用、基因载体的发现和利用（Brown 著，魏群等译，2007）。

重组 DNA 的基本步骤如下：

① 从生物有机体基因组中经过酶切或 PCR 扩增等步骤或人工合成得到带有目的基因的 DNA 片段；

② 将带有目的基因的外源 DNA 片段插入到一个被称作载体（vector）的环状 DNA 分子中，形成重组 DNA 分子（recombinant DNA molecular）；

③ 将重组 DNA 分子转移到适当的受体细胞（细菌或者是其他种类的活细胞）；

④ 载体在宿主细胞内增殖，产生大量同一的拷贝，宿主细胞繁殖时，重组 DNA 分子的拷贝转移到子细胞中，很多次细胞分裂后，一个由相同细胞组成的细胞群体，或称作一个克隆，被生产出来；

⑤ 从大量的细胞繁殖群体中，筛选出获得了重组 DNA 分子的受体细胞，使之在新的遗传背景下实现功能表达。

二、重组工具酶与载体

从重组 DNA 技术的发明过程可以看出，切割、连接及运输保存 DNA 分子的工具是必不可少的，即限制性核酸内切酶、DNA 连接酶和基因载体，直到现在这三个工具都是重组 DNA 技术的关键，下面就对它们分别进行介绍（Primrose and Twyman 著，瞿礼嘉和顾红雅译，2003）。

(一) 限制性核酸内切酶

核酸酶中倾向于将核酸内部的二酯键切断的核酸酶，称为核酸内切酶。而核酸酶中能够识别 DNA 的特异序列，并在识别点或其周围切割双链 DNA 的一类内切酶，称为限制性核酸内切酶（restriction endonuclease），一般可简称为限制酶（restriction enzyme）。在限制性核酸内切酶作用下，侵入细菌的"外源"DNA 分子会被切割成不同大小的片段，而细菌自己固有的 DNA 则由于碱基甲基化而免受限制性核酸内切酶的降解。根据酶的组成、所需因子及裂解 DNA 方式的不同，可将限制性核酸内切酶分为三类（表5-1），其中Ⅱ型由于其核酸内切酶活性和甲基化作用活性是分开的，且核酸内切作用有序列特异性，故在重组 DNA 技术中有着特别广泛的用途，下文中所提到的限制酶即为该类限制酶。

表 5-1 限制性核酸内切酶的不同类型

项目	Ⅰ型	Ⅱ型	Ⅲ型
酶分子修饰活性	3 种亚基，双功能酶	内切酶和甲基化酶分开	二甲基，双功能酶
反应必需因子	S-腺苷基蛋氨酸，ATP，Mg^{2+}	Mg^{2+}	ATP，Mg^{2+}
切点	识别部位和切点不同，切断部位不定	切断识别部位或其附近的特定部位	识别部位和切点不同，但切断特定部位
酶例	EcoB、EcoK	EcoRⅠ、BamHⅠ	EcoPⅠ、$Hinf$Ⅲ

限制性核酸内切酶在应用时根据目的不同，通常可以采用单酶切法或双酶切法。单酶切即用同一种限制酶酶切 DNA 样品，若样品是一条线性 DNA 片段，完全酶切后可产生 2 个 DNA 片段，两个片段的一端仍保留原来的末端；若样品是一条环状 DNA 分子，完全酶切后则可产生一条线性 DNA 片段，且 DNA 片段的两个末端相同。双酶切即用两种不同的限制酶切割同一种 DNA 分子，无论是环状 DNA 还是线性 DNA，酶切后产生的 DNA 分子片段都带有两个不同的末端，如果环状载体和目的基因片段都采用相同的双酶切，那么就可以把酶切后的目的基因片段定向插入到载体中了（图 5-7）。

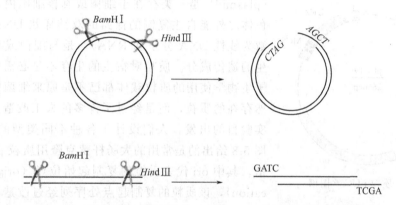

图 5-7 环状载体和目的基因片段均用 BamHⅠ和 $Hind$Ⅲ双酶切

(二) DNA 连接酶

重组 DNA 分子构建的最后一步，就是将载体分子和将要被克隆的 DNA 连接到一起，这一过程称作连接，而催化这一反应的酶称作 DNA 连接酶（DNA ligase）。DNA 连接酶是一种能封闭 DNA 链上缺口的酶，借助 ATP 或 NAD 水解提供的能量，催化 DNA 链的 5'-磷酸和另一 DNA 链的 3'-羟基生成磷酸二酯键。DNA 连接酶不能催化两条游离的单链 DNA 相连接，能被连接的 DNA 链必须是双螺旋 DNA 分子的一部分。

所有的活细胞中都能产生 DNA 连接酶，但在基因工程中应用的连接酶主要是从被 T4 噬菌体侵染的大肠杆菌中纯化制得的，叫做 T4 DNA 连接酶，这种连接酶不仅可以连接相同限制酶切割产生的黏性末端，而且可以连接限制酶切割产生的完全碱基配对的平末端。

(三) 基因载体

重组 DNA 技术的本质是使目的基因在特定的条件下得到扩增和表达，而目的基因本身无法进行复制和表达，不易进入受体细胞，不能稳定维持，所以就必须借助于载体（vector）来实现。载体本身是 DNA，根据其来源可分为质粒载体、噬菌体载体、病毒载体等，还可根据用途分为克隆载体与表达载体（贺淹才．基因工程概论．北京：清华大学出版社，2008）。

克隆载体（cloning vector）是指以保存基因为主要目的的载体，其主要考虑的是载体的容量、稳定性和效率、对序列的偏好性、操作的方便性等方面的因素。这些年来，随着基因重组技术和分子生物学的发展，为了满足研究的需要，产生了越来越多的设计巧妙的克隆载体，但作为克隆载体还是必须具备某些基本的特性：

① 容易插入外源 DNA，这就要求载体序列中有适当外源基因插入位点，一般为限制性内切酶位点或 T 载体中的 T 缺口，插入外源 DNA 后不影响载体自身的 DNA 的复制；

② 容易进入宿主细胞，而且进入效率越高越好；

③ 能在宿主细胞中复制繁殖，而且具有较高的自主复制能力；

④ 带有标记基因，以便进行重组子的筛选；

⑤ 易于从宿主细胞中分离纯化。

表达载体是在克隆载体基本骨架的基础上衍生而来，主要添加了强启动子，以及有利于表达产物分泌、分离或纯化的元件等。与克隆载体克隆策略不同，表达载体克隆一般需要考虑方向性。

质粒载体是目前应用最为广泛的载体，其中既有克隆载体，也有表达载体。质粒（plasmid）是一类存在于细菌或真核细胞内，独立于染色体之外能自主复制的裸露的双链环状 DNA 分子（少数为线性 DNA 分子和 RNA），是与细菌或真核细胞共生的遗传成分。质粒对宿主的生存不是必需的。现在分子生物学使用的质粒载体都已不是原来细菌或细胞中天然存在的质粒，而是经过了许多的人工改造。从不同的实验目的出发，人们设计了各种不同类型的质粒载体。图 5-8 给出的是常用的大肠杆菌克隆用质粒 pUC19 的图谱，其中 ori 代表质粒的复制起始位点（origin of replication），该质粒的复制起点处序列经过改造，能高频率

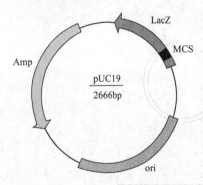

图 5-8　质粒 pUC19 图谱

的启动质粒复制，使一个细菌 pUC19 的拷贝数可达 $500 \sim 700$ 个；Amp 表示该质粒携带一个氨苄西林抗性基因（ampicillin resistance gene），编码能够水解 β-内酰胺环从而破坏氨苄西林的酶，当用 pUC19 转化细菌后，放入含氨苄西林的培养基中，凡不含 pUC19 的细菌都不能生长；MCS 表示多克隆位点（multiple cloning site），该段 DNA 序列中含有多个限制内切酶识别位点，为外源 DNA 提供多种可插入的位置或插入方案。

三、重组核酸转化与筛选

(一) 重组核酸的转化

将质粒 DNA 或含有目标基因的重组质粒通过一定方法导入宿主细胞的过程称为转化，转化后可以使重组核酸大量扩增，并表达其所含信息。不同的宿主细胞，摄取重组核酸的方法是不同的（Wilson and Walker，2005）。目前已发展出多种方法能将重组核酸转化入宿主细胞，从而为研究目的基因的表达和获取其基因表达产物打下基础。下面介绍不同宿主细胞的重组核酸转化方法。

1. 细菌的转化

目前常用的细菌转化方法有 $CaCl_2$ 制备感受态细胞或者使用电激使重组核酸进入宿主菌中。$CaCl_2$ 制备感受态细胞方法是基于 Mandel 和 Higa 在 1970 年的一项发现，即细胞经冰冷的 $CaCl_2$ 处理短暂热休克后，容易被噬菌体感染，该法的关键在于必须使用对数生长期的细菌，并尽量保证在低温下操作。电激法是利用电激使细胞膜通透性瞬间增大，从而导入重

组核酸。该法与电压和电脉冲时间有关，需要建立合适的电激条件达到最佳转化效率。

2. 动物细胞的转化

将外源基因导入动物细胞的方法多种多样，效率也不相同，可根据具体情况选择应用。

磷酸钙共沉淀法：该方法最初是由 Graham 等于 1973 年建立的，当重组核酸以核酸-磷酸钙共沉淀物的形式存在时，宿主细胞摄取重组核酸的效率会大大提高，在这过程中很多因素都会影响摄取效率，例如 pH 值、钙和核酸的浓度、共沉淀反应的时间和共沉淀物与细胞作用的时间等，该法转化效率较高而且使用范围广泛，可同时用于瞬时和稳定表达的细胞转化。

DEAE 葡聚糖法：该法与上法相同，简单且转化效率也较高，比磷酸钙共沉淀法更加稳定，重复性也更好，但该法只能用于瞬时表达，不能用于稳定表达。

电穿孔法：1982 年，Wang 和 Neumann 首次成功地应用电穿孔法将外源 DNA 导入小鼠成纤维细胞，主要为将细胞暴露在短暂的高压脉冲中，可使细胞原生质膜上形成纳米级的小孔，重组核酸可通过这些小孔直接进入细胞质，经过这样处理，细胞有 60%～80% 能存活，该法可用于瞬时表达和稳定表达的细胞转化，操作过程中电脉冲和场强对细胞成功摄取核酸十分关键，需花费较长时间摸索确定最佳条件。

原生质体融合法：是将含有目标基因的重组质粒转化细菌做成原生质体，再将原生质体与哺乳动物细胞直接混合，在 PEG 的辅助下，两者细胞膜融合，细菌成分进入动物细胞的细胞质，进而含目标基因的重组质粒进入细胞核内，该法可用于瞬时表达和稳定表达的细胞转化，效率较高，但操作时间长，且不能进行共转化。

脂质体法：将重组核酸包埋于人工制造的脂质体中，然后脂质体与细胞膜融合使重组核酸进入细胞，该法操作简单，转化效率和可重复性都很高，可用于瞬时表达和稳定表达的细胞转化。

显微注射法：利用管尖极细的玻璃毛细管将外源重组核酸直接注入到细胞核内，可使核酸免于被细胞质破坏，转化效率高，操作要求高，广泛用于转基因技术。

3. 植物细胞的转化

转化植物细胞的方法也有很多种，上述的动物细胞的转化方法也可用于植物细胞转化，其他一些常见的植物细胞转化方法如下：

土壤根瘤杆菌介导的重组核酸转化：将外源目标基因重组到 Ti 质粒载体上，根瘤杆菌获取重组核酸之后，通过与植物细胞之间的接合作用，使目标基因转移到植物细胞中并整合到它的基因组中，通过根瘤杆菌转移的方法主要有原生质体共培养法和叶盘法等，目前根瘤杆菌只能感染双子叶植物，对单子叶植物的感染十分困难，所以该法多用于双子叶植物细胞的转化。

基因枪法：也称微弹轰击法，是由康奈尔大学的 J. C. Sanford 发明的，将外源基因包裹于金属粒上，通过基因枪获得足够的加速度，使金属粒高速摄入靶细胞，操作比较简单，已广泛应用于植物细胞转化和转基因植物的研究。

(二) 重组质粒的筛选

一般情况下，核酸体外重组的重组率和转化率不能实现 100% 的理想状态，因此，需要借组各种方法挑选出所期待的含目标序列的重组核酸转化的阳性重组子。由于宿主细胞、载体类型、DNA 分子导入宿主细胞的方法等的不同，重组体的筛选与鉴定一般采用下述方法。

抗性筛选：质粒上携带有宿主敏感的某种抗生素的抗性基因，因此凡能在含相应的某种抗生素（如氨苄）的培养液中正常生长的细胞，一定带有该抗生素抗性的基因。基于该原理可筛选对抗生素具有抵抗作用的重组载体。

1. 营养缺陷性筛选

营养缺陷型是指某菌株经突变后，丧失了合成某营养素的功能，重组核酸载体恰好存在该种营养成分的合成基因，这样重组核酸转化宿主细胞可使宿主细胞在缺少该营养成分的合成培养基上生长，以此原理来筛选阳性重组转化子。

2. 插入失活筛选

若把外源 DNA 片段插入到载体的选择标记基因中而使此基因失活，丧失其原有的表性特征，此方法叫插入失活。标记基因多为抗生素抗性基因。

3. 显色模型筛选

又称蓝白斑筛选，是在指示培养基上用颜色直接筛选重组克隆的方法。其实验原理如下：许多 E. coli 的载体质粒上带有 LacZ′基因，它包含有 β-半乳糖苷酶基因（lacZ）的调控序列和 β-半乳糖苷酶 N 端 146 个氨基酸的编码序列，其表达产物为无活性的不完全酶，成为 α 受体；而许多大肠杆菌细胞的染色体 DNA 上含有 β-半乳糖苷酶羧基端（C 端）的部分编码序列，由其产生的蛋白质也无酶活性，但可作为 α 供体，无论在胞内还是胞外，α 受体与供体一旦结合，便可恢复 β-半乳糖苷酶的活性，可将底物 X-gal 水解成蓝色产物，这一现象称为 α 互补。当外源片段插入到 LacZ′基因的多克隆位点上后会导致读码框架改变，表达蛋白失活，产生的氨基酸片段失去 α 互补能力，含重组质粒的转化子在含有 X-gal 的 IPTG 诱导培养基上因 LacZ′基因的插入灭活只能形成白色菌落，非重组子菌落则显蓝色，由此形成显色模型，可筛选目标重组子。

四、PCR 技术

聚合酶链反应（polymerase chain reaction，PCR）是 20 世纪 80 年代中期发展起来的一种体外扩增 DNA 序列的技术，此法操作简单，可在短时间内使极微量的目的 DNA 片段特异地扩增上百万倍。PCR 技术自问世后，迅速渗透到分子生物学的各个领域，引起了生物技术发展的一次革命。目前它在分子克隆、目的基因检测，遗传病的基因诊断，法医学，考古学等方面均得到了广泛的应用。PCR 技术的发明人，一般公认是穆利斯（Kary Banks Mullis），他也因此而获得了 1993 年的诺贝尔化学奖。

标准 PCR 反应的每一个循环包括三个环节（图 5-9），首先在高温（94℃）条件下使双链 DNA 模板变性成为单链，这一过程被称为变性（denaturation）；然后，在较低的温度（40～60℃）下引物与单链 DNA 在互补位置按碱基互补的原则结合，形成引物模板复合物，这一过程被称为退火（annealing）；最后把温度调节到 DNA 聚合酶的最适温度（72℃），以 4 种脱氧核糖核苷三磷酸（dNTPs）为原料，在聚合酶作用下，以单链 DNA 为模板，从引物的 3′端开始合成两条新的、互为互补链的 DNA 分子，而该新的 DNA 分子正是模板 DNA 上两个特异引物之间的 DNA 区域，即 PCR 扩增的靶 DNA 片段，该过程被称为延伸（extension）。新合成的靶 DNA 分子又可以作为 PCR 反应的模板，参与到下一个循环中，所以 PCR 产物是以指数方式增加。一般扩增的 DNA 的量可按下列公式计算：

$$Y = (1+X)^n$$

式中，Y 指扩增的 DNA 的量；n 指反应周期数；X 指每轮反应平均效率。

这样，变性-退火-延伸的周期重复下去，通常经过 25～30 次循环后，被扩增的 DNA 片段就获得了几百万个拷贝。

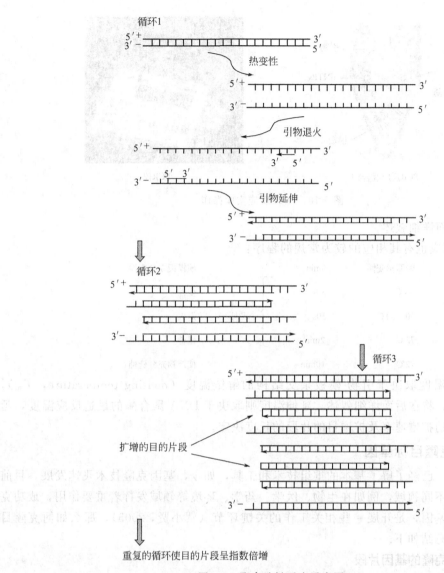

图 5-9 聚合酶链反应示意图

知道了 PCR 反应的基本原理，那么 PCR 技术操作起来就非常简单了，将扩增反应所需的各种材料混合在一个管中，然后放入 PCR 仪中，设定好循环反应中各阶段的时间和温度及循环次数即可开始反应（图 5-10）。那么在那个管子中究竟具体包括哪些物质呢？在这里以一种常用 PCR 反应体系来举例说明。

100μl PCR 反应体系

10×扩增缓冲溶液	10μl
dNTPs	各 200μmol/L
引物各 10~100pmol/L	
模板 DNA	0.1~2μg
Taq DNA 聚合酶	2.5U

加双蒸水至 100μl。

PCR 反应体系中需要研究人员准备模板和引物，其中合适的引物对 PCR 实验的成功非

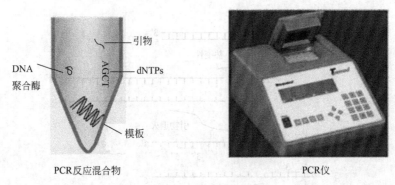

图 5-10　PCR 反应实验操作

常关键，会在后面详细叙述。

同样 PCR 反应也有其相应的较为常规的程序：

94℃预变性	5min		使模板充分变性
94℃	30s		变性
50～60℃	30s	20～30个循环	退火
72℃	2min		延伸
72℃	10min		使产物充分延伸

其中，退火温度取决于引物-模板杂交结构的解链温度（melting temperature，T_m），这一点非常重要，将在后面详细叙述。延伸温度则取决于 DNA 聚合酶的最适反应温度，延伸时间则是由酶的扩增速率及扩增目的片段的长度决定。

五、如何克隆目标基因

到目前为止，已经了解了基本的重组技术和工具，如今，基因克隆技术飞速发展，目前已经广泛应用到不同领域，例如在生物、医学、药学、环境等领域发挥着重要作用，成功克隆所需要的目标基因，是开展一些相关工作的关键环节（贺小贤，2005），那么如何克隆目标基因呢？简要总结如下。

(一) 获得待克隆的基因片段

目标基因的获取和制备是克隆该基因的首要环节，目前获取目标基因的方法有以下几种途径：

① 从各种动植物及微生物的供体细胞的 DNA 中分离；

② 通过反转录酶的作用由 mRNA 合成 cDNA；

③ 由化学方法人工合成特定序列的基因；

④ 利用 PCR 技术扩增获取目标序列；

⑤ 利用国际生物信息库检索获取目标序列，例如美国国家信息中心（National Center of Biotechnology Information，NCBI）的 GenBank（http：//www.ncbi.nlm.nih.gov/web/GenBank/index.html）、欧洲分子生物学实验室（European Molecular Biology Laboratory-European Bioinformatics Institute，EMBL-EBI）的 EMBL（http：//www.ebi.ac.uk/databases/index.html）和日本 DNA 数据库（DNA Data Bank of Japan，DDBJ）（http：//www.ddbj.nig.ac.jp/），这些数据库收录了大量的核酸序列可供检索以找到所需目标序列。

(二) 载体的选择

获取目标基因之后，还必须有符合要求的运送目标基因的载体，以便把它载到宿主细胞中进行增殖和表达，载体必须具有下列几种特征：

① 在宿主细胞中能保存下来并能大量复制，且对受体细胞无害，不影响受体细胞正常的生命活动；

② 有多个限制酶切位点，而且每种酶的切点最好只有一个，如大肠杆菌 pBR322 就有多种限制酶的单一识别位点，可适于多种限制酶切割的 DNA 插入；

③ 含有复制起始位点，能够独立复制，通过复制进行基因扩增，否则可能会使重组 DNA 丢失；

④ 有一定的标记基因，便于进行筛选，如大肠杆菌的 pBR322 质粒携带氨苄亚林抗性基因和四环素抗性基因，就可以作为筛选的标记基因，一般来说，天然载体往往不能满足上述要求，因此需要根据不同的目的和需要，对载体进行人工改建，现在所使用的质粒载体几乎都是经过改建的；

⑤ 载体 DNA 分子大小应合适，以便操作。

(三) 目的基因与载体的体外连接

将目标基因成功插入所选择载体是克隆该基因的关键环节，目前已经发展出不同方法。

① 采用限制性核酸内切酶处理，使参加体外重组的 DNA 片段之间形成互补的黏性末端，在 DNA 连接酶的作用下，将供体的目标基因与载体的 DNA 片段接合并被"缝补"，形成一个完整的有复制能力的环状重组嵌合载体。

② 重叠 PCR（overlap PCR）方法：又称重叠区扩增基因拼接法，采用具有互补末端的引物，使 PCR 产物形成了重叠链，从而在随后的扩增反应中，通过重叠链向两端延伸，将不同来源的扩增片段重叠拼接起来。该技术成功与否，设计重叠互补引物是关键（图 5-11）。

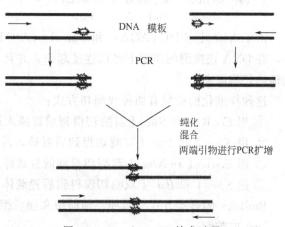

图 5-11　overlap PCR 技术过程

③ In-Fusion 方法：又称无痕连接，需要连接的 DNA 片段接头处需要具有相同的约 16 个碱基，利用该同源臂借助 In-Fusion 酶进行连接，操作简单，方便使用。

(四) 重组 DNA 分子导入宿主细胞

经上述的各种方法形成的含有目标序列的重组载体，只有将其引入受体细胞后，才能使其基因扩增和表达，宿主细胞可以是微生物细胞，也可为动、植物细胞，目前微生物细胞尤其是 *E. coli* 是所有宿主细胞中使用最为广泛的。导入方法主要有 CaCl$_2$ 等化学转化法、电击转化法和显微注射法等（如前述）。

(五) 筛选、鉴定阳性重组子

采用蓝白斑筛选、营养缺陷、抗性筛选等方法筛选鉴定出成功转入重组载体的目标基因的阳性细胞。

(六) 重组子的扩增

培养宿主细胞，克隆大量的目标基因。

第三节　基因重组技术前沿

一、基因砖技术

常规的基因操作一般需要人们从成百上千的限制性内切酶中选择合适的内切酶，这使得实验的步骤比较繁琐，而且一些酶的成本也很高。为了让人们从这种繁琐的基因操作中解脱出来，2003 年，MIT 人工智能实验室的 Tom Knight 提出了生物砖（BioBrick）这样一个概念，随后合成生物学家们构建了相应的 DNA 元件文库——iGEM 注册中心。

每个 BioBrick 具有相同的上游序列和下游序列，并将其克隆在一个载体上。上游序列是具有 $EcoR$ I 和 Xba I 酶切位点的序列，下游序列是具有 Spe I 和 Pst I 酶切位点的序列。并采用点突变的方式使得载体上其他位置不存在这四个酶切位点。为了确保用 $EcoR$ I 和 Xba I 或 Spe I 和 Pst I 将载体完全双酶切开，两个酶之间需要间隔一定数量的碱基，虽然无法得知具体必需的碱基数量，但是 Not I 的八个碱基足够保证双酶切的成功，而且 Not I 酶切位点可以应用于一些特殊体系的构建中（Knight，2003）。

```
5′ --gca GAATTC GCGGCCGC T TCTAGA G --insert-- T ACTAGT A GCGGCCG CTGCAG gct --
   --cgt CTTAAG CGCCGGCG A AGATCT C --------- A TGATCA T CGCCGGC GACGTC cga--
        EcoR I   Not I      Xba I               Spe I    Not I    Pst I
```

由于 Xba I（T^CTAGA）和 Spe I（A^CTAGT）酶切之后露出的黏性末端是相同的，在 DNA 连接酶的作用下可以连接起来，并且该融合后的位点不能被 Xba I、Spe I 及其他内切酶识别。

这种标准化的质粒有四种双酶切方式：

① 用 $EcoR$ I 和 Spe I 双酶切得到前置插入片段（front insert），记为 FI；

② 用 Xba I 和 Pst I 双酶切得到后置插入片段（back insert），记为 BI；

③ 用 $EcoR$ I 和 Xba I 双酶切得到前置载体（front vector），记为 FV；

④ 用 Spe I 和 Pst I 双酶切诶得到后置载体（back vector），记为 BV。

BioBrick 的连接方式有两种：加前缀和加后缀。

(一) 加前缀

用 $EcoR$ I 和 Xba I 酶切受体组件（recipient component），得到前置载体 FV。FV 含有如下的黏性末端：

```
5′ --gca G              *CTAGA G---- 3′
3′ --cgt CTTAA*              T C---- 5′
       EcoR I                Xba I
```

用 $EcoR$ I 和 Spe I 酶切供体组件（donor component），得到前置插入片段 FI。FI 含有如下的黏性末端：

```
5′ *AATTC GCGGCCGC T TCTAGA G --Insert-- T A          3′
3′      G CGCCGGCG A AGATCT C --Insert-- A TGATC*     5′
   EcoR I   Not I     Xba I                    Spe I
```

最后用 DNA 连接酶连接 FI 和 FV，这样会得到一个新的 BioBrick，插入片段的上游依

126

然含有 *Eco*R Ⅰ和 *Xba* Ⅰ，下游有原载体上含有的 *Spe* Ⅰ和 *Pst* Ⅰ酶切位点，中间为 *Xba* Ⅰ/*Spe* Ⅰ融合位点。

```
5' -- gca G *AATTC GCGGCCGC T TCTAGA G-- insert -- T A  *CTAGA G---- 3'
3' -- cgt CTTAA* G CGCCGGCG A AGATCT C-- insert -- A TGATC*    T C---- 5'
        EcoRI        NotI         XbaI                    Mixed
```

(二) 加后缀

用 *Spe* Ⅰ和 *Pst* Ⅰ酶切受体组件（recipient component），得到前置载体 BV。BV 含有如下的黏性末端：

```
5' --T A              *G gct--- 3'
3' --A TGATC*       ACGTC cga--- 5'
    SpeI                PstI
```

用 *Xba* Ⅰ和 *Pst* Ⅰ酶切供体组件（donor component），得到前置插入片段 BI。BI 含有如下的黏性末端：

```
5' *CTAGA G -- insert -- T ACTAGT A GCGGCCG CTGCA 3'
3'       T C -- insert -- A TGATCA T CGCCGGC G*    5'
    XbaI                  SpeI    NotI    PstI
```

最后用 DNA 连接酶连接 BI 和 BV，这样会得到一个新的 BioBrick，插入片段的下游依然含有 *Spe* Ⅰ和 *Pst* Ⅰ酶切位点，上游有原载体上含有的 *Eco*R Ⅰ和 *Xba* Ⅰ酶切位点，中间为 *Xba* Ⅰ/*Spe* Ⅰ融合位点。

下面以一个简单的例子来说明这两种连接方式：质粒 A 和质粒 B 是分别含有启动子 Plac 和绿色荧光蛋白基因 GFP 两种 BioBrick。可以按照图 5-12 所示的两种方式来构建 Plac-GFP 这样一个新的可以表达绿色荧光蛋白的 BioBrick。

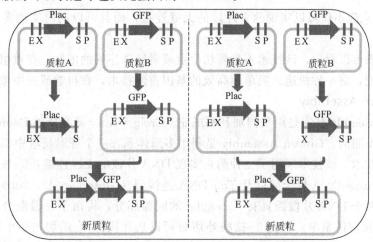

图 5-12　Plac-GFP BioBrick 的两种构建方式

从上述说明可以看出，通过标准化的操作，可以用小的 BioBrick 构建更大的 BioBrick，如此不断循环，可以由简单到复杂，逐级构建复杂的生物系统。

二、无缝重组技术

无缝重组技术指的是将两个或多个基因片段精确地连接起来，同时在连接处不会引入多余的碱基的技术。无缝重组技术在启动子和外显子研究、蛋白质功能研究、蛋白质工程以及基因组操作等领域有着非常重要的应用价值（Lu，2005）。

目前已经有很多技术可以实现基因的无缝重组，比如基因合成、重叠 PCR（overlap PCR）、反向 PCR（inverse PCR）、In-Fusion 克隆、GibsonAssembly 等。以下着重介绍 In-Fusion 克隆以及 Gibson Assembly 两个前沿的无缝重组技术。

（一）In-Fusion 克隆

In-Fusion 克隆技术是由 TAKARA 公司开发的一种无缝克隆技术，该技术采用一种专利的重组酶，可以实现非序列特异性的同源重组。其具体实现无缝重组的步骤如下：

首先通过 PCR 扩增的方式在待插入片段的上下游分别引入与线性化载体两端分别同源的长为 15bp 的前后缀；然后将得到的片段纯化后与线性化载体混合，加入同源重组酶 50℃ 反应 15min；最后将反应后的产物转化至大肠杆菌中进行筛选，即可得到无缝重组的质粒（如图 5-13）。

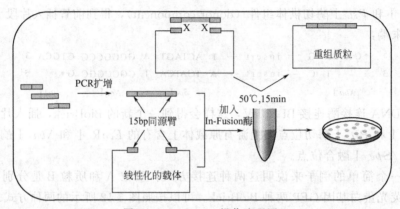

图 5-13　In-Fusion 操作流程图

In-Fusion 克隆不仅可以实现两个片段的无缝连接，而且可以同时实现多个片段的无缝连接。

从上述步骤可以看出，该技术不受酶切位点或者特殊序列的限制，在重组过程中不会附加任何多余序列，是一种快速、简单、高效的基因重组技术，在科学研究中被广泛使用。

（二）Gibson Assembly

Gibson Assembly 技术是由美国加利福尼亚 J Craig Venter 研究所的 Daniel G Gibson 博士和他的同事发明的。Gibson Assembly 是利用多酶体系在一个等温反应中实现多个基因片段无缝连接的技术。该技术采用了三种酶来实现 DNA 片段的无缝连接：5′-核酸外切酶、具有校正活性 PhusionDNA 聚合酶以及 Taq DNA 连接酶（Gibson et al.，2009）。

待连接的两个 DNA 片段需具有 15～80bp 的同源部分，将两个片段混合后加入三种混合酶，在 50℃ 反应体系中，首先 5′-核酸外切酶可以从片段的 5′-端切出一个黏性末端，5′-核酸外切酶在 50℃ 时具有热不稳定性，在得到黏性末端之后很快失活；然后两个片段的同源部分发生碱基互补配对；最后由 DNA 聚合酶补上连接部分的缺口（gaps），DNA 连接酶催化生成磷酸二酯键，实现两个 DNA 片段的成功连接（图 5-14）。

在连接过程中没有使用任何酶切位点或者特殊序列，所以在两个片段的连接部位没有引入不必要的碱基，实现了无缝连接。这项技术还可以实现长度为几百碱基对的大片段 DNA 的连接。

利用 Gibson Assembly 技术，Gibson 等人做了很多非常有意义的工作。他们利用 Gibson Assembly 技术实现了老鼠线粒体基因组（16.5kb）的化学合成（Gibson et al.，2010），具体实现步骤如下：

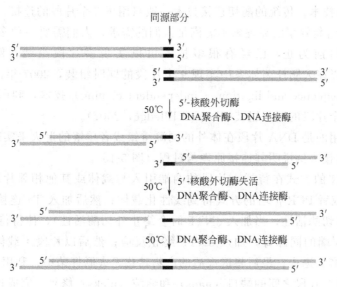

图 5-14　Gibson Assembly 原理图

① 首先合成 600 个大小为 60 个碱基的寡核苷酸相邻两个寡核苷酸具有 20 个碱基的同源序列；

② 每 8 个相邻寡核苷酸为一组，与已经线性化且具有同源序列的 pUC19 载体混合，利用 Gibson Assembly 技术进行无缝连接，将连接后的 75 种产物进行等体积混合，转化至大肠杆菌中，然后经过自动挑菌，准备质粒以及测序之后得到 75 种成功构建的含有大小为 284bp 目的片段的质粒；

③ 利用目的片段两边的 *Not* I 酶切位点，将连接好的 75 个片段切下来，每 5 个一组，与线性化载体混合，利用 Gibson Assembly 技术进行无缝连接，再通过转化，测序验证等步骤得到成功连接的大小为 1.2kb 的片段；

④ 用 PCR 扩增得到的大小为 1.2kb 的 15 个片段，用 *Sbf* I 酶切，纯化后进行与步骤③相同的操作，最终得到大小为 5.6kb 的片段；

⑤ 最后将得到的 3 个大小为 5.6kb 的片段，用 PCR 扩增，*Asc* I 酶切，纯化，Gibson Assembly 技术进行无缝连接等步骤，最终会得到完整的 16.5kb 的老鼠线粒体基因组。

并且 Gibson 等人利用 Gibson Assembly 技术无缝连接大小为 1×10^6 bp 的蕈状支原体的基因组，并将其转入山羊支原体细胞中，得到人类科学史上首个"具有人造 DNA 的活细胞"（Gibson et al.，2010），该成果一经报道立即引起了科学界、哲学界的轰动，合成生物学这一新兴学科也因此再次引起了人们的高度关注。

（三）多片段组装技术

多片段组装技术指的是在单次连接反应中可以同时组

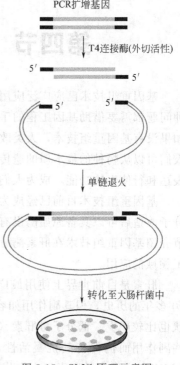

图 5-15　SLIC 原理示意图

装多个基因片段的技术。传统的酶切连接技术一般只用于 2 个片段的连接，随着合成生物学的发展，2 片段的组装效率已经逐渐不能满足人们的需求，人们需要一种多片段、高效的基因组装技术。到目前为止，已经有很多技术可以实现多片段组装，例如上述 Gibson Assembly 技术可以在大肠杆菌体系中实现 9 个片段的同时组装，2007 年由 Mamie Z Li 等人开发的 SLIC（sequence and ligation - independent cloning）技术，利用该技术在大肠杆菌中可以实现 10 个片段的同时组装（Li and Elledge，2007）。

SLIC 技术利用的是 DNA 片段在体外的同源重组或者单链的退火来实现多片段的组装。下面以两片段的连接为例说明其连接原理与过程（图 5-15）。

首先通过 PCR 的方式在待插入片段的两端引入与载体或其他相邻片段同源的长 20 ~ 40bp 片段，酶切或者 PCR 扩增的方式得到线性化载体；然后加入 T4 连接酶（不加 dNTP 时，只具有核酸外切酶活性，当加入 dNTP 时会终止外切酶活性），使得待插入片段与线性化载体露出一个 5′端的同源臂，加入 dNTP 终止反应；然后以片段：载体＝1：1 或 2：1（摩尔比）混合，37℃退火；最后将退火后的产物转化至大肠杆菌中，利用菌体自身的 DNA 修复体系，将载体与片段之间的缺口（gaps）和缝隙（nicks）修复，完成连接。

2012 年中国科学院青岛生物能源与过程研究所的咸漠等人也开发了一种与 SLIC 类似的多片段组装技术——SHA（successive hybridization assembling），这种技术也是利用 DNA 片段在体外的单链退火后，将其导入大肠杆菌，利用菌体自身的修复体系完成组装的。SHA 与 SLIC 不同之处在于：SHA 不是利用 T4 连接酶的外切酶活性来露出同源末端，而是直接将待组装的片段进行 100℃高温变性，然后缓慢退火至 25℃，得到连接成环的存在缺口与缝隙的载体。SHA 技术可以成功实现 8 个片段的成功组装（Jiang et al.，2012）。

总的来看，多片段组装技术目前主要是利用 DNA 片段的同源重组来实现，可以实现最多 10 个左右 DNA 片段的组装。

第四节　基因重组技术的应用

基因重组技术已应广泛应用于各行各业。从食品到医药，从工业到环境的各个方面的种种问题都需要借助基因工程的手段来研究和解决。随着生物技术的发展，现在已经很难想象如果没有基因重组技术，人类改造基因乃至改造物种的步伐会有多么缓慢。基因重组技术使人们可以从物种的最本质的遗传物质 DNA 层面进行改造和设计，使其按照人类的要求进行表达和行使生物功能，成为人们了解生命过程，探索生命机理的有力武器（常重杰，2012）。

基因重组技术目前已经成为酶分子改造方面最为重要和有效的手段，很多蛋白酶在经过分子改造后可以具备原始酶没有的特性与催化能力，这为其工业应用奠定了坚实的基础。本节介绍基因重组技术在肝素酶分子改造方面的工作，以期使读者了解基因工程手段在生物化工领域的应用。

肝素是目前世界上使用最广泛最有效的抗凝抗血栓药物之一。肝素用于临床诊断已有70 多年的历史，但其副作用如容易引起大量出血，诱导血小板减少，影响血小板稳定等症状也比较严重。低分子量肝素（LMWH）是肝素裂解产生的小片段，它可以克服肝素的一些副作用而仍保持其抗凝活性，是肝素的理想替代品，在临床上得到了广泛的应用。以 LMWH 为代表的肝素衍生物药物，为肝素类药物的最高端产品，是市场增长最快的一类药物，销售总额占肝素类药物市场份额 90％ 以上。现阶段 LMWH 在欧美发达国家的应用已非常成熟和广泛，除了用于传统的抗凝血和抗血栓外，LMWH 还可用于深部静脉血栓的预防和治疗、预防术后静脉血栓的形成、血液透析及抗肿瘤的辅助治疗等。

肝素酶（heparinase）是一类可作用于肝素（heparin）或者硫酸乙酰肝素（heparin sulfate）分子的糖苷键的重要的多糖裂解酶。目前已知的肝素酶种类有Ⅰ、Ⅱ、Ⅲ三种，是从革兰氏阴性棒杆菌肝素黄杆菌中发现的。三种酶底物特异性和作用方式各不相同，肝素酶Ⅰ底物为肝素，肝素酶Ⅱ的底物为肝素和硫酸乙酰肝素，肝素酶Ⅲ的底物为硫酸乙酰肝素（图5-16）。三种酶的恰当混合使用，可使肝素完全降解为不饱和的二糖混合物，生产低分子量肝素（LMWH），是一种目前被广泛使用的抗血栓药物。同时，肝素酶是一种有潜力的检测酶，三种肝素酶组合使用可以彻底将肝素裂解为小分子，而对于杂质没有降解能力，结合下游的检测手段即可检验肝素中的杂质情况，可有效实现对肝素类药物的质量控制。

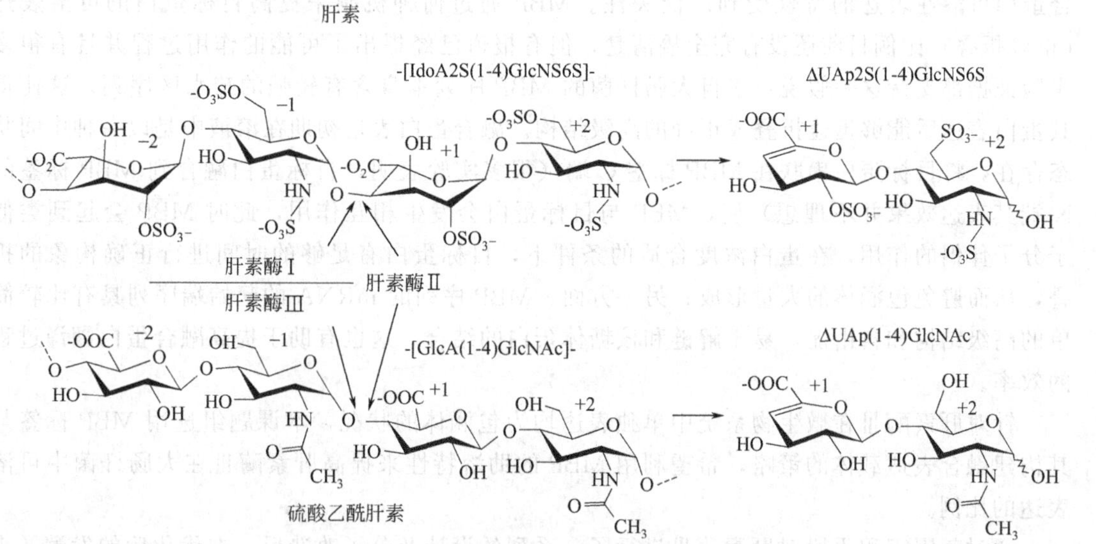

图 5-16　目前已知的三种肝素酶的作用位点示意图

工业生产中的肝素酶通常是从肝素黄杆菌发酵液中提纯获得，但该酶产量很低，需要价格昂贵的肝素的诱导，通常需要经过多步的色谱纯化，收率很低，因此，实现肝素酶的异源重组表达是替代肝素黄杆菌生产肝素酶的有效可行的方案。

在利用大肠杆菌系统异源表达肝素酶方面，长时间以来人们做了大量的工作。肝素酶Ⅰ是研究比较广泛的一种酶，从 1985 年 Yang 等通过多步色谱纯化得到了比酶活为 26.6IU/mg 的肝素酶Ⅰ至今，研究人员利用各种方法对其异源表达进行加强与改进；与肝素酶Ⅰ的外源表达相比，肝素酶Ⅱ、Ⅲ的重组表达技术研究较少。肝素酶在大肠杆菌中表达的共同问题和瓶颈是：①在不同的载体中表达，大都形成无活性的包涵体，需要通过复杂操作对回收的包涵体复性；②即使实现了可溶表达，其发酵酶活力也很低，不适合肝素酶的工业规模生产和纯化。

以肝素酶Ⅲ为例，其基因工程的具体策略如下。

① 目标蛋白序列优化——匹配大肠杆菌密码子偏好性。

研究表明目标基因序列能否与宿主菌的密码子偏好性相匹配是影响其表达效果的重要因素。对于某一个特定的菌种来说，由于其本身长期进化的差异性，其在翻译过程中能够高效识别的密码子种类也有很大的不同，这主要是由于菌株自身 tRNA 种类的差异性决定的。对于外源重组基因，如果其序列中含有该宿主菌不含有或者使用频率较低的密码子序列，便会造成 tRNA 的识别效率急剧降低，从而使得翻译效率大幅度延迟，给外源序列的表达造成很大的麻烦。

针对这一问题，首先根据大肠杆菌的密码子使用偏好表，对肝素酶Ⅲ的编码区序列进行了分析，发现该序列中含有很多稀有密码子序列，这在理论上会对其在大肠杆菌中的表达产生很大的负面作用。针对大肠杆菌表达体系，对目标蛋白肝素酶Ⅲ的编码区序列进行密码子优化并合成优化后序列，将其作为后续研究的基础，避免由于稀有密码子的存在造成的蛋白翻译效率的下降，影响表达效果。

② MBP 标签与肝素酶Ⅲ构建融合表达载体——提高肝素酶Ⅲ的可溶表达比例。

麦芽糖结合蛋白（maltose binding protein，MBP）是常用的融合肽之一，其有助于融合蛋白可溶性表达的特性受到广泛关注。MBP 通过何种机制来提高目标蛋白的可溶表达（正确折叠）比例目前还没有完全搞清楚，但有报道已经提出了可能的作用过程并且有很多实验证据都支持这一假说：来自大肠杆菌的 MBP 序列本身含有较强的疏水区序列，这使得其蛋白表达后能够迅速折叠成正确的高级结构。融合蛋白表达初期在溶液中是以一种中间状态存在，将目标蛋白串联在 MBP 标签 C 端（很多实验表明，目标蛋白融合到 MBP 标签的 N 端其表达效果并不理想）使，MBP 与目标蛋白会发生相互作用，此时 MBP 会起到类似于分子伴侣的作用，在蛋白浓度合适的条件下，目标蛋白有足够的时间进行正确构象的折叠，从而避免包涵体的大量形成；另一方面，MBP 序列的 mRNA 的起始端序列具有比较简单的高级结构和自由能，易于解链和核糖体蛋白的结合，这也有助于提高融合蛋白翻译过程的效率。

针对肝素酶Ⅲ在微生物系统中单独表达均为包涵体的状况，本课题组选用 MBP 标签与其构建融合表达载体的策略，希望利用 MBP 的助溶特性来提高肝素酶Ⅲ在大肠杆菌中可溶表达的比例。

通过基因工程手段对肝素酶Ⅲ进行了一系列的设计及分子改造后，在优化后的发酵及表达条件的基础上，对其在大肠杆菌中的表达效果进行了表征（图 5-17）：在大肠杆菌中单独表达肝素酶Ⅲ基因时效果较差，通过十二烷基硫酸钠聚丙烯酰胺凝胶电泳（SDS-PAGE）检测很难看到明显的目标条带出现，而其总酶活也只有 569.44IU/L 发酵液水平，这与之前的研究报道是基本一致的。

通过 MBP 标签的融合，肝素酶Ⅲ在总蛋白中的表达比例大大提高，SDS-PAGE 检测可以明显看到融合蛋白条带的出现，并且目标蛋白绝大部分都出现在可溶组分中，这表明密码子的优化大大提高了目标序列的翻译效率，同时 MBP 标签的加入有助于肝素酶Ⅲ的正确构象的折叠；对 MBP-HepC 的总酶活进行测定，其每升发酵液的总酶活可以达到 6468.377IU，相比与肝素酶Ⅲ单独表达有了非常明显的提升。

在 MBP 融合表达基础上，将载体上原始的连接肽替换为人工设计的连接肽后，通过 SDS-PAGE 检测可以看到，目标蛋白的表达水平（目标蛋白占总蛋白的比例）有了进一步的提升，而这种表达效率的提高并没有影响其主要存在于可溶组分中（MBP 的助折叠作用没有受到影响），说明人工设计的连接肽能够有效维持 MBP 与肝素酶Ⅲ的正确构象，并没有影响其生物学功能；总酶活的测定也进一步验证了这一结论，其每升发酵液的催化总酶活值达到 12934.34IU 水平，相比之前又有了进一步的提高，是目前已知肝素酶Ⅲ在大肠杆菌中的最高发酵总酶活值，初步达到了工业应用的水平（图 5-17）。

综上，从基因水平上对目标序列进行设计和改造已经成为最为基本的生物技术手段，其能够从根本上实现对物种生命行为的调控，使得基因工程手段成为人类探索和改造生物物种的有力武器，不夸张地说，基因工程使人类真正掌控了"上帝之手"。

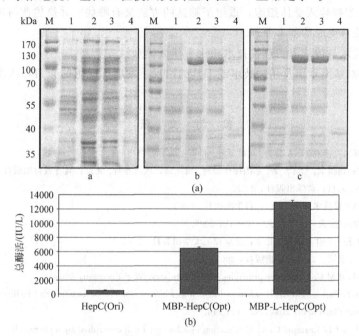

图 5-17　肝素酶Ⅲ在基因工程改造前后表达效果比对

(a) SDS-PAGE 检测各重组蛋白在大肠杆菌中的表达情况：a. HepC 单独表达，
b. MBP-HepC（Opt）表达情况，c. 更换连接肽后的 MBP 融合肝素酶Ⅲ的表达情况；
(b) 各重组蛋白在大肠杆菌中发酵总酶活测定

自从 1973 年 Jackson 等人在一次分子生物学学会上首次提出基因可以人工重组，并能在细菌中复制。从此以后，基因工程成为一项新兴的研究领域得到了迅速的发展，无论是基础研究，还是应用研究均取得了喜人的成果。这是生命科学发展的一次飞跃，生命科学已经进入了一个定向、快速改造生物性状的新时代，受到了国内外广泛的重视。开展基因工程研究几十年来，建立了多种分别适用于微生物、动植物转基因的载体受体系统，克隆出了一大批有用的目的基因，研制出了数十种昂贵的基因工程药物，培育出了一批具有特殊性状的转基因动植物。

当今，国际上一项合作性的基因组测序计划正在大规模的实施之中，我国已成为这项国际上合作研究开发的少数几个成员国之一。眼下已取得了阶段的突破性研究进展。随着功能性基因不断被开发出来，分离及转基因技术的不断完善，转基因获表达效率不断提高，21世纪基因工程研究必然有一个更大的发展。

思考题：

1. 如何证明 DNA 是主要的遗传物质？
2. 比较 DNA 和 RNA 的在化学结构和大分子结构上的特点。

3. 基因的概念是什么？顺反子的概念是什么？分子生物学中基因和顺反子的关系如何？

4. 比较真核生物和原核生物在基因结构、转录调控上的异同。

5. 何谓DNA重组技术？它主要包括哪些步骤？

6. 什么是克隆载体？作为克隆载体，最基本的要求有哪些？

7. 重组DNA怎样导入受体细胞，重组子筛选的方法又有哪些？并简述蓝白斑筛选的原理。

8. 简述聚合酶链反应的基本原理。

9. 无缝连接技术与传统酶切连接技术相比有什么优点？

10. 根据本章对基因重组及相关技术或工具的出现、发展、应用的介绍，谈谈你对科学技术研究的感想。

参 考 文 献

[1] Brown T A 著. 基因克隆和DNA分析. 魏群等译. 北京：高等教育出版社, 2007.

[2] Primrose S B, Twyman R, Old B 著. 基因操作原理. 瞿礼嘉, 顾红雅译. 北京：高等教育出版社, 2003.

[3] 常重杰. 基因工程. 北京：科学出版社, 2012.

[4] 贺小贤. 现代生物工程技术导论. 北京：科学出版社, 2005.

[5] 贺淹才. 基因工程概论. 北京：清华大学出版社, 2008.

[6] 李邵武. 基因探奥秘——生物科技. 北京：北京理工大学出版社, 2002.

[7] 王镜岩. 生物化学. 北京：高等教育出版社, 2002.

[8] Nelson D L, Micheal M C. Lehninger principles of biochemistry. W F Freeman, 2004.

[9] Fu J, Bian X, Hu S. Full-length RecE enhances linear-linear homologous recombination and facilitates direct cloning for bioprospecting. Nat Biotechnol, 2012, 30: 440-446.

[10] Gibson D G, Glass J I, Lartigue C, et al. Creation of a bacterial cell controlled by a chemically synthesized genome. Science, 2010, 329: 52-56.

[11] Gibson D G, Smith H O, Hutchison C A, et al. Chemical synthesis of the mouse mitochondrial genome. Nat Methods, 2010, 7: 901-903.

[12] Gibson D G, Young L, Chuang R Y, et al. Enzymatic assembly of DNA molecules up to several hundred kilobases. Nat Methods, 2009, 6: 343-345.

[13] Jiang X, Yang J, Zhang H, et al. In vitro assembly of multiple DNA fragments using successive hybridization. Plos One, 2012, 7: e30267.

[14] Wilson K, Walker J. Priciples and techniques of biochemistry and molecular biology. Cambridge University Press, 2005.

[15] Knight T. Idempotent Vector Design for Standard Assembly of Biobricks. MIT Synthetic Biology Working Group, 2003.

[16] Li M Z, Elledge S J. Harnessing homologous recombination in vitro to generate recombinant DNA via SLIC. Nat Methods, 2007, 4: 251-256.

[17] Lu Q. Seamless cloning and gene fusion. Trends Biotechnol, 2005, 23: 199-207.

第六章 基因线路与合成生物学

合成生物学与基因

引言

当今社会所用的计算机都是用芯片等材料组装的"死"机器，能否研制出一种"活"的计算机呢？这一奇特的想法被生物工程师们实现。生物工程师将生物细胞作为硬件、基因作为软件来组装全新人工生物系统。这个生物软件由核酸编写、由特别设计的基因线路组合而成。这些基因线路在活细胞内执行逻辑操作，像电路一样运行。这种与基因工程把一个物种的基因延续、改变并转移至另一物种作法不同的研究领域称为合成生物学。用于合成生物学的元件、基因线路有哪些？这些元件和基因线路又是如何像电子线路一样工作的？又有哪些工具可为合成生物学服务，并解决人类面临的能源、环境等问题呢？这章内容将为你解答。

知识网络

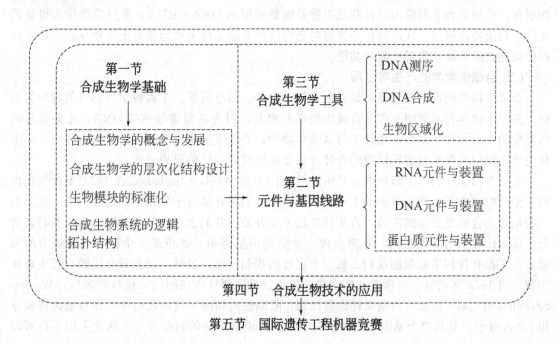

第四节 合成生物技术的应用

第五节 国际遗传工程机器竞赛

第一节 合成生物学基础

20 世纪的生物学研究一直着眼于对生物系统的不断分解，解剖至细胞中单个蛋白或基因，研究其结构和功能来解释生命现象。但随着分子生物学技术的迅猛发展，以系统化设计和工程化构建为理念的合成生物学成为新一代生物学的发展方向。合成生物学将基因连接成网络，让细胞来完成设计人员设想的任务，通过创造或修改基因组的过程去了解生命运作的法则，并导入标准化、抽象化等工程概念进行系统化设计与开发相关应用。

一、合成生物学的概念与发展

(一) 合成生物学的概念

合成生物学（synthetic biology）一词在学术刊物及互联网上逐渐大量出现是在人类基因组计划完成以后。它的定义是随着时间不断变化和改进的。

美国加州大学伯克利分校的化学工程教授 Keasling 认为：合成生物学正在用"生物学"进行工程化，就像用"物理学"进行"电子工程"，用"化学"进行"化学工程"一样。

美国哥伦比亚癌症研究中心、测序及基因组科学中心主任 Holt 说，合成生物学与传统的重组 DNA 技术之间的界限仍然是模糊的。从根本上说，合成生物学正在利用获得的"元件"进行下一层次的工作——对细胞进行实际的工程化。

欧洲科学家认为合成生物学就是生物的工程化：人工合成自然界本来不存在的、复杂的功能化生物系统，这种工程化将应用于单个生物分子到整个细胞、组织和生物个体。合成生物学的本质是理性和系统的设计生物系统。

虽然不同的人对合成生物学有不同的定义和解释，但是所有的解释都离不开"工程化"的概念。对于合成生物学的定义，目前形成的基本共识是：按照一定的规律和已有的生物知识设计和建造新的生物元件、装置和系统，或重新设计已有的天然生物系统为人类的特殊目的服务。合成生物学的应用就是利用生物系统最底层的 DNA、RNA、蛋白质等作为设计的元件，利用转录调控、代谢调控等生物功能将这些底层元件关联起来形成生物模块，再将这些模块连接成系统，实现所需的功能。

(二) 合成生物学的产生与发展

合成生物学的出现与发展，是以生物学、化学、信息科学、工程科学等学科的发展为基础。分子生物学与基因组工程是合成生物学的根基，因为必须透过剪接 DNA，才能设计出所需要的生物元件与网络；统计学与系统生物学，专注于生物资料的收集、分析与模拟；电机电子工程中负责控制逻辑回路的设计方法是基因线路设计的思想来源。

合成生物学作为一个新概念，是由波兰遗传学家 Waclaw Szybalski 在 1974 年首先提出的。他当时预言了生物学可能的未来：一直以来我们都在做分子生物学描述性的那一面，但当我们进入合成生物学的阶段，真正的挑战才要开始。我们会设计新的调控元素，并将新的分子加入已存在的基因组内，甚至建构一个全新的基因组。这将是一个拥有无限潜力的领域，几乎没有任何事能限制我们去做一个更好的控制回路。最终，将会有合成的有机生命体出现。当 1978 年诺贝尔生理学或医学奖颁发给发现限制性内切酶的三位科学家后，Waclaw Szybalski 在 Gene 杂志写的编辑评论里提到：限制性内切酶不仅使我们可以轻易地构建或重组 DNA 分子、分析单个基因，还让我们进入了合成生物学的新纪元——从此人们不仅可以对自然界的基因进行分析和描述，还可以构建全新的基因排列，并对其进行评估。1980 年，在德文杂志《医疗诊所》上出现了第一篇以合成生物学为标题的长篇论文《基因外科手术：站在合成生物学的门槛》。不过，当时的合成生物学还未脱离遗传工程，工程化的思想还很薄弱。

2000 年以后是合成生物学的快速发展时期，人工合成了开关、级联、脉冲发生器、延时电路、振荡器等多种基因电路，可以有效地调节基因表达、蛋白质功能、细胞代谢或细胞-细胞相互作用。2003 年，MIT 成立了标准生物元件登记处（Registry of Standard Biological Parts），专门收集各种满足标准化条件的生物模块，全世界的科学家都可以提交自己设计的模块供其他人获取，以便设计更加复杂的系统。到目前为止已经收集了大约 15000 个标准生物元件，而且还在不断快速的增加之中。2004 年"合成生物学"被美国 MIT 出版的 Technology Review 评为将改变世界的十大新出现的技术之一。Keasling 通过合成生物学方法实现了抗疟疾药物青蒿素前体物青蒿酸的酿酒酵母合成，并专门建立了新的公司 Amyris Biotechnologies 用合成生物学技术进行抗疟疾药及生物能源的生产。短短几年的实践已经证明合成生物学越来越受到世界范围内的广泛关注，并且以前所未有的速度蓬勃发展，将在生产化学品、能源、疫苗及医药等方面有极为重要的应用前景。

二、合成生物学的层次化结构设计

我们日常使用的计算机是通过不同模块的层次化组装而形成的，这种层次化设计方法使得人们可以方便地对计算机进行调节和控制。那么，在利用合成生物学方法设计生物系统时，是否也可以采用这种设计方法呢？事实上，生物系统的层次化结构设计是合成生物学工程化本质的重要体现。生物元件、装置和系统是合成生物学的三大基本要素。生物元件是遗传系统中具有特定功能的氨基酸或者核苷酸序列；不同功能的生物元件在更大规模的设计中进一步组合成具有特定生物学功能的生物装置；不同功能的装置协同运作组成

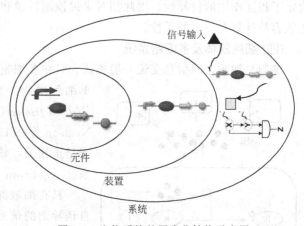

图 6-1　生物系统的层次化结构示意图

更加复杂的生物系统。若不同功能的生物系统之间彼此通信、互相协调将形成多细胞或细胞群体生物系统。图 6-1 为生物元件、生物装置与生物系统之间的关系示意图。

（一）生物元件

生物元件是具有特定功能的氨基酸或核苷酸序列，不同来源与功能的生物元件可以通过复杂的设计，与其他元件或模块组装成更大规模的具有特定生物学功能的装置和系统。它们是生物体最基本的组成单元，也是合成生物学研究中构建人工生命体的基础。因此，生物元件的挖掘与开发是设计与组装更高层次的功能模块和生命系统的基础。传统分子生物学和生物化学研究积累大量的 DNA、RNA 和蛋白质元件，并对许多元件进行了定义。生物元件包括启动子、终止子、转录单元、质粒骨架、接合转移元件、转座子、蛋白质编码区等 DNA 序列，也包括核糖体结合位点 RBS 等 RNA 序列以及蛋白质结构域。常用的生物元件将在本章第二节中作一详细介绍。

(二) 生物装置

生物装置是具有一定的生物学功能，并且能够为外源物质所控制的一串 DNA 序列。生物装置通过调控信息流、代谢作用、生物合成功能以及与其他装置和环境进行交流等方式处理"输入"产生"输出"。因此生物装置包含了一系列转录、翻译、别构调节、酶反应等生化反应。最基本的生物装置如下。

(1) 报告基因 其产物易于被检出，常与启动子、终止子等组合用于验证启动子、终止子的结构组成与效率，常用的为各种荧光蛋白编码基因。

(2) 转换器 在接收到某种信号时停止下游基因的转录，未收到信号时开启下游基因的转录，是一种遗传装置。

(3) 信号转导装置 环境与细胞之间或者邻近细胞与细胞之间接收信号和传递信号的装置。

(4) 蛋白质生成装置 产生具有一定功能蛋白质的装置。

(三) 生物系统

生物装置通过串联、反馈等方式连接组装成更加复杂的级联线路或者调控网络，得到更加复杂的调控行为或生物功能，即为生物系统。自然生物系统中的调控级联线路是非常普遍的，许多信号转导和蛋白激酶通路就通过级联过程来调控。

在各种级联线路和调控网络中，最简单的形式是转录水平的调控系统。核苷酸序列直接决定了相互作用的特异性，因此相对来说控制转录和翻译以产生目的输出的装置，其搭建都比较容易且具有一定的柔性。

(四) 细胞群体及多细胞系统

细胞与细胞之间信息交流一般被认为只在多细胞生物中发生，而细菌往往被纯粹地看作单细胞生物。在 20 世纪 60 年代一种海洋费氏弧菌（*Vibrio fischeri*）的发光现象引起了科学家的兴趣，Nealson 等在 1970 年首次报道了该菌的菌体密度与发光呈正相关，该发光现象受细菌本身的群体感应调节系统（quorum sensing system，QS 系统）所控制。

具有细胞群体效应的微生物能够分泌一种或多种自诱导剂的信号分子，微生物通过感应胞外的这些自诱导剂来判断菌群密度和周围环境变化，当菌群数达到一定的阀值后，启动相应一系列基因的调节表达，以调节菌体的群体行为。合成生物学基于细胞间交流的细胞群体系统及多细胞系统的开发，提供一种依赖细胞浓度调控基因表达的有效手段。2004 年 You 等人利用细胞群体效应和负反馈设计了调控细胞群体感应表达系统（图 6-2）。LuxI 蛋白质来源于费氏弧菌，能够催化小分子 AHL（*N*-乙酰基高丝氨酸内酯）的合成，体系中 AHL 的累积随着细胞密度的增加而增加。

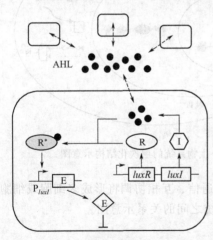

图 6-2 基于细胞群体效应和负反馈的动态细胞群体控制线路

（引自 You 等，2004）

E 代表自杀基因；I、R 和 R* 分别代表 LuxI、LuxR 和激活的 LuxR；实心圆圈代表 AHL

当 AHL 达到较高浓度时，它将与 LuxR 转录调节子结合并激活 LuxR。激活的 LuxR 反过来诱导 *luxI* 启动子（P$_{luxI}$）启动自杀基因 E 的表达，高浓度的自杀蛋白引起细胞死亡。当 AHL 处于较低浓度时，自杀基因不会被表达，细胞正常生长。

三、生物模块的标准化

电子工业中通过对一定范围内不同功能或相同功能、不同性能、不同规格产品功能的分析，设计出一系列功能模块并进行标准化处理，之后通过模块的选择和组合就可以构成顾客定制的不同产品，推动了电子工业产品的飞速发展。借鉴电子技术与程序设计中的模块化和标准化思想，把各种基因元件标准化、模块化，使人们也可以如搭积木一样构建基因线路，设计和创造新途径、新系统，也是合成生物学的理念。

表 6-1　部分生物积块的图示与功能

图标	功能说明
	启动子，控制基因表达(转录)的起始时间和表达的程度
	核糖体结合位点(RBS)，核糖体识别并结合这一序列来启动翻译
	终止子，引起转录终止
	DNA 部件，包括克隆位点、重组位点、转座子、核酸适配体等
	蛋白质编码部件，编码一个蛋白质的氨基酸序列
	质粒骨架，包含有复制起点、筛选标记、生物积块的前缀和后缀
	报告部件(reporter)
	转换部件(inverter)

模块化系统设计是为了降低合成生物系统设计的复杂度，使实验设计、验证和优化等操作简单化。实现这一目标的前提之一是将生物元件标准化。标准化元件在机械、电子和计算机工程等工业领域早有广泛的应用。由于标准化元件的应用，使得不同功能的元器件和不同公司的产品能够方便地集成，从而使工业界能够生产出复杂而可靠的产品。与此类似，标准化生物元件的使用可以让不同实验室构建的标准生物元件都按照相同的规则进行组装，从而可以避免大量的重复劳动，从而缩短合成复杂的生物装置或者生命系统所需的时间。这些标准化元件以及由它们相互连接所组成的标准生物模块即为基因砖或称为"生物积块"(Bio-Brick)。表 6-1 为部分生物积块的图示及功能描述。

四、合成生物系统的逻辑拓扑结构

生物系统的模块化设计中，各个模块的逻辑结构具有一些共性。生物模块通过串联、单输入、多输入、反馈、前馈等逻辑拓扑结构的合理组合连接形成具有一定功能的遗传线路、调控网络甚至生物系统。

(一) 串联

串联是上游模块的输出信号作为下游模块的输入信号的连接方式，这种信号可以是小分子代谢物、蛋白质、mRNA 等。G-蛋白连接的接收器在配体（输入）存在时激活 G-蛋白，然后被激活的 G-蛋白作为下一个输入激活目标酶或离子通道（输出），形成串联的级联放大（图 6-3）。

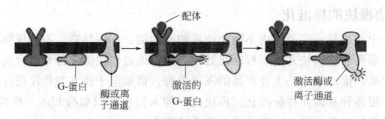

图 6-3 G-蛋白连接接收器的串联

(二) 单输入

单输入（single input module，SIM）主模块的输出信号作为下层分模块的输入信号。这种结构只有一个主模块作为下层分模块的输入。单输入的主要功能是实现一组基因的共表达，也可以实现模块时序表达功能。这一结构具有时间序列与基因功能序列吻合的属性，即在一个多基因过程中，越早需要的蛋白质或代谢物，它的基因越早被激活，防止了所需产物在需要之前过早生成，避免不必要的交叉干扰。

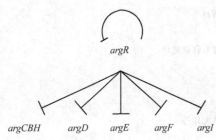

图 6-4 精氨酸生物合成的 SIM 拓扑结构

典型的单输入例子是大肠杆菌中精氨酸生物合成系统中阻遏蛋白 *argR* 的负控制阻遏（图 6-4）。大肠杆菌中精氨酸合成的主要途径是利用谷氨酸盐作为前体，当细胞内缺乏精氨酸时，*argR* 对 *argA*、*argCBH*、*argD* 和 *argE* 的阻遏作用被解除，开启精氨酸的生物合成。在主合成途径中，*argA* 是首先被上调的基因，接下来是 *argCBH*、*argD* 和 *argE*。这与 ArgA、ArgBC、ArgD 和 ArgE 将谷氨酸酯转化成鸟氨酸的顺序一致。

(三) 多输入

多输入模块（multi input module，MIM）也称为密集交盖调节网（dense overlapping regulons，DOR），表示一组调控因子共同调控一组基因。图 6-5 为 MIM 结构示意图。MIM 可以看作是一个逻辑门阵列，多路输入进行组合运算以后控制下游模块。目前大部分转录水平的 MIM 的具体功能细节还不完全清楚，转录网络、代谢网络等不同水平的调控互相影响，很难准确界定每个 MIM 的规模。

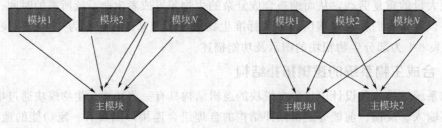

图 6-5 多输入模块结构示意图

(四) 反馈

反馈（feedback）是指系统的输出反过来影响系统的输入，进而影响自身的一种控制机制。反馈可分为负反馈和正反馈。如果输出对输入的影响导致输出降低，为负反馈；若输出对输入的影响导致输出增加，则为正反馈。在基因线路研究中，人们发现基因编码的蛋白质可能会反过来增加或阻遏上游基因的开启。现已发现基因线路有三种基因反馈：开环、负反馈和正反馈。

开环（open loop）结构启动子表达的蛋白质对于启动子没有任何影响。图 6-6（a）为 Rosenfeld 等人（2002）构建的开环基因线路，诱导剂四环素（aTc）加入后解除了四环素阻遏蛋白（TetR）对启动子的抑制作用，启动 *gfp* 的表达，产生的 *gfp* 蛋白质对启动子没有任何影响。负反馈（negative feedback）结构中基因表达产物会反过来抑制相关基因的表达。图 6-6（b）利用能被 TetR 关闭的启动子控制 TetR 的生产。当诱导剂诱导启动子开启后激活 TetR 基因的转录，产生的 TetR 能关闭启动子，从而关闭了 TetR 基因的转录。而正反馈（positive feedback）结构中基因表达产物会反过来促进相关基因的表达。图 6-6（c）为 Becskei 等（2001）构建的正反馈基因线路，*tetreg* 启动子启动四环素响应，转移活化因子 *rtTA* 的表达，而翻译产物 RtTA 又能激活 *tetreg* 启动子，从而促进自身的表达。

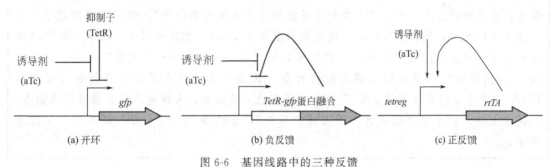

图 6-6　基因线路中的三种反馈

（引自 Rosenfeld 等，2002；Becskei 等，2001）

(五) 前馈

前馈（feed forward loop，FFL）的基本原理是测取进入过程的扰动量，并按照其信号产生的控制作用去改变控制量，使被控制变量维持在设定值上。前馈思想是在扰动还未影响输出以前，直接改变操作变量，以使输出不受或少受外部扰动的影响。前馈的特点是偏差出现之前采取控制措施；干扰信号进入系统后分为干扰通路和补偿通路；属于开环控制；按干扰作用的大小进行控制，比反馈控制要及时。

基因线路中的前馈是指上游基因通过两条不同途径影响下游基因的控制结构。根据两条通路对最终基因的影响效果是否一致，前馈结构还可以划分为一致前馈和非一致前馈。一致前馈模块中直接和间接调控途径对输出模块的作用相同；而非一致前馈模块中直接和间接调控途径对输出模块的作用相反。最简单的前馈转录单元由三个基因构成，基因之间彼此的促进和抑制作用关系不同，产生了 4 种一致前馈（图 6-7）和 4 种非一致前馈类型（图 6-8）。4 种一致前馈中，X 对 Z 的直接调控促进 X 通过 Y 对 Z 的间接调控，两条支路对 Z 的调控作用是一致的。而 4 种非一致前馈中 X 对 Z 的直接调控抑制 X 通过 Y 对 Z 的间接调控，两条支路对 Z 的调控效果是不一致的。

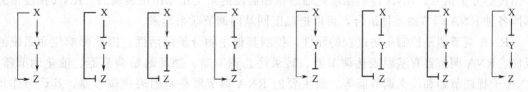

图 6-7　4 种一致前馈单元　　　　　　　　　　图 6-8　4 种非一致前馈单元

合成生物学的诱惑与争议

　　DNA 是记录生命遗传信息的"天书"，这本书上的主要字母有 4 个。随着各种生物基因组的破译，科学家开始尝试像计算机编程一样，用这些"字母"来编写"DNA 程序"，并借此指挥细胞，制造出"生物机器"。实际上，造物的冲动一直在人类脑海中盘旋冲撞。早在公元前 400 多年前，公输班，亦即土木工匠们的祖师，已经进行仿生机械的实验。《墨子》记载说：鲁班先生用竹木倒腾出一只"鹊"，能在天上扑腾个三两天。不过，历史学家们说，这只是"鹊"样的风筝。

　　在合成生物学科学家们的远景中，完全可以用人工的方法造出一只有血有肉、五脏俱全的"鹊"。2002 年美国纽约州立大学制造出了历史上第一个人工合成病毒——脊髓灰质炎病毒；2010 年 5 月，首例"人造细胞"在美国私立科研机构克雷格·文特尔研究所诞生，这是地球上第一个由"人类制造并能够自我复制的新物种"。这一研究实现了一系列技术上的突破，使科学家能够合成出相当复杂的 DNA。相比于影片《第六日》和《侏罗纪公园》中上演的基因传奇，新的技术无疑更进一步。然而，"能做"不等于"应该做"。美国斯坦福大学生物工程系教授德鲁·安迪认为，当人类能够自行设计并合成DNA，"确保生物安全就很重要。"比如，不能让人造细胞、人造病毒从实验室逃逸出去。从技术上讲，科学家可以设计一些基因"开关"，让这些"人造生命"离开实验室就活不了。

第二节　元件与基因线路

　　合成生物学的一个主要目标是使设计的生物系统的基因编码更加系统性、预见性、功能强大、可扩展性和高效。生物元件和装置方面的设计与实施，越来越多样化的应用生物系统将会不断实现。本节将介绍常见的 RNA、DNA 和蛋白质元件与装置的基础知识。

一、RNA 元件与装置

　　研究表明，RNA 似乎是生命化学的起源，RNA 分子结构具有一定柔性，表现出变构性质。根据 RNA 的生物功能不同，可将 RNA 分为编码蛋白质和非编码蛋白质 RNA。

(一) RNA 元件

　　RNA 元件是由 RNA 分子组成的遗传成分，具有基因调节、配体结合和指导构象改变的作用。根据功能不同可将 RNA 元件分为传感器、调节器和传递器。

　　RNA 传感器能够检验各种信号，常见的 RNA 传感器有适配体传感器和温度传感器。RNA 适配体传感器能够以高亲和性和专一性结合配体，RNA 是通过同分子靶定向结合相互作用传感分子信号。RNA 传感温度是通过依赖温度的杂交相互作用实现的。RNA 温度传感器同各种 RNA 调节器元件组合，可以把温度同基因调节联系起来。

　　RNA 调节器是控制生物过程的元件，控制其他生物分子的活性，因此影响生命系统的反应。RNA 调节器有基因表达调节器、转录终止调节器、翻译起始调节器、催化调节器、RNA 干扰调节器和反义调节器等。最主要的 RNA 调节器是基因表达调节器，其调节作用可以通过不同的机制实现，包括转录、翻译、剪接，这些调节器可以顺式调节或反式调节。

在原核生物中，翻译是在核糖体结合位点 RBS 上以顺式起始的，RBS 活性由同 16S rRNA 及起始密码子上游的一些相互作用决定的。核糖体可以识别并结合这一序列来启动翻译过程，控制着翻译的速度，因此在原核细胞中进行合成生物学操作时优化 RBS 也是重要手段。

(二) RNA 装置

RNA 装置是由一个以上不同功能的 RNA 元件组成的，并且能够行使编程生物功能。RNA 装置可以采用功能组成骨架结构装置设计策略，通过各种元件模块组装成装置。在工程设计中，这样的骨架结构使装置更有效、更可靠，更能体现合成生物学的工程特质。目前人们已经设计出了包括核开关、逻辑门、反义 RNA 调控、微 RNA 调控等多种 RNA 装置，下面介绍两种较为简单的 RNA 装置。

1. 核开关

核开关是指具有天然适配体的 RNA 遗传控制单元，通过自身构象变化对基因表达进行调控。核开关控制对特殊分子输入应答的基因表达。大多数核开关是对细胞代谢物应答，但也发现了掺入温度传感器的核开关，掺入多个传感器和调节器结构域的核开关可以行使高级调节功能。细菌的核开关位于 mRNA 的 5′UTR；真核生物的核开关存在于 3′UTR 或内含子区。

核开关可分为抑制型和激活型两种类型，抑制型在底物存在时抑制基因表达，激活型在底物存在时基因开始表达。目前常见的核开关为抑制型。图 6-9 为 Isaacs 等（2004）构建的一种抑制型核开关。他们在 DNA 上游的 5′UTR 和 RBS 序列之间引入一个短的、与 RBS 互补的 cis-抑制序列，该序列由互补于 RBS 的 19bp 发夹序列和 6bp 的环域组成。转录产生的 crRNA 能够发生折叠而掩盖 RBS，从而阻止蛋白质的表达。

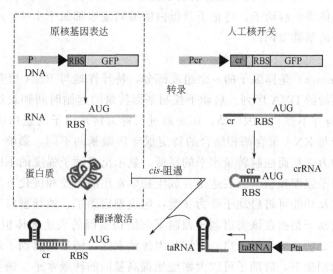

图 6-9　转录后基因调控的抑制型核开关（引自 Isaacs 等，2004）

2. 逻辑门 RNA 基因线路

计算机系统中各种功能都可以简化为"0"和"1"进行运算。生物体系中基因元件之间的协同运作也可以简化为"开启"和"关闭"。以 RNA 元件组装可形成指定的逻辑门功能基因线路，人们已经构建了"与（AND）"、"或（OR）"、"或非（NOR）"和"与非（NAND）"等基因线路。以"与"门功能的遗传线路为例做简要说明（图 6-10）。该线路通过组合 2 个 RNA 核开关形成。每个核开关由 1 个锤头状核酶和 1 个适配体构成的传感器组成，在无效应物存在时，转录形成的锤头状核酶使 RNA 裂解，目标基因无法翻译；只有当茶碱和四环素两个同时输入时，它们分别与各自适配体结合，使锤头状核酶自身分裂，促进荧光蛋白的高效表达。

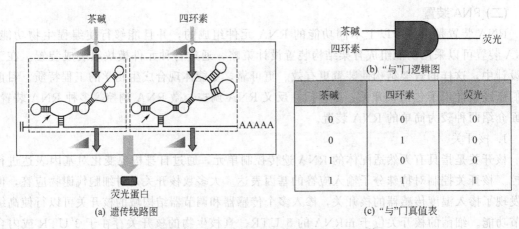

图 6-10　逻辑"与"门 RNA 遗传线路（引自 Win 等，2008）

二、DNA 元件与装置

一个功能基因或基因表达盒至少由一个启动子、编码蛋白质的 ORF 和一个终止子组成。以下主要讨论 DNA 元件和装置。

(一) DNA 元件

DNA 元件在生物元件标准化及生物模块中占了很大比例，DNA 部件中的克隆位点、重组位点、核酸适配体等、启动子、终止子及蛋白质编码基因都属于 DNA 元件。下面主要介绍启动子和终止子的基础知识。

1. 启动子

启动子（promoter）是操纵子的一个组成部分，特异性地与 RNA 聚合酶识别和结合并决定转录从何处起始的 DNA 序列。启动子控制基因转录的起始时间和表达的程度。启动子就像"开关"，本身并不控制基因活动，而是通过与称为转录因子的蛋白质结合控制基因活动的。由于启动子与 RNA 聚合酶相结合的特定保守区碱基的不同，影响 RNA 聚合酶的识别能力和结合亲和力，从而控制转录水平的高低，显示出启动子强度的不同。通过选择不同启动子或调节启动子强度控制基因表达是合成生物学常用的调控和优化方法。

根据作用方式及功能可将启动子分为 3 类：组成型启动子、诱导型启动子和组织特异型启动子。组成型启动子是指在该类启动子控制下，结构基因的表达大体恒定在一定水平上。组成型启动子不需要诱导剂就可以启动下游基因持续表达。诱导型启动子是指在某些特定的物理或化学信号的刺激下，启动子可以大幅度地提高基因的转录水平。诱导型启动子可根据需要定时、定量表达，但只能宏观调控基因表达，遵守全或无定律，要么全部开启，要么全部关闭。当今大肠杆菌表达系统主流的 T7 启动子是受异丙基-β-D-硫代吡喃半乳糖苷（IPTG）诱导的强启动子。组织特异型启动子调控下的基因往往只在某些特定的器官或组织部位表达，并表现出发育调节的特性。例如豌豆的豆清蛋白基因启动子可在转化植物种子中特异性表达。

合成生物学的发展可以合成启动子，使其具有不同的强度。合成启动子一个重要的途径是构建启动子突变库，并从库中筛选出所希望的启动子。建库的一般操作是保持调控蛋白质结合位点序列不变，改变启动子−10区和−35区序列及其间16个碱基序列。

2. 终止子

终止子（terminator）是给予RNA聚合酶转录终止信号的DNA序列，具有终止转录的功能。所有原核生物的终止子在转录终止点前有一段回文序列，它转录出来的RNA可以形成茎环式的发夹结构。终止子按其作用是否需要蛋白质因子的辅助可分为两类。一类不依赖于蛋白质辅因子就能实现终止作用。这类终止子的回文序列中富含GC碱基对，在回文序列的下游方向又常有6~8个AT碱基对。转录生成的发夹式mRNA结构阻止RNA聚合酶继续沿DNA移动，并使RNA聚合酶从DNA上脱落，终止转录。另一类则依赖蛋白质辅因子才能实现终止作用。这种蛋白质辅因子称为释放因子，通常又称 ρ 因子。依赖 ρ 因子终止子中回文序列的GC对含量较少，且在回文序列下游方向的序列没有固定特征，其AT对含量比前一种终止子低。

不同终止子的作用也有强弱之分，有的终止子几乎能完全停止转录；有的则只是部分终止转录，一部分RNA聚合酶能越过这类终止序列继续沿DNA移动并转录。如果一串结构基因群中间有这种弱终止子的存在，则前后转录产物的量会有所不同，这也是终止子调节基因群中不同基因表达产物比例的一种方式。因此，为了稳定表达，在构建表达体系时建议在功能基因下游插入很强的终止子。

(二) DNA 装置

DNA可以实现各种有效功能，应用各种途径已经构建了能够进行复杂信息加工和计算的合成分子线路，包括合成基因调控和信号网络、应用体外转录的计算网络及基于小分子或肽的计算网络等。

1. 双稳态开关

双稳态开关也称拨动开关，可通过人为调控实现基因线路在两种不同稳定状态间切换。经典的转录水平双稳态开关由两个启动子组成，每个启动子的开关状态之间具有明显的界限。双稳态开关对于输入信号在一个较宽范围内的变化不敏感，因此具有记忆功能。图6-11为基于特定蛋白质对特定基因表达的开启和抑制作用构建的一种转录水平的双稳态开关。

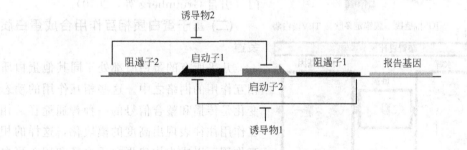

图 6-11　双稳态开关的基因线路（引自 Gardner 等，2000）

2. 基因振荡器

基因振荡器是一种基因调控装置，通过振荡的幅度和周期来决定基因表达的时间。如果将三个表达产物相互抑制的基因模块串联成一个环状结构，利用基因模块间的彼此抑制和解抑制即可实现振荡器的功能。图6-12为一种基因振荡器，启动子 P_{Llac01} 控制基因 *tetR-lite* 的转录，产生的四环素阻遏蛋白 TetR 抑制下游 P_{Ltet01} 的启动；P_{Ltet01} 控制 *λcl-lite* 的转录，其产物 Cl 蛋白抑制启动子 $λP_R$；$λP_R$ 控制 *lacl-lite* 的转录，产生的乳糖阻遏蛋白 Lacl 抑制 P_{Llac01}，三个启动子环环相扣形成一个完整的循环抑制振荡器，振荡器状态从"关闭"转换为"开启"的过程通过基因表达的能否实现。

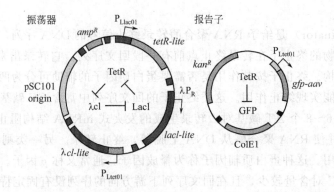

图 6-12 振荡器基因线路设计（引自 Elowitz 等，2000）

三、蛋白质元件与装置

合成生物学的目标是工程复杂的生物系统，在这方面蛋白质合成生物学的基础较其他领域更雄厚。目前用于合成生物学的蛋白质元件有结构域、功能蛋白等，它们常常与其他生物元件联合构成蛋白质装置。上面介绍过的双稳态开关和振荡器在一定程度上也可以认为是DNA 与蛋白质联合构成的蛋白质装置。

(一) 基于结构域合成的蛋白质装置

利用天然蛋白质结构域或结构域与肽基序之间的模块相互作用，将可再利用的蛋白质相互作用组装为线路。蛋白质结构域或结构域-肽相互作用成为许多构建物的重要构件，可以构建为蛋白质开关。如将无关的信号蛋白质的几个结构域-肽相互作用转换了酵母激酶N-WASP的自动抑制相互作用模块。在两种无关的激酶控制下，一对依赖磷酸化的输入相互作用连接 N-WASP 输出。输入相互作用的各种组合和排列产生 AND、OR 等各种门（引自 Gruünberg 等，2010）。

(二) 基于蛋白质相互作用合成蛋白质装置

几乎所有的蛋白质都处于同其他蛋白质相互作用的网络之中。这些相互作用的动态变化是传播和整合信号的一种普通途径。相互作用往往表现出高度的模块化，这样的相互作用可以成为构建蛋白质途径和用于蛋白质转换工程的一种行之有效的策略。图 6-13是一个典型由两个不连接的元件构成的装置。元件彼此之间通过化学或者物理相互作用应答，与另一装置的功能连接是通过蛋白质融合配对来实现的。

根据输入和输出，蛋白质装置也可以分为传感器、调节器和传递装置。传感器或称

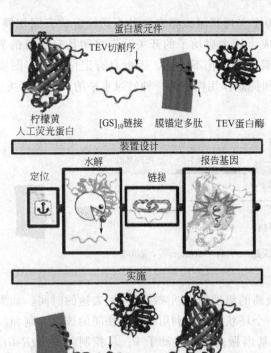

图 6-13 可再利用元件组装人工融合蛋白
（引自 Grünberg 等，2010）

为相互作用输入装置转化某种信号为一种相互作用变化；调节器或称为相互作用输出装置把一种连接输入装置的相互作用的变化转化为一种有效的生物作用（酶促活性、细胞信号化、报告基因读出和基因表达等），如酵母双杂交系统；相互作用传递装置输入和输出相互作用变化，它的输入结构域的共募集在其输出接口上引发、分裂或修饰，许多天然蛋白质信号网络在逻辑上可能分解为相互作用传递装置链。

(三) 支架蛋白或接合体重构途径

支架蛋白（scaffolding protein）是信号转导系统中一种没有酶活性的蛋白质，通常含有多个结构域，能同时与多个蛋白质结合。在细胞中，构成信号通路的蛋白质分子通常由支架蛋白通过物理作用组装成接合体，保证了信号传递的专一性和高效性。因此，支架蛋白或支架接合体在信号网络中起关键作用。

支架或接合体蛋白共募集信号成分（如激酶及其底物）形成信号网络。一系列结构域转换实验已经确定了酵母有丝分裂原活化蛋白激酶信号网络中支架的关键功能。图 6-14 为重构的酵母有丝分裂原活化蛋白激酶信号网络，支架蛋白质把每个激酶物理系于其后的底物上而起作用。图 6-14(a) 为支架作用的顺式模型：支架蛋白质 Ste5 将三种核心激酶（KKK、KK 和 K）结合在一起，实现彼此的磷酸化和激活，开辟了从上游激活因子到接合响应基因活化的信号通路，工程化的 Ste5 支架蛋白募集正调节或负调节蛋白质，形成一个正反馈或负反馈回路。图 6-14(b) 为支架作用的反式或簇模型：信号转导取决于 Ste5 对细胞膜的再定位，并且激酶活化似乎只通过部分占有支架的簇，合成募集可以增加信号簇内的调节蛋白质的浓度。

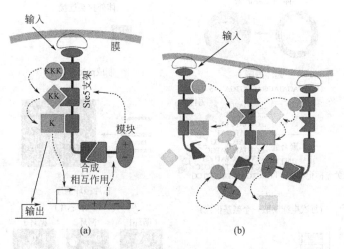

图 6-14　酵母有丝分裂原活化蛋白激酶信号网络重构（引自 Grünberg 等，2010）

第三节　合成生物学工具

在合成生物学的人工设计和构建过程中，对遗传信息的掌握程度会影响生物学元件、装置与系统的设计过程；反过来，设计的生物模块能否有效合成又制约了设计的验证。先进的基因测序与合成技术使得合成生物学设计新生命密码和构建功能细胞更加容易。

一、DNA 测序

DNA 测序技术已广泛应用于生物学研究的各个领域，很多生物学问题都可以借助高通量 DNA 测序技术予以解决。大规模平行测序平台已经发展为主流的测序技术，不仅令 DNA 测序费用降到了以前的百分之一，还让基因组测序这项以前专属于大型测序中心的"特权"能够被众多研究人员分享。目前，新的测序技术及手段还在不断涌现，但迄今为止，我们获得的绝大部分 DNA 序列都是基于 Sanger 测序法获得的。

(一) Sanger 测序法

自 20 世纪 90 年代初，所有的 DNA 测序操作几乎无一例外地全部采用半自动化毛细管电泳 Sanger 测序法。Sanger 法是根据核苷酸在某一固定的点开始，随机在某一个特定的碱基处终止，并且在每个碱基后面进行荧光标记，产生以 A、T、C、G 结束的四组不同长度的一系列核苷酸，然后在尿素变性的胶上电泳进行检测，从而获得可见的 DNA 碱基序列，具体过程见图 6-15(a)。在此基础上发展的相关技术统称为第一代测序技术，第一代测序技术在人类基因组计划中有了极大作用与发展。Sanger 法因为既简便又快速，并经过后续的不断改良，成为了迄今为止 DNA 测序的主流。

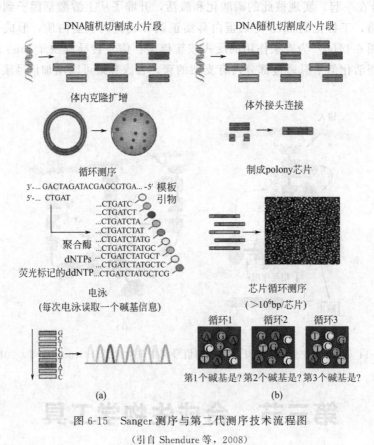

图 6-15 Sanger 测序与第二代测序技术流程图

(引自 Shendure 等，2008)

(二) 第二代测序技术

然而随着科学的发展，传统的 Sanger 测序已经不能完全满足研究的需要，对模式生物进行基因组重测序以及对一些非模式生物的基因组测序，都需要费用更低、通量更高、速度更快的测序技术，第二代测序技术（next-generation sequencing）应运而生。

第二代测序技术的核心思想是边合成边测序，即通过捕捉新合成的末端的标记来确定DNA 的序列。

第二代测序法首先也是将基因组 DNA 随机切割成小片段 DNA 分子，然后在体外给这些小片段分子的末端连接上接头制成文库，也可以使用配对标签制成跨步文库。随后可以通过原位 polony、微乳液 PCR 或桥式 PCR 等方法获得测序模板。然后采用循环芯片测序法进行测序，对布满 DNA 样品的芯片重复进行基于 DNA 的聚合酶反应以及荧光序列读取反应〔图 6-15(b)〕。目前市面上出现的第二代测序仪产品有美国 Roche Applied Science 公司的454 基因组测序仪、美国 Illumina 公司和英国 Solexa technology 公司合作开发的 Illumina 测序仪、美国 Applied Biosystems 公司的 SOLiD 测序仪、Dover/Harvard 公司的 Polonator 测序仪以及美国 Helicos 公司的 HeliScope 单分子测序仪等。

(三) 第三代测序技术

第三代测序技术也叫从头测序技术（denovo sequence），即单分子实时 DNA 测序。其技术原理是：脱氧核苷酸用荧光标记，当荧光标记的脱氧核苷酸被掺入 DNA 链的时候，它的荧光就同时能在 DNA 链上探测到。显微镜可以实时记录荧光的强度变化。当它与 DNA链形成化学键的时候，它的荧光基团就被 DNA 聚合酶切除，荧光消失。这种荧光标记的脱氧核苷酸不会影响 DNA 聚合酶的活性，并且在荧光被切除之后，合成的 DNA 链和天然的DNA 链完全一样。第三代测序技术主要有 Helicos 公司开发的单分子测序、Complete Genomics 公司对人类大型基因组研究中的最新技术、OpGen 公司的 Optical Mapping Solutions 测序等。

二、DNA 合成

合成生物学基本上是通过对 DNA 序列的重写来实现各种目的，如改造生物大分子、基因网络、代谢途径，甚至整个染色体或基因组。因此，基因合成技术对合成生物学便显得尤为重要。人工合成基因的方法是以短链寡核苷酸为原料，经拼接组装得到长链 DNA。

(一) 柱式合成

柱式合成是寡核苷酸的常规来源，以多孔玻璃或聚苯乙烯作为固相载体，多孔玻璃通过连接化合物与初始核苷酸的羟基共价结合，核苷酸的 5′-羟基用二甲氧基三苯甲基（DMT）保护。合成所用单体为核苷亚磷酰胺，是经过化学修饰的核苷酸。一般寡核苷酸从 3′ 向 5′合成，具体过程为：①脱保护，用三氯乙酸或二氯乙酸脱去连在固相载体上的核苷酸 5′-羟基上的保护基团 DMT，使它暴露出来进行下一步反应；②偶联，将亚磷酰胺单体用四唑活化，形成高反应性的亚磷酰四唑，进入合成柱，与连在固相载体上的寡核苷酸 5′-羟基偶联，这一步效率一般在 98％以上；③封闭，为了防止少量未反应的连在固相载体上的 5′-羟基进入下一循环，用醋酐对其进行乙酰化封闭，大大提高了最后产品的纯度；④氧化，常用碘的四氢呋喃溶液将亚磷酸酯转化为磷酸三酯，得到稳定的寡核苷酸。经过上面四个步骤，核苷酸被逐个加到合成的寡核苷酸链上。最后用浓氨水把寡核苷酸从固相载体上切割下来，脱去碱基和磷酸基团上的保护基团。近几十年来商品化的 DNA 合成仪普遍采用这种固相亚磷酰胺三酯法生产寡核苷酸。

(二) 芯片合成

DNA 芯片合成技术利用硅芯片或玻璃载片的表面进行寡核苷酸增长，反应发生在独立的区域或柱内，局限于特定的点或体积。DNA 芯片合成通过多种不同的机制实现，包括光刻法、喷墨印刷、电化学阵列和微流体技术等，这些机制控制将亚磷酰胺单体耦合到一个特定点不断增长的寡核苷酸链上。

光刻法是早期芯片合成寡核苷酸的方法，主要使用物理面罩和光不稳定核苷单体。物理面罩负责产生光的模式，决定芯片哪些领域阵列上需要激活化学偶联，需要根据被合成的寡核苷酸序列预制。物理面罩曝光在特定地区就消除生长寡核苷酸链的耐光阻断，只在光照射下的区域发生亚磷酰胺单体的耦合反应，循环多次实现寡核苷酸的合成〔图6-16(a)〕。喷墨印刷法利用由高品质的运动控制器控制的喷墨打印机头，可以释放试剂小液滴到化学改性芯片的滑动面，在那里进行反应合成DNA。压电式喷墨头由进气口和喷嘴组成的小储液器构成，储液器的一个壁含有一个压电晶体薄膜片，当将电压施加到晶体时，它收缩横向偏转膜片，从喷嘴喷射流出小液滴，进而合成DNA〔图6-16(b)〕。电化学阵列方法使用可单独寻址的微小电极阵列，只在指定位点通过电化学氧化产生酸用于DNA合成过程中的脱保护步骤〔图6-16(c)〕。

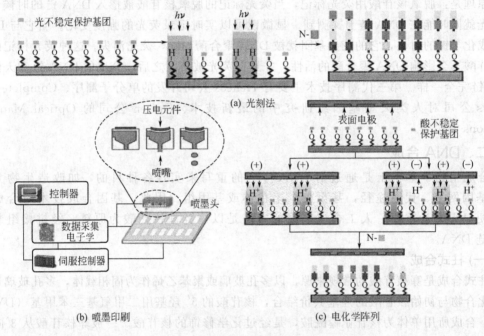

图6-16　芯片合成寡核苷酸机理图

三、生物区域化

细胞需要空间组织执行各种酶促反应和维持生命所必需的过程，这种空间组织常常通过区域化实现，其中膜结合细胞器、细菌微区、多酶复合物等是生物体中存在的区域化典型例子。借助于自然界所存在的这一灵感，合成生物学家们采用各种策略模仿细胞区域化系统，已成为合成生物学研究的重要领域。这些合成的系统被设计用于途径工程以解决代谢途径中有毒中间体挑战、竞争反应以及代谢流不平衡等问题。

(一) 利用蛋白支架构建多酶复合体

生物体在某些情况下利用非催化的骨架蛋白用来组装形成多酶复合物。如信号级联途径中的支架蛋白Ste5，能够特异性地将MAPKK Ste7及其底物MAPK FUS3汇集，促进信号级联过程中的磷酸化反应，消除竞争底物的抑制；scaffoldins支架蛋白将蛋白亚基组装为纤维小体而有利于降解纤维素。借助这种自然存在的酶复合物和非催化的骨架蛋白与其配体的选择性识别与结合作用，利用蛋白质相互作用域构建含有多个蛋白质相互作用域的蛋白支架，通过每个域选择性招募融合到特定配体上的酶，可将多种酶共定位至人工支架蛋白上，形成多酶复合体。Dueber 等人（2007）利用真核蛋白质相互作用域（GBD、SH3、PDZ）创造了一种人工合成的支架，采用模块化蛋白质结构域-配体相互作用共定位甲羟戊酸途径的三种酶，使甲羟戊酸的产量提高了 77 倍 [图 6-17(a)]。

(二) 通过蛋白质包装区域化

细菌微区是以蛋白质为基础与周围环境相对封闭的系统，其蛋白质外壳具有微孔，这些微孔有可能调节所催化底物在蛋白质外壳的流入和流出。这种策略可以有效地从细胞环境中隔离反应中间体，形成反应底物的局部高浓度，从而提高了产品产量。合成生物学家通过异源表达细菌微区用于封装外源途径，增加代谢途径的通量，使细菌微区成为一种代谢工程的有用工具。例如，将蓝藻中的羧酶体在大肠杆菌中异源表达，封装的微区具有 Rubisco 酶的功能 [图 6-17(b)]。

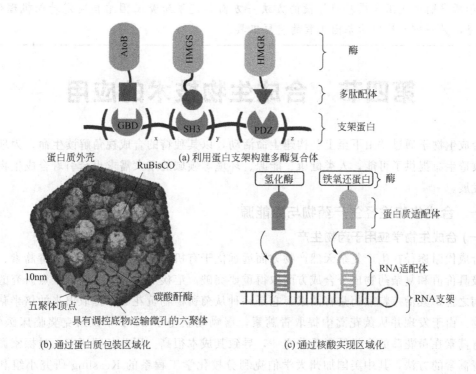

(a) 利用蛋白支架构建多酶复合体

(b) 通过蛋白质包装区域化

(c) 通过核酸实现区域化

图 6-17 生物区域化

(三) 通过核酸实现区域化

DNA 和 RNA 纳米技术在医药和工业领域有许多应用前途。短链 DNA 或 RNA 可以折叠成各种结构或组装成二聚体或多聚体的积块，然后这些积块可以在体外聚合成不同的三维结构，如简单的片层结构以及更复杂的管和胶囊结构。因此，采用 DNA 和 RNA 的纳米技术可以构建模拟酶通道和细菌微区等天然组织结构。DNA 和 RNA 均可作为支架构建更加复杂的体系，如一个单一的 RNA 分子（约 100 个碱基）可以折叠成一个线性离散支架，且 RNA 分子包括多个不同的蛋白质适配体，则会招募不同蛋白质，形成的支架模仿自然界中的多酶复合物 [图 6-17(c)]。

科拉纳 1922 年出生于印度旁遮普邦一个仅有 100 户左右的小村庄莱布尔。1943 年，他以优异成绩从旁遮普大学毕业，两年后又获得硕士学位。1948 年获得有机化学博士学位，期间他对核酸生物化学产生了浓厚兴趣。他将化学方法和酶学方法有机结合起来破译遗传密码，到 1964 年合成了包含 64 种可能遗传密码组合的核苷酸链。到 1966 年，科拉纳小组最终破译了所有的遗传密码。1968 年，科拉纳和尼伦伯格以及霍利由于"对遗传密码及其在蛋白质合成过程方面作用的解释"而分享该年度诺贝尔生理学或医学奖。

一旦遗传密码的密码被发现，科拉纳的研究重点就转移到基因结构与功能关联方面的研究，开始探索 DNA 与蛋白质之间的相互作用。为了更好理解基因表达，科拉纳开始 DNA 的合成和测序研究。1970 年 6 月，科拉纳第一次实现了酵母 tRNA$_{Ala}$ 基因的化学全合成，该成就被看作是分子生物学研究中的一个里程碑事件。1976 年，科拉纳宣布合成了完全具有功能的人造基因，可在大肠杆菌内正常转录。这是人类第一次实现人造基因，科拉纳所发明的人工合成基因片段的方法一方面奠定了研究基因结构决定功能机理研究的基础，另一方面还成为基因工程的重要工具。

第四节　合成生物技术的应用

合成生物学通过"由下至上"构建生命活动，以其独特的合成视角解读生命，为理性设计和改造生命提供了可能，人类健康、能源、环境等领域的重大需求也牵引着合成生物学的迅猛发展。

一、合成生物途径生产药物与新能源

(一) 合成生物学应用于药物生产

合成代谢途径在生产复杂天然产物方面远远优于有机合成化学，近年已在青蒿素、紫杉醇等极具价值和复杂药物成分合成方面取得重要突破。疟疾居世界卫生组织重点研究的六大热带病之首，其治疗特效药是青蒿素，它是一种从菊科植物黄花蒿中提取出来的倍半萜内酯化合物。由于发现并从黄花蒿中提取青蒿素，屠呦呦获得了 2011 年拉斯克奖临床医学奖。然而青蒿素在黄花蒿的含量低于千分之一，导致其成本很高。因此各国研究人员探索微生物合成青蒿素的方法，其中美国加州大学伯克利分校化学工程系的 Keasling 研究小组利用合成生物学方法实现了青蒿素前体物青蒿酸在酿酒酵母中的合成。

Keasling 小组于 2003 年开始构建青蒿酸的合成路径，2006 年在酿酒酵母中实现青蒿酸的工程化生产。他们主要通过以下措施实现并提高青蒿酸的生产（图 6-18）：①优化 FPP 合成途径以提高 FPP 的产量；②引入紫穗槐二烯合酶 ADS 基因；③引入黄花蒿中的 P450 单加氧酶 CYP71AV/CPR1/CYB5 氧化青蒿二烯为青蒿醇，醇脱氢酶 ADH1 氧化青蒿醇为青蒿醛，醛脱氢酶氧化青蒿醛为青蒿酸，实现了青蒿二烯到青蒿酸的三步氧化反应。结合工业发酵过程优化，作为工业产品的青蒿酸最终产量高达 25g/L。由于在生物合成抗疟疾药物方面的突出成就，其小组在酵母菌中的研究成果被评为当年"世界十大科技进展"之一。

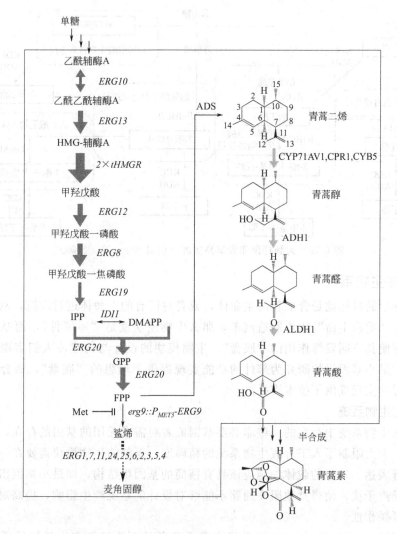

图 6-18 人工构建酿酒酵母的青蒿酸合成途径（引自 Ro 等，2006）

(二) 合成生物学应用于能源领域

受世界石油资源、价格、环保和全球气候变化的影响，将合成生物学应用到能源领域中的想法也顺势而生。通过生物资源生产的生物柴油和燃料乙醇，可以替代由石油制取的柴油和汽油，一直是可再生能源开发利用的重要方向。近年发现含有四碳或五碳的直链或支链高级醇具有更高的能量密度和更低的吸湿性，它们更适合作为汽油的代替品。美国加州大学洛杉矶分校的 Liao 小组（2008）利用大肠杆菌强大的氨基酸合成途径，将 2-酮酸转化合成高级醇。它们的总体设计思想是将外源基因分为两个模块：链延长反应模块和生成醇反应模块。生成醇反应模块对于每一种酮酸反应物都是一样的，均由酮酸脱羧酶 KDC 和醛脱氢酶 ADH 基因构成；而链延长模块则有所不同，不同的酮酸产物需要不同的外源酶系，由不同的外源基因簇表达（图 6-19）。他们利用不同的氨基酸合成途径合成了不同高级醇，控制了链长的生产，为后续开发其他功能产物提供了基础，开辟了前所未有的生物能源合成模式，具有很强的合成生物学借鉴意义。Liao 研究小组（2009）也采用合成生物学方法甚至利用光自养型蓝细菌以二氧化碳为原料合成高级醇，Liao 也因其在"循环利用二氧化碳合成高级醇"方面的杰出工作获得了 2009 年美国环保署颁发的"总统绿色化学挑战奖"。

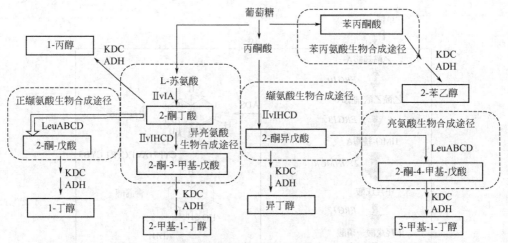

图 6-19　大肠杆菌非发酵高级醇（引自 Shota 等，2008）

二、合成生物系统

合成生物学的目标就是合成新的生命体，或者对已有的生命体进行改造，从而实现新的功能。如果将"重构生命"比作制造汽车，那么生物模块就是"零部件"，而基因组则是装载这些零件并使其协同发挥作用的"底盘"。生物模块的设计与构建使人们实现对生命体的设计与改造，最小基因组的研究为部件的功能实现提供了理想的"底盘"，而合成基因组技术为上述二者的实现提供了技术支撑。

(一) 简化生物系统

由于天然生物系统中存在的一些非必要基因或者对需求无用的基因的存在，导致了噪声干扰的产生，大大限制了人工合成生物系统的精确度。而新的生物模块需要在一个合适的载体细胞中进行表达。理想的载体细胞应该具有精简的基因组结构，即最小基因组，从而最大限度地降低噪声干扰，使得其他阻碍通路不能够对设计的系统产生影响，提高对所设计系统的可控性和可操作性。

最小基因组（minimal genome）是指在最适宜条件下维持细胞生长繁殖所必需的最小数目的基因。最小基因组研究的核心就是确定基因对于维持系统正常生命活动的必需性。一般认为，最小基因组的生物个体应该生存在具有所有基本的营养成分和没有环境压力的条件下，在这种环境下的最小基因组的主要组成部分应该包括一个几乎完整的翻译系统、一个基本上完整的 DNA 复制机器、一个进行 DNA 重组和修复的系统、具有 4 个 RNA 聚合酶亚单位的转录装置、一组参与蛋白质折叠的分子伴侣蛋白、完整的无氧中间代谢途径、辅酶合成途径和蛋白质转运机器 8 个部分。

目前用于研究必需基因的方法主要有比较基因组学、大规模基因失活实验、基于代谢网络的预测等方法。生殖道支原体（*M. genitalium*）基因组是目前已测定的物种基因组中最小的一个，仅有 468 个基因，科学家将它的基因组与另外一种细菌流感嗜血杆菌（*H. influenzae*）的基因组序列进行了详细的比较，发现有 240 个生殖道支原体基因与流感嗜血杆菌基因存在垂直同源性，因此认为最小基因组需要大约 250 个基因。

根据基因必需性的信息，目前公认的实现最小基因组构建的策略有两种：一是"自上而下（top-down）"的策略，对现有的基因组进行有目的的精简，以活细胞为基础来检验多少个基因被删除之后仍能保持细胞的生存；二是"自下而上（bottom-up）"的策略，对必需基因进行重新设计、合成与组装。"自下而上"的策略主要是通过全基因组合成方法实现。"自上而下"的策略主要有基于自杀质粒的同源重组方法、基于线性 DNA 的同源重组方法、基于位点特异性重组酶的方法和基于转座子的方法等。例如，大肠杆菌 K-12 是一株用于遗传、生化和代谢研究的模式细菌，它的基因组上约有 4500 个基因。通过位点特异性重组酶的方法精确删除 K-12 基因组中引起 DNA 不稳定的和非必需功能的基因，发现获得的菌株在丰富培养基上的生长速度没有明显降低，并且较野生菌具有更好的染色体及染色体外 DNA 分子的遗传稳定性、更高的电转化效率。

(二) 人工全基因组合成

全基因组合成就是对目的基因组进行人工设计，然后对基因组进行合成、组装及移植，最终合成基因组，目标是制造一个由化学合成基因组控制的合成细胞。从头全合成及拼接成完整的基因组为"自下而上"策略。从头合成 (de novo synthesis) 基因组基于从头合成基因。从头合成基因就是以 A、C、T 和 G 4 种碱基为原料，按照一定的目的要求，以一定的顺序最终连接成具有一定长度基因的过程。目前合成基因组的基本路线有 6 大步骤：①按照预先设计的 DNA 序列，以 A、C、T 和 G 4 种碱基为原料，按照需要依次合成寡核苷酸；②将寡核苷酸按一定的顺序组装成较短的 DNA 序列（一般为 400～600bp）；③按一定的顺序将不同的寡核苷酸连接成长的 DNA 片段及长基因序列（1kb 至几千碱基对）；④通过酶连接法或体内重组合成更长的基因并组成基因组的长片段（10kb）；⑤在大肠杆菌及酵母中依次组装，最后达到超过 1Mb 的基因组；⑥将合成的基因组移植到细胞中去，使合成的基因组按要求表达。

最早的人造细胞是利用人工合成基因组制造的支原体细胞。Venter 等将化学合成的蕈状支原体 (M.mycoides) 基因组序列在酵母中组装成合成基因组，接着将其移植到去除了遗传物质的山羊支原体 (M.capricolum) 中，该人工合成基因组在接受方细胞中实现自我复制，创造出历史上首个"人造单细胞生物"，取名"辛西娅"(Synthia)。这项研究成果标志着合成生物学可以简单地改造生命，不仅为合成生物学提供了相应的技术体系，同时对于揭示生命现象和本质具有重要的科学价值。

(三) 构建人工细胞群体响应系统

多细胞系统作为多细胞生命体的原件，对其的研究必不可少。利用细胞间通信的互相协调是目前工程化细胞群体系统的主要手段。相比于单细胞而言，细胞群体系统及多细胞系统的人工构建则复杂得多，这些细胞合成和工作的可靠性必然受到多种信号组分、多种宿主细胞、多路通信等方面的影响，因此，构建时不仅要考虑细胞间的协同，还要考虑信号分子的跨膜运输、环境因素的分布等，争取在设计通信系统时做到平衡细胞内元素的敏感性，降低信号间的交叉影响。

群体感应是一种在细胞浓度达到一定阈值后，细胞的基因表达情况受细胞密度调控的机制。合成生物学在此方面的初期尝试是在大肠杆菌中开发细胞间的通信模块来协调细胞群体行为及其基因表达，通过遗传线路对信号浓度随时间变化的响应构建人工细胞群体响应系统。利用遗传线路对信号浓度随距离变化的响应也可以实现遗传线路的空间响应。

图 6-20 描绘了人工细菌群体图案系统的构建，展示了接受器细胞如何只对它与发生器细胞中间的距离产生相应的响应。细胞与细胞间的通信交流由发生器细胞表达的 LuxI 酶启动。LuxI 催化 AHL 的合成，AHL 通过细胞膜发生扩散，并在发生器细胞周围产生浓度梯度。AHL 扩散进入邻近的接受器细胞，并与 LuxR 靠近，LuxR 依赖于 AHL 的转录调控，

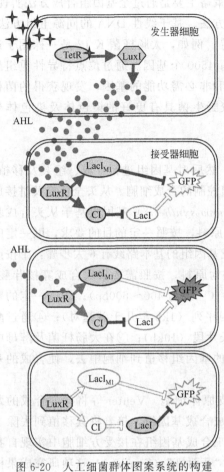

图 6-20 人工细菌群体图案系统的构建
(引自 Basu 等, 2005)

激活 CI 和 LacI$_{M1}$(一种将 lacI 密码子进行过人工改变后的翻译产物)的表达。离"发生器细胞"近的"接受器细胞"接受高浓度的 AHL,产生高细胞质的 CI 及 LacI$_{M1}$ 和绿色荧光蛋白的高表达。而离"发生器细胞"远的"接受器细胞"则因接受的 AHL 浓度较低,使 CI 和 LacI$_{M1}$ 的表达水平没有显著提高。与"发生器细胞"的中间介质距离影响 AHL 的浓度梯度,从而影响"接受器细胞"表达 CI 和 LacI$_{M1}$ 水平。但是,因为 CI 的表达速率显著高于 LacI 的表达速率,CI 可在 LacI$_{M1}$ 浓度低于 GFP 表达所需的最低量时,有效地切断 LacI 的表达。这种 CI 和 LacI$_{M1}$ 表达速率的不同,与以 LuxR 为起始而以 GFP 终止的前馈环相结合,满足了对 AHL 不同浓度的调节线路的需求。

三、无细胞合成生物技术生产化学品

合成生物学努力构建简化的系统以加强对细胞调控过程的理解,但导入细胞内的基因线路受整个细胞的影响,常常受一些无关的基因线路、非转录过程等噪声的干扰。因此,无细胞合成生物学成为又一关注点。无细胞系统在理解复杂生物过程方面具有很多优势:可以添加或合成新的天然或非天然的元件于系统中,并保持这些元件有精确的比例;化学环境可以被控制、监控,并能快速采样;使系统对环境刺激的响应最小化,并通过直接目标化实现高效率。目前主要的无细胞合成系统有原核表达系统的大肠杆菌裂解液、真核表达系统的兔网织红细胞裂解液和麦芽提取物,主要应用于蛋白质合成和生物催化两方面。

(一) 无细胞蛋白质合成系统

蛋白质生物合成的机器是核糖体,如果存在有 tRNA,以及蛋白质折叠加工必需的酶和各种相关因子,只要提供外源的 RNA 模板、氨基酸和能量,无需其他的细胞结构蛋白质合成也能顺利进行。而在各种细胞的裂解液中几乎都含有蛋白质生物合成所需的核糖体及各种酶和因子。因此无细胞蛋白质合成(cell-free protein synthesis, CFPS)系统是一种以外源 mRNA 或 DNA 为模板,在细胞抽提物的酶系中补充底物和能量来合成蛋白质的体外系统。这种系统简化了重组、克隆、表达等步骤,可进行大量基因的同步表达。

无细胞系统中蛋白质合成的机制大致如下:①质粒 DNA 或是直接的 PCR 产物,在 RNA 聚合酶的作用下在体外合成 mRNA;②利用体外体系的翻译因子、各类合成蛋白质所需的酶和外加补充的氨基酸、能源物质、tRNA 等将 mRNA 翻译成蛋白质;③无细胞体系中翻译后释放的 mRNA 被再次循环利用合成蛋白质。2009 年 Park 等构建了一种由 X 形 DNA 为交联剂、以目标基因为单体并作为脚手架的凝胶,称为"P-凝胶系统"或"P-凝胶",利用大肠杆菌裂解液、小麦胚芽裂解液或兔网织红细胞为无细胞系统,成功表达包括海肾荧光素酶在内的 16 种蛋白质，表达效率是溶液系统的 300 倍，最大蛋白质表达量可达 5mg/mL（图 6-21）。

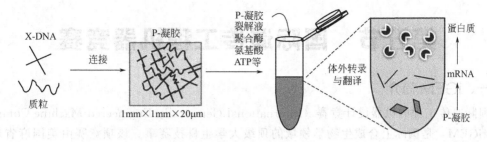

图 6-21 基于 P-凝胶无细胞蛋白质表达（引自 Park 等，2009）

（二）无细胞生物催化

随着无细胞蛋白质合成技术的发展，无细胞生物催化也日益受到重视。理论上，微生物包含数以千计的蛋白质负责代谢调节、自我复制、形成目标产物等，但只有其中的一小部分酶通常负责转换底物为产物。因此合成途径生物转化致力于采用无细胞催化体系构建无副作用的途径或多酶催化体系，仅利用合成目标产物所需的酶，实现微生物体内复杂的生物化学反应。要完成这一过程，一般需要 5 部分的工作：途径重构，酶的选择，酶的工程化，酶的生产，过程工程。

如 You 等（2013）设计了一种无细胞生物催化体系，可以将纤维素转化为淀粉，同时产生的葡萄糖可以被酵母发酵形成乙醇（图 6-22）。这一系统主要由两个模块构成：通过优化纤维二糖水解酶 CBH 和内切葡聚糖酶 EG 的组成和比例部分水解纤维素为纤维二糖；利

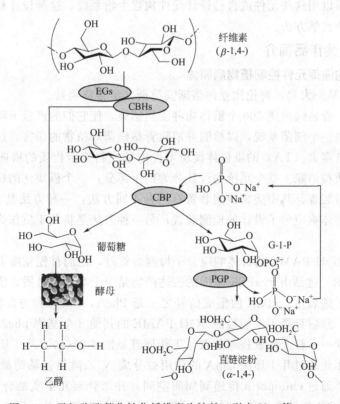

图 6-22 无细胞酶催化转化纤维素为淀粉（引自 You 等，2013）

用糖苷水解酶家族9的纤维二糖磷酸化酶CBP和糖基转移酶家族35的α-葡聚糖磷酸酶αGP合成直链淀粉。

第五节 国际遗传工程机器竞赛

一、iGEM 简介

国际遗传工程的机器设计竞赛（International Genetically Engineered Machine Competition，iGEM）是国际上合成生物学领域的顶级大学生科技赛事。该项竞赛由美国麻省理工学院2003年创办，2005年发展成为国际赛事，到2012年已有245支队伍参赛。每年的竞赛都受到 Nature、Science、Scientific American 等学术期刊及 BBC 这样的传统媒体的关注并进行专题报道。

iGEM 比赛要求学生自主选题，利用课余时间合作完成相应的实验工作，充分锻炼了学生的独立工作能力和团队协作能力，同时也培养了学生对于科学的热情。参赛学生可将研究所取得的有用成果提交给 MIT 的竞赛组委会，供全球的科学家共享参赛队伍的研究成果。此外该项竞赛为不同国家、不同专业的大学生提供了一个相互交流的国际舞台。按照 iGEM 官方的标准做就有得到金牌的可能，在金银铜牌外还有各种单项奖、入围奖、最终大奖等，这些奖项则是根据队伍项目的完成度和意义来评定的。"两金奖"是 iGEM 中的最高大奖，2009年时"两金奖"由中国科技大学和美国伯克利大学并列获得，2010年"两金奖"再次花落中国科技大学。参加 iGEM 比赛的学生团队一般会收到从 iGEM 标准生物部件登记处给出的工具包，可以用这些元件或自己设计元件构建生物系统，这种设计和竞争方式是一种非常激励和有效的教学方法。

二、部分获奖作品简介

(一) 可互换的遗传元件控制植物病原体

iGEM2012，唯一大奖，哥伦比亚的洛斯安第斯大学参赛项目。

在哥伦比亚，青枯病菌使200个植物物种受到感染，使它们的产量下降。他们设计了能够控制细胞密度的一个细菌系统，以检测并消除青枯病菌对植物的伤害，这个创新的系统通过实施毒素——抗毒素（TA）的染色体模块不仅能够控制遗传物质的横向转移，而且能够人工控制和预防质粒消除。整个系统的设计分为两个部分：一个模块化的病害检测装置；一个恒定的植物警报装置。其中病害检测装置有两种不同方法：一种方法是利用 3OH-PAME 是青枯菌的特定群体响应分子设计的检测装置；另一种方法是将几丁质作为真菌感染的指标设计的检测装置。

在构建基于 3OH-PAME 的群体响应分子检测装置时，他们首先克隆了青枯雷尔氏菌的启动子区域 PxpsR。这是由于 xPSR 基因的表达产物是一个集成信号器，能够调节青枯雷尔氏菌一些毒力因子的表达。xPSR 的集成信号之一是 PhcA，PhcA 参与青枯菌 3OH-PAME 介导的群体感应。然后克隆了参与检测 3OH-PAME 的其他3个基因 phcA、phcS 和 phcR，将其共同连接于同一质粒上形成检测装置，工作原理见图 6-23(a)。几丁质响应的检测装置工作原理是：几丁质通过几丁质酶 ChiA 的作用被分成 N-乙酰氨基葡萄糖二聚体，N-乙酰氨基葡萄糖二聚体通过 chitoporin 传递到周质空间，并结合至几丁质结合蛋白 CBP 上，从而导致信号从 ChiS 组氨酸激酶传递到几丁质酶基因并激活基因表达 [图 6-23(b)]。

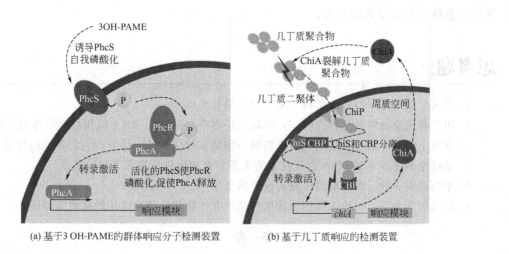

| (a) 基于3 OH-PAME的群体响应分子检测装置 | (b) 基于几丁质响应的检测装置 |

图 6-23　病害检测装置

(二) 超越三联密码子的 DNA 编译

iGEM2010，唯一大奖，斯洛文尼亚的 Ljubljana 大学参赛项目。

一般情况，三联核苷酸的信息决定翻译为蛋白质的氨基酸顺序。这个小组使用 DNA 为脚手架编码信息，将 9 个或更多个核苷酸 DNA 块作为一个程序 DNA 序列使用。如果将目标蛋白质与 DNA 结合域融合绑定到这些 DNA 块上，这些功能蛋白质将自发地按照 DNA 中定义的顺序排列，这个顺序只依赖于程序 DNA 的序列（图 6-24）。这种 DNA 介导装配平台技术为工程化生物合成途径提供强大的工具。

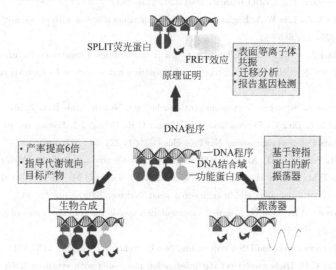

图 6-24　超越三联密码子的 DNA 编译构建及应用

他们选择了六种不同的锌指结构 ZNFs 作为 DNA 结合域，利用表面等离子体共振、迁移分析和 β-半乳糖苷酶报告基因检测方法确定了锌指结构绑定到其对应的目标 DNA 序列上，这种效果也通过在哺乳动物细胞中结合了四种不同锌指结构荧光蛋白于 DNA 块上被证明。这种 DNA 介导也在紫色杆菌素的 5 个酶生物合成途径中成功应用。在天然紫色杆菌素的生物合成途径中会产生大量的副产品 deoxychromoviridans，通过应用这种技术方法，避免了副产物的合成，且紫色杆菌素的产率提高了 6 倍。这些结果表明，人造 DNA 结合结构域的信息处理具有很大的潜力。

思考题：

1. 合成生物学是一门什么学科？基本理念是什么？

2. 用于合成生物学的元件有哪些，你认为还有哪些 DNA、RNA 或蛋白质可作为元件使用？

3. 合成生物学家们可以采用哪些策略模仿细胞区域化系统？请分析它们各自的优缺点。

4. 请讨论测序技术和 DNA 合成技术的更新与合成生物学发展之间的关系。

5. 举例说明 3 种反馈在基因线路构建中的作用。

6. 结合所学知识，讨论无细胞合成生物技术在生物催化领域应用的优势与局限。

参 考 文 献

[1] 宋凯. 合成生物学导论. 北京：科学出版社，2010.

[2] 张今. 合成生物学与合成酶学. 北京：科学出版社，2012.

[3] Atsumi S, Hanai T, Liao J C. Non-fermentative pathways for synthesis of branched-chain higher alcohols as biofuels. Nature，2008，451：86-90.

[4] Atsumi S, Higashide W, Liao J C. Direct photosynthetic recycling of carbon dioxide to isobutyraldehyde. Nat Biotechnol，2009，27：1177-1182.

[5] Basu S, Gerchman Y, Collins C H, Arnold F H, Weiss R. A synthetic multicellular system for programmed pattern formation. Nature，2005，434：1130-1134.

[6] Becskei A, SeÂraphin B, Serrano L. Positive feedback in eukaryotic gene networks: cell differentiation by graded to binary response conversion. The EMBO Journal，2001，20：2528-2535.

[7] Dueber J E, Mirsky E A, Lim W A. Engineering synthetic signaling proteins with ultrasensitive input/output control. Nat Biotechnol，2007，25：660-662.

[8] Elowitz M B, Leibler S. A synthetic oscillatory network of transcriptional regulators. Nature，2000，403：355-338.

[9] Gardner T S, Cantor C R, Collins J J. Construction of a genetic toggle switch in *Escherichia coli*. Nature，2000，403：339-342.

[10] Grünberg R, Serrano L. Strategies for protein synthetic biology. Nucleic Acids Res，2010，38（8）：2663-2675.

[11] Isaacs F J, Dwyer D J, Ding C, Pervouchine D D, Cantor C R, Collins J J. Engineered riboregulators enable post-transcriptional control of gene expression. Nat Biotechnol，2004，22：841-847.

[12] Park N, Um S H, Funabashi H, Xu J, Luo D. A cell-free protein-producing gel. Nat Mater，2009，8：432-437.

[13] Ro D K, Paradise E M, Ouellet M, Fisher K J, Newman K L, Ndungu J M, Ho K A, et al. Production of the anti-malarial drug precursor artemisinic acid in engineered yeast. Nature，2006，440：940-943.

[14] Rosenfeld N, Elowitz M B, Alon U. Negative autoregulation speeds the response times of transcription networks. J Mol Biol，2002，323：785-793.

[15] Shendure J, Ji H. Next-generation DNA sequencing. Nat Biotechnol，2008，26：1135-1145.

[16] Win M N, Smolke C D. Higher-order cellular information processing with synthetic RNA devices. Science，2008，322：456-460.

[17] You C, Chen H, Myung S, Sathitsuksanoh N, Ma H, Zhang X Z, Li J, Zhang Y-H P. Enzymatic transformation of nonfood biomass to starch. Proc Natl Acad Sci USA，2013，110：7182-7187.

[18] You L, Sidney C R, Weiss R, Arnold F H. Programmed population control by cell-cell communication and regulated killing. Nature，2004，428：868-871.

第七章 微生物与发酵工程

引言

发酵工程，即采用现代工程技术手段，利用微生物的某些特定功能，为人类生产有用的产品，或直接把微生物应用于工业生产过程的一种新技术，因此，微生物是发酵的灵魂。 发酵工程内容包括菌种的选育、培养基的配制、灭菌、扩大培养和接种、发酵过程优化和产品的分离提纯等方面。

在微生物学中，在人为规定的条件下培养、繁殖得到的微生物群体称为培养物，而只有一种微生物的培养物称为纯培养物。 微生物育种的目的就是利用自然选育或人工选育的方法获得优良的微生物的纯培养物。 之后在严格的无菌操作条件下，对选育出来的菌种进行扩大培养，培养基和各种玻璃器皿适用于不同的灭菌方式。

以获得高产量、高底物转化率和高生产强度相对统一为目标的发酵过程优化技术，是工业生物技术的核心。 因此，在发酵过程中，不仅要对发酵过程进行优化，还需要考虑到发酵过程中的跨尺度策略，包括纳尺度（基因层面）、微尺度（细胞代谢流）和宏观尺度（反应器层面）三者之间的结合调控策略。

本章主要介绍微生物与发酵工程，从优良种株的选育、培养基配制及灭菌、种子制备及扩大培养、发酵工程的基本流程、最适发酵条件的确定（pH、温度、溶氧和营养组成）及发酵的跨尺度调控等方面全面介绍发酵中上游工程。

知识网络

```
┌─────────────────────────────────────────┐
│           第一节  微生物基础              │
│  ─────────────────────────────────────   │
│  一、微生物的特点                         │
│  二、微生物分类及主要类型                 │
│  三、微生物的纯化、退化、复壮与保藏       │
│  四、微生物的营养                         │
│  五、影响微生物生长的因素                 │
│  六、微生物的培养方式                     │
└─────────────────────────────────────────┘
                    ↓
```

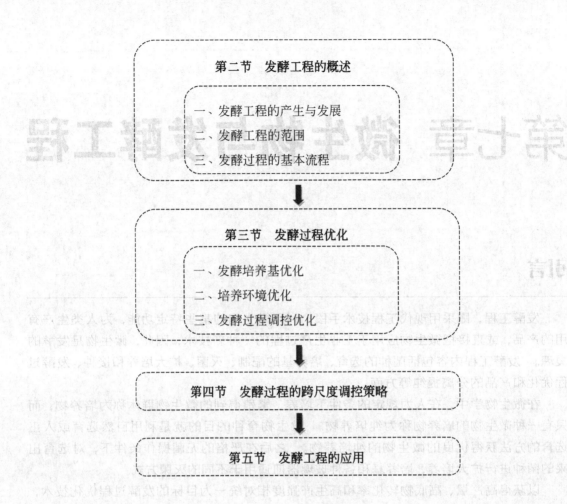

第二节　发酵工程的概述

一、发酵工程的产生与发展

二、发酵工程的范围

三、发酵过程的基本流程

第三节　发酵过程优化

一、发酵培养基优化

二、培养环境优化

三、发酵过程调控优化

第四节　发酵过程的跨尺度调控策略

第五节　发酵工程的应用

第一节 微生物基础

一、微生物的特点

(一) 微生物的概念

微生物是广泛存在于自然界中的一群肉眼看不见，必须借助光学显微镜或电子显微镜放大数百倍、数千倍甚至数万倍才能观察到的微小生物的总称。它们体形微小、结构简单、繁殖迅速、容易变异及适应环境能力强，其包括无细胞结构、不能独立生活的病毒，原核细胞结构的细菌，有真核细胞结构的真菌（酵母、霉菌等），还包括原生动物和某些藻类。在这些微小的生物体中，大多数是人们用肉眼不可见的，尤其是病毒等生物体，即使在普通的光学显微镜下也不能看到，必须在电子显微镜下才能观察到。但也有例外，有些微生物尤其是真菌——食用真菌等肉眼是可见的。由此可见，微生物是一个微观世界里生物体的总称。它们的大小和特征见表 7-1。

表 7-1 微生物形态、大小和细胞类型

微生物	大小近似值	细胞特征
病毒	$0.01 \sim 0.25 \mu m$	非细胞的
细菌	$0.1 \sim 10 \mu m$	原核生物
真菌	$2 \mu m \sim 1 m$	真核生物
原生动物	$2 \sim 1000 \mu m$	真核生物
藻类	$1 \mu m \sim 1 m$	真核生物

(二) 微生物的特点

① 代谢活力强。

② 繁殖快。

③ 种类多，分布广。

④ 适应性强，易变异（周德庆，2002）。

二、微生物分类及主要类型

根据形态结构及组成不同，可将微生物分为细菌、真菌、放线菌、螺旋体、支原体（霉形体）、立克次氏体、衣原体和病毒八大类。

(一) 细菌

细菌是一类细胞细而短（细胞直径约 $0.5 \mu m$，长度 $0.5 \sim 5 \mu m$）、结构简单、细胞壁坚韧、以二等分裂方式繁殖和水生性较强的原核微生物。

细菌的形态十分简单，基本上只有球状、杆状和螺旋状三大类。球状的细菌称为球菌，根据其相互联结的形式又可分单球菌、双球菌、四联球菌、八叠球菌、链球菌和葡萄球菌等。杆状的细菌称为杆菌，其细胞形态较球菌复杂，常有短杆状、棒杆状、梭状、梭杆状、月亮状、分支状、竹节状（即两端平截的杆状）等；按杆菌细胞的排列方式则有链状、栅状、"八"字状以及有鞘衣的丝状等。螺旋状的细菌称为螺旋菌，若螺旋不满一环则称为弧菌，满 $2 \sim 6$ 环的小型、坚硬的螺旋状细菌称为螺菌，而旋转周数在 6 环以上、体大而柔软的螺旋状细菌则称螺旋体。

由于细菌的细胞极其微小又十分透明，因此用水浸片或悬滴观察法在光学显微镜下进行观察时，只能看到其大体形态和运动情况。若要在光学显微镜下观察其细致形态和主要构造，一般都要对它们进行染色。染色法的种类很多，可概括如图 7-1。

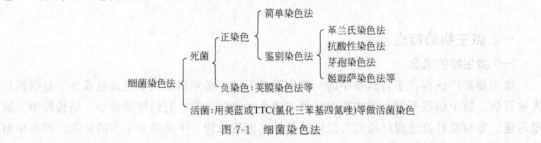

图 7-1　细菌染色法

在上述的各种染色法中，以革兰氏染色法最为重要。该染色法于 1884 年由丹麦医师 Gram 创立，故名。其简要操作分初染、媒染、脱色和复染四步。其原理为通过结晶紫初染和碘液媒染后，在细胞壁内形成了不溶于水的结晶紫与碘的复合物，革兰氏阳性菌由于其细胞壁较厚、肽聚糖网层次较多且交联致密，故遇乙醇或丙酮脱色处理时，因失水反而使网孔缩小，再加上它不含类脂，故乙醇处理不会出现缝隙，因此能把结晶紫与碘复合物牢牢留在壁内，使其仍呈紫色；而革兰氏阴性菌因其细胞壁薄、外膜层类脂含量高、肽聚糖层薄且交联度差，在遇脱色剂后，以类脂为主的外膜迅速溶解，薄而松散的肽聚糖网不能阻挡结晶紫与碘复合物的溶出，因此通过乙醇脱色后仍呈无色，再经沙黄等红色染料复染，就使革兰氏阴性菌呈红色。

(二) 真菌

凡是细胞核具有核膜、能进行有丝分裂、细胞质中存在线粒体或同时存在叶绿体等细胞器的微小生物，就称真核微生物。真菌是一类低等的真核生物，它们主要有以下五个特点：①不能进行光合作用；②以产生大量孢子进行繁殖；③一般具有发达的菌丝体；④营养方式为异养吸收型；⑤陆生性较强。

1. 酵母菌

酵母菌是一个通俗名称，由于例外情况较多，因此很难对它下一个确切的定义。可以认为，酵母菌一般具有以下五个特点：①个体一般以单细胞状态存在；②多数为出芽繁殖，也有的裂殖；③能发酵糖类产能；④细胞壁常含甘露聚糖；⑤喜欢在含糖量较高、酸度较大的水生环境中生长。

酵母菌细胞的形态通常有球状、卵圆状、椭圆状、柱状或香肠状等多种，当它们进行一连串的芽殖后，如果长大的子细胞与母细胞并不立即分离，其间仅以极狭小的面积相连，这种藕节状的细胞串就称假菌丝；相反，如果细胞相连，且其间的横隔面积与细胞直径一致，则这种竹节状的细胞串就称真菌丝。

2. 霉菌

霉菌，通常指那些菌丝体比较发达而又不产生大型子实体的真菌。它们往往在潮湿的气候下大量生长繁殖，长出肉眼可见的丝状、绒状或蛛网状的菌丝体，有较强的陆生性，在自然条件下，常引起食物、工农业产品的霉变和植物的真菌病害。

真菌菌丝细胞的构造与酵母菌细胞十分相似。其外由厚实、坚韧的细胞壁所包裹，其内有细胞膜，再内就是充满着细胞质的细胞腔。细胞核也有双层的核膜包裹，其上有许多膜孔，核内有一核仁。在细胞质中存在着液泡、线粒体、内质网、核糖体、泡囊和膜边体等。膜边体是一种特殊的膜结构，位于细胞壁和细胞膜之间，由单层膜包围而成，形状变化很大，有管状、囊状、球状、卵圆状或多层折叠状等，有点类似于细菌中的间体。其功能还不够清楚，可能与壁形成有关。

当真菌孢子落在适宜的固体营养基质上后，就发芽生长，产生菌丝和由许多分支菌丝相互交织而成的一个菌丝集团即菌丝体。菌丝体有两个基本类型：密布在营养基质内部主要执行吸取营养物功能的菌丝体，称为营养菌丝体；而伸展到空气中的菌丝体，则称为气生菌丝体。营养菌丝体和气生菌丝体对不同的真菌来说，在它们的长期进化过程中，对于相应的环境条件已有了高度的适应性，并明确地表现在产生种种形态和功能不同的特化构造上。

3. 病毒

病毒是一类超显微的非细胞生物，每一种病毒只含有一种核酸；它们只能在活细胞内营专性寄生，靠其宿主代谢系统的协助来复制核酸、合成蛋白质等组分，然后再进行装配而得以增殖。具体地说，病毒有这样几个特点：①形体极其微小，必须在电子显微镜下才能观察，一般都可通过细菌滤器；②没有细胞构造，故也称分子生物；③其主要成分仅是核酸和蛋白质两种；④每一种病毒只含有一种核酸，不是 DNA 就是 RNA；⑤既无产能酶系也无蛋白质合成系统；⑥在宿主细胞协助下，通过核酸的复制和核酸蛋白装配的形式进行增殖，不存在个体的生长和二均分裂等细胞繁殖方式；⑦在宿主的活细胞内营专性寄生；⑧在离体条件下，能以无生命的化学大分子状态存在，并可形成结晶；⑨对一般抗生素不敏感，但对干扰素敏感。

三、微生物的纯化、退化、复壮与保藏

(一) 微生物的纯化

在自然环境中栖息的微生物常常是多种不同微生物混杂在一起，要对其中某种微生物进行研究，就必须获得其纯培养物，以排除其他微生物的干扰，此过程就称为微生物的纯化。菌种分离纯化的方法有：稀释混合倒平板法、稀释涂布平板法、平板划线分离法、稀释摇管法、液体培养基分离法、单细胞分离法、选择培养分离法等。其中前三种方法最为常用，不需要特殊的仪器设备，分离纯化效果好，现分别简单介绍（沈萍，2006）。

1. 稀释混合倒平板法

平板是指经熔化的固体培养基倒入无菌培养皿中，冷却凝固而成的盛有固体培养基的平皿。该法是先将待分离的含菌样品，用无菌生理盐水做一系列的稀释（常用十倍稀释法，稀释倍数要适当），然后分别取不同稀释液少许（0.5～1.0ml）于无菌培养皿中，倾入已熔化并冷却至 50℃ 左右的琼脂培养基，迅速旋摇，充分混匀，待琼脂凝固后，即成为可能含菌的琼脂平板。于恒温箱中倒置培养一定时间后，在琼脂平板表面或培养基中即可出现分散的单个菌落。每个菌落可能是由一个细胞繁殖形成的。挑取单一菌落，一般再重复该法 1～2 次，结合显微镜检测个体形态特征，便可得到真正的纯培养物。若样品稀释时能充分混匀，取样量和稀释倍数准确，则该法还可用于活菌数测定（图 7-2）。

2. 稀释涂布平板法

采用上述稀释混合倒平板法有两个缺点：一是会使一些严格好氧菌因被固定在琼脂中间，缺乏溶氧而生长受影响，形成的菌落微小难于挑取；二是在倾入熔化琼脂培养基时，若温度控制过高，易烫死某些热敏感菌，过低则会引起琼脂太快凝固，不能充分混匀。

在微生物学研究中，更常用的纯种分离方法是稀释涂布平板法（图 7-3）。该法是将已熔化并冷却至约 50℃（减少冷凝水）的琼脂培养基，先倒入无菌培养皿中，制成无菌平板。

待充分冷却凝固后，将一定量（约 0.1ml）的某一稀释度的样品悬液滴加在平板表面，再用三角形无菌玻璃涂棒涂布，使菌液均匀分散在整个平板表面，倒置温箱培养后挑取单个菌落。

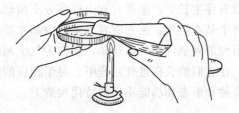
图 7-2　混合倒平板操作法示意

玻璃涂棒
琼脂表面
图 7-3　涂布平板操作法示意

3. 平板划线分离法

制备无菌琼脂培养基平板，待充分冷却凝固后，用接种环无菌蘸取少量待分离的含菌样品，在无菌琼脂平板表面进行有规则的划线。划线的方式有连续划线、平行划线、扇形划线或其他形式的划线。通过这样在平板上进行划线稀释，微生物细胞数量将随着划线次数的增加而减少，并逐步分散开来。经培养后，可在平板表面形成分散的单个菌落。但单个菌落并不一定是由单个细胞形成的，需再重复划线 1～2 次，并结合显微镜检测个体形态特征，才可获得真正的纯培养物。该法的特点是简便快速（沈萍，2006）（图 7-4）。

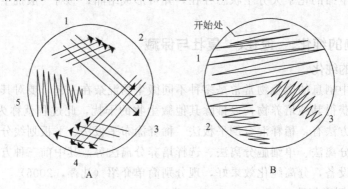
图 7-4　平板划线

(二) 微生物的衰退

菌种在培养或保藏过程中，由于自发突变的存在，出现某些原有优良生产性状的劣化、遗传标记的丢失等现象，称为菌种的衰退。菌种衰退不是突然发生的，而是从量变到质变的逐步演变过程。开始时，在群体细胞中仅有个别细胞发生自发突变（一般均为负变），不会使群体菌株性能发生改变。经过连续传代，群体中的负变个体达到一定数量，发展成为优势群体，从而使整个群体表现为严重的衰退。

经分析发现，导致这一现象的原因有以下几方面：

① 基因突变；

② 连续传代；

③ 不适宜的培养和保藏条件。

可以通过以下方法防止微生物衰退：

① 合理的育种；

② 选用合适的培养基；

③ 创造良好的培养条件；

④ 控制传代次数；

⑤ 利用不同类型的细胞进行移种传代；

⑥ 采用有效的菌种保藏方法（周德庆，2002）。

(三) 菌种的复壮

使衰退的菌种恢复原来优良性状的过程称为菌种的复壮。狭义的复壮是指在菌种已发生衰退的情况下，通过纯种分离和生产性能测定等方法，从衰退的群体中找出未衰退的个体，以达到恢复该菌原有典型性状的措施；广义的复壮是指在菌种的生产性能未衰退前就有意识地经常进行纯种的分离和生产性能测定工作，以期菌种的生产性能逐步提高。实际上是利用自发突变（正变）不断地从生产中选种。

菌种的复壮措施如下：

① 纯种分离；

② 通过寄主体内生长进行复壮；

③ 淘汰已衰退的个体；

④ 采用有效的菌种保藏方法（沈萍，2006）。

(四) 微生物的保藏

菌种保藏就是根据菌种特性及保藏目的的不同，给微生物菌株以特定的条件，使其存活而得以延续。例如利用培养基或宿主对微生物菌株进行连续移种，或者改变其所处的环境条件，例如干燥、低温、缺氧、避光、缺乏营养等，令菌株的代谢水平降低，乃至完全停止，达到半休眠或者完全休眠的状态，而在一定时间内得到保存，有的可保藏几十年或更长时间，在需要时再通过提供适宜的生长条件使保藏物恢复活力。

1. 传代培养保藏

传代培养是微生物保藏的基本方法，常用的培养方法有琼脂斜面培养、半固体琼脂柱培养及液体培养等。采用传代法保藏微生物应注意针对不同的菌种而选择适宜的培养基，并在规定的时间内进行移种。在琼脂斜面上保藏微生物的时间因菌种的不同而有较大的差异，有些可保存数年，而有些仅数周。由于菌种进行长期传代十分繁琐，容易污染，特别是会由于菌株的自发突变而导致菌种衰退，使菌株的形态、生理特性、代谢物的产量等发生变化，因此在一般情况下，在实验室里除了采用传代法对常用的菌种进行保存外，还必须根据条件采用其他方法，特别是对于那些需要长期保存的菌种更是如此。

2. 冷冻保藏

将微生物处于冷冻状态，使其代谢作用停止以达到保藏的目的。大多数微生物都能通过冷冻进行保存，细胞体积大者要比小者对低温更敏感，而无细胞壁者则比有细胞壁者敏感。其原因是低温会使细胞内的水分形成冰晶，从而引起细胞，尤其是细胞膜的损伤。进行冷冻时，适当采取速冻的方法，可因产生的冰晶小而减少对细胞的损伤。当从低温下移出并开始升温时，冰晶又会长大，故快速升温也可减少对细胞的损伤。冷冻时的介质对细胞的损伤也有显著的影响，一般应加入各种保护剂以提高培养物的存活率。

3. 干燥保藏法

冷冻真空干燥保藏是将加有保护剂的细胞样品预先冷冻，使其冻结，然后真空下通过冰的升华作用除去水分。达到干燥的样品可在真空或惰性气体的密闭环境中置低温保存，从而使微生物处于干燥、缺氧及低温的状态，生命活动处于休眠状态，可以达到长期保藏的目的。用冰升华的方式除去水分，手段比较温和，细胞受损伤的程度较小，存活率及保藏效果均不错。而且经抽真空封闭的安瓿管保存菌种，其邮寄、使用均方便。因此此法是目前使用最普遍，也是最重要的微生物保藏方法（沈萍，2006）。

四、微生物的营养

微生物的营养是微生物生理学的重要研究领域，主要研究内容是阐明营养物质在微生物生命活动过程中的生理功能，以及微生物细胞从外界环境摄取营养物质的具体机制。

(一) 微生物的营养要求

1. 微生物细胞的化学组成

微生物细胞的化学成分以有机物和无机物两种状态存在。有机物包含各种大分子，它们是蛋白质、核酸、类脂和糖类，占细胞干重的99%。无机成分包括小分子无机物和各种离子，占细胞干重的1%。水也是微生物细胞的重要组成成分，通常微生物细胞70%是水（沈萍，2006）。构成微生物细胞的物质基础是各种化学元素。根据微生物对各类化学元素需要量的大小，可将它们分为主要元素和微量元素，主要元素包括碳、氢、氧、氮、磷、硫、钾、钙、镁、铁等，碳、氢、氧、氮、磷、硫这六种主要元素可占细胞干重的97%（表7-2）。微量元素包括锌、锰、钠、氯、钼、硒、钴、铜、钨、镍、硼等。

表 7-2　微生物细胞中几种主要元素的含量（干重）　　　　　　　　　　　　　%

元素	细菌	酵母菌	真菌
碳	约50	约50	约48
氮	约15	约12	约5
氢	约8	约7	约7
氧	约20	约31	约40
磷	约3	—	—
硫	约1	—	—

2. 营养物质及其生理功能

根据营养物质在机体中生理功能的不同，可将它们分为碳源、氮源、无机盐、生长因子和水五大类。

（1）碳源　碳源是能提供微生物营养所需碳元素的物质。碳源物质在细胞内经过一系列复杂的化学变化后成为微生物自身的细胞物质（如糖类、脂、蛋白质等）和代谢产物，碳可占细胞干重的一半。同时绝大部分碳源物质在细胞内生化反应过程中还能为机体提供维持生命活动所需的能源，因此碳源物质通常也是能源物质。但是有些以 CO_2 作为唯一或主要碳源的微生物生长所需的能源则并非来自碳源物质。微生物利用碳源物质具有选择性，糖类是一般微生物较容易的良好碳源和能源物质，但微生物对不同糖类物质的利用也有差别，例如在以葡萄糖和半乳糖为碳源的培养基中，大肠杆菌首先利用葡萄糖，然后利用半乳糖，前者称为大肠杆菌的速效碳源，后者称为迟效碳源。

（2）氮源　氮源物质为微生物提供氮素来源。这类物质主要用来合成细胞中的含氮物质，一般不作为能源，只有少数自养微生物能利用铵盐、硝酸盐同时作为氮源与能源。能够被微生物利用的氮源物质包括蛋白质及其不同程度的降解产物（胨、肽、氨基酸等）、铵盐、硝酸盐、分子氮、嘌呤、嘧啶、脲、胺、酰胺、氰化物等。微生物利用氮源物质具有选择性，可以把微生物利用的氮源物质分为迟效氮源和速效氮源。蛋白氮必须通过水解之后降解成胨、肽、氨基酸等才能被机体利用，这种氮源叫迟效氮源。无机氮源或以蛋白质降解产物形式存在的有机氮源可以直接被菌体吸收利用，这种氮源叫做速效氮源。速效氮源通常有利于机体的生长，迟效氮源有利于代谢产物的形成。

（3）无机盐　无机盐是微生物生长必不可少的一类营养物质，它们在机体中的生理功能主要是作为酶活性中心的组成部分、维持生物大分子和细胞结构的稳定性、调节并维持细胞的渗透压平衡、控制细胞的氧化还原电位和作为某些微生物生长的能源物质等。微生物生长所需的无机盐一般有磷酸盐、硫酸盐、氯化物以及含有钠、钾、钙、镁、铁等金属元素的化合物（张嗣良，1984）。

（4）生长因子　生长因子是一类微生物正常生长不可缺少而需要量又不大，但微生物自身不能用简单的碳源或氮源合成，或合成量不足以满足机体生长需要的有机营养物质。不同微生物需求的生长因子的种类和数量不同。

（5）水　水是微生物生长所必不可少的。水在细胞中的生理功能主要有：①直接参与一些反应；②作为机体内一系列生理生化反应的介质；③营养物质的吸收、代谢产物的排泄都需要水；④由于水的比热容高，又是良好的热导体，所以它能有效地吸收代谢释放的热量，并将热量迅速地散发出去，从而有效地控制细胞的温度；⑤维持细胞正常的形态；⑥通过水合作用与脱水作用控制由多亚基组成的细胞结构。

3. 微生物的营养类型

由于微生物种类繁多，其营养类型比较复杂，人们常在不同层次和侧重点上对微生物营养类型进行划分（陈天寿，1995）（表7-3）。根据碳源、能源及电子供体性质的不同，可将绝大部分微生物分为光能无机自养型、光能有机异养型、化能无机自养型和化能有机异养型四种类型（表7-4）。

表 7-3　微生物的营养类型（Ⅰ）

划分依据	营养类型	特　点
碳源	自养型	以 CO_2 为唯一或主要碳源
能源	光能营养型	以光为能源
电子供体	无机营养型	以还原性无机物为电子供体

表 7-4　微生物的营养类型（Ⅱ）

营养类型	电子供体	碳源	能源	举例
光能无机自养型	H_2、H_2S，S 或 H_2O	CO_2	光能	着色细菌、蓝细菌、藻类
光能有机异养型	有机物	有机物	光能	红螺细菌
化能无机自养型	H_2、H_2S、Fe^{2+}、NH_3 或 NO_2^-	CO_2	化学能（无机物氧化）	氢细菌、硫细菌 亚硝化单胞菌属（*Nitrosomonas*）、硝化杆菌属（*Nitrobacter*）、甲烷杆菌属（*Mithanpbacterium*）、醋酸杆菌属（*Acetobacter*）
化能有机异养型	有机物	有机物	化学能（有机物氧化）	假单胞菌属、芽孢杆菌属、乳酸菌属、真菌、原生动物

光能无机自养型和光能有机异养型微生物可利用光能生长，在地球早期生态环境的演化过程中起重要作用；化能无机自养型微生物广泛分布于土壤及水环境中，参与地球物质循环；对化能有机异养型微生物而言，有机物通常既是碳源也是能源。根据化能有机异养型微生物利用的有机物性质的不同，又可将它们分为腐生型和寄生型两类，前者可利用无生命的有机物作为碳源，后者则寄生在活的寄主机体内吸取营养物质，离开寄主就不能生存。

某些菌株发生突变（自然突变或人工诱变）后，失去合成某种（或某些）对该菌株生长必不可少的物质（通常是生长因子如氨基酸、维生素）的能力，必须从外界环境获得该物质才能生长繁殖，这种突变型菌株称为营养缺陷型，相应的野生型菌株称为原营养型。营养缺陷型菌株经常用来进行微生物遗传学方面的研究。

(二) 营养物质进入细胞

对绝大多数属于渗透营养型的微生物来说，营养物质能否被微生物利用的一个决定性因素是这些营养物质能否进入微生物细胞。影响营养物质进入细胞的因素主要有三个：

其一是营养物质本身的性质。相对分子质量、溶解性、电负性、极性等都影响营养物质进入细胞的难易程度。

其二是微生物所处的环境。温度通过影响营养物质的溶解度、细胞膜的流动性及运输系统的活性来影响微生物的吸收能力；pH 和离子强度通过影响营养物质的电离程度来影响其进入细胞的能力。另外，环境中被运输物质的结构类似物也影响微生物细胞吸收被运输物质的速率。

其三是微生物细胞的透过屏障。所有的微生物都具有一种保护机体完整性且能限制物质进出细胞的透过屏障，透过屏障主要有原生质膜、细胞壁、荚膜及黏液层等结构。荚膜与黏液层的结构较为疏松，对细胞吸收营养物质影响较小。与细胞壁相比，原生质膜在控制物质进入细胞的过程中起着更为重要的作用，它对跨膜运输的物质具有选择性。

根据物质运输过程的特点，可将物质的运输方式分为单纯扩散、促进扩散、主

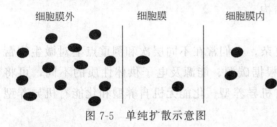

图 7-5　单纯扩散示意图

动运输与膜泡运输。

1. 单纯扩散

单纯扩散也称被动运输，即被输送的物质，靠细胞内外浓度差为动力，以透析或扩散的形式从高浓度区向低浓度区的扩散（如图 7-5）。

2. 促进扩散

促进扩散也是一种被动的物质跨膜运输方式，它与单纯扩散的一个主要差别是进行跨膜运输的物质需要借助于细胞膜上的载体蛋白的作用才能进入细胞（图 7-6），而且每种载体蛋白只运输相应的物质，具有较高的专一性。膜载体在膜外与营养物质亲和力强，与这种物质结合，进入细胞后亲和力降低释放营养物质。这种扩散方式比单纯扩散速度快，膜内外亲和力的改变与载体分子构型改变有关（微生物学通报，2006）。

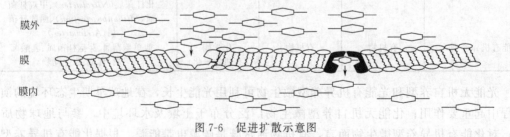

图 7-6　促进扩散示意图

3. 主动运输

主动运输是在代谢能的推动下，通过膜上特殊载体蛋白的协助逆浓度梯度吸收营养物质的过程。主动运输的一个重要特点是在物质运输过程中需要消耗能量，而且可以进行逆浓度

运输。它也需要载体蛋白参与，和促进扩散类似之处在于载体蛋白也是通过构象变化而改变与被运输物质之间的亲和力大小，使两者之间发生可逆性结合与分离，从而完成相应物质的跨膜运输，对被运输的物质有高度的立体专一性，而且被运输的物质在转移的过程中不发生任何化学变化。

（1）初级主动运输 初级主动运输指电子传递系统、ATP 酶或细菌嗜紫红质引起的质子运输方式，从物质运输的角度考虑是一种质子的主动运输方式。

（2）次级主动运输 通过初级主动运输建立的能化膜在质子浓度差（或电势差）消失的过程中，往往偶联其他物质的运输（图 7-7）。

（3）基团转位 基团转位与其他主动运输方式的不同之处在于它有一个复杂的运输系统来完成物质的运输，而物质在运输过程中发生化学变化。基团转位主要存在于厌氧和兼性厌氧细菌中，主要用于糖及脂肪酸、核苷、碱基等物质的运输，如葡萄糖等。

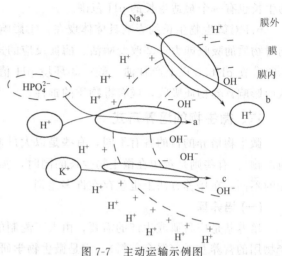

图 7-7 主动运输示例图

（4）Na^+，K^+-ATP 酶系统 Na^+，K^+-ATP 酶系统的功能是利用 ATP 的能量将 Na^+ 由细胞内"泵"出胞外，并将 K^+"泵"入胞内，不因环境中 Na^+ 和 K^+ 的浓度改变。

4. 膜泡运输

膜泡运输主要存在于原生动物中，特别是变形虫，为这类微生物的一种营养物质的运输方式。

五、影响微生物生长的因素

影响微生物生长的因素很多，除了营养条件外，还有许多物理因素，以下仅阐述其中最主要的温度、pH 和氧气三项。

(一) 温度

由于微生物的生命活动都是一系列生物化学反应组成的，而这些反应受温度影响又极其明显，故温度是影响微生物生长的最重要因素之一。温度对微生物生长的影响具体表现在：①影响酶活性，温度变化影响酶促反应速率，最终影响细胞合成。②影响细胞膜的流动性，温度高，流动性大，有利于物质的运输；温度低，流动性降低，不利于物质运输。因此，温度变化影响营养物质的吸收与代谢产物的分泌。③影响物质的溶解度，物质只有溶于水才能被机体吸收或分泌，除气体物质以外，温度上升，物质的溶解度增加；温度降低，物质的溶解度降低，从而对生长有影响。

(二) 氧气

根据氧与微生物生长的关系可将微生物分为好氧、微好氧、耐氧型、兼性厌氧型和专性厌氧型五种类型。氧对于好氧微生物生长虽然可以通过好氧呼吸产生更多的能量，满足机体的生长需要，但另一方面，氧对一切生物都会使其产生有毒害作用的代谢产物，如超氧基化合物与 H_2O_2，这两种代谢产物互相作用还会产生毒性很强的 OH·。

$$O_2 + e^- \longrightarrow O_2^-$$
$$H_2O_2 + O_2^- \longrightarrow O_2 + OH^- + OH\cdot$$

(三) pH

微生物生长过程中机体内发生的绝大多数反应是酶促反应，而酶促反应都有一个最适 pH 范围，在此范围内只要条件合适，酶促反应速率最高，微生物生长速率最大，因此微生物生长也有一个最适生长的 pH 范围。

pH 对微生物生长的影响具体体现在：①影响膜表面电荷的性质及膜的通透性，进而影响对物质的吸收能力；②改变酶活、酶促反应的速率及代谢途径，如酵母菌在 pH4.5～5 产乙醇，在 pH6.5 以上产甘油、酸；③环境 pH 值还影响培养基中营养物质的离子化程度，从而影响营养物质吸收，或有毒物质的毒性。

六、微生物的培养方式

微生物培养的目的各有不同，有些是以大量增殖微生物菌体为目标（如单细胞蛋白或胞内产物），有些则是希望在微生物生长的同时，实现目标代谢产物的大量积累。由于培养目标的不同，在培养方法上也就存在许多差别。

(一) 培养基

培养基是应科研或生产的需要，由人工配制的、适合于不同微生物生长繁殖或积累代谢产物用的营养基质（混合养料）。它是微生物学研究和微生物发酵生产的基础。

1. 配制培养基的原则

(1) 选择适宜的营养物质　所有微生物生长繁殖均需要培养基含有碳源、氮源、无机盐、生长因子、水及能源，但由于微生物营养类型复杂，不同微生物对营养物质的需求是不一样的，因此首先要根据不同微生物的营养需求配制针对性强的培养基。培养自养型微生物的培养基可以由简单的无机物组成。例如，培养化能自养型的氧化硫硫杆菌的培养基配制过程中并未专门加入其他碳源物质，而是依靠空气中和溶于水中的 CO_2 为氧化硫硫杆菌提供碳源（沈萍等，2007）。

(2) 营养物质浓度及配比合适　培养基中营养物质浓度合适时微生物才能生长良好，营养物质浓度过低时不能满足微生物正常生长所需，浓度过高时则可能对微生物生长起抑制作用。还有培养基中营养物质之间的浓度配比也直接影响微生物的生长繁殖及代谢产物的形成和积累，其中碳氮比（C/N）的影响较大。

(3) 控制 pH 条件　从整体上来看，各类微生物的最适生长 pH 值各不相同，一般来讲细菌与放线菌适于在 pH7～7.5 范围内生长，酵母菌和霉菌通常在 pH4.5～6 范围内生长。在微生物的生长和代谢过程中，由于营养物质的利用和代谢产物的形成与积累，培养基的初始 pH 值会发生改变。若不对培养基 pH 条件进行控制，往往导致微生物生长速度下降或（和）代谢产物产量下降。

(4) 控制氧化还原电位　氧化还原电位是量度某氧化还原系统中还原剂释放电子或氧化剂接受电子趋势的一种指标。一般以 Eh 表示。各种微生物对培养基的氧化还原电位的要求不一样，好氧微生物在 +0.3～+0.4V（在 >0.1V 以上的环境中均能生长）；厌氧微生物只能在 +0.1V 以下生长；兼性厌氧微生物一般在 +0.1V 以上呼吸、+0.1V 以下发酵。

(5) 渗透压　渗透压的大小是溶液中含有的分子或离子的质点数所决定的，其分子或离子越小，则质点数越多，因而产生的渗透压就越大。与微生物细胞渗透压相等的等渗溶液最适宜微生物的生长，高渗溶液则会使细胞发生质壁分离，而低渗溶液则会使细胞吸水膨胀，形成很高的膨压（例如 $E.coli$ 细胞的膨压可达 2atm[●] 或与汽车胎压相当），这对细胞壁脆弱或各种缺壁细胞，例如原生质体、球状体或支原体来说，则是致命的。

2. 培养基的种类

培养基种类繁多，根据其成分、物理状态和用途可将培养基分成多种类型。

（1）按成分不同划分

① 天然培养基　天然培养基是利用化学成分还不完全清楚或不恒定的天然物质（如肉汤、蛋白胨、麦芽汁、酵母汁、豆芽汁、玉米粉、牛奶、血清等）制成的培养基。例如培养多种细菌所用的牛肉膏蛋白胨培养基，培养酵母菌的麦芽汁培养基等。天然培养基的优点是营养丰富、种类多样、配制方便、价格低廉；缺点是成分不清楚、不稳定，不适宜做精细的科学实验。因此天然培养基只适合于一般实验室中的菌种培养、发酵工业中生产菌种的培养和某些发酵产物的生产等。

② 合成培养基　合成（组合）培养基是由化学成分完全了解的物质配制而成的培养基。例如，培养细菌的葡萄糖铵盐培养基，培养放线菌的高氏一号培养基，培养真菌的蔗糖硝酸盐培养基（即察氏培养基）就属于此种类型。组合培养基的优点是成分精确、重演性高；缺点是价格较贵、配制较烦，且微生物生长比较一般。此种培养基仅适用于营养、代谢、生理、生化、遗传、育种、菌种鉴定或生物测定等对定量要求较高的研究工作中。

③半合成培养基　半合成（组合）培养基是在合成培养基的基础上添加某些天然成分，以更有效地满足微生物对营养物的需要。如马铃薯蔗糖培养基。严格地讲，凡含有未经特殊处理的琼脂的任何组合培养基，因其中含有一些未知的天然成分，故实质上也只能看作是一种半组合培养基。

（2）根据物理状态划分

① 固体培养基　固体培养基是天然固体营养基质制成的培养基，或液体培养基中加入一定量凝固剂（琼脂 1.5%～2%）而呈固体状态的培养基。常用的凝固剂有琼脂、明胶、硅胶。固体培养基常用于微生物的分离、纯化、计数等方面的研究。可依使用目的不同而制成斜面、平板等形式。

② 半固体培养基　半固体培养基是在液体培养基中加入 0.2%～0.7%的琼脂构成的培养基。在小型容器中倒置时不会流出，剧烈振荡后则呈破散的状态。常用来观察细菌运动的特征，以及进行菌种鉴定和噬菌体效价测定等方面的实验工作。

③ 脱水培养基　脱水培养基也称预制干燥培养基。指含有除水之外的一切成分的商品培养基，使用时只要加入适量水分并加以灭菌即可。其优点是成分精确，使用方便。

④ 液体培养基　液体培养基是呈液体状态的培养基，其中不含任何凝固剂。其特点是菌体与培养基充分接触，操作方便。常用于大规模的工业生产以及在实验室进行微生物生理代谢等基本理论的研究工作。

（3）按用途划分

① 基础培养基　基础培养基是含有一般微生物生长繁殖所需的基本营养物质的培养基。牛肉膏蛋白胨培养基是最常用的基础培养基。基础培养基也可以作为一些特殊培养基的基础

● 1atm=101325Pa。

成分，再根据某种微生物的特殊营养需求，在基础培养基中加入所需营养物质。

②加富培养基　加富培养基也称营养培养基，即在基础培养基中加入某些特殊营养物质制成的一类营养丰富的培养基，这些特殊的营养物质包括血液、血清、酵母浸膏、动植物组织液等。加富培养基一般用来培养营养要求比较苛刻的异养型微生物，还可以用来富集和分离，这是因为加富培养基含有某种微生物所需的特殊营养物质，该种微生物在这种培养基中较其他微生物生长速度快，并逐渐富集而占优势，逐步淘汰其他微生物，从而容易达到分离该种微生物的目的。

③鉴别培养基　鉴别培养基是用于鉴别不同类型微生物的培养基。在培养基中加入某种特殊化学物质，某种微生物在培养基中生长后能产生某种代谢产物，而这种代谢产物可以与培养基中的特殊化学物质发生特定的化学反应，产生明显的特征性的变化，根据这种特征性变化，可将该种微生物与其他微生物区分开来。

一种典型的鉴别性培养基——伊红美蓝乳糖培养基（表7-5）（张卉，2010）。EMB培养基中的伊红和美蓝两种苯胺染料可抑制G^+细菌和一些难培养的G^-细菌。

表 7-5　EBM 培养基的成分

成分	蛋白胨	乳糖	蔗糖	K_2HPO_4	伊红	美蓝	蒸馏水	最终 pH
含量/g	10	5	5	2	0.4	0.065	1000	7.2

④选择培养基　选择培养基是在培养基中加入相应的特殊营养物质或化学物质，抑制不需要的微生物的生长，有利于所需微生物的生长。其原理可以通过加入不妨碍目的微生物生长而抑制非目的微生物生长的物质以达到选择的目的。

(二) 微生物的培养方式

按投料方式把微生物的培养方式分为分批培养、补料分批培养、连续培养。

1. 分批培养

分批培养为将微生物和培养液一次性置于一定容积的反应器中进行培养的技术，其特点是一次性投料，一次性收获。由于营养消耗，代谢产物积累，对数生长期不能长期维持。一条典型的分批培养的生长曲线可以分为迟缓期、对数生长期、稳定期和衰亡期4个生长时期（图7-8）。

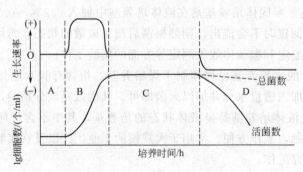

图 7-8　微生物生长典型曲线

A—迟缓期；B—对数生长期；C—稳定期；D—衰亡期

(1) 迟缓期　少量细菌接种到新鲜培养基后，一般不立即进行繁殖，生长速度近于零。因此在开始一段时间，细菌数几乎保持不变，甚至稍有减少。这段时间被称为迟缓期，又称为延迟期、调整期或滞留适应期。其特点是生长速率常数为零；细胞形态变大或增长，许多杆菌可长成丝状。细菌数量不增加或增加很少，代谢活跃。

（2）对数生长期　对数期又称指数期。这一阶段突出特点是细菌数以几何级数增加，代时稳定，细菌数目的增加与原生质总量的增加，与菌液混浊度的增加均呈正相关性，对数生长期细菌的代谢活性及酶活性高而稳定，细胞大小比较一致，生活力强，因而在生产上它常被广泛用作"种子"，在科研上它常作为理想的实验材料。

（3）稳定期　由于营养物质消耗，代谢产物积累和pH等环境变化，环境条件逐步不适宜于细菌生长，导致微生物速率降低直至零，对数生长期结束，进入稳定期。稳定期活菌数的总量达到最大值，胞内的储藏物开始形成（如肝糖粒、脂肪粒等），某些芽孢菌的芽孢开始形成，某些细菌过量积累次级代谢产物，如抗生素、维生素等。

（4）衰亡期　营养物质耗尽和有毒代谢产物的大量积累，细菌死亡速率逐步增加和活细菌逐步减少，标志细菌的群体生长进入衰亡期。该时期细菌代谢活性降低；细菌衰老并出现自溶；产生或释放出一些产物，如氨基酸、转化酶、外肽酶或抗生素等（张卉，2010）。

2. 补料分批培养

补料分批培养又称半分批培养，是指在分批培养过程中，间歇或连续地补加新鲜培养液，但不取出培养物。待培养到适当时期，将其从反应器中放出，从中提取目的生成物（菌体或代谢产物）。补料分批培养是根据菌株生长和初始培养基的特点，在分批培养的某些阶段适当补加部分配料成分或碳源，以提高菌体或代谢产物的产率。

3. 连续培养

连续培养是指在培养器中不断补充新鲜营养物质，并不断排出部分培养物（包括菌体和代谢产物），以保持长时间生长状态的一种培养方式。其基本原则是在微生物培养过程中不断的补充营养物质和以同样的速率移出培养物。连续培养的优点是高效、产品质量较稳定，节约了大量动力、人力、水和蒸汽，且使水、气、电的负荷均衡合理。其缺点是菌种易退化，易污染杂菌，营养物的利用率一般低于单批培养。

连续培养主要有恒浊连续培养和恒化连续培养两类。恒浊连续培养通过不断调节流速，用光电系统使培养液浊度保持恒定，因而可不断提供具有一定生理状态的细胞，并可得到以最高生长速率进行生长的培养物。恒化连续培养通过控制恒定的流速使营养物浓度基本恒定，从而使微生物保持恒定的生长速率。用不同浓度的限制性营养物进行恒化培养，可得到不同生长速率的培养物（图7-9）。前者一般用于菌体以及与菌体生长平行的代谢产物生产的发酵工业，从而获得更好的经济效益。

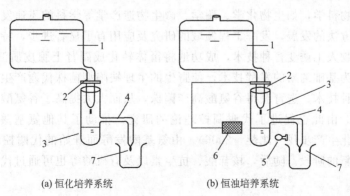

(a) 恒化培养系统　　　　(b) 恒浊培养系统

图 7-9　实验室连续培养示意图

1—无菌培养基储存容器；2—流速控制阀；3—培养室；4—排出管；5—光源；6—光电池；7—流出液

第二节　发酵工程的概述

发酵工程是指利用生物细胞的特定性状，通过现代工程技术手段，在反应器中生产各种特定有用物质，或者把生物细胞直接用于工业化生产的一种工程技术系统。发酵工程涉及微生物学、生物化学、化学工程技术、机械工程、计算机工程等基本原理和技术，并经它们有机地结合在一起，利用生物细胞直接用于工业生产的一种工程技术，并将它们有机地结合在一起，利用生物细胞进行规模化生产。发酵工程是生物加工与生物制造实现产业化的核心技术。

一、发酵工程的产生与发展

(一) 传统发酵技术

人类利用自然发酵现象生产食品已有千年的历史。酿酒是最传统的发酵技术之一。大约在 9000 年前，就有人开始用谷物酿造啤酒。豆酱、醋、豆腐乳、酱油、泡菜、奶酪等传统食品的生产历史也均在 2000 年以上。这些产品都是数千年来人类凭借智慧和经验，在没有亲眼见到微生物的情况下巧妙地利用微生物所获得的。当时，人们不知道发酵的本质，也就不会人为地控制发酵过程，生产只能凭经验，因此这个时期也称作天然发酵时期（俞俊堂，2003）。

(二) 近代发酵技术

1928 年，弗莱明（A. Fleming）发现了青霉菌能抑制其菌落周围的细菌生长的现象，并证明了青霉素的存在。20 世纪 40 年代，第二次世界大战爆发，由于前线对抗生素的需求量非常大，从而推动了青霉素的研究进度（贺小贤，2007）。青霉素发酵从最初的浅盘培养到深层培养，使青霉素的发酵水平从 40U/ml 效价提高到了 200U/ml。现在常采用通气搅拌深层液体培养，$100 \sim 200 m^3$ 大型发酵罐的青霉素的发酵水平可达 $5 \times 10^4 \sim 7 \times 10^4 U/ml$。青霉素发酵技术的迅速发展推动了抗生素工业乃至整个发酵工业的快速发展。1944 年，人们发现了用于治疗结核杆菌引起的感染的链霉素，随后，又陆续发现金霉素、土霉素等抗生素。此阶段的发酵工程表现出的主要特征是微生物深层发酵技术的应用。

(三) 现代发酵技术

1. 代谢调控技术的应用

随着基础生物科学，如生物化学、酶学、微生物遗产学等学科的飞速发展，再加上新型分析方法和分离方法的发展，发酵工程领域的研究及应用有了显著进步，特别是在微生物酶转化技术、微生物人工诱变育种技术，成功地将甾体转化成副肾上腺皮质激素、性激素等。如利用代谢调控为基础的新的发酵技术，使野生的生理缺陷型菌株代谢产生谷氨酸。又如可通过人工诱变育种技术，选育获得谷氨酸高产菌株，从而大大提高了谷氨酸产量，实现谷氨酸的工业化生产。由此也促进了代谢调控理论的研究，推动了其他氨基酸，如 L-赖氨酸、L-苏氨酸等工业化生产步伐（沈萍，2006）。由氨基酸发酵而开始的代谢控制发酵，使发酵工业进入了一个新的阶段。随后，核苷酸、抗生素以及有机酸等也可通过代谢调控技术进行发酵生产。

2. 基因工程技术的应用

1953 年，沃森（J. Watson）和克里克（F. Crick）提出了 DNA 的双螺旋结构模型，为基因重组奠定了基础。20 世纪 70 年代，人们成功实现了基因的重组和转移。随着重组 DNA 技术的发展，人们可以按预定方案把外源目的基因克隆到容易大规模培养的微生物（如大肠杆菌、酵母菌）细胞中，人为制造我们需要的"工程菌"，通过"工程菌"的大规模发酵生产，可得到原先只有动物或植物才能生产的物质，如胰岛素、干扰素、白细胞介素和多种细胞生长因子等。微生物菌种从过去繁琐的随机选育朝着定向育种转变，从而达到定向改变生物性状与功能的目的，通过发酵工业能够生产出自然界微生物所不能合成的产物，大大地丰富了发酵工业的范围，使发酵技术发生了革命性的变化。

(四) 发酵工程的发现前景

生物技术是当前迅速发展的学科产业，世界各国都把它列为发展的重要内容。生物工程包括基因工程、细胞工程、酶工程、蛋白质工程和发酵工程（张嗣良等，2003）。发酵工程是生物工程的重要内容之一，是生物细胞产物通向工业化生产的必经之路。发酵工程发展至今，经历了半个多世纪，已形成一个产业，即发酵工程产业。

我国发酵工程产业的发展除了要引进和消化吸收国外先进技术之外，更需要具有国际竞争力的专业人才及具有自主知识产权的高水平的生产菌种和发酵工艺、产品后处理工艺。具体发展目标和方向有以下几个方面。

(1) 开发和利用微生物资源。

(2) 改进和完善发酵工程技术。

(3) 研制和开发新型发酵设备。

(4) 重视中、下游工程的研究。

二、发酵工程的范围

发酵工程主要包括菌种的选育和培养、发酵条件的优化、发酵反应器的设计和自动控制、产品的分离纯化和精制等（张克旭等，2005）。发酵工程涉及食品工业、化工、医药、冶金、能源开发、污水处理等领域。发酵工程的产品可大致分为以下几大类。

1. 传统的发酵产品

① 发酵食品：面包、馒头、包子、发面饼等。

② 酒类：葡萄酒、啤酒等。

③ 发酵调味品：酱、酱油等。

④ 发酵乳制品：马奶酒等。

2. 微生物菌体细胞

① 饲料用单细胞蛋白：酵母、细菌等。

② 活性益生菌：活性乳酸菌、双歧杆菌等。

③ 大型真菌：食用菌和药用真菌。

④ 微生物杀虫剂：苏云金芽孢杆菌等。

3. 微生物酶类

包括各种酶类和酶制剂生产。目前，由微生物生产的工业用酶制剂主要有糖化酶、α-淀粉酶、异淀粉酶等。

4. 微生物代谢产物

① 初级代谢产物：氨基酸、有机酸等。

② 次级代谢产物：抗生素等。

5. 微生物的转化产物

微生物的产物转化是指利用微生物代谢过程中的某一种酶或酶系统将一种化合物转化成含有特殊功能基团产物的生物化学反应。

三、发酵工程的基本流程

发酵工程技术主要包括提供优质生产菌种的菌种技术，实现产品大规模生产的发酵技术和获得合格产品的分离纯化技术。其典型工艺流程如图 7-10 所示。

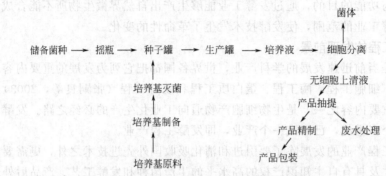

图 7-10　发酵工程的典型工艺流程示意图

从图 7-10 中可以看出，发酵工程主要内容包括：发酵原料的悬着及预处理，微生物菌种的选育及扩大培养，发酵设备选择及工艺条件控制，发酵产物的分离提取，废弃物的回收和利用等。

(一) 种子的制备与扩大培养

1. 种子培养的培养基选择

（1）培养基的营养成分　培养基是人们提供微生物生长繁殖和生物合成各种代谢产物所需要的按一定比例配制的多种营养物质的混合物。而种子培养基是供孢子发芽、生长和菌体繁殖用的培养基。微生物需要从培养基中不断吸收营养成分，加以利用，从中获得能量，合成新细胞。

（2）培养基成分配比的选择　种子和孢子培养的目的是获得大量质量良好的菌体或孢子，因此产量提高是选择培养基的一个重要标准。生产上的种子培养基一般要求营养成分适当丰富和完全些，尤其氮源的含量应较高（即 C/N 值低）。对于营养缺陷型菌株应添加能够满足菌体生长需要的生长因子。培养基的成分也必须是一些容易被菌体直接吸收利用的物质，保证微生物旺盛生长。而孢子培养基则要求营养不能太丰富，碳源、氮源不宜过多，特别是有机氮源要低，否则不易形成孢子（尹光琳等，1992）。

2. 种子培养

目前工业规模的发酵罐容积已达到几十立方米或几百立方米。如按百分之十左右的种子量计算，就要投入几立方米或几十立方米的种子。要从保藏在试管中的微生物菌株逐级扩大为生产用种子是一个由实验室制备到车间生产的过程。其生产方法与条件随不同的生产品种和菌种种类而异。如细菌、酵母菌、放线菌或霉菌生长的快慢，产孢子能力的大小，以及对营养、温度、需氧等条件的要求均有所不同。因此，种子扩大培养应根据菌种的生理特性，选择合适的培养条件来获得代谢旺盛、数量足够的种子。这种种子接人发酵罐后，将使发酵生产周期缩短，设备利用率提高。种子液质量的优劣对发酵生产起着关键性的作用。

种子扩大培养：是指将保存在砂土管、冷冻干燥管中处于休眠状态的生产菌种接入试管斜面活化后，在经过扁瓶或摇瓶及种子罐逐级放大培养而获得一定数量和质量的纯种过程。

这些纯种培养物称为种子。

(1) 种子的制备过程 在发酵生产过程中，种子制备的过程大致可分为两个阶段（图7-11）：实验室种子制备阶段；生产车间种子制备阶段。

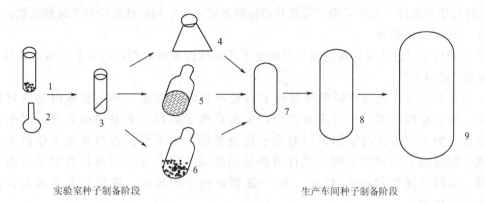

图 7-11　种子制备过程

1—沙土孢子；2—冷藏干燥孢子；3—斜面孢子；4—摇瓶液体培养（菌丝体）；

5—茄子瓶斜面培养；6—固体培养基培养；7,8—种子罐培养；9—发酵罐

1) 实验室种子制备 实验室种子的制备一般采用两种方式：对于产孢子能力强的及孢子发芽、生长繁殖快的菌种可以采用固体培养基培养孢子，孢子可直接作为种子罐的种子，这样操作简便，不易污染杂菌。对于产孢子能力不强或孢子发芽慢的菌种，可以用液体培养法。

① 孢子的制备

a. 细菌孢子的制备 细菌的斜面培养基多采用碳源限量而氮源丰富的配方。培养温度一般为37℃。细菌菌体培养时间一般为1～2天，产芽孢的细菌培养则需要5～10天。

b. 霉菌孢子的制备 霉菌孢子的培养一般以大米、小米、玉米、麸皮、麦粒等天然农产品为培养基。培养的温度一般为25～28℃。培养时间一般为4～14天。

② 液体种子制备

a. 好氧培养 对于产孢子能力不强或孢子发芽慢的菌种，如产链霉素的灰色链霉菌、产卡那霉素的卡那链霉菌可以用摇瓶液体培养法。将孢子接入含液体培养基的摇瓶中，于摇瓶机上恒温振荡培养，获得菌丝体，作为种子。其过程如下：试管→三角瓶→摇床→种子罐。

b. 厌氧培养 对于酵母菌（啤酒、葡萄酒、清酒等），其种子的制备过程如下：试管——三角瓶——卡式罐——种子罐。

2) 生产车间种子制备 实验室制备的孢子或液体种子移种至种子罐扩大培养，种子罐的培养基虽因不同菌种而异，但其原则为采用易被菌体利用的成分如葡萄糖、玉米浆、磷酸盐等，如果是需氧菌，同时还需供给足够的无菌空气，并不断搅拌，使菌（丝）体在培养液中均匀分布，获得相同的培养条件（俞俊堂，2003）。

① 种子罐的作用 主要是使孢子发芽，生长繁殖成菌（丝）体，接入发酵罐能迅速生长，达到一定的菌体量，以利于产物的合成。

② 种子罐级数的确定 种子罐级数是指制备种子需逐级扩大培养的次数，取决于：a. 菌种生长特性、孢子发芽及菌体繁殖速度；b. 所采用发酵罐的容积。

③ 确定种子罐级数需注意的问题

a. 种子级数越少越好，可简化工艺和控制，减少染菌机会。

b. 种子级数太少，接种量小，发酵时间延长，降低发酵罐的生产率，增加染菌机会。

c. 虽然种子罐级数随产物的品种及生产规模而定，但也与所选用工艺条件有关。如改变种子罐的培养条件，加速了孢子发芽及菌体的繁殖，也可相应地减少种子罐的级数。

3) 种子质量的控制

① 影响孢子质量的因素及控制　影响孢子质量的因素通常有：培养基、培养条件、培养时间和冷藏时间等。

a. 培养基　生产过程中经常出现种子质量不稳定的现象，其主要原因是原材料质量波动。例如在四环素、土霉素生产中，配制产孢子斜面培养基用的麸皮，因小麦产地、品种、加工方法及用量的不同对孢子质量的影响也不同。蛋白胨加工原料不同如鱼胨或骨胨对孢子影响也不同。原材料质量的波动，起主要作用的是其中无机离子含量不同，如微量元素 Mg^{2+}、Cu^{2+}、Ba^{2+} 能刺激孢子的形成。磷含量太多或太少也会影响孢子的质量。

解决措施：培养基所用原料要经过发酵试验合格才可使用；严格控制灭菌后培养基的质量；斜面培养基使用前，需在适当温度下放置一定时间；供生产用的孢子培养基要用比较单一的氮源，作为选种或分离用的培养基则采用较复杂的有机氮源。

b. 培养条件

（a）温度　温度对多数品种斜面孢子质量有显著的影响。如土霉素生产菌种在高于37℃培养时，孢子接入发酵罐后出现糖代谢变慢，氨基氮回升提前，菌丝过早自溶，效价降低等现象。一般各生产单位都严格控制孢子斜面的培养温度。

（b）湿度　制备斜面孢子培养基的湿度对孢子的数量和质量有较大的影响。例如土霉素生产菌种龟裂链霉菌，孢子制备时发现：在北方气候干燥地区孢子斜面长得较快，在含有少量水分的试管斜面培养基下部孢子长得较好，而斜面上部由于水分迅速蒸发呈干疤状，孢子稀少。在气温高、湿度大的地区，斜面孢子长得慢，主要由于试管下部冷凝水多而不利于孢子的形成。从表7-6中看出相对湿度在40%～45%时孢子数量最多，且孢子颜色均匀，质量较好。

表 7-6　不同相对湿度对龟裂链霉菌斜面生长的影响

相对湿度/%	斜面外观	活孢子计数/(亿个/支)
16.5～19	上部稀薄，下部稠略黄	1.2
25～36	上部薄，中部均匀发白	2.3
40～45	一片白，孢子丰富，稍皱	5.7

c. 培养时间和冷藏时间

（a）培养时间　一般来说，衰老的孢子不如年轻的孢子，因为衰老的孢子已在逐步进入发芽阶段，核物质趋于分化状态。过于衰老的孢子会导致生产能力的下降。

解决措施：孢子培养的时间应该控制在孢子量多、孢子成熟、发酵产量正常的阶段终止培养。

（b）冷藏时间　斜面冷藏对孢子质量的影响与孢子成熟程度有关。冷藏时间对孢子的生产能力也有影响。例如在链霉素生产中，斜面孢子在6℃冷藏两个月后的发酵单位比冷藏一个月降低18%，冷藏3个月后降低35%。

② 种子质量的控制措施　种子质量的最终指标是考察其在发酵罐中所表现出来的生产能力。因此首先必须保证生产菌种的稳定性，其次是提供种子培养的适宜环境保证无杂菌侵入，以获得优良种子。因此在生产过程中通常进行以下两项检查。

a. 菌种稳定性的检查。

b. 无（杂）菌检查。

③ 种子质量标准

a. 细胞或菌体　菌丝形态、菌丝浓度和培养液外观（色素、颗粒等）。

单细胞：菌体健壮、菌形一致、均匀整齐，有的还要求有一定的排列或形态。

霉菌、放线菌：菌丝粗壮、对某些染料着色力强、生长旺盛、菌丝分支情况和内含物情况好。

b. 生化指标　种子液的糖、氮、磷的含量和 pH 变化。

c. 产物生成量　在抗生素发酵中，产物生成量是考察种子质量的重要指标，因为种子液中产物生成量的多少间接反映种子的生产能力和成熟程度。

（2）生产发酵罐的无菌接种　生产规模发酵罐的接种，包括两个方面：从实验室摇瓶或孢子悬浮液容器中移入一个种子罐；从一个种子罐移入另一个生产发酵罐中。

接种量的大小决定于生产菌种在发酵罐中生长繁殖的速度，采用较大的接种量可以缩短发酵罐中菌丝繁殖达到高峰的时间，使产物的形成提前到来，并可减少杂菌的生长机会。但接种量过大或者过小，均会影响发酵。过大会引起溶氧不足，影响产物合成，而且会过多移入代谢废物，也不经济；过小会延长培养时间，降低发酵罐的生产率。

① 从实验室摇瓶或孢子悬浮液容器接种（图 7-12）。

② 从种子罐接种（图 7-13）。

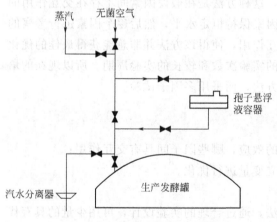

图 7-12　菌种从孢子悬浮液容器接种
到发酵罐的工艺流程图

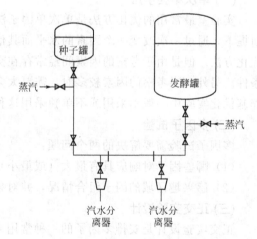

图 7-13　菌种从种子罐接种到
发酵罐的工艺流程图

(二) 发酵工程的特点

微生物具有种类繁多、繁殖速度快、代谢能力强的特点，而且往往可以通过人工诱变获得有益的突变株。微生物酶的种类也很多，能催化各种生物化学反应。此外，微生物能过利用有机物、无机物等多种营养源，一般可以不受气候、季节等自然条件的限制，通过室内反应器来生产多种多样的产品。因此，从传统的酿酒、酿酱、酿醋等技术上发展起来的发酵工程技术发展非常迅速，而且形成了与其他学科不同的特点。

（1）发酵过程以生物体自身调节方式进行，多个反应就像单一反应一样，在单一发酵设备中完成。

（2）反应通常在常温常压下进行。

（3）微生物本身能有选择性地摄取所需物质，因此，其发酵原料往往比较广泛。原料通常是以糖蜜、淀粉等碳水化合物为主的农副产品，也可以是工业废水或可再生资源，如植物秸秆、木屑等。

（4）容易合成复杂的化合物，能高度选择性地在复杂化合物的特定部位进行氧化、还原、官能团引入等反应。

（5）发酵过程中需要防止杂菌污染。生产设备及其附件需要进行严格的冲洗、灭菌，空气需要过滤除菌等。

第三节　发酵过程优化

一、发酵培养基优化

由于发酵培养基成分众多，且各因素常存在交互作用，很难建立理论模型；另外，由于测量数据常包含较大的误差，也影响了培养基优化过程的准确评估，因此培养基优化工作的量大且复杂。许多实验技术和方法都在发酵培养基优化上得到应用，如：生物模型、单次试验、全因子法、部分因子法、Plackettand Burman 法等。但每一种实验设计都有它的优点和缺点，不可能只用一种试验设计来完成所有的工作。

(一) 单次单因子法

实验室最常用的优化方法是单次单因子法，这种方法是在假设因素间不存在交互作用的前提下，通过一次改变一个因素的水平而其他因素保持恒定水平，然后逐个因素进行考察的优化方法。但是由于考察的因素间经常存在交互作用，使得该方法并非总能获得最佳的优化条件。另外，当考察的因素较多时，需要太多的实验次数和较长的实验周期。所以现在的培养基优化实验中一般不采用或不单独采用这种方法，而采用多因子试验。

(二) 多因子试验

多因子试验需要解决的两个问题：

（1）哪些因子对响应具有最大（或最小）的效应，哪些因子间具有交互作用；

（2）感兴趣区域的因子组合情况，并对独立变量进行优化。

(三) 正交实验设计

正交实验设计是安排多因子的一种常用方法，通过合理的实验设计，可用少量的具有代表性的试验来代替全面试验，较快地取得实验结果。正交实验的实质就是选择适当的正交表，合理安排实验，分析实验结果的一种实验方法。具体可以分为下面四步：

（1）根据问题的要求和客观的条件确定因子和水平，列出因子水平表；

（2）根据因子和水平数选用合适的正交表，设计正交表头，并安排实验；

（3）根据正交表给出的实验方案，进行实验；

（4）对实验结果进行分析，选出较优的"试验"条件以及对结果有显著影响的因子。

(四) 均匀实验设计

如果仅考虑"均匀分散"，而不考虑"整齐可比"，完全从"均匀分散"的角度出发的实验设计，叫做均匀设计。均匀设计按均匀设计表来安排实验，均匀设计表在使用时最值得注意的是均匀设计表中各列的因素水平不能像正交表那样任意改变次序，而只能按照原来的次序进行平滑，即把原来的最后一个水平与第一个水平衔接起来，组成一个封闭圈，然后从任一处开始定为第一个水平，按圈的原方向和相反方向依次排出第二、第三水平。均匀设计只考虑试验点在试验范围内均匀分布，因而可使所需试验次数大大减少。

(五) Plackett-Burman 法

Plackett-Bunnan 设计法是一种两水平的实验优化方法，它试图用最少的实验次数达到使因子的主效果得到尽可能精确的估计，适用于从众多的考察因子中快速有效地筛选出最为重要的几个因子，供进一步优化研究用。

(六) 部分因子设计法

部分因子设计法与 Plackett-Burman 设计法一样是一种两水平的实验优化方法，能够用比全因子实验次数少得多的实验，从大量影响因子中筛选出重要的因子。根据实验数据拟合出一次多项式，并以此利用最陡爬坡法确定最大响应区域，以便利用响应面法进一步优化。

(七) 响应面分析法

响应面分析法是数学与统计学相结合的产物，与其他统计方法一样，由于采用了合理的实验设计，能以最经济的方式，用很少的实验数量和时间对实验进行全面研究，科学地提供局部与整体的关系，从而取得明确的、有目的的结论。近年来较多的报道都是用响应面分析法来优化发酵培养基，并取得比较好的成果。

二、培养环境优化

(一) 温度对发酵的影响

在过程优化中应了解温度对生长和生产的影响是不同的。一般发酵温度升高，酶反应速率增大，生长代谢加快，生产期提前。但酶本身很易因过热而失去活性，表现在菌体容易衰老，发酵周期缩短，影响最终产量。温度除了直接影响过程的各种反应速率外，还通过改变发酵液的物理性质，例如，氧的溶解度和基质的传质速率以及菌对养分的分解和吸收速率，间接影响产物的合成。

(二) pH 的影响

pH 是微生物生长和产物合成的非常重要的状态参数，是代谢活动的综合指标。因此，必须掌握发酵过程中 pH 变化的规律，及时监控，使它处于生产的最佳状态。

大多数微生物生长适应的 pH 跨度为 $3\sim4$ 个 pH 单位，其最佳生长 pH 跨度在 $0.5\sim1$。不同微生物的生长 pH 最适范围不一样。细菌和放线菌在 pH6.5$\sim$7.5、酵母在 pH4$\sim$5、霉菌在 pH5$\sim$7；其所能忍受的 pH 上下限分别为：pH5$\sim$8.5、pH3.5$\sim$7.5 和 pH3$\sim$8.5。但也有例外，pH 影响跨膜 pH 梯度，从而影响膜的通透性。微生物的最适 pH 和温度之间似乎有这样的规律：生长最适温度高的菌种，其最适 pH 也相应高一些。这一规律对设计微生物生长的环境有实际意义，如控制杂菌的生长。

(三) 溶解氧对发酵的影响

发酵液中的溶氧浓度（dissolved oxygen，DO）对微生物的生长和产物形成有着重要的影响。在发酵过程中，必须供给适量的无菌空气，菌体才能繁殖和积累所需代谢产物。不同菌种及不同发酵阶段的菌体的需氧量是不同的，发酵液的 DO 值直接影响微生物的酶的活性、代谢途径及产物产量。发酵过程中，氧的传质速率主要受发酵液中溶解氧的浓度和传递阻力影响。研究溶氧对发酵的影响及控制对提高生产效率，改善产品质量等都有重要意义。

溶氧是需氧发酵控制最重要的参数之一。由于氧在水中的溶解度很小，在发酵液中的溶解度亦如此，因此，需要不断通风和搅拌，才能满足不同发酵过程对氧的需求。溶氧的大小对菌体生长和产物的形成及产量都会产生不同的影响。如谷氨酸发酵，供氧不足时，谷氨酸积累就会明显降低，产生大量乳酸和琥珀酸。

(四) 泡沫对发酵的影响

1. 发酵过程泡沫产生的原因

(1) 通气搅拌的强烈程度　通气大、搅拌强烈可使泡沫增多，因此在发酵前期由于培养基营养成分消耗少，培养基成分丰富，易起泡。应先开小通气量，再逐步加大。搅拌转速也如此。

(2) 培养基配比与原料组成　培养基营养丰富，黏度大，产生泡沫多而持久，前期难开搅拌。

(3) 菌种、种子质量和接种量　菌种质量好，生长速度快，可溶性氮源较快被利用，泡沫产生概率也就少。菌种生长慢的可以加大接种量。

(4) 灭菌质量　培养基灭菌质量不好，糖氮被破坏，抑制微生物生长，使种子菌丝自溶，产生大量泡沫，加消泡剂也无效。

2. 起泡的危害

(1) 降低生产能力。

(2) 引起原料浪费。

(3) 影响菌的呼吸。

(4) 引起染菌。

三、发酵过程调控优化

(一) 发酵过程的操作方式

1. 补料分批发酵

补料分批发酵是指在微生物分批发酵中，以某种方式向培养系统补加一定物料的培养技术。通过向培养系统中补充物料，可以使培养液中的营养物浓度较长时间地保持在一定范围内，既保证微生物的生长需要，又不造成不利影响，从而达到提高产率的目的。

为了获得最大的产率，需优化补料的策略。通过描述比生长速率 μ 与比生产速率之间的关系的数学模型，借最大原理可容易获得比生长速率的最佳方案。这可以从实际分批-补料培养中改变补料的速率，如边界控制实现。在分批培养的前期 μ 应维持在最大值 μ_{max}；下一阶段 μ 应保持在 μ_c。这种控制策略可理解为细胞生长和产物合成的两阶段生产步骤。Shioya (1992) 将生物反应器的优化分为三个步骤，如图 7-14 所示，即过程的建模、最佳解法的计算和解法实现。为此，需考虑模型与真实过程之间的差异和优化计算的难易在建模阶段出现的问题之一是怎样定量描述包括在质量平衡方程中的反应速率。

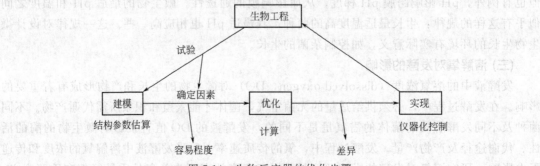

图 7-14　生物反应器的优化步骤

Shioya 等对分批培养进行优化和控制的方法如图 7-15 所示，用一模型鉴别和描述比生长速率与比生产速率之间的关系，借最大原理获得比生长速率的最佳策略和这一策略的实现。

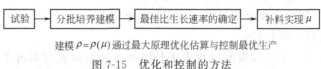

建模 $\rho = \rho(\mu)$ 通过最大原理优化估算与控制最优生产

图 7-15　优化和控制的方法

比生长速率是过程的重要参数之一，表征生物反应器的动态特性。为了获得最大的细胞产量，应在培养期间使 μ 值最大。为此，应使培养基中的糖浓度保持在一最适范围。如没有现成的在线葡萄糖监控仪，可控制 RQ 值和乙醇浓度。但应强调指出 RQ 和乙醇浓度的控制只能用于使比生长速率最大化。为了维持分批培养中 μ 值不变，常用一指数递增的补料策略 $q(t) = q_0 e^{\mu t}$。这可使生长速率维持恒定一直到得率系数减小。故可用补料办法控制比生长速率。但如果计算补料速率所需的初始条件和参数不对，则比生长速率便根本不等于所需数值。

酿酒酵母的培养温度会影响其比生长速率和酸性磷酸酯酶的比生产速率。当温度低一些，27℃有利于 μ 值；温度高一些，32.5℃有利于酸性磷酸酯酶的比生产速率的提高。最终产物浓度与改变温度的时间（从 $\mu_{\max}$ 到 μ_c）之间的关系的试验与计算（略），证明 6h 是最合适的（俞俊棠，2003）。

2. 连续发酵

连续培养系统又称为恒化器，因培养物的生长速率受其周围化学环境，即受培养基的一种限制性组分控制。在一简单的恒化器中不可能达到 $\mu_{\max}$ 值，因总是存在着基质限制条件。恒化器的实验结果可能与过去理论预测的结果不同，这些偏差的原因是：设备的差异，如混合不全；菌贴罐壁和培养物的生理因素，如若干基质用于维持反应和在高稀释速率下基质的毒性造成的。

（1）多级连续培养　在多级连续培养中，基本恒化器的改进有多种方法，但最普通的办法是增加罐的级数和将菌体送回罐内。多级恒化系统见图 7-16。多级恒化器的优点是在于不同级的罐内存在不同的条件。这将有利于多种碳源的利用和次级代谢物的生产。如采用葡萄糖和麦芽糖混合碳源培养产气克雷伯氏菌，在第一级罐内只利用葡萄糖，在第二级罐内利用麦芽糖，菌的生长速率远比第一级小，同时形成次级代谢产物。

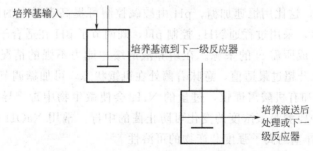

图 7-16　多级恒化器示意图

恒化器运行中将部分菌体返回罐内，从而使罐内菌体浓度大于简单恒化器所能达到的浓度，即 $Y(S_0 - S_t)$。可通过以下两种办法浓缩菌体：①限制菌体从恒化器中排出，让流出的菌体浓度比罐内的小；②将流出的发酵液送到菌体分离设备中，如让其沉积或将其离心，再将部分浓缩的菌体送回罐内部分。菌体返回罐内的净效应为：罐内的菌体浓度增加了，这导致残留基质浓度比简单恒化器小；菌体和产物的最大产量增加；临界稀释速率也提高。菌体反馈恒化器能提高基质的利用率，可以改进料液浓度不同的系统的稳定性，适用于被处理的料液较稀的品种，如酿造和废液处理（俞俊堂，2003）。

（2）连续培养中存在的问题

① 污染杂菌问题　在连续发酵过程中需长时间不断地向发酵系统供给无菌的新鲜空气和培养基，这就增加染菌的机会。尽管可以通过选取耐高温、耐极端 pH 值和能够同化特殊的营养物质的菌株作为生产菌种来控制杂菌的生长。但这种方法的应用范围有限。故染菌问题仍然是连续发酵技术中不易解决的课题。在分批培养中任何能在培养液中生长的杂菌将存活和增长。但在连续培养中杂菌能否积累取决于它在培养系统中的竞争能力。故用连续培养技术可选择性地富集一种能有效使用限制性养分的菌种。

② 生产菌种突变问题　微生物细胞的遗传物质 DNA 在复制过程中出现差错的频率为百万分之一。尽管自然突变频率很低，一旦在连续培养系统中的生产菌中出现某一个细胞的突变，且突变的结果使这一细胞获得高速生长能力，但失去生产特性的话，它最终会取代系统中原来的生产菌株，而使连续发酵过程失败。而且，连续培养的时间愈长，所形成的突变株数目愈多，发酵过程失败的可能性便愈大。

并不是菌株的所有突变都造成危害，因绝大多数的突变对菌株生命活动的影响不大，不易被发觉。但在连续发酵中出现生产菌株的突变却对工业生产过程特别有害。因工业生产菌株均经多次诱变选育，消除了菌株自身的代谢调节功能，利用有限的碳源和其他养分合成适应人们需求的产物。生产菌种发生回复突变的倾向性很大，因此这些生产菌种在连续发酵时很不稳定，低产突变株最终取代高产生产菌株。

为了解决这一问题，曾设法建立一种不利于低产突变株的选择性生产条件，使低产菌株逐渐被淘汰。例如，利用一株具有多重遗传缺陷的异亮氨酸渗漏型高产菌株生产 L-苏氨酸。此生产菌株在连续发酵过程中易发生回复突变而成为低产菌株。若补入的培养基中不含异亮氨酸，那些不能大量积累苏氨酸而同时失去合成异亮氨酸能力的突变株则从发酵液中被自动地去除（俞俊堂，2003）。

（二）发酵过程的控制技术

1. pH 的控制

控制 pH 在合适范围应首先从基础培养基的配方考虑，然后通过加酸碱或中间补料来控制。如在基础培养基中加适量的 $CaCO_3$。在青霉素发酵中按产生菌的生理代谢需要，调节加糖速率来控制 pH，这比用恒速加糖，pH 由酸碱控制可提高青霉素的产量 25％。有些抗生素品种，如链霉素，采用过程通 NH_3 控制 pH，既调节了 pH 在适合于抗生素合成的范围内，也补充了产物合成所需 N 的来源。在培养液的缓冲能力不强的情况下 pH 可反映菌的生理状况。如 pH 上升超过最适值，意味着菌处在饥饿状态，可加糖调节。加糖过量又会使 pH 下降。用氨水中和有机酸需谨慎，过量的 NH_3 会使微生物中毒，导致呼吸强度急速下降。故在通氨过程中监测溶氧浓度的变化可防止菌的中毒。常用 NaOH 或 Ca（OH)$_2$ 调节 pH，但也需注意培养基的离子强度和产物的可溶性。

2. 溶氧量的控制

对溶解氧进行控制的目的是把溶解氧浓度值稳定控制在一定的期望值或范围内。在微生物发酵过程中，溶解氧浓度与其他过程参数的关系极为复杂，受到生物反应器中多种物理、化学和微生物因素的影响和制约。从氧的传递速率方程也可看出，对 DO 值的控制主要集中在氧的溶解和传递两个方面。

3. 适当溶解氧的选择

在好氧微生物反应中，一般取 [DO]>[DO]$_{cri}$以保证反应的正常进行。临界氧浓度是不影响菌的呼吸所允许的最低氧浓度。

（1）合适溶解氧选择的原则　如果要使菌体快速生长繁殖（如发酵前期），则应达到临界氧浓度；如果要促进产物的合成，则应根据生产的目的不同，使溶解氧控制在最适浓度（不同的满足度），例如，黄色短杆菌可生产多种氨基酸，但要求的氧浓度可能不同，但对于苯丙氨酸、缬氨酸和亮氨酸的生产，则在低于临界氧浓度时获得最大生产能力，它们的最佳氧浓度分别为临界氧浓度的 0.55、0.66、0.85。

（2）供氧方面

① 增加空气中氧的含量，使氧分压增加，进行富氧通气。

② 提高罐压。

③ 增加搅拌速度。

（3）需氧方面

① 调整养料的浓度。

② 调节控制温度。

溶氧浓度必须与其他参数配合。此外，氧饱和度还会受到温度、罐压、发酵液性质的影响。发酵过程的需氧受到菌体浓度、营养基质的种类浓度、培养条件等因素的影响。保持最佳的菌体浓度，最适菌体浓度的控制可以通过营养基质浓度来控制。还可以通过控制补料速度、调节发酵温度、液化培养基、中间补水、添加表面活性剂等来控制（陈代杰等，1995）。

4. 泡沫的控制

泡沫的控制方法可分为机械消沫和消泡剂消沫两大类。

（1）机械消沫　机械消沫是借机械力引起剧烈振动或压力变化起消沫作用。消沫装置可安装在罐内或罐外。罐内可在搅拌轴上方安装消沫桨。形式多样，泡沫借旋风离心场作用被压碎，也可将少量消泡剂加到消沫转子上以增强消沫效果。罐外法是将泡沫引出罐外，通过喷嘴的加速作用或离心力粉碎泡沫。机械消沫的优点在于不需引进外界物质，如消泡剂，从而减少染菌机会，节省原材料和不会增加下游工段的负担。其缺点是不能从根本上消除泡沫成因。

（2）消泡剂消沫　发酵工业常用的消泡剂分天然油脂类、聚醚类、高级醇类和硅树脂类。常用的天然油脂有玉米油、豆油、米糠油、棉籽油、鱼油和猪油等，除作消泡剂外，还可作为碳源。其消沫能力不强，需注意油脂的新鲜程度，以免菌体生长和产物合成受抑制。

现有的实验数据还难以评定消泡剂对微生物的影响。过量的消泡剂通常会影响菌的呼吸活性和物质（包括氧）透过细胞壁的运输。因此，应尽可能减少消泡剂的用量。在应用消泡剂前需做比较性试验，找出一种对微生物生理、产物合成影响最小，消沫效果最好，且成本低的消泡剂。此外，化学消泡剂应制成乳浊液，以减少同化和消耗。为此，宜联合使用机械与化学方法控制泡沫，并采用自动监控系统（陈代杰等，1995）。

第四节　发酵过程的跨尺度调控策略

发酵过程优化一直是生物发酵工程领域的重大难点，因为操作条件控制的差异往往会在初始条件相同的情况下得到不同的结果，并且这个结果可能相差甚远。人们在对发酵过程进行优化时，一般分为以下几个方面提高目标产物的产量：对常规菌种或基因工程菌进行改良选育；对特定的生物反应器研究操作的最优条件；对反应器设备选型改造。

一、发酵过程的多尺度

为了实现微生物发酵过程优化，不同的研究者往往从各自研究的技术背景出发，以单一水平去理解和分析发酵过程特点：分子水平的菌种选育或基因工程菌的构建；细胞水平的代谢调控；反应器水平的三传（质量、动量、热量）过程。此外，由于发酵过程特征数据采集的困难和过程酶学研究的困难，发酵工艺开发研究时只能采用最佳工艺控制点为依据的静态操作方法，缺乏代谢流变化的实时分析。所依据的基本思想和方法都是采用传统的生物学方法或化学工程的宏观动力学的调控方法，这对活体细胞的发酵调控来说存在很多问题，因此长期以来有关发酵过程优化与放大，国内外都没有很好解决。

时空多尺度特征是过程工程中所有复杂现象的共同特征。多尺度最早在化学工程领域中提出，后来又延伸到其他领域和学科，并且不同领域涉及多尺度划分的依据也不尽相同，都具备相应学科背景特性。对多尺度可粗划分为基因水平的纳尺度、细胞水平的微尺度、反应器水平的宏观尺度。这种尺度的划分不能简单地理解为热力学统计关系，而是具备了活生物体生命属性所特有的广域联系，即时空串联，其具体表现在物质流、能量流的变化，以及过程所反映的信息流的变化，因而根据生命过程的复杂性，多尺度呈现出大网络多输入多输出的特点。我们关注的是微生物代谢的主流途径。因此，没有必要研究所有的载流途径，从而简化调控过程（图7-17）（张嗣良等，2003）。

二、代谢流为基础的多尺度研究方法

① 将总过程分解为反应器操作的宏观尺度、细胞代谢的微尺度和基因遗传特性的纳尺度三个尺度网络。

② 分别对上述子尺度网络进行研究。

③ 通过生物反应器数据采集与数据驱动型分析研究不同子过程之间的相互联系和时序关系。

④ 通过物理、化学和生物化学过程分析归纳出以代谢流分析与控制为核心的系统产生多尺度结构的控制机理。

⑤ 综合不同子过程的研究结果，提出从反应器宏观操作尺度或基因改造尺度解决总过程问题的方法。

多尺度研究的关键步骤如下。

① 系统简化。以活细胞为对象的生物反应器中所发生的基因分子遗传、细胞代谢调节和反应器工程特性三个尺度上的过程是以网络状态存在，网络之间又存在着以时间为坐标的多输入多输出的互动关系。也就是说同一尺度下会有多种过程的耦合，不同尺度下也往往会有不同过程发生，没有必要也不可能对所有的过程进行描述和研究。然而也应该看到每一分尺度的结构及其内部发生的过程都要比原始结构和总过程简单，复杂系统可以看作由不同尺度的相对简单的结构复合而成。

② 用于多尺度研究的数据采集系统的配置。在发酵过程数据采集系统上进行多参数相关研究是生物反应器多尺度系统的出发点，因此，参数类型的配置必须符合多尺度结构系统研究特点。

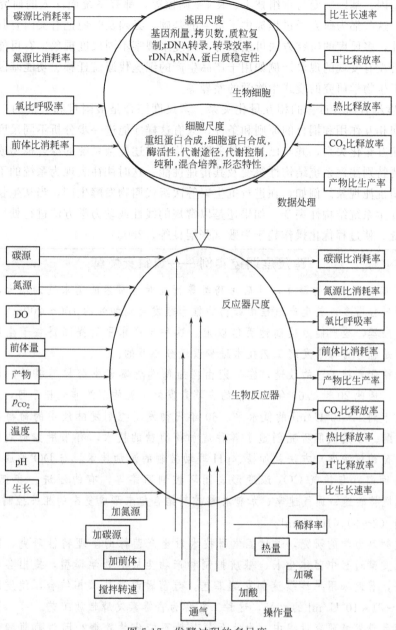

图 7-17　发酵过程的多尺度

③ 数据驱动型研究。数据驱动研究所得到的相关特性可以为生物过程优化提供直接的经验规则，必要时可采用专家系统、模糊控制、人工神经元网络等对系统进行识别或优化规则控制。相关特性研究的更重要意义在于不同尺度间的关联特性，由宏观到微观，例如，可以由此进行微生物细胞的代谢流分布与迁移研究、实时代谢工程分析，以及由此可追溯到微生物基因特性和基因改造、在生物反应器操作条件下研究功能基因与表型的非对称性。这些微观过程的认识是过程优化的重要基础。

④ 子过程分析。当前生化工程发展的最重要特点是随着生物技术的深入发展和对生命过程的深入认识，化学工程研究与生物技术深度结合。以化学工程"三传一反"为基本内容的计算流体力学。以及对生命过程的认识，包括各种产物的生物合成机制、代谢调控与代谢

工程、功能基因、基因突变与重组技术、RNA调控等，都有系统而深入的研究。并且不断有新的发现，这些都为研究子过程提供了重要的基础，必须及时地把有关内容归纳到子尺度研究中。此外，多尺度的研究方法可以从另一尺度来观察不同尺度现象，有可能提供在生物技术研究中所没有发现的现象。例如用于产品生产的细胞代谢流迁移、功能基因与表型的非对称性、用于生物学研究的模式生物学的差异等。

⑤ 多尺度综合与各过程的相互量化关系。多尺度综合是最困难和关键的一步，必须阐明不同尺度间相互作用和耦合的原则和条件，只有这样才能进一步分析不同尺度下的各种子过程之间的相互量化关系，并与已知条件关联，构成描述复杂系统的综合模型或描述。在多尺度综合时要特别注意系统结构性突变及其传递性能，这时往往表现为系统的不稳定性或多态性，即所谓混沌现象。例如，在进行抗生素等次级代谢物发酵生产，当从生长期过渡到生产期时，就发生系统结构性突变。如果还是以常规的线性或动力学方法进行处理，就有可能偏离最优系统，使过程优化操作趋于失败（张嗣良等，2003）。

跨尺度调控实例——青霉素发酵

1928年弗莱明发现青霉素，其后医药类等行业对青霉素的需求逐渐增大，青霉素的生产研究也日益增多，其生产过程由最初的锥形瓶发展到如今的$100\sim200m^3$甚至更大规模的生物反应器，生产能力提高达百倍以上。这种生产水平的提高得益于生产菌种的不断筛选，但是也与青霉素发酵工艺技术进步改造分不开的。

如葡萄糖代乳糖工艺的改造，在早期由摇瓶筛选青霉素发酵培养基时，认为乳糖是最适的碳源；因此20世纪60年代以前的青霉素发酵工业的碳源非乳糖不可，发酵单位长期停留在几千到$1\times10^4U/ml$的低水平。60年代初发现控制发酵液中的葡萄糖浓度可以代替乳糖发酵。于是人们研究创造了各种流加葡萄糖的技术，有采用控制残糖浓度（即培养液中的葡萄糖浓度）方法补加糖、pH联动控制的流加技术、与DO形成串级调节的主辅环控制回路、与排气CO_2浓度形成闭环控制回路等，有的还进一步把DO、pH、$k_{L}a$因子与搅拌转速、通气速率、加糖补料控制结合起来形成复杂的相关控制回路，发酵单位提高到$(2\sim3)\times10^4U/ml$。

随着发酵动力学的研究，通过恒化器技术对生产菌株的生理特性研究，建立了各种反映青霉素发酵过程中菌体生长、基质抑制和产物生成的数学模型，提出各种优化的过程控制方法，普遍采用半连续流加发酵工艺，与菌种改造技术相结合，使发酵水平达到了当前$(6\sim7)\times10^4U/ml$的水平，这种工艺称为青霉素发酵带放工艺。

在早期乳糖发酵研究过程中，为什么葡萄糖不能代替乳糖？因为葡萄糖是青霉素生产菌易于利用的碳源，在高浓度的葡萄糖情况下菌体生长迅速，就产生了两个必须解决的重要问题：发酵罐的供氧和形成青霉素所需要的次级代谢培养条件控制。这在青霉素发酵生产工业的早期，特别是摇瓶研究条件下是不能够被认识的。在摇瓶条件下，葡萄糖只能在基础培养基中一次性加入，呈高浓度的葡萄糖利于菌体生长，但随即消耗的葡萄糖又不能维持菌体代谢，因而得出葡萄糖不利于青霉素生产的结论。随着发酵过程DO、pH在线测量技术的进步，很容易掌握流加葡萄糖与DO、pH变化的关系，形成了新的青霉素发酵流加工艺。但是对葡萄糖浓度与菌体生长、产物形成的多尺度非线性关系还是缺乏认识，葡萄糖流加速率与培养液中的糖浓度是反应器尺度上的可操作因素，当完成菌体生长期，培养液中葡萄糖成为限制因素时，菌体生长受到控制，菌体细胞内部形成新的青霉素合成酶系使反应体系发生结构性变化，即进入了次级代谢途径，大量形成青霉素。这期间的低浓度葡萄糖可以降低高浓度时所起的分解代谢阻遏作用，避免了对抗生素生产合成的抑制。此外，又进一步发现次级代谢作用的重要特征，即产物的生成只有在生产菌处于低的比生长速率条件下才能进行，因此，生长速率有可能是分解代谢产物阻遏作用的因子，而与营养限制因素的种类无关。由此可见，葡萄糖流加速率的控制，引起了多尺度结构中另一种结构性变化，即通过控制比生长速率来解决分解代谢对产物合成的阻遏作用。由此可见，在青霉素产生菌基因工程研究、细胞代谢调节研究以及高效生物反应器研究基础上，以多尺度的系统理论，解决跨尺度观察和操作问题，是今后进一步提高生产能力的重要出路（张嗣良，1987）。

第五节　发酵工程的应用

微生物发酵工程为利用微生物的特定性状，通过现代工程技术生产有用物质，或直接应用于工业化生产的一种技术体系。人们熟知的利用酵母菌发酵制造啤酒、果酒、工业酒精，乳酸菌发酵制造奶酪和酸牛奶，利用真菌大规模生产青霉素等都是发酵工程应用的例子。随着科学技术的进步，发酵技术也有了很大的发展，并且已经进入能够人为控制和改造微生物，使这些微生物为人类生产产品的现代发酵工程阶段。现代发酵工程作为现代生物技术的一个重要组成部分，具有广阔的应用前景。例如，用基因工程的方法有目的地改造原有的菌种并且提高其产量；利用微生物发酵生产药品，如人的胰岛素、干扰素和生长激素等。

通常，发酵工程分为两大部分。

① 发酵部分：主要是通过一系列的环节，提供条件，使菌体生长繁殖，并产生发酵所要的目的产物（代谢产物）。

② 提纯部分：这部分是通过一些物理的、化学的手段、方法，将代谢产物从发酵醪中提纯出来，获得最终产品。

随着对发酵工程的生物学属性的认识愈益明朗化，发酵工程正在深入人们生活的方方面面。从生物科学的角度重新审视发酵工程，发酵工程的生物学原理是发酵工程最基本的原理，并且可以把它简称为"发酵原理"。发酵原理的核心内容是微生物复杂系统运行的自然规律（即微生物生命活动的三个基本假说）。代谢能支撑假说（生命活动的前提，动力）暗示：微生物活细胞是耗散结构，这种结构依靠代谢能来支撑。这个假说体现了生命活动的空间性（方位排列的有序）、时间性（周期变化的有序）。代谢网络假说（生命活动的内容，结构）显示：代谢网络是细胞代谢活动的运行图。这个假说体现了生命活动的整体性、流动性、层次性。细胞经济假说（生命活动的法则，控制）揭示细胞经济的运行原理，它们体现了细胞代谢活动的自主性。

在长期的实验和生产实践中，人们不断地发现很多重要生化过程仅靠单株微生物不能完成或只能微弱地进行，必须依靠两种或多种微生物共同培养来完成，即混菌培养或称为混菌发酵。近年来，科技工作者已开始采用混合培养微生物进行发酵，以改进单一菌株发酵不足的缺点。

目前发酵工程的应用主要体现在如下方面。

(1) 在医药工业上的应用　基于发酵工程技术，开发了种类繁多的药品，如人类生长激素、重组乙肝疫苗、某些种类的单克隆抗体、白细胞介素、抗血友病因子、各种酶制剂及抗生素等。

(2) 在食品工业上的应用　主要有三大类产品。

① 生产传统的发酵产品，如啤酒是用大麦芽和酒花（蛇麻草的雌花）经啤酒酵母（一种单细胞真菌）发酵而成。酒类饮料生产中常以谷物或水果（葡萄、荔枝等）为原料经不同的微生物（酵母菌、曲霉等）发酵，加工制成不同的酒。儿童们喜欢吃的酸奶也是在鲜奶里加入了乳酸菌经发酵而成。醋和酱等也是我国传统的调味品。醋是利用米、麦、高粱等淀粉类原料或直接用酒精接入醋酸杆菌发酵加工而成；酱是利用麦、麸皮、大豆等原料经多种微生物（曲菌、酵母菌和细菌）的协同作用形成的色、香、味俱全的调味品。酱油必须进行蒸煮、消毒后才能食用。

② 生产食品添加剂。从植物中萃取食品添加剂的成本高，且来源有限，化学合成法生产食品添加剂虽成本低，但化学合成率低，周期长且可能危害人体健康。因此，生物技术，尤其是发酵工程技术已成为食品添加剂生产的首选方法。利用微生物技术发酵生产的食品添加剂主要有维生素（维生素 C、维生素 B_{12}、维生素 B_2）、甜味剂、增香剂和色素等产品。发酵工程生产的天然色素、天然新型香味剂，正在逐步取代人工合成的色素和香精，这也是现今食品添加剂研究的方向。用发酵工程生产的单细胞蛋白质，它不仅蛋白质含量高，还含有多种维生素，这也是一般食物所不及的。用来喂猪可增加瘦肉率，用来养鸡能多产蛋，用来饲养奶牛还可提高产奶量。

③ 帮助解决粮食问题。主要内容是：在现有实验室的基础上，建成粮食功能组分高效分离和质构重组、粮食加工副产物高效利用、高效节粮发酵技术、粮食食品工业化加工四个技术研发平台和相应的验证平台。项目建设的目标和任务是：主要针对稻谷等粮食资源加工转化率低下、损耗严重、副产品综合利用程度不高等突出问题，开展高效节粮发酵工程、生物高效转化和酶修饰重组等共性技术的研究，降低粮食产后加工损失，为延长我国粮食加工业的产业链，提高粮食资源的利用率提供技术支撑。此外还有机酸发酵，如柠檬酸、乳酸、醋酸、葡糖酸、衣康酸等有机酸是重要的工业原料，在食品工业、化学工业等有重要作用。氨基酸的生产。八种人体不能合成的氨基酸可通过发酵生产获得，不仅可提高食品的营养价值，并且可用于饲料添加剂。并且由于氨基酸参与体内的代谢和各种生理机能活动，因此可用于治疗各种疾病。

发酵工程是现代生物工程技术中应用最广泛的技术，因为它具有生产条件温和，原料来源丰富且价格低廉，产物专一，废弃物对环境污染小和容易处理等特点，因此发酵工程在医药工业、食品工业、农业、冶金工业、环境保护等许多领域得到了广泛的应用，并形成了规模庞大的发酵工业。用生物技术特别是微生物发酵技术来开发新型饲料资源、生产蛋白质饲料和新型添加剂越来越受到人们的重视。特别是进入 21 世纪后，利用微生物生产的饲料蛋白、酶制剂、氨基酸、维生素、抗生素和益生菌微生物制剂等饲料产品的使用使发酵工程技术在饲料工业中得到了更广泛的应用。随着生物技术的发展，发酵工程的应用领域也在不断扩大。从细胞生长繁殖、代谢的角度而言，利用发酵工程技术进行的大规模植物细胞培养，将用于生产一些昂贵的植物化学品；而动物细胞培养所生产的一些蛋白质和多肽类产品将作为医用激素及抗癌与艾滋病的新药物。

发酵工程技术在今后十年内的重点发展方向为：基因工程及细胞杂交技术在微生物育种上的应用，将使发酵用菌种达到前所未有的水平；生物反应器技术及分离技术的相应进步将消除发酵工业的某些神秘特征；由于物理微生物数据库、发酵动力学、发酵传递力学的发展，将使人们能够清楚地描述与使用微生物的适当环境和有关的生物学行为，从而能最佳地、理性化地进行工业发酵设计与生产。

思考题：

1. 简述微生物纯化、退化、复壮与保藏的方法。
2. 简述培养基的种类及配制原则。
3. 简述营养物质进入细胞方式。
4. 影响培养基灭菌的因素有哪些？
5. 比较分批灭菌与连续灭菌的优缺点。
6. 发酵培养基的优化方法有哪些？
7. 影响种子质量的因素是什么？
8. 配制种子培养基成分如何选择？
9. 温度对发酵过程有何影响？
10. pH 对发酵过程有何影响？
11. 泡沫产生的原因是什么？简述消泡剂的种类及其应用。
12. 简述溶氧量对发酵的影响。
13. 简述发酵过程中对溶解氧的控制。

参 考 文 献

[1] 周德庆. 微生物学教程. 第二版. 北京：高等教育出版社，2002；82-96.
[2] 沈萍. 微生物学. 第二版. 北京：高等教育出版社，2006；75-126.
[3] 张嗣良. 发酵工程控制概论. 国家医药管理局培训中心教材，1984；56-65.
[4] 陈天寿. 微生物培养基的制造与使用. 北京：中国农业出版社，1995；11-19.
[5] 沈萍，陈向东. 微生物学实验. 第四版. 北京：高等教育出版社，2007；43-59.
[6] 张卉. 微生物工程. 北京：中国轻工业出版社，2010；105-114.
[7] 俞俊棠. 新编生物工艺学. 北京：化学工业出版社，2003；150-160.
[8] 贺小贤. 生物工艺原理. 第二版. 北京：化学工业出版社，2007；142-158.
[9] 张嗣良，储炬. 多尺度微生物过程优化. 北京：化学工业出版社，2003；20-27.
[10] 张克旭，陈宁. 代谢控制发酵. 北京：中国轻工业出版社，2005；107-121.
[11] 尹光琳等. 发酵工业全书. 北京：中国医药出版社，1992；63-80.
[12] 邓毛程. 发酵工艺原理. 北京：中国轻工业出版社，2005；145-156.
[13] 陈代杰，朱宝泉. 工业微生物菌种选育与发酵控制技术. 上海：上海科学技术文献出版社，1995；309-326.
[14] 张嗣良. 青霉素发酵过程特点与控制对策研究. 华东化工学院学报，1987，15（4）；510-519.

第八章 细胞与细胞工程

引言

细胞工程(cell engineering)是生物工程和生物技术的重要组成部分,它是以细胞为对象,以现代生物化学、细胞生物学、发育生物学、遗传学和分子生物学为理论基础,按照人类的需要,借助工程学的原理与技术,包括遗传工程、基因工程、组织工程、化学工程、机械工程、信息工程等,改变细胞的结构、性质和功能,获得细胞的代谢产物或细胞、组织、器官甚至生物体等的综合性科学技术。

知识网络

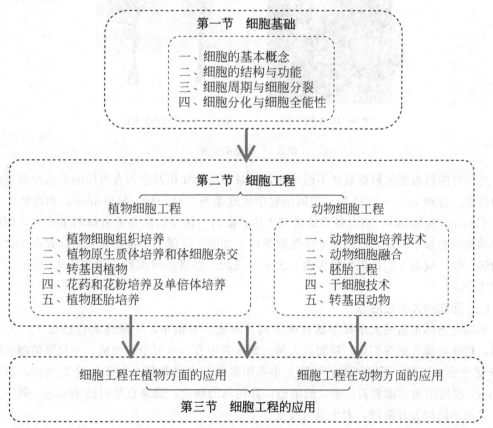

第一节 细胞基础

一、细胞的基本概念
二、细胞的结构与功能
三、细胞周期与细胞分裂
四、细胞分化与细胞全能性

第二节 细胞工程

植物细胞工程

一、植物细胞组织培养
二、植物原生质体培养和体细胞杂交
三、转基因植物
四、花药和花粉培养及单倍体培养
五、植物胚胎培养

动物细胞工程

一、动物细胞培养技术
二、动物细胞融合
三、胚胎工程
四、干细胞技术
五、转基因动物

细胞工程在植物方面的应用　　细胞工程在动物方面的应用

第三节 细胞工程的应用

第一节 细胞基础

一、细胞的基本概念

细胞是生命结构和功能的基本单位，是生命活动的基本单元。低等单细胞生物（细菌、变形虫等），一个细胞就是一个个体。动植物则是由不同类型细胞组成的多细胞生物。但它们并不是杂乱无章地堆集在一起，而是按照一定规律形成组织、器官和系统，分工协作，统一指挥，构成严整的有机体。

(一) 细胞的发现与细胞学说

1665 年，英国人胡克（Robert Hooke）用自制的显微镜［如图 8-1(a)］观察软木片，发现许多蜂窝状的小孔，称为细胞（cell），但实际只是观察到死亡细胞的细胞壁。此后不久，荷兰人列文虎克（Anton van Leeuwenhoek）用自制显微镜［如图 8-1(b)］发现了细菌和其他微生物。

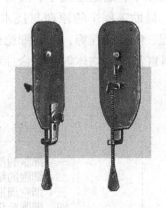

(a) Robert Hooke的显微镜　　　　(b) Leeuwenhoek的显微镜

图 8-1　细胞的发现

此后对细胞观察的数据虽然不断增加，但对细胞的知识及它与有机体的关系没有进行科学的概括。直到 1838～1839 年，德国植物学家施莱登（Matthias Schleiden）和动物学家施旺（Theodor Schwann）通过各自的研究工作，指出一切动植物都是由细胞组成的，细胞是一切动植物的基本单位，从而建立了细胞学说。细胞学说阐明了植物界和动物界在生命本质上的统一性，成为人们认识生物界的一次重大飞跃。恩格斯将细胞学说誉为 19 世纪的三大发现之一。

(二) 细胞的大小和形态

不同生物体细胞的大小和形状有所不同。细胞一般很小，一般细胞直径在 $10～100\mu m$ 之间，用显微镜才能观察到。例如：人的一滴血液中有 500 万个红细胞，一只眼的瞳孔中有 1.25 亿个感光细胞。不同种类的细胞大小差距悬殊，现已知最小的细胞是支原体，直径约 $0.1\mu m$，要用电镜才能看到。最大的细胞，如鸵鸟的卵黄，细胞直径可达 70mm。同一个细胞，处在不同的发育阶段，大小也会改变。

细胞的形状也是多样的，如神经细胞为星芒状、卵细胞为球状、平滑肌的肌细胞呈梭形。细胞的形态结构与功能存在相关性与一致性。例如：红细胞呈中央凹陷的圆饼状，体积较小，不仅有利于在血管内快速运行，还有利于结合更多的 O_2 和 CO_2，提高气体交换效率。一些形状、大小各异的细胞如图 8-2 所示。

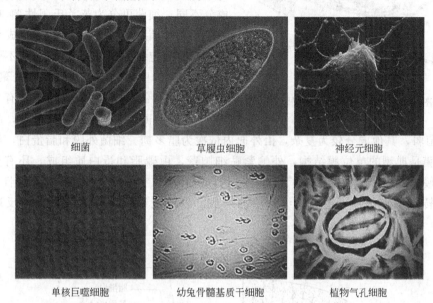

细菌	草履虫细胞	神经元细胞
单核巨噬细胞	幼兔骨髓基质干细胞	植物气孔细胞

图 8-2　一些形状、大小各异的细胞（引自元英进等，细胞培养工程，2012）

(三) 细胞的分子组成

组成细胞的基本元素有 O、C、H、N、P、S、Ca、Mg、K、Na、Cl 等，这些化学元素构成细胞结构与功能所需的许多无机物和有机物。

组成生命的无机物包括水和无机盐。细胞中大部分是水，占细胞物质总含量的 75%～80%。水在生物体中起着重要作用，一切生命活动都要在水中进行。无机盐含量占细胞干重的 2%～5%，它们在细胞中通常以离子形式存在，是细胞生长所必需的。它们各自的生理功能不同，如 Na 维持体内水、渗透压及 pH 的平衡，而 Ca 对维持细胞膜的坚固和渗透性，对保持神经和肌肉组织的正常兴奋性有很大作用。

细胞中的有机物主要由蛋白质、核酸、脂质和糖四大类物质组成，占细胞干重的 90%以上。细胞中这一类具有生物功能、分子质量较大、结构复杂的分子称为生物大分子，与生物体的新陈代谢、能量储存与利用、遗传变异等现象密切相关。生物大分子一般以复合分子的形式如核蛋白、脂蛋白、糖蛋白与糖脂等组成细胞的基本结构体系，如由脂质构成的磷脂双分子层并镶嵌蛋白质的生物膜体系。

二、细胞的结构与功能

随着显微镜的广泛应用，人们能观察到各种细胞的内部结构。20 世纪 60 年代，生物学家 H. Ris 根据有无核膜包被的细胞核，把细胞分为原核细胞（prokaryotic cells）和真核细胞（eukaryotic cells）两大类型。

(一) 原核细胞结构与功能

原核细胞的结构比较简单，没有典型的细胞核，即没有核膜将它的遗传物质 DNA 与细胞质分隔开。除核糖体外，没有其他的细胞器。原核细胞包括支原体、衣原体、立克次氏

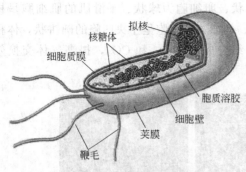

图 8-3 原核细胞结构示意图

体、细菌、放线菌与蓝藻等，原核细胞结构示意图如图 8-3 所示。

以细菌为例，细菌是在自然界分布最广、个体数量最多的有机体。由于细胞壁的结构和成分不同，细菌可分为革兰氏阳性菌（G^+）和革兰氏阴性菌（G^-）。细胞壁主要成分是肽聚糖，具有固定细胞外形和保护细胞不受损伤等功能。G^+ 菌壁厚，有 15～50 层肽聚糖片层，含 20%～40% 的磷壁酸，有的还具有少量蛋白质。G^- 菌壁薄，仅 2～3 层肽聚糖，故机械强度较 G^+ 菌弱，其他成分较为复杂，由外向内依次为脂多糖、细菌外膜和脂蛋白，如图 8-4。

细胞膜是典型的单位膜结构，外侧紧贴细胞壁，由磷脂和蛋白质组成，还有少量的糖类。细胞膜为细胞生命活动提供了相对稳定的内部环境。它的重要功能是有选择性地通透各种物质，转导细胞信号，还影响细胞壁的形成，以保证细胞内各种生物化学反应有序地进行。

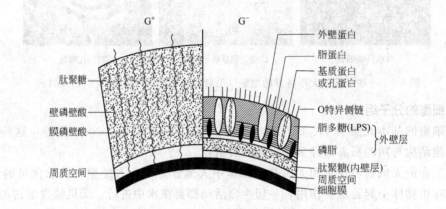

图 8-4　G^+ 和 G^- 细胞壁构造的比较

细菌和其他原核生物一样，没有核膜，DNA 集中在细胞质中的低电子密度区，称核区或核质体。核质体是环状的双链 DNA 分子，所含的遗传信息可编码 2000～3000 种蛋白质，空间构建十分精简。由于没有核膜，因此 DNA 的复制、RNA 的转录与蛋白质的合成可同时进行。

细菌细胞质中的细胞器只有核糖体，每个细菌细胞含 5000～50000 个核糖体，部分附着在细胞膜内侧，大部分游离于细胞质中。细菌核糖体的沉降系数为 70S，主要参与蛋白质的合成与加工。胞质颗粒是细胞质中的颗粒，起暂时储存营养物质的作用，包括多糖、脂类、多磷酸盐等。

(二) 真核细胞结构与功能

真核细胞是结构与功能相对复杂的细胞，由细胞膜、细胞质、细胞核三个基本部分组成。细胞质里有线粒体、核糖体、内质网、高尔基体等细胞器，细胞核内有染色质、核仁、核液等。虽然植物细胞和动物细胞有基本相同的结构与功能体系，但植物细胞有细胞壁、液泡、叶绿体等，而动物细胞没有（Bolsover et al.，2004）。动物细胞与植物细胞结构见图 8-5。

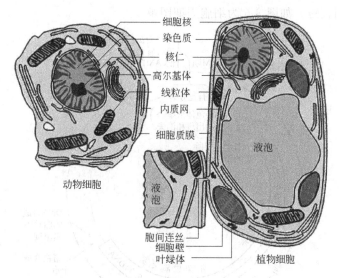

图 8-5　动物细胞与植物细胞结构示意图

（改自 Bolsover and Hyams，Cell Biology，2004）

细胞表面的一层单位膜，称为质膜。真核细胞除了具有质膜、核膜外，发达的细胞内膜形成了许多功能区隔。由膜围成的各种细胞器，如内质网、高尔基体、线粒体、叶绿体、溶酶体等，在结构上形成了一个连续的体系，称为内膜系统。内膜系统将细胞质分隔成不同的区域，它不仅使细胞内表面积增加了数十倍，各种生化反应能够有条不紊地进行，而且细胞代谢能力也比原核细胞大为提高。

细胞核是细胞内最重要的细胞器，核表面是由双层膜构成的核被膜，核内包含有由DNA 和蛋白质构成的染色体。间期染色体结构疏松，称为染色质；有丝分裂过程中染色质凝缩变短，称为染色体。其实染色质与染色体只是同一物质在不同细胞周期的表现。染色体的数目因物种而异。核内 1 至数个小球形结构，称为核仁。

存在于质膜与核被膜之间的原生质称为细胞质，细胞之中具有可辨认形态和能够完成特定功能的结构叫做细胞器，如内质网参与蛋白质或脂质的合成；高尔基体与细胞的分泌活动和溶酶体的形成有关；溶酶体负责消化作用；线粒体进行氧化磷酸化反应，合成 ATP；叶绿体存在绿色植物细胞中，与光合作用有关。

除细胞器外，细胞质的其余部分称为细胞质基质，内含赋予细胞以一定机械强度的细胞骨架和丰富的酶等蛋白质、各种内含物以及中间代谢物等，是细胞代谢活动的重要基地。

三、细胞周期与细胞分裂

细胞周期（cell cycle），是指连续分裂的细胞，从前一次细胞分裂结束开始，经过物质积累过程，到完成下一次细胞分裂所经历的整个过程。细胞周期分为分裂期（M）和位于两次分裂期之间的分裂间期。间期是细胞增殖的物质准备和积累阶段，分为 G_1 期（DNA 合成前期）、S 期（DNA 合成期）、G_2 期（DNA 合成后期）三个阶段，其中在 S 期完成其遗传物质 DNA 的复制；G_1 期合成 DNA 复制所需要的 RNA 和蛋白质，其中包括合成底物、DNA 复制的酶系、辅助因子和起始因子等；G_2 期为有丝分裂的准备期，主要是 RNA 和蛋白质（包括微管蛋白等）的大量合成。分裂期则是细胞增殖的实施阶段，完成遗传物质到子细胞中的均等分裂。细胞在正常情况下，沿着 G_1—S—G_2—M 期的路线进行。一般间期时间较长，M 期时间较短。如图 8-6 为细胞周期图解。

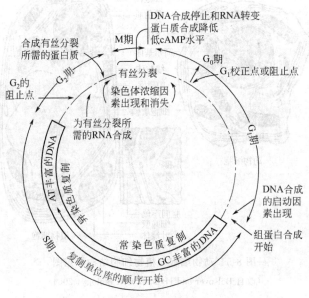

图 8-6　细胞周期图解
(引自元英进等，细胞培养工程，2012)

细胞周期运转受到细胞内外各种因素的精密调控，对生物的生存、繁殖、发育和遗传十分重要。细胞工程中许多技术操作都要在一定的细胞周期内完成。

细胞分裂的方式有三种：无丝分裂（amitosis）、有丝分裂（mitosis）、减数分裂（meiosis）。了解细胞分裂方式及其变化特征，对于更好地掌握染色体工程、动植物细胞培养等技术有重要作用。

无丝分裂是最早发现、最简单的一种增殖方式。因分裂时没有纺锤丝的出现故名无丝分裂。大多以横裂或纵裂方式一分为二。

有丝分裂是细胞分裂的主要形式，由 Fleming 1882 年首次发现于动物及 Strasburger 1880 年发现于植物。实质是染色体经过复制变成双份，再平均分配到两个子细胞中去，从而保持遗传物质的稳定传递。根据细胞形态结构的变化，将有丝分裂分为前期、前中期、中期、后期、末期和胞质分裂 6 个时期。图 8-7 显示了有丝分裂各个时期的特点。减数分裂是一种特殊形式的有丝分裂，仅发生于有性生殖细胞形成过程的某个阶段。它和有丝分裂有许多共同之处，但也有差异，主要体现在染色体复制一次后，要经过两次分裂，结果子细胞的染色体数目比亲代细胞减少了一半，故称为减数分裂。再经过受精，精卵细胞形成合子，染色体数恢复到体细胞的染色体数目。

有丝分裂细胞在进入减数分裂之前要经过一个较长的间期，包括 G_1 期、S 期、G_2 期，称前减数分裂间期。和有丝分裂不同的是，DNA 不仅在 S 期合成，而且也在前期合成一小部分，而且 S 期持续时间较长。

由减数分裂前 G_2 期细胞进入两次有序的细胞分裂，即第一次减数分裂和第二次减数分裂（图 8-8）。两次减数分裂之间的间期或长或短，但无 DNA 合成。减数分裂 I 分前期、中期、后期、末期。前期比较复杂，染色质开始螺旋化，变短变粗，同源染色体发生联会现象。同源染色体配对完成，形成四分体，出现染色体交叉现象，交叉可能伴随着基因的交换，导致出现重组型的配子。配对的同源染色体开始向赤道板移动，纺锤丝开始出现。中期

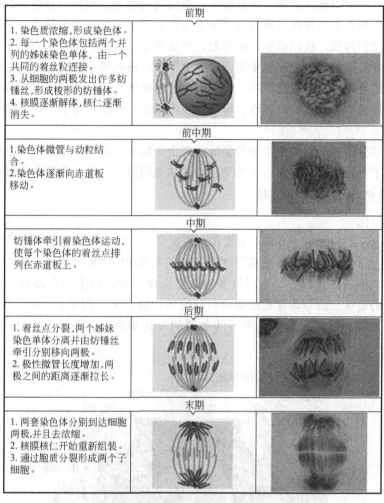

前期		
1. 染色质浓缩,形成染色体。 2. 每一个染色体包括两个并列的姐妹染色单体,由一个共同的着丝粒连接。 3. 从细胞的两极发出许多纺锤丝,形成梭形的纺锤体。 4. 核膜逐渐解体,核仁逐渐消失。		
前中期		
1. 染色体微管与动粒结合。 2. 染色体逐渐向赤道板移动。		
中期		
纺锤体牵引着染色体运动,使每个染色体的着丝点排列在赤道板上。		
后期		
1. 着丝点分裂,两个姐妹染色单体分离并由纺锤丝牵引分别移向两极。 2. 极性微管长度增加,两极之间的距离逐渐拉长。		
末期		
1. 两套染色体分别到达细胞两极,并且去浓缩。 2. 核膜核仁开始重新组装。 3. 通过胞质分裂形成两个子细胞。		

图 8-7　有丝分裂过程图

（改自 Karp，Cell and Molecular Biology，2010）

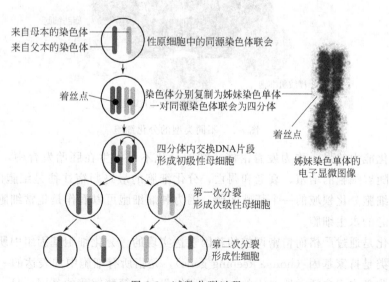

图 8-8　减数分裂过程

核仁核膜消失，同源染色体排列在赤道板上，纺锤丝与着丝点相连，并将同源染色体分别向两极牵引。后期同源染色体在纺锤丝的牵引下完全分开，继续向两极移动。末期成对的同源染色体分别被拉到两极，核仁核膜重新出现，形成两个子细胞。

减数分裂Ⅱ与有丝分裂过程非常相似，前期很短，染色体不再进行复制。中期子细胞的染色体没有经过复制就在赤道板排列。后期姊妹染色单体在纺锤丝的牵引下着丝点分离，成为两条独立的染色体，并被拉向两极。末期重新出现核仁核膜，每个子母细胞又分裂成两个子细胞。

经过这样的分裂过程，一个细胞分裂成了四个子细胞，每个子细胞的染色体数只有原来的一半，保证了有性繁殖过程中，个体细胞染色体数的恒定，也为生物的变异提供了可能。

四、细胞分化与细胞全能性

(一) 细胞分化

细胞分化（cell differentiation）是指在个体发育中，由一种相同的细胞类型经细胞分裂后逐渐在形态、结构和功能上形成稳定性差异，产生不同的细胞类群的过程。细胞分化是多细胞有机体发育的基础与核心，不同类型的细胞构成生物体的组织与器官，执行不同的功能，因而细胞的形状一般与其存在的部位和行使的功能有关。例如：一个人的受精卵细胞，经过胚胎发育过程，形成大约 250 种不同类型的分化细胞，如图 8-9 所示（Gerald Karp，2010）。

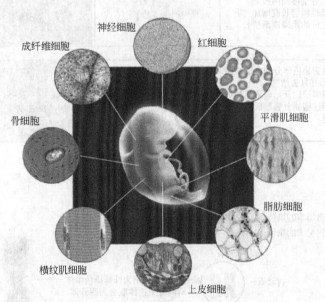

图 8-9　不同类型的分化细胞

细胞分化能力的强弱称为发育潜能。细胞分化不仅发生在胚胎发育中，而且一直进行着，常常伴随着细胞的增殖、衰老和凋亡，分化细胞的最终归宿往往是细胞的衰老和死亡。细胞癌变是细胞分化领域的一个特殊问题，因为肿瘤细胞可以看作是正常细胞分化机制失控而成为不衰老的永生细胞。

细胞分化是通过严格而精密调控的基因表达实现的。分化细胞基因组中所表达的基因分为两种：一类是持家基因（house-keeping gene），是指所有细胞中均表达的一类基因，其产物是维持细胞基本生命活动所必需的，如编码组蛋白、糖酵解酶的基因；另一类称为组织特异性基因（tissue-specific gene），是指不同类型细胞中特异性表达的基因，其产物赋予各种类型细胞特异的形态结构与功能，如胰岛素基因、红细胞的血红蛋白基因等。因此细胞分化的实质是组织特异性基因在时间和空间上的差异表达（differential gene express）。

(二) 细胞全能性

早在 1902 年，德国著名的植物学家 Haberlandt 即预言，作为高等植物器官和组织基本单位的细胞，有可能在离体培养条件下实现分裂和分化，乃至形成胚胎和植株。这一观点后来被称为细胞全能性学说。

细胞全能性是指细胞经过分裂和分化后仍保留着全部的核基因，具有生物个体生长、发育所需要的全部遗传信息，具有发育成完整个体的潜能。

1958 年，Steward 等利用胡萝卜根韧皮部组织，放在人工培养基上培养出了完整的新植株，证明高度分化的植物营养组织仍保持着发育成完整植株的能力。动物细胞核移植实验证明，胚胎细胞及高度分化的体细胞具有全能性。1996 年，人们将羊的乳腺细胞的细胞核植入去核的羊卵细胞中，成功地克隆了多莉羊，为揭示动物细胞全能性做出了巨大贡献。

第二节　细胞工程

根据研究对象的不同，细胞工程可分为微生物细胞工程、植物细胞工程、动物细胞工程。微生物细胞工程通常称之为微生物工程，作为生物工程与生物技术的主要技术之一，与细胞工程相并列，所以一般所讲的细胞工程主要以动植物为研究对象。根据具体情况，细胞工程的研究对象可以是完整的细胞、组织或器官、胚胎，也可以是原生质体、细胞核、染色体、细胞器等。

一、植物细胞工程

植物细胞工程是一门以植物组织和细胞的离体操作为基础的实验性学科。它是以植物组织细胞为基本单位，在离体条件下进行培养、繁殖或人为的精细操作，使细胞的某些生物学特性按人们的意愿发生改变，从而改良品种或创造新物种，或加速繁殖植物个体，或获得有用物质的过程统称为植物细胞工程。植物细胞工程是在植物组织培养的基础上发展起来的，因此，植物细胞工程亦是广义概念上的植物组织培养。

早在 1902 年 Haberlandt 就提出了细胞全能性学说，开展了植物细胞和组织培养试验，由于受当时技术水平的限制，仅在栅栏组织中看到了细胞的生长、细胞壁的加厚等，但没有看到细胞的分裂。1904 年，Hannig 在加有无机盐和蔗糖溶液的培养基中，培养萝卜和辣根菜的幼胚，发现胚可以离体充分发育成熟，并提前萌发成小苗，这是首个植物器官离体培养成功的例子。从此以后至 1929 年，陆续有其他植物的茎尖、根尖离体培养成功的报道。这段时间为植物细胞工程的探索期。

1930～1959 年植物细胞工程发展进入发展期，1934 年，美国植物生理学家 White 培养番茄根建立了第一个活跃生长的无性繁殖系，并在人工合成培养基上培养了近 30 年之久，证明了根的无限生长的特性。1937 年，White 发现了 B 族维生素和生长素——吲哚乙酸对植物离体培养的促进作用。同时（1937～1938 年）法国学者 Gautheret 和 Nobecoort 也分别在三毛柳、黑杨和胡萝卜中发现了这两类物质对形成层组织生长的促进作用。这三位科学家一起被誉为植物组织培养的奠基人。之后，腺嘌呤和细胞分裂素等对离体细胞生长、分化的调控作用陆续被发现，初步确立了组织培养技术体系。

1960 年至今，植物细胞工程技术得到快速发展。英国学者 Cocking 等于 1960 年用纤维素酶和果胶酶分离植物原生质体获得成功，开创了植物原生质体培养和体细胞杂交工作，至今已在多个物种中获得了原生质体，并进行了不同种间、属间，甚至科、界之间的细胞融合，获得了一些具有优良特性的种或属间杂种。1964 年，印度学者 Guha 离体培养毛叶曼陀罗的花药，获得了世界上第一株花粉单倍体植株，极大地促进了单倍体育种的发展，至今已培育出大批的优良品种。植物脱毒与快繁技术根据植物生长点病毒浓度低，利用茎尖分生组织培养脱除病毒，获得脱毒植株，建立快速繁殖技术，已在观赏植物、园艺植物、经济林木、无性繁殖上得到广泛应用。植物细胞培养技术还可用在难于人工合成、天然植物中含量很低或原料植物资源缺乏的次生代谢产物的生产，如紫草宁、人参皂苷、紫杉醇等，目前已实现植物细胞培养工业化生产。植物的遗传转化是组织培养应用的又一重要领域，将外源基因用基因载体通过植物组织培养技术引入到茎尖分生组织、愈伤组织及脱除细胞壁的原生质体中，再生成具有新功能的完整植物体（安国利，2005）。

(一) 植物组织与细胞培养

1. 植物组织培养

植物组织培养是指在无菌和人为控制外因（光、温、湿）条件下利用人工培养基对离体的植物器官、组织、细胞、原生质体等进行培养，并诱导其生长成完整植株的技术。植物组织培养是常见的用于植物快速繁殖的组培技术，其理论基础是细胞全能性，即从理论上讲，每一个植物细胞都能发育成一个完整的植株。不过它所需的条件比较苛刻，整个培养过程要在无菌的环境中进行。

（1）实验材料的准备

① 配制培养基 在离体培养条件下，不同种植物组织甚至同种植物不同部分的组织对营养的要求不同，只有满足它们各自的特殊要求，它们才能正常生长发育。因此，对培养基成分的筛选和优化是植物组织培养中重要的步骤。主要包括以下部分：无机营养成分（N、P、K、Ca、Mg、Zn、Cu 等）；有机营养成分（糖类、维生素、氨基酸、烟酸等）；植物激素类（生长素、细胞分裂素等）。

② 选择合适的外植体 在植物组织培养中，由活体植物体上提取下来的，接种在培养基上的无菌细胞、组织、器官等均称为外植体，如一个芽、一节茎。为了使外植体适于在离体条件下生长，需对外植体进行选择和处理，如外植体的来源、大小、生理状态等。一般来说，来源于生长活跃或生长潜力大的植物组织或器官的外植体更利于诱导分化成再生植株。如图 8-10 是由外植体大蒜的根培养经愈伤组织及胚状体形成再生植株（Victor et al.，2006）。

③ 除菌消毒 选择健康的外植体，尽可能除净外植体表面的各种微生物，是成功进行植物组织培养的前提。因此，外植体接种之前，需严格灭菌。消毒剂的选择和处理时间长短与外植体对所用试剂的敏感性密切相关。外植体除菌的一般程序如下：外植体→自来水冲洗→70％～75％酒精表面消毒→无菌水冲洗→消毒剂处理→无菌水充分洗净→无菌滤纸吸干备用。

（2）愈伤组织的诱导与继代培养 组织培养的第一步是让已经分化的外植体去分化，使各种细胞重新处于有丝分裂的分生状态，诱导产生愈伤组织。因此，培养基中一般添加较高浓度的生长类激素，将外植体表面消毒后切成小段，插入或平放在固体培养基上即可。为避免外植体营养吸收不均，出现极化现象即根和芽过早发育，也可把外植体浸没在液态培养基中振荡培养。

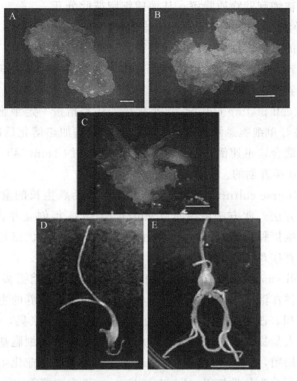

图 8-10 由大蒜的根培养经愈伤组织及胚状体形成再生植株

(引自 Loyola-Vargas et al，Plant Cell Culture Protocols，2006)

愈伤组织在培养基上生长一段时间后，营养物枯竭，水分散失，并已积累了一些代谢产物，此时需要将这些组织转移到新的培养基上，这种转移称为继代培养。通过转移，愈伤组织的细胞数将迅速扩增，有利于下一阶段产生更多的胚状体或小苗。

（3）愈伤组织的分化与再生　愈伤组织在分化培养基中，重新恢复细胞分化能力，经历器官发生形成芽或根，或者经历胚胎发生形成胚状体（具有芽端和根端类似合子胚的构造）。在这一阶段，分化出胚状体一般不多，大量分化出现的是根或芽。所以一般需要将愈伤组织移植于含适量细胞分裂素、没有或仅有少量生长素的培养基中，才能有更多的胚状体形成。光照是本阶段的必备外因，在人工培养条件下长出的小苗，要适时移栽户外以利生长。

2. 植物细胞培养

植物细胞培养是在植物组织培养基础上发展起来的，是在离体条件下对植物单个细胞或小的细胞团在人工培养基中进行培养使其增殖的技术。与植物组织培养相比，此时细胞不再形成组织。这种培养方式具有操作简单、重复性好、群体大等优点，被广泛应用于突变体筛选、遗传转化、次生代谢产物生产等方面。

植物单细胞培养是指从外植体、愈伤组织、群体细胞或者细胞团中分离得到单细胞，然后在一定条件下对其进行培养的过程。单细胞培养主要是观察培养的细胞个体是如何进行分裂、分化、生长及发育，为大规模培养奠定基础。

（1）单细胞的获得

植物细胞培养首先需要从植物样品制备单细胞，一般有三种方法。

① 机械法　通过机械磨碎、切割等获得游离的细胞，效率低，容易对细胞造成损伤。

② 酶解法　根据植物细胞壁的组成特点，选择专一性水解酶，如纤维素酶、果胶酶，在温和的条件下将植物细胞壁物质降解，从而使细胞彼此分开。

③ 愈伤组织诱导法　通过培养植物外植体诱导产生愈伤组织，并使其大量增殖，再通过机械振荡或者酶解的方法使细胞分离从而获得游离的细胞。

(2) 单细胞的培养　初步得到的植物单细胞体外培养增殖比较困难，需要设计特殊的培养方式提高效率。培养方法如下。

① 平板培养法（cell plating culture）　平板培养法是指按一定细胞密度（通常为 $10^3 \sim 10^5$ 个细胞/ml）制备好单细胞悬液，再将含琼脂的培养基加热熔化后冷却至 35℃ 左右，尚未凝固时与细胞悬液混合，迅速倒入培养皿形成一平板（约 1mm 厚）进行培养。这种方法是由 Bergman 在 1960 年首创的。

② 看护培养法（nurse culture）　看护培养是用一块活跃生长的愈伤组织来促进培养细胞持续分裂和增殖的方法。此方法由缪尔（Muir）于 1953 年创立并获得烟草单细胞体系。具体方法：将单个细胞接种于滤纸上，再置于愈伤组织上培养。优点是简便，成功率高；缺点是不能在显微镜下直接观察。

③ 悬浮培养（cell suspension culture）　细胞悬浮培养是指将游离的单细胞或细胞团按照一定的细胞密度悬浮在液体培养基中进行培养的方法。悬浮培养的主要优点是增加培养细胞与培养液的接触面积，改善营养供应，避免有毒代谢产物的聚集，保证氧气的充分供给等。悬浮培养不仅能大量提供分散性好且较为均匀的细胞，用于细胞基础研究，而且此法得到的培养细胞可不断增殖，生长速度快，适用于大规模培养及工业化生产细胞次生代谢物。

大规模悬浮培养可分为分批培养（batch culture）和连续培养（continuous culture）两种类型。

分批培养是指将一定量的细胞或细胞团接种到一定容积的液体培养基中进行密封培养的方法。除有一定的气体交换外，培养系统不与外部环境进行物质交换，培养体积固定。当培养基中的营养物质耗尽时，细胞的分裂和生长停止，完成培养过程，将细胞和产物一次性收获。

连续培养是指一定容积的反应器来进行大规模细胞培养的方法。在连续培养中，为了防止衰退期的出现，在细胞达到最大密度之前，以一定速度向生物反应器连续添加新鲜培养液，排掉等体积用过的培养液，培养液中营养物质能不断得到补充，使细胞保持在增殖最快的对数生长期，培养体积保持恒定。

(二) 植物原生质体培养和体细胞杂交

植物细胞原生质体是指去细胞壁后裸露的有活力的球形细胞团，它是在离体培养条件下能够再生完整植株的最小单位，和其起源细胞一样具有全能性。原生质体培养是指将植物细胞游离成原生质体，在适宜的培养条件下，使其再生细胞壁，进而细胞进行持续分裂形成细胞团，进一步生长形成愈伤组织或胚状体，最后分化或发育成完整植株的过程。自 1971 年 Nagata 和 Takebe 首次从烟草叶肉组织的原生质体中诱导出再生植株以来，已从包括水稻、玉米、小麦等重要作物在内的 300 多种植物中获得了由原生质体培养成的植株。

原生质体培养的主要目的是通过原生质体的融合，克服远缘杂交障碍，实现体细胞杂交，从而产生杂交后代。全部技术环节包括原生质体分离、原生质体培养、体细胞杂交、杂种细胞产生愈伤组织及再生植株等。图 8-11 所示为叶原生质体的分离培养和植株再生的过程。

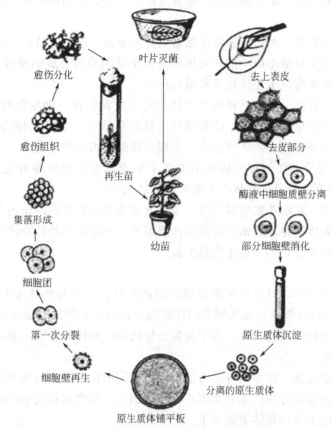

图 8-11 叶原生质体的分离培养和植株再生

（引自张天真，作物育种学总论，2003）

1. 原生质体的分离

原生质体的分离方法主要有机械法和酶解法。

（1）机械法 早在 1892 年，Klercker 就采用机械法成功地分离出藻类原生质体。具体做法：先是细胞质壁分离，再用机械法磨碎组织或用剪刀剪碎组织，使原生质体流出或释放出来。机械法只能获得少量原生质体，而且费时费力，难以进行原生质体大量制备。

（2）酶解法 原生质体的酶解分离法是指将材料放入能降解细胞壁的等渗酶液中保温一定时间，在酶液的作用下，细胞壁被降解，从而获得大量有活力的原生质体的方法。1960年，英国诺丁汉大学的 Cocking 第一次采用酶解的方法从番茄幼苗根尖中成功地大量制备出原生质体，从而开创了酶法大量获得原生质体的方法。常用的细胞壁降解酶类有纤维素酶、半纤维素酶、果胶酶等。

经酶解处理后的混合物中除了完整无损伤的原生质体外，还含有未去壁的细胞、细胞碎片、细胞团等组织残渣，清除这些杂质的过程称为原生质体纯化。只有经过纯化，才能进一步培养。另外，培养前，需对原生质体进行鉴定和活力测定，只有分离较好、活力较高的原生质体才能用于后续的培养、试验。

2. 原生质体的培养和再生

纯化后具有活力的原生质体，一般要先经含有渗透压稳定剂的原生质体培养基培养，等生出细胞壁后再转移到合适的培养基中，待长出愈伤组织后按常规方法诱导其长芽、生根、成苗。原生质体培养类似于单细胞培养，培养方法有三种，即固体平板培养法、液体浅层培养法和双层培养法。

（1）固体平板培养法　类似于植物单细胞培养的方法。这种方法使原生质体彼此分开并处于固定位置，有利于对单个原生质体的细胞壁再生及细胞团形成的全过程进行定点观察。此法已用于烟草叶肉细胞原生质体培养和植株再生。

（2）液体浅层培养法　此法是将原生质体用培养液调整到一定细胞密度，取出 3～4ml置于培养皿中浅层静止培养的方法，培养期每天轻轻晃动 2～3 次，加强通气。原生质体在液体环境中有较强的吸收营养物质的能力，表现出较强的细胞分裂能力。当原生质体细胞壁再生，并形成细胞团后，立刻转至固体培养基上培养，方能增殖并分化成植株，Kameya（1972）用此法使胡萝卜根原生质体产生细胞团和胚状体。

（3）双层培养法　在培养皿底部先铺一薄层含琼脂或琼脂糖的固体培养基，再将原生质体悬浮培养液加于固体培养基表面进行液体浅层培养，这样固体培养和液体培养两种方法相结合，能保持良好的湿度，利于原生质体生长。

3. 体细胞杂交

完全不经过有性过程，只通过体细胞融合创造杂种的方法称作体细胞杂交。自从 1972年 Carlson 首次获得粉蓝烟草与郎氏烟草的体细胞杂种以来，体细胞杂交已在许多植物的种内、种间、属间甚至科间成功实现。为了使制备好的原生质体融合在一起，选择适宜有效的诱导融合方法很重要。

（1）化学诱导融合法　化学诱导融合法是使用不同的化学试剂为诱导剂，以促进原生质体相互靠近、粘连融合的方法。尤其是聚乙二醇（PEG）结合高钙高 pH 诱导融合法成为化学法诱导细胞融合的主流。具体方法如下。

在无菌条件下按比例混合双亲原生质体→滴加 PEG 溶液，摇匀，静置→滴加高钙高pH 溶液，摇匀，静置→滴加原生质体培养液洗涤数次→离心获得原生质体细胞团→鉴定筛选→再生杂合细胞。

在 PEG 处理阶段，原生质体间只发生凝集现象。当加入高钙高 pH 溶液稀释后，相邻的原生质体才发生融合，其融合率可达 15%～30%，其基本原理是：PEG 是相邻原生质体表面间的分子桥。当 PEG 被高钙高 pH 洗掉时，可能引起原生质体表面电荷的紊乱和再分布，从而促进了融合。这是一种非选择性的融合，即可发生在同种细胞之间，也可能发生在异种细胞之间。

（2）电诱导融合法　电融合是指将原生质体置于交变电场中，使它们彼此靠近，紧密接触，并在两个电极间排列成串珠状，然后在高强度、短时程的直流电脉冲作用下，相互连接的两个或多个细胞质膜被击穿而导致细胞融合。自 1979 年微电极法和 1981 年平行电极法相继问世以来，电融合技术发展迅速，以效率高、对原生质体伤害小、易于控制融合细胞数等优点，得到广泛应用。

两个不同亲本的原生质体融合处理后，混合液中含有未融合原生质体、杂种细胞、同核体、异核体等。因此需建立有效选择体系，从中筛选出杂种细胞，使其在适宜培养基和条件下生长、分裂、分化和再生。

（三）转基因植物

转基因植物是指将外源基因转入到植物的细胞或组织获得了新的遗传性状的植物，主要用于改进植物的品质，缩短发育周期，创造出用常规育种方法难以得到的新型优良品种。

1983 年世界首例转基因植物培育成功，标志着人类用转基因技术改良农作物的开始。迄今为止，已经有几十种药用蛋白质或多肽在植物中得到成功表达，包括人细胞因子、表皮生长因子单克隆抗体等。

转化就是将外源的遗传物质导入生物体。基因转化方法的研究是植物转基因技术的发展基础。目前，已有多种转化方法，而且新的转化方法也在不断的创建。常用的遗传转化方法主要有以下几类。

1. 载体介导法

将目的基因插入到农杆菌的质粒或病毒的 DNA 分子上，随着质粒或病毒 DNA 的转移进入受体。具体方法有农杆菌介导法、病毒介导法。

农杆菌介导法利用的是一种能够实现 DNA 转移和整合的天然系统，这种天然系统是人们在土壤细菌——含 Ti 质粒的根癌农杆菌和含 Ri 质粒的发根农杆菌中发现的。这种方法是将农杆菌和植物原生质体、悬浮细胞、叶盘、茎段等共培养而实现遗传转化的方法，又称共培养法。

根癌农杆菌含有的 Ti 质粒是一种致瘤质粒，能感染双子叶植物的受伤组织引起冠瘿瘤。该质粒上有一段 DNA 序列可以发生转移，称为 T-DNA。人们正是基于这一原理对 Ti 质粒进行改造，将目的基因转入质粒的 T-DNA 区，构建根癌农杆菌的转化载体。

发根农杆菌含有的 Ri 质粒，可以诱导植物细胞产生毛状根，进而分化形成植株。由于 Ri 质粒也含有可高效整合到植物受体细胞的染色体上并得到表达的 T-DNA，因此也可用作转基因植物的载体。

2. 基因直接导入法

通过物理或者化学方法直接将外源目的基因导入植物细胞。此法适应于对农杆菌侵染不敏感的植物。物理方法包括基因枪法、电极法、超声法、显微注射法和激光微束法。化学方法包括 PEG 法、脂质法。

基因枪法又称微弹轰击法，其原理是将带有目的基因的质粒 DNA 包被在微小的金粒或钨粒表面形成微弹，然后利用基因枪装置加速将微弹送入细胞内，将外源 DNA 带入细胞，整合到植物的基因组 DNA 中。此法具有适应范围广、无宿主限制、操作简便等优点，是除农杆菌介导法外应用最广泛的方法。

PEG 是细胞融合剂，在高钙高 pH 条件下引起细胞质膜表面电荷紊乱带来通透性改变从而有助于细胞摄取外源 DNA。但大多数原生质体培养再生植株困难且试验周期长，使 PEG 法的应用受到了限制。

转基因技术可以将任何生物甚至人工合成的 DNA 转入植物，目前还不能精确预测转基因的所有表型效应，转基因植物的可能后果也还不明确。因此转基因植物面临着安全性问题。

(四) 花药和花粉培养及单倍体育种

单倍体 (haploid) 是指具有配子染色体数 (n) 的个体。一般情况下，多数动植物体是二倍体类型 (n)，而其性细胞是单倍体的 (n)。将单倍体细胞在离体条件下进行培养，使之发育成植物体，即为单倍体植物。

单倍体育种 (haploid breeding) 是指将具有单套染色体的单倍体植物经人工染色体加倍，使其成为纯合二倍体，从中选出具有优良性状的个体，直接繁育成新品种，或选出具有单一优良性状的个体，作为杂交育种的原始材料。

在自然界，自发单倍体植物早在 1922 年就被 Blakeslee 等人报道。但自发单倍体的频率很低，单倍体植物常常生活力很弱，且表现出一定程度的不育性，不能满足需要，因此，人工诱导培养单倍体的技术应运而生。人工诱导制备植物单倍体始于 Guha 和 Maheshwari 在 1964 年报道的毛叶曼陀罗花药培养工作。

人工诱导培养单倍体的方法主要有两大类，一是孤雌生殖法，该法是离体培养植物未受精的子房或胚珠，诱发卵细胞单性发育成单倍体植株的过程；二是孤雄生殖法，主要是指花药和花粉培养，是制备植物单倍体的主要途径（Bajaj，1983）。如图 8-12 所示。

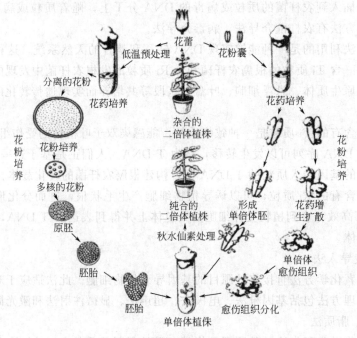

图 8-12 花药和花粉培养制备单倍体途径
（改自 Bajaj，Handbook of Plant Cell Culture，1983）

1. 花药培养

在植物花中，每一雄蕊由花丝和花药两部分组成，花药由花药壁和花粉囊构成。花粉囊中的花粉是花粉母细胞经减数分裂形成的，其染色体数目只有体细胞的一半，为单倍体细胞。花药培养就是指用植物组织培养技术将发育到一定阶段的花药剥离下来接种到培养基上进行培养，最终形成完整植株的过程。就培养材料而言，花药培养属于器官培养。

花药培养诱导单倍体植株的基本过程是：①把花粉发育到一定阶段的花药，通过无菌操作技术，接种在人工培养基上进行离体培养；②花粉在培养基所提供的特定条件下可以发生多次分裂，形成类似胚胎的构造或愈伤组织；③诱导愈伤组织分化出芽和根，最后长成植株。

2. 花粉培养

花粉培养又称小孢子培养，是指在无菌条件下，将花粉从花药中游离出来，使其成为分散或游离态，发育成单倍体植株的过程。花粉培养属于细胞培养，与单细胞培养相似。

由于花药培养时一些二倍性的花药壁细胞亦形成愈伤组织，从而增加了培育单倍体植株的难度。1974 年，Nitsch 等首创用挤压法分离花粉进行培养的方法，但成功率低，只得到 5% 的花粉植株。1977 年，Sunderland 等提出了自然散开法收集花粉进行培养的方法。虽然该方法使花粉成株率有所提高，但与花药培养相比仍然低得多。不过这些花粉培养一旦成功，则可较明确地判断为单倍体植株。单倍体植株通常情况下表现为植株矮小，生长瘦弱，由于染色体在减数分裂是不能正常配对，所以表现为高度不育。对鉴定出的单倍体进行加倍处理，使其成为可育的纯合二倍体，是稳定其遗传行为和为育种服务的必要措施。

秋水仙素处理是诱导染色体加倍的传统方法。当秋水仙素渗入植物正在分裂的细胞时，能抑制纺锤体形成，导致染色体不分离，从而引起细胞内染色质加倍。由于单倍体植株的产生经历离体培养和植株诱导与生长发育等多个时期，所以，在诱发单倍体植株的各阶段（形成愈伤组织、幼胚及小苗），都可用 0.2%～0.4%秋水仙素处理 24～48h，然后按常规途径培养，即可能得到染色体加倍的能正常开花结果的二倍体植株。

(五) 植物胚胎培养

植物胚胎培养是指对植物的胚或具胚器官（如子房、胚珠）进行人工离体无菌培养，使其发育成幼苗的技术。它包括胚培养、胚乳培养、胚珠培养、子房培养和试管受精等（李志勇，2003）。

1. 胚培养

胚培养（embryo culture）是指在无菌条件下将胚从胚珠或种子中分离出来，置于培养基上进行离体培养的方法。早在 1904 年，Hanning 就培养了萝卜和辣根菜的胚，发现离体胚可以充分发育，并可提前萌发形成小苗，这是世界上胚培养最早获得成功的一例。

依据剥离胚的发育时期的不同，可将胚培养分为成熟胚培养和幼胚培养。成熟胚培养是指子叶期至发育成熟的胚培养。成熟胚培养只需极简单的培养基，即含无机盐和糖的培养基。幼胚培养是指胚龄处于早期原胚、球形期胚、心形期胚、鱼雷期胚的培养。幼胚在胚珠中是异养的，需要从母体和胚乳中吸收各类营养物质和生物活性物质，因此幼胚培养对培养基要求比较严格，需提供适宜的培养条件。

2. 胚乳培养

胚乳培养（endosperm culture）是指处于细胞期的胚乳组织的离体培养。胚乳是独特的组织，为胚发育和种子萌发提供营养。1933 年 Lampe 和 Mills 首创玉米胚乳培养。此后经过许多学者的努力，到 1965 年，成功诱导柏形外果胚乳细胞直接分化出芽，极大地推动了胚乳培养的研究。

胚乳培养的过程：取含有胚乳的果实或种子，先进行表面消毒，然后在无菌条件下剥离胚乳接种于培养基上培养。胚乳培养有带胚培养和不带胚培养两种方式，一般带胚培养较容易获得成功。

胚乳组织培养再生植株，不一定保持原来倍性。用胚乳试管苗根尖等细胞进行染色体镜检，发现有二倍体、三倍体、多倍体和非整倍体植株。在实践上胚乳离体培养获得三倍体快且较为容易。胚乳培养产生的三倍体植株，通过快速繁殖技术可获得大量苗木。因此胚乳培养对提高植物产量与品质改良有重要意义。

3. 胚珠和子房培养

植物胚珠和子房培养指已授粉和未授粉胚珠和子房的离体培养。因为合子和早期原胚很难剖取，培养条件要求极高，难于成功。通过对已授粉胚珠和子房培养，可对合子和早期原胚离体培养过程进行研究，并使早期原胚发育成苗。

胚珠培养最早始于 1932 年，1942 年首次在兰花上获得成功，并得到种子，缩短了从授粉到获得种子的时间。培养方法是从花蕾中取出子房，表面消毒后在无菌条件下剥取胚珠，接种培养。

1942 年，La Rue 首先对番茄、落地生根属、连翘属和驴蹄草属授粉的花连带一段花梗进行了培养，结果子房增大且有花柄生根。受精后子房仍需进行表面消毒后再接种，而未受精子房可将花被表面消毒后，在无菌条件下直接剥取子房接种。

4. 离体授粉受精

离体授粉是指在无菌条件下培养未受精子房或胚珠和花粉，使花粉萌发进入胚珠，完成受精作用。因全过程，即从花粉萌发到精卵细胞融合受精形成种子，直至种子萌发产生幼苗，均在试管内完成，故也称之为离体受精。Kanta 于 1960 年首先报道应用子房内传粉方法，将花粉悬浮液注射到罂粟子房内实现了受精并获得了能正常萌发的种子。1962 年，该作者又进一步取出罂粟的胚珠进行人工传粉受精获得了种子，从而完成了试管受精过程。

离体授粉受精的研究不仅对受精的生理生化机制及整个受精与早期胚胎发育的细胞及分子生物学的研究具有重大的理论意义，而且在植物育种实践上可克服自交不亲和性和远缘杂交障碍，有巨大的应用价值。

二、动物细胞工程

1907 年，美国生物学家哈里森（Harrison）从蝌蚪的脊索中分离出神经组织，利用淋巴液培养数周后，从神经元中长出了神经纤维，由此开创了动物组织培养技术。1962 年，凯普斯提克（Capstick）等成功地进行了仓鼠肾细胞悬浮培养，为动物细胞的大规模培养技术奠定了基础。日本学者冈田善雄（Okada）（1962 年）发现仙台病毒（Sendal virus）可诱发艾氏腹水瘤细胞融合，形成多核细胞，为动物细胞融合技术的发展奠定了基础。1975 年，Milstein 和 Köhler 将免疫小鼠的脾细胞和小鼠骨髓瘤细胞进行融合，获得了既能在体外无限繁殖，又能产生特异性抗体的杂交瘤细胞，从而建立了杂交瘤技术（安国利，2005）。

美籍华人科学家张觉民 1951 年发现了哺乳动物精子的获能现象，并于 1959 年获得了世界上第一例体外受精的哺乳动物"试管小兔"。1892 年，杜里舒（Driesch）利用海胆 2 细胞胚胎通过剧烈振荡分离成两个单细胞，通过细胞培养获得了完整幼虫，这是最早利用胚型细胞进行动物克隆的例子。Briggs 和 Kings（1952 年）把非洲豹蛙囊胚的细胞核移到去核的卵母细胞中，得到了非洲豹蛙的胚胎克隆后代，从而证实了德国胚胎学家 Spemamm 提出的早期胚胎细胞具有高度的分化潜能的观点，开启动物克隆的新时代。尤其是 1997 年英国学者 Wilmut 等用体细胞核克隆出绵羊"多莉"（Dolly）。

1974 年，Jaenish 和 Mintz 应用显微注射法，在世界上首次成功获得了 AV40 DNA 的转基因小鼠，开启了转基因动物研究。至今，人们已经成功地获得了转基因鼠、鸡、猪、牛、山羊、绵羊、蛙、多种鱼类。1981 年，Evens 和 Kaufman 分别从小鼠早期胚胎期内细胞团建立了具有发育全能性的胚胎干细胞系。开创了胚胎干细胞技术研究（安国利，2005）。

(一) 动物细胞培养技术

动物细胞培养是指从体内组织取出细胞模拟体内生存环境，在无菌、适当温度及酸碱度和一定营养条件下，使其生长繁殖并维持结构和功能的一种培养技术。从动物体内取出的组织一般需要经胰蛋白酶（或胶原蛋白酶）酶解，分散成单个细胞，并制成细胞悬浮液后才能进入细胞培养的程序。

细胞生长各种营养成分均来自培养基，培养基既是细胞培养中供给细胞营养和促进增殖的基础物质，也是细胞生长繁殖的直接环境。培养基分为天然培养基和合成培养基。天然培养基从动物体液或组织中分离提取，如血浆、血清、淋巴液、鸡胚浸出液等；合成培养基是根据天然培养基的成分，模拟合成、配制的培养基，它包含细胞生长所需的无机盐、氨基酸、维生素、糖类等基本物质和一些特殊的添加成分并添加适量血清，现已广泛应用于动物细胞培养。

细胞在体外培养后，失去了神经、激素等体液的调节和细胞间相互作用，生活在缺乏动态平衡的环境中，失去原有组织结构和细胞形态，分化特性减弱或不明显，直至发展成癌细胞。根据离体细胞在体外生长时是否贴壁的性质，将其分为贴壁型和悬浮型两类（图 8-13）。

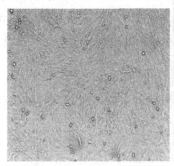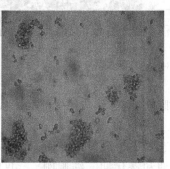

胎鼠成纤维细胞(贴壁型细胞)　　　　杂交瘤细胞(悬浮型细胞)

图 8-13　体外培养细胞的形态图

依据细胞的生长是否需要贴壁，动物细胞体外培养可以分为贴壁培养和悬浮培养。

贴壁培养（adherent culture）是指细胞贴附在一定的固定相表面进行的培养，主要适应于贴壁依赖性细胞。大多数动物细胞在离体培养条件下都需要附着在带有适量正电荷的固体或半固体的表面上才能正常生长，并最终在附着表面扩展成单层。其基本操作过程是：先将采集到的活体动物组织在无菌条件下采用物理（机械分离法）或化学（酶消化法）的方法分散成细胞悬液，经过滤、离心、纯化、漂洗后接种到加有适量培养液的培养皿中，再放入 CO_2 培养箱进行培养。用此法培养的细胞生长良好且易于观察，适于实验室研究。但贴壁生长的细胞有接触抑制的特性，如要继续培养，还需将已形成单层的细胞再分散，稀释后重新接种，然后进行传代培养。

悬浮培养（suspension culture）是指细胞在反应器中自由悬浮生长，主要适应于循环系统的细胞及肿瘤细胞等非贴壁依赖性细胞。悬浮生长的细胞其培养和传代都十分简便。培养时只需将采集到的活体动物组织经分散、过滤、纯化、漂洗后，按一定密度接种于适宜的培养液中，置于特定的培养条件下即可良好增殖。传代时不需要再分散，只需按比例稀释后即可继续培养。此法细胞增殖快，产量高，培养过程简单，是大规模培养动物细胞的理想模式。

体外生长的动物细胞一般具有贴附、接触抑制、密度抑制的特点。接触抑制（contact inhibition）是指由于细胞相互接触而抑制细胞生长繁殖的现象。因此，正常细胞并不会重叠，而是呈单层细胞生长，只要营养充分，细胞仍能进行增殖分裂，数量仍在增多（图 8-14）。但当细胞密度进一步增大，培养液中营养成分减少，代谢产物增多时，细胞因营养的枯竭和代谢物的影响，则发生密度抑制（density inhibition），导致细胞分裂停止。

从体内取出细胞首次培养即为原代培养（primary culture），这是细胞培养的最初和必

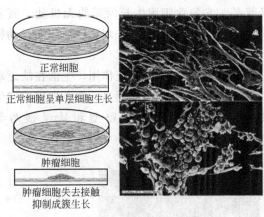

图 8-14 接触抑制现象

正常细胞

正常细胞呈单层细胞生长

肿瘤细胞

肿瘤细胞失去接触抑制成簇生长

经阶段。当原代培养细胞生长到一定时期，受到群体环境限制，就需要转移到另一新鲜培养基中才能继续生长，称为传代或继代培养（subculture）。原代培养物经首次传代成功后形成的培养物叫细胞系（cell line）。通过选择或克隆法在原代培养物或细胞系中获得的具有特殊性质或标志的培养物称为细胞株（cell strain）。生长曲线（growth curve）反映的是传代细胞的生长增殖情况，经历以下四个生长阶段，如图 8-15 所示（鄂征，2004）。

1. 潜伏期

潜伏期是指细胞从接种到适应新环境生长繁殖的一段时间，此时细胞有生长活动而无细胞分裂，是细胞分裂前的准备阶段。细胞接种后，先进入生长缓慢的滞留阶段，包括悬浮期和潜伏期。细胞刚刚接种后，细胞质回缩，胞体均呈圆球形悬浮于培养液中，静置一段时间后，细胞因重力作用沉降到培养瓶底部，附着在培养基质上并在促贴附因子的作用下贴壁。原代细胞潜伏期长，为 24～96h，细胞系潜伏期短，为 6～24h。

2. 指数生长期

潜伏期结束后，细胞进入分裂旺盛的指数生长期（又称对数生长期）。此期细胞成倍增长，活力最佳，适应于进行实验研究。在接种细胞数量适

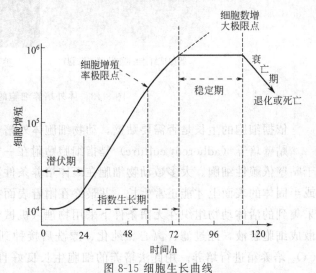

图 8-15 细胞生长曲线

（引自鄂征，组织培养技术及其在医学研究中的应用，2004）

宜的情况下，指数生长期持续 3～5 天后，随细胞数量不断增长，生长空间日趋减少，营养环境恶化，最后细胞因接触抑制而停止运动，密度抑制而终止分裂。

3. 稳定期

细胞数量达到饱和密度后，细胞逐渐停止增殖，进入停滞期。此时细胞虽不增殖，但仍有代谢活动。培养液中营养渐趋耗尽，代谢物积累，pH 降低，此时需及时分离培养即传代，否则细胞会中毒，发生形态改变，甚至脱落、死亡。故传代应越早越好。

4. 衰亡期

一个达到稳定期的细胞群体，由于生长环境的继续恶化和营养物质的短缺，群体中细胞死亡率则逐渐上升，以致细胞死亡数逐渐超过新生细胞数，群体中活细胞数下降。

(二) 动物细胞融合

动物细胞融合是 20 世纪 60 年代发展起来的一项细胞工程技术，可以实现动物种间的细胞杂交，现已被广泛应用于研究核质关系、绘制染色体基因图谱、制备单克隆抗体、研究肿

瘤发生机制等方面。

细胞融合是指两个或两个以上来源相同或不同的细胞合并成一个细胞的过程，分为自发细胞融合（spontaneous cell fusion）和人工诱导细胞融合（induced cell fusion）。自发细胞融合是在自然条件下发生的一种融合方式，如精卵受精过程、胚胎着床过程等。人工诱导细胞融合是在人为诱导条件下发生的细胞融合现象。人工诱导形成的融合细胞有两类：一类是同核体（homokaryon），即由同一亲本细胞融合而来；另一类是异核体（heterokaryon），即由不同亲本细胞融合而来。目前，人工诱导细胞融合的方法有三种。

1. 病毒诱导融合

自从 1985 年冈田善雄偶然发现已灭活的仙台病毒（HVJ，一种副黏液病毒）可诱发艾氏腹水瘤细胞相互融合形成多核体细胞以来，科学家已证实，其他的副黏液病毒、天花病毒、疱疹病毒也能诱导细胞融合。其中，仙台病毒应用最为广泛。仙台病毒囊膜上有许多具有凝血活性和唾液酸酐酶活性的刺突，它们可与细胞膜上的糖蛋白起作用，使细胞相互凝集，再通过膜上蛋白质分子的重新分布，使膜中脂类分子重排，从而打开质膜，导致细胞融合。该方法虽然较早建立，但由于病毒的致病性与寄生性，制备比较困难，且诱导产生的细胞融合率比较低，所以近年来已不多用。

2. 化学方法诱导融合

化学方法诱导融合是利用一些化学物质如聚乙二醇（PEG）、Ca^{2+} 等诱导细胞融合的方法。用 PEG 诱导动物细胞融合是 Potervo 在 1975 年获得成功的。PEG 能改变各类细胞的膜结构，使两细胞接触点处质膜的脂类分子发生疏散和重组，由于两细胞接口处双分子层质膜的相互亲和及彼此的表面张力作用，使细胞发生融合。此法的优点是简便、融合效率高。因此，很快取代了仙台病毒法而成为诱导细胞融合的主要手段。

3. 物理方法诱导融合

方法与植物原生质体电击融合相同。电击诱导融合法融合效率高，对细胞无毒性，可在显微镜下观察融合过程。但不同的细胞的表面电荷特性有差别，需要进行预实验，以确定细胞融合的最佳技术参数。

细胞融合技术的一个最成功的应用就是单克隆抗体技术（monoclonal antibody technology），也叫杂交瘤技术（hybridoma technology）。图 8-16 为单克隆抗体的制备过程。众所周知，当某些外源生物（细菌等）或生物大分子（蛋白质），即抗原，进入动物或人体后，会刺激后者产生相应的抗体，引起免疫应答，从而将前者分解或清除。每种抗原的性质是由其表面的抗原决定簇决定的。遗憾的是，抗原表面往往有很多种抗原决定簇，可以引发机体产生多种特异性抗体，这种情况给临床医学的诊断与治疗带来诸多不便。

哺乳动物和人体内主要有两类淋巴细胞：T 细胞和 B 细胞。前者能分泌淋巴因子，发挥细胞免疫的功能；后者能分泌抗体，具有体液免疫的作用。在免疫反应过程中，体内的 B 细胞可以产生多达百万种以上的特异性抗体，但是每个 B 细胞只分泌一种化学性质单一、特异性强的抗体。因此，要想获得大量专一性抗体，就要从某个特定 B 淋巴细胞培养繁殖出大量的细胞群体，即克隆。不过，目前还没有办法使 B 淋巴细胞在体外无限地分裂繁殖。

为了充分利用单克隆抗体纯度高、专一性强的优点，1975 年，英国剑桥大学的 Kohler 和 Milstein 利用细胞融合技术，成功地将体外培养的小鼠骨髓瘤细胞和绵羊红细胞免疫的小鼠脾脏细胞（B 淋巴细胞）融合在一起，形成的杂交瘤细胞具有双亲细胞的特征：既像骨髓瘤细胞一样在体外培养时能够无限地快速增殖,又能持续地分泌特异性抗体。通过克隆化可使杂交细胞成为单纯的细胞系,由此单克隆系就可以获得结构与特性完全相同的高纯度抗体,即单克隆抗体(McAb),从此开创了生产单克隆抗体的杂交瘤技术。具体技术流程如图 8-16 所示。图 8-16 中 HAT 培养基是常用的杂交瘤细胞选择性培养基。

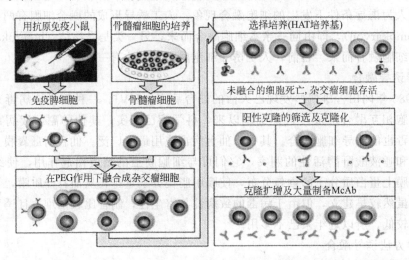

图 8-16 单克隆抗体的制备(引自安利国,细胞工程,2009)

淋巴细胞杂交瘤产生单克隆抗体的技术方兴未艾,必将在 21 世纪得到更大的发展。

(三) 胚胎工程

胚胎工程(embryo engineering)是指根据胚胎发育的基本原理,以动物胚胎为研究对象,进行人为干预、改造和操作,按照人们的需要获得动物某种新的功能或提高动物繁殖率和产量的技术,如胚胎移植、体外受精、细胞核移植等。胚胎工程的深入研究能人为地控制动物的繁殖,实现良种家畜胚胎的工厂化生产,并人为地创造出有特殊经济价值的新个体或品系。

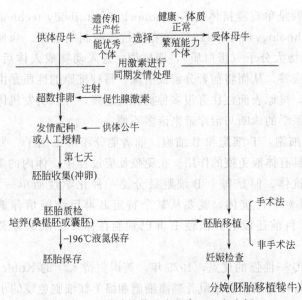

图 8-17 胚胎移植的基本程序 (以牛为例)

1. 胚胎移植技术

胚胎移植(embryo transfer)是动物胚胎工程的一项关键技术,也是其必要技术手段,是指对优秀雌性动物进行超数排卵处理,在其发情配种后一定时间内从其生殖道取出早期胚胎,移植到同期发情的普通雌性动物生殖道的相应部位,让其产生后代的技术,所以也称为"借腹怀胎"。胚胎移植的基本操作程序如图 8-17 所示。其中的主要技术环节如下。

(1) 超数排卵 超数排卵是指在母畜发情周期的适当时间用人工的方法促使卵巢排出较正常情况下更多的成熟卵子,最大限度地利用母畜的生殖能力。经常采用的方法是向动物体内注射某些促性腺激素（如促卵泡素、孕马血清促性腺激素）、孕激素及前列腺素等。

（2）同步发情　在进行胚胎移植时，供体和受体的生理状况要趋于一致，否则胚胎移植后的胚胎不能存活。所以要对受体进行同步发情处理。同步发情就是利用某些激素制剂人为地控制并调整一群母畜发情周期的进程，使之在预定时间内集中发情。向母牛群同时施用孕激素，抑制卵泡的发育和发情，经过一定时期同时停药，随之引起同期发情。

（3）胚胎移植　胚胎移植就是用人工方法把胚胎移植到受体动物的输卵管或子宫内，使其继续发育为胎儿。目前，用于胚胎移植的方法有手术法和非手术法两种。可根据受体动物品种及移植目的的不同选择使用。

2. 体外受精技术

体外受精（in vitro fertilization，IVF）是指通过人为操作使精子和卵子在体外环境中完成受精过程的技术。把体外受精胚胎移植到母体后获得的动物称为试管动物。这项技术创立于20世纪50年代，由美籍华人张民觉获得世界上第一胎体外受精的哺乳动物——试管小兔。

胚胎体外受精的主要技术环节包括卵母细胞的采集和体外成熟、精子的体外获能、成熟卵母细胞与获能精子的体外受精、受精卵的体外培养和移植等。

卵母细胞的采集一般用超数排卵的方法，此法获得的卵母细胞已在体内发育成熟，不需培养可直接与精子受精。哺乳动物的精子必须在子宫或输卵管内经过一定的时间，发生一定的生理变化，才能获得穿透卵子的能力，将此现象称为精子获能。有效的体外获能技术是成功地进行体外受精的前提和保证。精子的获能过程是多时期、多步骤的复杂变化过程。第一阶段是脱出精子表面的抗原物质和去能因子，增强了膜的通透性。第二阶段是精子细胞膜蛋白变化，即顶体反应。可以采用改变精子培养条件或添加诱导精子获能的有效成分（如钙离子载体、血清蛋白等）的特定培养液来完成体外获能。体外受精的方法是：把取出的成熟精子，放入培养液中培养，使精子达到获能状态，然后可以在卵子培育液中直接加入精液使精卵结合；也可以用显微操作以将单个精子或精核注入卵周隙或卵质中，使之受精。

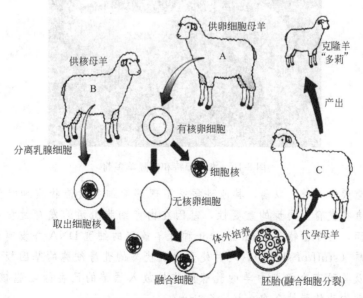

图 8-18　克隆羊"多莉"的培育过程

217

3. 核移植技术与动物克隆

细胞工程的克隆（cloning）是指通过无性生殖手段获得遗传背景相同的细胞群或个体的技术。生物的主要遗传物质存在于细胞核中，因此克隆动物可以通过细胞核移植实现。细胞核移植（cell nuclear transfer）是一种利用显微操作技术将一种动物的细胞核移入同种或异种动物的去核成熟卵细胞内的技术。

根据细胞核移植对象的不同，可将核移植技术分为胚胎核移植技术、干细胞核移植技术、体细胞核移植技术等。胚胎细胞在分化程度上远比体细胞低，因此以胚胎细胞作为核供体进行核移植容易成功。

核移植克隆哺乳动物的技术操作过程主要包括核受体和核供体的处理和制备、核移植、重组胚的体内或体外培养、核移植胚胎移入代孕母畜等步骤，如图 8-18 所示。细胞核移植的构想最早由德国胚胎学家 Spemann 提出，经过几十年的努力，细胞核移植技术不断发展，尤其是哺乳动物体细胞克隆动物"多莉"的诞生，使细胞核移植技术得到更加广泛的关注，成为生命科学研究的热点。

克隆羊的诞生

1997 年 2 月 27 日的英国《自然》杂志报道了一项震惊世界的研究成果：1996 年 7 月 5 日，英国爱丁堡罗斯林研究所（Roslin）的伊恩·维尔穆特（Wilmut）领导的一个科研小组，利用克隆技术培育出一只小母羊，并以著名乡村女歌手多莉·帕顿的名字命名这头羊，即克隆羊多莉（图 8-19）（Wilmut et al.，1996）。维尔穆特和他的同事们从一只不知姓名的 Finn Dorset 种白色妊娠绵羊的乳腺刮下若干个乳腺细胞，利用使细胞处于休眠状态的标准技术，即将它们置于浓度降低为 0.5% 血清之中，而不是通常的在 10% 的绵羊胎儿血清中，不仅使这些细胞"忘记"它们是乳房细胞，而且能使它们"记住"发育成整只绵羊的遗传指令。

图 8-19　维尔穆特和克隆羊多莉

这是一个重大的突破。以前，其他科学家不理解使细胞遗传物质和接受细胞遗传物质的卵细胞二者在发育上同步的重要性，基因在由卵细胞激活的发育过程中往往进行得过于超前。然而，维尔穆特从 Finn Dorset 种母羊摘取的细胞 DNA 并没有开始合成，并转译成绵羊特质（stuff of sheep）。这种处于休眠状态的乳房细胞的基因极易与卵细胞结合。维尔穆特及其研究小组把白羊的乳腺细胞核放入黑羊的已去除细胞核的卵细胞中，用电脉冲使这些细胞的膜结合在一起，合二为一。

将合成的卵细胞植入一只黑面母羊体内。4个月之后，这只举世震惊的小羊羔诞生了。人们发现它的颜色是白的，这暗示它与黑面母羊——它的生身之母不属于同一个品种。用几个月的时间进行了 DNA，最终证实，多莉确实是一个生物学复制品（biological copy），这是世界上第一只用已经分化的成熟的体细胞（乳腺细胞）克隆出的羊。多莉羊的诞生，引发了世界范围内关于动物克隆技术的热烈争论，它被美国《科学》杂志评为1997年世界十大科技进步的第一项，也是当年最引人注目的国际新闻之一。科学家们普遍认为，多莉的诞生标志着生物技术新时代来临。继多莉出现后，克隆猪、克隆猴、克隆牛……纷纷问世，似乎一夜之间，克隆时代已来到人们眼前。

细胞核转移技术虽然取得突破，但培育合成卵细胞的失败率极高，即使培育成胚胎，大多存在缺陷或者降生后早亡。2003年2月，不到7岁的多莉因肺部感染而被科研人员实施"安乐死"，而普通绵羊通常可存活11～12年。世界各大媒体对多莉的去世给予了很大关注。2003年2月15日出版的美国《华盛顿邮报》、《纽约时报》等纷纷以缅怀明星的规格，追述多莉短暂而不平凡的一生。多莉羊将会作为一座科学和文化的里程碑载入史册。

多莉羊的研究不仅对胚胎学、发育遗传学、医学有重大意义，而且也有巨大的经济潜力。克隆技术可以用于器官移植，造福人类；也可以通过这项技术改良物种，给畜牧业带来好处。克隆技术若与转基因技术相结合，可大批量"复制"含有可产生药物原料的转基因动物，从而使克隆技术更好地为人类服务。但是世界各国提出应明确禁止克隆技术应用于人类，否则将产生一系列伦理学、法律学等的灾难性问题。

利用核移植技术产生的克隆动物可以用于药物生产、优良畜种的培育和扩大、拯救濒危动物及治疗性克隆的研究。尽管核移植技术还不完全成熟，但越来越显示出其巨大的生产应用潜力。

(四) 干细胞技术

干细胞（stem cell）是动物（包括人）胚胎及某些器官中具有自我复制和分化潜能的原始细胞，是重建、修复病损或衰老组织、器官功能的理想种子细胞。早在20世纪50年代，科学家在畸胎瘤中首次发现了胚胎干细胞，从此开创了干细胞生物学研究的历程。

常用的干细胞分类方法有两种：根据细胞来源不同分为胚胎干细胞（embryonic stem cell，ES）和成体干细胞（adult stem cell）。胚胎干细胞是从发育早期的胚胎内细胞团或原始生殖细胞经体外分化抑制培养分离的一种全能性细胞系，可以分化成任何一种组织类型的细胞。成体干细胞是分布在成体组织中尚未分化的、具有自我更新潜能的干细胞，在组织或系统的修复和再生中起关键作用，如神经干细胞、造血干细胞。

另外，干细胞还可根据其分化潜能的大小分为三种类型。①全能干细胞（totipotent stem cell），具有形成完整个体的分化潜能，如胚胎干细胞，可以无限增殖并分化成为全身206种细胞类型，并进一步形成机体的所有组织、器官。②多能性干细胞（multipotent stem cell），具有分化出多种细胞组织的潜能，但却失去了发育成完整个体的能力，发育潜能受到一定的限制，例如：骨髓造血干细胞可分化成至少12种血细胞，但一般不能分化出造血系统以外的其他细胞。③定向干细胞（committed stem cell），这类干细胞只能分化成一种类型或功能密切相关的两种类型的细胞。如上皮组织基底层的干细胞，肌肉中的成肌细胞等。

胚胎干细胞最早由 Evans 和 Kaufman 以及 Martin 等于1981年分别从小鼠早期胚胎中

分离培养成功并建立细胞系。由于它具有全能性，故广泛用于胚胎发育及胚胎工程等方面。

1. 胚胎干细胞的分离培养与建系

ES 细胞建系原理是将早期胚胎与抑制分化物共培养，使之增殖并保持未分化状态，随着传代数的增多，细胞数量越来越多，直到建立 ES 细胞系。ES 细胞系的建立，为研究哺乳动物发育和遗传以及细胞分化提供了大量种源细胞。

胚胎干细胞的分离是建立 ES 细胞系的第一步。目前 ES 细胞主要有两个来源，即早期胚胎阶段胚泡中未分化的内部细胞团（即内生细胞团）和原始生殖细胞，前者更为常用（安利国，2005）。

ES 细胞在体外培养极易分化，要维持 ES 细胞处于自我更新的增殖状态，必须将 ES 细胞置于饲养层细胞上共培养才能维持其形态，抑制其分化。常用的饲养层是由小鼠成纤维细胞无限系或小鼠原始胚胎成纤维细胞制备而成，它们可以分泌 ES 细胞在体外存活增殖所必需的生长因子。另外，ES 细胞也可以通过无饲养层培养，基本原理是在细胞培养液中添加 ES 细胞抑制分化因子，使 ES 细胞在体外培养环境下保持未分化状态。

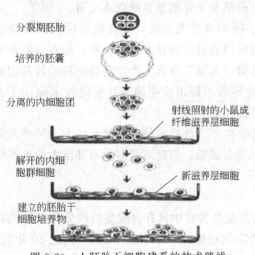

图 8-20　人胚胎干细胞建系的技术路线

如图 8-20 所示是人胚胎干细胞建系的技术路线（Odorico et al.，2001）。从胚胎的囊胚期内细胞群中直接分离胚胎干细胞，以小鼠胚胎成纤维细胞作滋养层，体外培养 ES 细胞。9～15 天后，将长出的细胞团吹散或者用胰酶和 EDTA 消化，然后继续在小鼠滋养层细胞上生长。挑选具有均一的未分化形态的单克隆细胞团，吹散成 50～100 个细胞的小团后再行培养。如此重复，直至成系（裴雪涛，2002）。

2. 胚胎干细胞的体外诱导分化

在特定的体外培养条件和诱导剂的共同作用下，胚胎干细胞可以分化成其他类型的细胞，如神经细胞、胰岛细胞等。目前，胚胎干细胞诱导分化方法有以下三种。

（1）细胞因子诱导法　在培养过程中添加或撤除某些细胞因子可控制 ES 细胞的增殖或者分化。目前，利用细胞因子诱导 ES 细胞朝一定方向分化时一般采用分阶段的方法，即先得到类胚体，再在此基础上进一步诱导使其分化为目的细胞。视黄酸和二甲亚砜是较强的分化诱导剂。

（2）选择性标记基因筛选目的细胞法　利用基因工程技术将带有选择性标记的基因转入胚胎干细胞，在体外培养胚胎干细胞，利用选择性标记基因（如抗生素基因）筛选出某一分化细胞，达到定向得到某一类分化细胞的目的。

（3）特异性转录因子异位表达法　将细胞系特异性表达基因转入胚胎干细胞并使其表达产生特异性转录因子，诱导胚胎干细胞分化为某一类型细胞。

ES 细胞特有的生物学特性，决定了其在生物学领域有着不可估量的应用价值。研究结果都充分体现出 ES 细胞在加快良种家畜繁育、生产转基因动物、基因和细胞治疗等方面有着广阔的应用前景。

(五) 转基因动物

转基因动物（transgenic animal）是指借助基因工程技术将外源基因导入受体动物染色体内构建的，外源基因与动物基因整合后随细胞的分裂而扩增，在体内表达并能稳定地遗传给后代。动物转基因技术起源于 20 世纪 70 年代，Janeish 和 Mintz 等（1974）应用显微注射法首次成功地获得了 AV40DNA 转基因小鼠。

转基因动物培育的基本原理是借助分子生物学和胚胎工程的技术，将外源目的基因在体外扩增和加工，再导入动物的早期胚胎细胞中，使其整合到染色体上，当胚胎被移植到代孕动物的输卵管或子宫中后，发育成携带有外源基因的转基因动物。其中核心技术是如何成功地把目的基因转入动物早期胚胎细胞中。制备转基因动物的主要方法如下。

1. 显微注射法

该方法是美国人 Gordon 发明的，是一种比较经典、应用广泛、效果稳定的转基因方法。其基本原理是通过显微操作仪（图 8-21）将外源基因直接用注射器注射到受精卵（图 8-22），利用受精卵繁殖中 DNA 的复制过程，将外源基因整合到 DNA 中，再通过胚胎移植技术将整合有外源基因的受精卵移植到受体的子宫内继续发育，进而得到转基因动物。1982年 Palmiter 应用此法获得转基因的"超级小鼠"引起世人瞩目。以后相继获得了转基因猪、绵羊、兔、牛、山羊等。

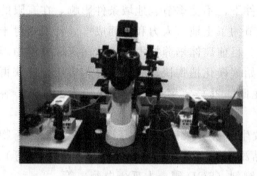

图 8-21　显微操作仪图

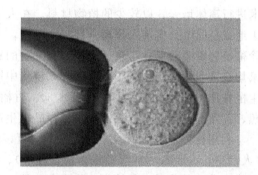

图 8-22　外源基因注射过程

2. 逆转录病毒感染法

该方法是利用逆转录病毒作为目的基因载体，通过感染早期胚胎细胞实现基因转移，产生嵌合体动物，再经过杂交、筛选即可获得转基因动物。此法的原理在于，逆转录病毒的核酸是一条单链 RNA 分子。病毒进入细胞后，RNA 首先编码出反转录酶，在酶的作用下，病毒 RNA 反转录为双链 DNA 分子并整合到宿主细胞 DNA 中，因此，如果将目的基因重组到反转录病毒载体上，人为感染着床前或着床后的胚胎，或直接将胚胎与能释放反转录病毒的单层培养细胞共孵育以达到感染的目的，就可以通过病毒将外源目的基因插入整合到宿主基因组 DNA 中。应用该方法已成功培育出转基因鸡和牛。

3. 胚胎干细胞介导法

ES 细胞具有发育的全能性，可在体外人工培养、扩增并能以克隆的形式保存。对 ES 细胞进行基因操作，将外源目的基因导入 ES 细胞，经筛选后获得整合稳定和表达好的转化细胞系，再把 ES 细胞移入受体囊胚腔中，然后将这样的胚胎移植到假孕动物子宫内发育。由此产生子代的部分生殖细胞就是由转基因的 ES 细胞形成。再通过杂交繁育获得纯合的转基因动物。此法在小鼠上应用比较成熟，在大动物上应用较晚。

自从 20 世纪 80 年代初发展起来后，转基因动物技术已在相关疾病的动物模型建立与基因治疗、优良动物育种（如提高生长速度、动物抗病育种、抗冻品种培育等）、生物医药、异种器官移植等领域显示了广阔的应用前景。但是转基因动物目前仍受到多方面因素的制约，面临不少问题，例如外源基因整合与表达效率低，效果不稳定；转基因动物成活率低并存在许多后遗症。另外，对于食用转基因动物及其产品的安全性问题，目前还很难有一个满意的回答。因此人类只有正确利用转基因技术，才能为人类发展做出贡献。

第三节　细胞工程的应用

细胞工程技术作为生物工程与生物技术的重要组成部分，其应用领域越来越广，目前已经应用到医学医药、农业、林业、食品、化工等领域。

一、细胞工程在植物方面的应用

(一) 植物细胞组织培养的应用

植物快速繁殖和脱毒技术是目前植物组织细胞培养应用最多、最有效的方面之一。植物组织的离体培养可以利用优良植株的茎尖、腋芽、叶片等器官、组织或细胞，通过脱病毒技术进行离体培养，以较少的植物材料，在人工条件下，不受季节、地域条件影响，在有限的土地或空间中，实现大规模、高密度生产，大大节约了土地、人力和时间成本。特别是对于珍稀植物资源的保护与快速繁殖具有重要的意义。目前离体培养技术在发达国家和发展中国家均有商业化应用，我国 20 世纪 70 年代中期开始规模化植物快繁脱毒研究和应用，已获再生植株的树种及农作物主要有番木瓜、柑橘、龙眼、荔枝、苹果、梨、葡萄等，草莓、香蕉、蔬菜、花卉、杨树等已实现了商品化生产。

利用植物细胞组织的大规模培养，可以高效生产各种天然化合物，包括生产天然药物（人参皂苷、地高辛、紫杉醇、长春碱等）、食品添加剂（花青素、胡萝卜素、甜菊苷等）、生物农药（鱼藤碱、印楝素、除虫菊酯等）和酶制剂（SOD 酶、木瓜蛋白酶）等。

紫杉醇（pacilitaxel，商品名 Taxol）是首先从太平洋紫杉（短叶红豆杉，*Taxus Brevifolia*）树皮中提取出来的具有独特抗癌活性的二萜类化合物，表现出广谱而高效的抗癌活性，对人的卵巢癌、乳腺癌、宫颈癌、肺癌、CNS 癌、黑色素瘤、肝癌和白血病细胞系等有细胞毒作用。其抗癌活性高于目前多种常用抗癌药物。紫杉醇多从树皮中提取，但含量极低，只有 $0.06\% \sim 0.07\%$，显然直接从天然植物中提取无法满足要求。植物细胞培养生产紫杉醇被认为是一种可持续的有效生产紫杉醇方法。Minoru Seki 等用草酸钙凝胶颗粒固定化紫杉细胞，并使用一种滴注式生物反应器，实验表明高的稀释比抑制紫杉细胞生长但显著促进紫杉醇产生，紫杉醇比生产速率达到每天 0.3mg/g 细胞干重。中科院昆明植物研究所在 10L 反应器中得到紫杉醇含量最高为 0.056%。紫杉细胞培养生产紫杉醇有望实现工业化生产。

植物组织离体培养还为种质的保存（germ plasm storage）提供了新方法。很多种质资源在离体培养条件下，通过减缓生长和低温处理而达到长期保存目的，并可进行不同国家、地区间的种质资源收集、互换、保存和应用，即建立"基因银行"（gene bank），实现种质资源的全球共享。

(二) 植物原生质体培养和体细胞杂交的应用

原生质体培养和体细胞杂交是植物细胞工程的核心技术之一，为克服植物远缘杂交不亲和性，创造新的种质资源，实现植物遗传转化和进行细胞学的基础研究提供了重要的技术支撑。在原生质体培养过程中，往往产生大量的变异，可从中选择优良突变体。原生质体可以摄取外源细胞器、病毒、DNA等各种大分子遗传物质，是遗传转化的理想工具。此外，在同一时间内获得的大量原生质体在遗传上是同质的，可为细胞生物学、发育生物学、细胞生理学、细胞遗传学及其他生物学科建立良好的实验体系。

目前获得的原生质体再生植株包括粮食作物、蔬菜、果树、花卉、林木、药用植物以及真菌和海藻等。原生质体培养一直以农作物和经济作物为主，但近年来开始从一年生向多年生，从草本向木本，从高等植物向低等植物发展。我国在原生质体培养、体细胞杂交、体细胞杂种评价和利用等方面开展了大量研究，首次获得的原生质体植株种类的数量处于世界前列，在原生质体培养体系的建立和完善、体细胞杂种鉴定、新种质的创制等方面取得了一批先进适用的成果。

植物细胞在去除细胞壁后，能像受精过程那样相互融合，可实现常规杂交不亲和的亲本之间进行遗传物质重组，从而开辟了体细胞杂交的新领域。如番茄＋马铃薯、甘蓝＋白菜、拟南芥＋甘蓝型油菜、酸橙＋甜橙、红橘＋枳壳的杂种培育等。体细胞杂交已广泛用于植物育种，已在胞质雄性不育、抗病等方面取得了显著进展。同时，在木本果树植物上也得到了有经济价值的体细胞杂种植株。美国学者 Grosser 将甜橙的悬浮培养细胞的原生质体与豪壳刺属的 *Severinia disticha* 愈伤组织的原生质体融合，得到了属间异源四倍体的体细胞杂种植株。*S. disticha* 具有抗病、耐寒、耐盐等优良性状，适合作柑橘的砧木（即接受嫁接的植株）。

（三）转基因植物的应用

植物转基因技术是指把从动物、植物或微生物中分离到的目的基因，通过各种方法转移到植物基因组中，使之稳定遗传并赋予植物新的性状，如抗虫、抗病、抗逆、高产等。1983年人类首次获得转基因植物，1986年美国和法国的科学家第一次进行了抗除草剂转基因烟草的田间试验。此后植物转基因的研究与应用在世界各地蓬勃发展，并创造了巨大的经济效益。随着研究的深入，转基因植物的应用被不断拓宽，在农业上取得巨大经济效益的同时，其在医疗、化工、环境污染处理等方面的研究也吸引了越来越多的研究者。

2001年世界各地转基因植物种植面积已达到 $5260 \times 10^4 hm^2$。种植的转基因植物种类主要有：大豆、玉米、棉花、油菜、马铃薯、西葫芦和木瓜等。转基因植物的产业化尤其是转基因农作物的产业化，提高了产量、减少了除草剂、杀虫剂等农药使用量和节约了大量劳动力，带来巨大的经济效益和社会效益。

利用转基因植物作为生物反应器，生产目的蛋白、抗体、疫苗等也有巨大的发展前景。伦敦大学圣乔治医学院的 Julian Ma 等将两种已知蛋白杀菌剂 b12 单克隆抗体和 cyanovirin-N 与一个单分子结合，使这种分子的抗 HIV 能力增强，而这种具有生物活性的融合分子由转基因植物产生。这项研究不仅产生了一种对抗 HIV 传播的新药，也满足了规模化生产的需求。

植物转基因技术除了用于农业和医疗方面外，在保护环境和能源方面也有很好的发展前景。比如转基因植物用于处理土壤重金属污染，利用重金属富集植物从土壤中吸收重金属，通过植物的迁移转运作用，在可收割部位富集，待植物收获后再处理。现在，转基因植物在处理 Hg、Se 等污染中，已经发挥重要作用。

（四）花药和花粉培养及单倍体育种的应用

通过花药和花粉培养获得单倍体植株，然后通过自然或人工加倍的方法，便可获得纯合的二倍体植株，从而为进一步的育种和遗传操作提供有用材料。目前，国内外有很多科研和育种单位已将单倍体育种技术成功地应用于育种研究和实践，育成的品种有 Cyclone 油菜单倍体、双低油菜品系、抗热大白菜新品种豫园 50 等，在抗性、产量、品质等方面都有了较大改善，这些新品种都已推广栽培，经济效益显著。因此，开展单倍体育种研究具有十分重要的意义。

我国在花药培养和单倍体育种方面总体上处于世界前列，由朱自清等研制的 N6 培养基广泛应用于禾本科植物的花药和花粉培养，已成为国内外花培的通用培养基。利用花培技术，我国在水稻、小麦、油菜、大麦、甜椒等作物上培养了许多新品种，中花系列水稻品种、京花系列小麦、华油一号油菜等一大批育成品种的推广，取得了较好的社会效益和经济效益。利用花培技术获得染色体代换系、附加系，已应用于小麦、大麦以及一些茄科植物的遗传改良，大大提高了远缘杂交育种的效率。

(五) 植物胚胎培养的应用

胚胎培养作为组织培养的一个重要领域发展很快，可以根据不同作物采用不同方法，使多数作物都能取得胚胎培养的成功。胚胎培养在实践上可以克服远缘杂交的不育性，使胚发育不全的植物获得大量后代，克服种子休眠、提高结实、缩短育种年限，使无活力的种子萌发，用于柑橘类杂种胚和珠心胚的培养等。

在高等植物的种间和属间远缘杂交中，往往遇到花粉不能在异种植物上萌发，或虽萌发但花粉管不能正常伸长进入子房，或受精后胚乳发育不良，致使杂种胚败育，得不到杂种种子。用胚胎培养和试管受精技术，就可以克服这些困难。1983 年中国农科院棉花研究所，用陆地棉（$2n=52$）与中棉（$2n=26$）进行了种间杂交，在传粉 15~18 天之间取出幼胚培养，获得了杂种后代，从而使中棉早熟、抗逆性强等优良性状转移到陆地棉。由此获得了早熟、丰产、优质、抗病强的新品种。

鸢尾又名蓝蝴蝶、紫蝴蝶、扁竹花等，可供观赏，花香气淡雅，提取物可以调制香水，其根状茎可作中药，但鸢尾种子休眠期长达几个月甚至几年。现经培养 2~3 个月，这些种子就能在试管中发育成具有根和叶的实生苗。利用胚胎培养这一技术，已可使鸢尾从下种到开花的周期至少缩短一年。

二、细胞工程在动物方面的应用

动物细胞工程是细胞工程的一个重要分支，一方面通过细胞工程改造生物遗传种性，另一方面可大量培养细胞或动物本身，以期收获细胞、代谢产物、组织、器官或动物体。动物细胞工程不仅具有重要的理论意义，而且应用前景十分广阔。

(一) 动物细胞培养技术的应用

动物细胞培养是现代生物科学中发展十分迅速的一项实验技术，它为细胞学、遗传学、病毒学、免疫学等的研究和应用做出了重要贡献，细胞培养还是研究病毒与研制疫苗的基础技术。近年来发展起来的核移植、细胞杂交、DNA 介导的基因转移以及一些物理图谱的建立等技术，都需要与细胞培养紧密结合。

利用细胞培养生产具有重要医用价值的酶、生长因子、疫苗和单抗等，已成为医药生物技术产业的重要部分。自 1975 年英国剑桥大学利用动物细胞融合技术首次获得单克隆抗体以来，针对各种抗原的单克隆抗体已被广泛应用于生命科学的各个领域，用于疾病诊断、治疗和免疫学研究。美国 Genentech 公司应用 SV40 作为载体，将乙型肝炎表面抗原基因插入哺乳动物细胞内，已获得高效表达，并制成乙型肝炎疫苗。目前，用动物细胞生产的生物制品有各类疫苗、干扰素、激素、酶、生长因子、病毒杀虫剂、单克隆抗体等，其销售收入已占到世界生物技术产品的一半以上。

动物细胞培养技术可用于遗传疾病和先天畸形的产前诊断。目前，人们已经能够用羊膜穿刺技术获得脱落于羊水中的胎儿细胞，经培养后进行染色体分析或甲胎蛋白检测即可诊断胎儿是否患有遗传性疾病或先天畸形。细胞培养还可用于临床治疗。目前已有将正常骨髓细胞经大量培养后植入造血障碍症患者体内进行治疗的报道。

(二) 动物细胞融合的应用

动物细胞融合是从细胞水平来改变动物细胞的遗传性，用于生产单克隆抗体、疫苗等特定的生物制品，改良培育动物新品种，缩短动物的育种过程。动物细胞融合的应用范围已涉及生物学的各个分支学科，特别是在绘制人类基因图谱方面取得了显著成绩。细胞杂交在药物定向释放系统、细胞治疗以及抗肿瘤免疫等方面起到重要的作用。

使小鼠脾细胞与骨髓瘤细胞融合形成能产生单克隆抗体的杂交瘤细胞，单克隆抗体具有专一性和灵敏性，作为理论研究的工具在病原检测和疾病治疗以及食品安全领域具有广阔的应用前景。1985年，中科院上海细胞生物学研究所研制成功抗北京鸭红细胞和淋巴细胞表面抗原的单克隆抗体，同时还与有关医学部门合作，成功地制备了抗人肝癌和肺癌的单克隆抗体。在神舟四号上我国自制的细胞电融合仪分别进行了植物细胞的电融合试验和动物细胞的电融合试验，动物细胞电融合实验采用纯化的乙肝疫苗病毒表面抗原免疫的小鼠B淋巴细胞和骨髓瘤细胞，目的是获得乙肝单克隆抗体。目前有关单位利用单克隆抗体专一性这一特点探索用"生物导弹"对癌症进行早期诊断和治疗。

(三) 胚胎工程的应用

近30年来，动物胚胎工程随着现代生物学及生物技术发展，极大地促进了畜牧业和医学的发展。

在胚胎移植技术方面，1890年，Walter Hrape首先成功移植了兔胚胎，随后在小鼠、大鼠及多种哺乳动物上获得成功。自从20世纪30年代，胚胎移植从单纯的理论研究跨入了生产应用研究。1987年，美国国家动物园用家猫做代理母亲，移植了一只濒临灭绝的珍贵猫的受精卵，成功获得了三窝小猫。1992年以来，日本胚胎牛犊的育种量每年超过1万头，胚胎移植已成为畜牧业中最活跃的产业。我国20世纪70年代开始了胚胎移植研究，1974年在山羊、1978年在牛、1979年在家兔上获得成功。1975年，中国科学院遗传研究所和内蒙古三北种羊场应用超数排卵技术使一只黑色三北羔皮羊一次排卵18枚，受精后移植到普通白色蒙古羊，获得11只三北羔皮羊。目前奶牛的鲜胚移植妊娠率已达到60%~85%，冷冻胚移植妊娠率达50%~70%（李志勇，2003）。

在体外受精技术方面，1977年，两位英国科学家Edward和Steptoe将体外受精后发育到8个细胞时期的人早期胚胎移植到其母亲子宫内继续发育，于1978年7月26日诞生了世界上第一个"试管婴儿"，Edward教授因此在2010年获得诺贝尔医学奖。1992年比利时的Palermo医师在人类成功应用了卵浆内单精子注射，解决常规受精失败的问题，使试管婴儿技术的成功率得到很大的提高。体外受精技术为男性和女性不孕不育症患者带来了希望，美国每年出生的试管婴儿达5万名。

(四) 干细胞技术的应用

干细胞是人体内最原始的细胞，它具有较强的多种分化再生能力，由于干细胞的应用领域非常广阔，近几年来一直被视为科技发展热点之一。干细胞巨大的医学应用潜力正给人类带来一场医学革命。

1990 年诺贝尔生理学或医学奖得主 Gunnar 和 Thomas 等人在 1967 年将正常人的骨髓移植到病人体内，治疗造血功能障碍，从而开始了干细胞应用于血液系统疾病的临床治疗。20 世纪 80 年代末，外周血干细胞移植技术逐渐推广，绝大多数为自体外周血干细胞移植。脐带血中含有丰富的造血干细胞，由于不受来源限制，因此脐带血可作为替代骨髓的造血干细胞来源。1998 年以来，脐带血干细胞移植已挽救了数百人的生命。我国现已掌握脐胎血干细胞的分离、纯化、冷冻保存及复苏一整套技术，北京建设有全世界最大的脐带血干细胞库，可冻存 5 万份脐带血干细胞。1998 年美国的 Thomson 和 Shamblott 两个研究小组成功地使人类 ES 细胞在体外生长和增殖，预示着用体外培育的组织细胞取代病人体内病损的组织细胞成为可能。2007 年美日两个研究小组几乎同时宣布成功地将人体皮肤细胞改造成干细胞 "iPS 细胞"，即诱导性多能干细胞，为国际干细胞研究带来了新的研究思路和方向，应用前景更加广阔。

从理论上讲，干细胞可以用于各种疾病的治疗，但是它的应用却受到社会伦理学的制约。虽然到目前为止，已经做了大量干细胞的研究工作，但还有许多问题亟待解决。如干细胞分化成特定细胞和组织作为器官移植的依据和机制是什么？干细胞分化的哪个时期最适合移植，最适药物或毒物筛选，携带治疗药物的能力，移植后在体内的成瘤性等。这些问题的答案是进行临床应用的基础。

(五) 转基因动物的应用

转基因动物作为一项只有二十几年研究历史的生物高新技术成果，涉及农牧业、生物医学和药物产业等诸多方面，显示出了广阔的应用前景与重大的应用价值，将为最终解决环境、健康等影响 21 世纪人类生存的重大问题发挥不可估量的作用。

转基因动物制药是转基因动物的一个非常重要的用途，它能生产出具有医药价值的生物活性蛋白质药物。与传统动物细胞培养相比，转基因动物制药技术具有很高的效益，一头转基因动物就是一座天然的基因药物制造厂。乳腺生物反应器是基于转基因技术平台，使外源基因导入动物基因组中，并定位表达于动物乳腺，利用动物乳腺天然、高效合成并分泌蛋白的能力，在动物的乳汁中生产一些具有重要价值的产品。通过家畜乳腺分泌大量安全、高效、廉价的人体药用蛋白，一直是转基因动物研究的热点。

从 1987 年 Gordon 等在转基因小鼠乳汁中得到人组织型纤维蛋白溶酶原激活因子 (tPA)，现在已有数十种人体蛋白在家畜乳腺中表达，这些蛋白可以用于治疗人类相关疾病。1992 年，上海医学遗传所培育携带人体蛋白基因的中国首例转基因试管牛。2000 年，我国培育出转有人 α-抗胰蛋白酶基因的转基因山羊，可从转基因山羊奶中提取治疗慢性肺气肿、先天性肺纤维化囊肿等疾病的特效药物。但目前转基因动物研究面临的一个重要问题是传代难。

思考题：

1. 细胞组成对于细胞培养的培养基设计有什么意义？
2. 细胞分裂规律对于体外培养细胞的意义如何？
3. 细胞全能性与细胞分化、脱分化在组织器官、个体再生中有什么意义？
4. 比较植物细胞与动物细胞在培养方法上的异同。

5. 体细胞杂交技术的应用现状及存在问题是什么？

6. 花药培养和花粉培养的区别是什么？培养过程中决定再生植株倍性的因素有哪些？

7. 以小鼠 ES 细胞为例，阐述细胞系建立的技术路线（包括不同来源和不同分离培养方法）。

8. 核移植克隆动物与体外受精动物相比有怎样的优点与缺点？

9. 动植物转基因方法与微生物转基因有什么不同？

10. 试述转基因植物在农业生产中的应用。

参 考 文 献

[1] 安利国. 细胞工程. 北京：科学出版社，2005.

[2] 鄂征. 组织培养技术及其在医学研究中的应用. 北京：中国协和医科大学出版社，2004.

[3] 李志勇. 细胞工程. 北京：科学出版社，2003.

[4] 裴雪涛. 干细胞技术. 北京：化学工业出版社，2002.

[5] 元英进，李春，程景胜. 细胞培养工程. 北京：高等教育出版社，2012.

[6] Bajaj. Handbook of Plant Cell Culture. New York：McGraw-Hill Publishing Co，1983.

[7] Bolsover S R，Hyams J S. Cell Biology. Second Edition. New Jersey：John Wiley & Sons Inc，2004.

[8] Campbell K H S，McWhir J，Ritchie W A，Wilmut I. Sheep cloned by nuclear transfer from a cultured cell line. Nature，1996，380 (6569)：64-66.

[9] Gerald Karp. Cell and Molecular Biology. 6th edition. New Jersey：John Wiley & Sons Inc，2010.

[10] Odorico J S，Kaufman D S，Thomson J A. Multilineage differentiation from human embryonic stem cell lines. Stem cells，2001，19：193-204.

[11] Victor M，Felipe V. Plant Cell Culture Protocols. Second Edition. New Jersey：Humana Press Inc，2006.

第九章 生物反应器工程基础

引言

　　生物反应器是生物反应过程的核心设备。其设计和优化研究，能够为生物反应过程提供更好的反应环境和条件，并利于对生物反应过程的深入分析和有效控制。由于生物反应的多样性和反应过程的复杂性，有必要对生物反应动力学进行研究，并在此基础上，开展生物反应器的设计与操作、传递与混合特性研究，进而实现生物反应过程的优化和放大。

知识网络

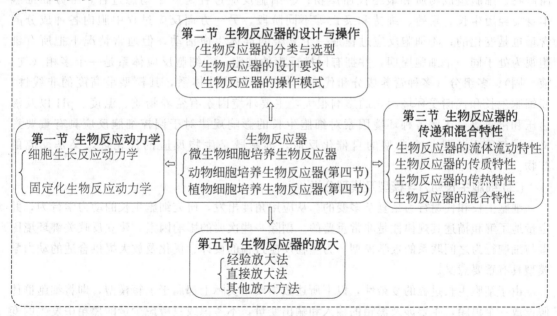

第一节　生物反应动力学

生物反应动力学是研究生物反应过程的反应速率及其影响因素的科学，是生物反应器工程研究的重要理论基础。对生物反应过程的动力学行为进行的数学描述，能够使人们更加直观地认识和理解生物反应过程，并有利于对生物反应过程进行评价和放大。然而，由于生物反应过程的复杂程度不同，对某些生物反应过程进行动力学描述具有较大难度。一般主要从酶催化反应动力学、细胞生长反应动力学和固定化生物反应动力学等几个层次上讨论生物反应动力学的特性及其模型。由于酶催化反应动力学在第四章中已有论述，本节只讨论细胞生长反应动力学和固定化生物反应动力学。

一、细胞生长反应动力学

(一) 细胞生长反应动力学概论

细胞的生长过程就是细胞吸收营养物质，并将这些营养物质的一部分转化为生物量，同时产生相应的胞外代谢产物的过程。细胞生长反应动力学就是描述细胞培养过程中的营养物质消耗、细胞生长和代谢产物合成的一般规律的动力学。

细胞生长是细胞内众多生化反应的综合结果，细胞生长反应过程的主要特点包括（戚以政等，2007）：①细胞是生物反应过程的主体，细胞的生长反应特性及其变化是影响生物反应过程的主导因素；②细胞内的生物化学反应是一个非常复杂的反应体系，作为活的生命体，细胞内同时进行着成千上万个酶催化的生物化学反应，合成各种各样的中间代谢产物、细胞组成物质和最终代谢产物；③细胞反应过程是一个动态过程，一方面细胞本身要经历生长、繁殖、维持和衰亡等不同阶段，另一方面反应过程中胞内各种成分的含量也是变化的；④细胞反应过程是一个复杂的群体生命活动，但通常情况下把所有细胞视为处于同一个细胞周期，并拥有同样行为的细胞；⑤细胞反应体系是一个多相（气、液、固）、多组分（多种营养成分和代谢产物）的非线性体系，其模型呈高度的非线性；⑥细胞生长和代谢受环境因素的影响很大，主要环境因素有营养物质、温度、pH以及渗透压和溶氧等，了解各种环境因素对细胞生长的影响规律对于调控细胞反应具有重要意义；⑦细胞生长是一个典型的自催化反应，细胞既是生物反应的催化剂，又是反应的产物。

(二) 细胞生长动力学模型及模型分类

细胞生长和代谢行为是复杂多变的。从应用角度出发，研究细胞生长的动力学行为，并定量地了解和描述其规律性是非常重要的。剔除一些次要的影响因素，建立反映关键环境因素与细胞行为之间联系的数学模型，为生物反应过程的设计、优化及放大提供合适的动力学模型具有重要意义。

由于细胞生长过程的复杂性，以下所述数学模型实际上都属于黑箱模型，即将细胞群体假设成一个黑箱，主要涉及黑箱的输入和输出变量，不考虑或只考虑少量的黑箱中发生的变化。另外在建立细胞生长反应动力学模型时，必须合理地进行一定程度的简化，简化的程度取决于建立模型的目的和对细胞生长反应过程所了解的程度。

在建立细胞生长反应动力学模型时，常从细胞水平和群体水平两个方面进行假设与简化，基于此，动力学模型有以下分类（岑沛霖等，2005）。

1. 结构模型和非结构模型

根据是否考虑细胞组成随时间的变化，可以分为结构模型与非结构模型。非结构模型是一类最简单的动力学模型，可以用来描述细胞平衡生长时的动力学行为。该模型认为：①细胞处于均衡生长状态，胞内组成不随细胞生长变化而变化；②生物质被视为一个均匀分布、组成恒定的生物相，所有反应均在生物相和环境之间进行；③细胞生长过程中的唯一变量为生物质的质量或浓度或细胞的群体数量。而结构模型认为，胞内存在多种组分或结构单元，且随着细胞的生长反应进行着动态变化。

2. 分离模型与非分离模型

在细胞培养体系中存在大量的细胞，每个细胞的年龄、大小、生长和代谢能力等都各不相同。如果细胞的个体特征差异对所研究的反应不具有本质影响，或者可以通过细胞群体的表观平均特征来反映这些影响，就可以忽略这些细胞间的个体特征差异，而将反应体系中所有的细胞看作是一个均匀的生物相，在此基础上建立的模型称为非分离模型。与之相反，当细胞个体特征上的差异对生物反应有明显的影响时，就应采用考虑细胞个体差异的分离模型。应用分离模型的一个主要困难是高效地分析一个群体中不同细胞的组成和性质差异的实验手段目前相对匮乏或较难实现。分离模型的另一缺点是其数学复杂性，造成在很多情况下缺乏经济性和可行性。

3. Monod 模型

1942 年，Jacques Monod 基于对大肠杆菌生长与葡萄糖浓度关系的研究，提出了一个描述底物浓度对细胞生长影响的动力学模型，即 Monod 模型。Monod 模型是细胞生长反应动力学模型中最具代表性、应用最广泛的一个。按上述的分类法，它属于非结构、非分离模型。该模型的基本假设为：①细胞群体被看作是一个均一的溶质；②生物反应过程中，细胞组成不随时间变化，细胞浓度是描述细胞生长的唯一变量；③只有一种底物决定细胞的生长速率，这种底物被称为限制性底物。

Monod 根据 $E.coli$ 的比生长速率在底物浓度低时呈一级反应动力学，在底物浓度高时呈二级反应动力学的特点，提出如下的比生长速率表达式：

$$\mu = \frac{\mu_{max}S}{K_s + S} \qquad (9\text{-}1)$$

式中，μ_{max} 表示细胞最大比生长速率，h^{-1}；K_s 是饱和常数，g/L；S 是限制性底物的浓度，g/L。

Monod 方程的形式与描述酶催化反应动力学的 Michaelis-Menten 方程十分相似。这是因为在 Monod 模型建立时已经作了如下假设：在细胞的诸多代谢途径中，其中的一条是影响细胞生长速率的主要途径，而在该途径的所有酶催化反应中，其中一个反应的速率是决定细胞增长速率的关键反应速率。由于总反应速率主要由该关键反应的反应速率决定（即限速步骤），这样一来，Monod 方程和 Michaelis-Menten 方程两者在形式上的类似也就可以理解了。但应该强调的是，Monod 公式描述的是比生长速率与底物浓度之间的关系，而 Michaelis-Menten 方程描述的则是反应速率与底物浓度的关系。另外一个重要差别是：Michaelis-Menten 方程可以从酶催化反应机理严格推导得到（如非稳态假说和中间产物假说等），所有的浓度单位是 mol/L；而 Monod 方程是从经验规律总结得到，公式中细胞浓度也无法采用物质的量浓度单位，只能采用 g/L 或细胞数/L，相应的底物浓度单位也用 g/L。

根据比生长速率的定义，细胞的生长速率可以表示为：

$$r_X = \frac{\mu_{\max} S X}{K_S + S} \tag{9-2}$$

也就是说某时刻细胞的生长速率 $[r_X, \mathrm{mol}/(\mathrm{L \cdot h})]$ 除了与当时的底物浓度（S，mol/L）有关外，还与当时的细胞浓度（X，mol/L）成正比，这与自催化反应机理一致。

根据 Monod 方程的形式，它存在两种极限趋势：当底物浓度很小，即 $S \ll K_S$ 时，$\mu \approx \frac{\mu_{\max}}{K_S} S \propto S$；当底物浓度较大，即 $S \gg K_S$ 时，$\mu \approx \mu_{\max}$。

Monod 模型能较好地描述大多数情况下细胞的生长行为，又具有模型简单、参数少的优点，被广泛地加以应用。根据菌株生长情况的不同，除了 Monod 模型外，常用的典型非结构生长模型还有 Logistic 方程：

$$X = \frac{X_0 \mathrm{e}^{kt}}{1 - \beta X_0 (1 - \mathrm{e}^{kt})} \tag{9-3}$$

此外，其他常用的典型非结构生长模型还有 Tessier 方程、Moser 方程、Dabes 方程和 Contois 方程等。另外，为了更准确地描述细胞生长情况，有时需要对生长动力学进行分阶段描述，如可分别对生长延滞期、对数生长期、稳定期和衰亡期建立其相应的本征动力学模型。

非结构模型形式简单、数学处理方便，但不能反映出细胞内的复杂反应和组成的变化，为了预测环境变化时细胞生长的动态特性，学者们又提出了描述细胞生长动力学的结构模型，包括分室模型、控制模型、基因结构模型和单细胞模型等，在此不一一论述。

案例 9-1　子囊霉素高产突变菌株生长动力学模型构建（Qi, Xin et al, 2012）

子囊霉素是吸水链霉菌子囊亚种发酵产生的一种大环内酯类免疫抑制剂，可广泛应用于自身免疫疾病的治疗。对子囊霉素高产突变菌株 *Streptomyces hygroscopicus* var. *ascomyceticus* FS35 的细胞生长行为进行研究，发现其四个时期的细胞生长、产物生成和底物消耗具有明显差别（图 9-1-1）。

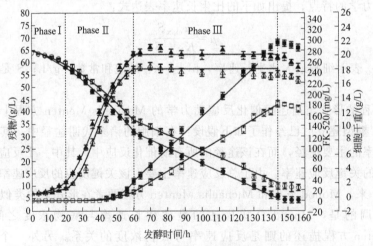

图 9-1-1　高产突变株 FS35 与出发株的本征动力学模型

图中实心符号表示高产突变株，空心符号表示出发株；

其中符号三角表示生物量，符号圆圈表示总糖浓度，

符号方框表示子囊霉素产量

生长延滞期：

$$\frac{dX_1}{dt_1} = \mu_{m,1}\left(\frac{1}{1+S_1/K_{i,1}}\right)X_1 \tag{9-1-1}$$

$$\frac{dP_1}{dt_1} = 0 \tag{9-1-2}$$

$$-\frac{dS_1}{dt_1} = \frac{1}{Y_{X/S,1}}\frac{dX_1}{dt_1} + m_1 X_1 \tag{9-1-3}$$

式中，X_1 为菌体生长延滞期细胞浓度；$\mu_{m,1}$ 为菌体生长延滞期最大比生长速率；S_1 为菌体生长延滞期初始糖浓度；$K_{i,1}$ 为饱和常数；P_1 为菌体生长延滞期产物浓度；$Y_{X/S,1}$ 为菌体生长延滞期总糖对生物量得率系数；m_1 为菌体生长延滞期的维持系数。

对数生长期：

$$\frac{dX_2}{dt_2} = \mu_{m,2}\left(1-\frac{X_2}{X_{m,2}}\right)\left(\frac{1}{1+S_2/K_{i,2}}\right)X_2 \tag{9-1-4}$$

$$\frac{dP_2}{dt_2} = K_{1,2}\frac{dX_2}{dt_2} \times K_{2,2}\left(\frac{S_2}{S_2+K_{sp,2}}\right)\left(\frac{1}{1+S_2/K_{ip,2}}\right)X_2 \tag{9-1-5}$$

$$-\frac{dS_2}{dt_2} = \frac{1}{Y_{X/S,2}}\frac{dX_2}{dt_2} + \frac{1}{Y_{P/S,2}}\frac{dP_2}{dt_2} + m_2 X_2 \tag{9-1-6}$$

式中，$X_{m,2}$ 为菌体对数生长期的最大生物量；$K_{1,2}$ 和 $K_{2,2}$ 分别为菌体对数生长期子囊霉素合成生长偶联系数和子囊霉素合成非生长偶联系数；$K_{sp,2}$ 为菌体对数生长期底物对子囊霉素合成的饱和系数；$K_{ip,2}$ 为菌体对数生长期底物对子囊霉素合成的抑制系数；$Y_{P/S,2}$ 为菌体对数生长期总糖对子囊霉素产量得率系数。

生长稳定期：

$$\frac{dX_3}{dt_3} = \mu_3 X_3 = 0 \tag{9-1-7}$$

$$\frac{dP_3}{dt_3} = \beta X_3 \tag{9-1-8}$$

$$-\frac{dS_3}{dt_3} = \frac{1}{Y_{P/S,3}}\frac{dP_3}{dt_3} + m_3 X_3 \tag{9-1-9}$$

式中，β 为子囊霉素合成的非生长偶联系数。

衰亡期的细胞生长数据不作处理。

二、固定化生物反应动力学

(一) 固定化生物反应动力学概论

固定化生物反应过程是指利用固定化酶或固定化细胞作为催化剂进行的生物反应过程。固定化酶或细胞是指通过物理或化学的方法将酶或细胞束缚在一定的空间内，且酶或细胞仍具有生物活性。由于固定化生物催化剂一般为具有各种形状的颗粒，因此其反应过程动力学必须在颗粒水平上进行描述和表达。

1. 固定化酶

酶的固定化方法、优缺点等在第四章已有论述，在此不再论述。

2. 固定化细胞

细胞固定化的方法主要有载体结合法、包埋法和自聚集法。固定化细胞的优点包括：省去了酶的分离过程，降低生产成本；固定化细胞为多酶系统，无需辅因子再生；对不利环境耐受性增加，细胞可重复使用，简化了细胞培养过程；保持酶在细胞内的原始状况，增加了酶的稳定性。缺点为：只适用于胞外酶，不适于胞内酶；多种酶存在，形成较多副产物；使用初期会有一些细胞组分渗出，影响产物质量；有些细胞在条件不适宜的情况下易发生自溶。

(二) 固定化对生物反应动力学特性的影响

由于在固定化过程中，生物催化剂与固定化载体之间有相互作用，使得固定化后的生物催化剂的催化特性发生改变，这些变化包括生物催化剂本身性质的变化，如酶分子结构的变化，以及由于载体存在而出现的表观性质的变化等。下面以影响固定化酶动力学特性的主要因素为例，介绍固定化对生物反应动力学特性的影响（戚以政等，2007）。

1. 空间效应

包括构象效应和位阻效应。构象效应是指在固定化过程中，由于酶与载体间的共价键作用，引起了酶活性部位发生扭曲和变形，改变了酶活性部位的三维结构，使酶活性下降。位阻效应是指由于载体选择不当或载体内空隙过小，使得酶的活性部位不易与底物分子相接触，导致酶的活性下降。由于空间效应与固定化方法、底物分子形状和大小、载体的性质等因素有关而难以定量描述，所以在动力学模型上一般是通过实验以校正动力学参数来体现的，即固定化酶与游离酶两者的本征动力学仅在动力学参数上有所差别。

2. 分配效应

分配效应是指由于固定化载体的亲水性、疏水性及静电作用等原因，使得生物催化的底物、产物以及其他效应物在固定化酶附近的微环境与主体溶液之间发生了不均等分配，从而改变了生物催化反应系统的组成平衡，进而影响酶催化反应速率。由分配效应引起的酶本征动力学模型的改变，可以在已有固定化酶本征动力学基础上，通过引入分配系数以进行定量描述，继而对动力学参数如 K_m 进行修正。

3. 扩散限制效应

是指底物、产物以及其他效应物的迁移和运转速率受到限制的一种效应。分为外扩散限制效应和内扩散限制效应。外扩散是指底物从液相主体向固定化催化剂的外表面扩散。内扩散是指对于有微孔的固定化催化剂，底物从固定化颗粒外表面扩散到微孔内部的活性部位，或是产物沿着相反途径的一种扩散。扩散限制效应使固定化生物催化剂反应时受到扩散速率的限制，此时所建立的动力学方程，不仅包括酶的催化反应速率，同时还包括了扩散速率的限制效应。和游离酶动力学方程相比，不仅在参数和数值上有所差别，在某些情况下，动力学方程的形式也可能有较大的改变。

第二节　生物反应器的设计与操作

生物反应器是指一个能为生物反应提供适宜的反应条件，以达到特定生产目标的设备。生物反应器是生物技术产业化的核心。生物反应的环境条件决定了生物加工过程的效率，而生物反应器的作用正是为生物反应提供可以人为控制的、适当的环境条件。

一、生物反应器的分类与选型

由于生物催化剂种类和生产目的的多样性，生物反应器种类繁多。不同的生物反应器在结构和操作方式上具有不同特点。根据生物反应器的结构和操作方式的某些特征，可以从多个角度对其进行分类（岑沛霖等，2005）。

(一) 根据生物催化剂种类分类

生物催化剂包括酶和细胞两大类，因此生物反应器也可据此分为酶催化反应器和细胞反应器。

酶催化反应器的结构往往与化学反应器类似，只是酶催化反应的条件比较温和，通常不需要太高的温度和压力。游离酶催化常采用搅拌罐反应器，固定化酶催化除了搅拌罐反应器外，常选择固定床反应器。近年来，酶膜反应器的应用正在日益增加。

细胞培养过程是典型的自催化过程，细胞本身既是催化剂，同时细胞量也是随反应的进行而不断增大的。对于这种具有生物催化活性的催化剂，在反应过程中保持细胞的生长和代谢活性是对反应器设计的重要要求。根据细胞种类的不同，细胞反应器又可分为微生物细胞反应器（通常称为发酵罐）、动物细胞反应器和植物细胞反应器。不同类型细胞由于其生理特点，对反应器也有不同的要求。例如，动植物细胞是好氧的，同时对剪切力又非常敏感，在设计反应器时如何在氧传递和剪切力之间的矛盾中找到一个平衡点就成为要考虑的首要问题；植物细胞培养如果需要可见光，就要采用光生物反应器。

(二) 根据反应器加料和出料方式的不同分类

根据底物加入方式不同，可以将生物反应器分为间歇式反应器、连续式反应器和半连续式（流加）反应器。

间歇反应器的主要特点是开始时反应物料一次性加入，反应结束后物料一次性排出，反应进行过程中，反应器内无物料的交换。优点是不易发生杂菌污染和菌种变异，对过程控制的要求低，能适应培养细胞株和产物经常变化的需要。缺点是反应器内的化学和物理状态随反应时间而变化，细胞生长不能始终处于最优的条件下进行。

连续反应器在反应过程中，底物连续稳定地输入反应器中，同时产物以相同的流速稳定地从反应器中流出，因此，反应器内物料体积保持不变，且反应器内任一位置反应物系的浓度将不随时间而发生改变。其优点是反应条件恒定，产品质量稳定，生产效率较高，适合次级代谢产物（如抗生素）的生产，可在避免底物抑制的前提下大幅度增加单位反应器体积的底物投入量，有利于实现细胞的高密度培养，对以细胞（如面包酵母）本身或胞内产物（如聚羟基烷酸）为目标产物的过程也非常合适。缺点是：对于细胞反应容易出现染菌和菌种退化现象，只适用于那些遗传性能比较稳定、培养条件比较独特而不易受到环境微生物污染的菌种培养过程（如乙醇或丙酮/丁醇发酵等）。

半连续反应器的主要特点是在反应进行过程中，反应物连续或分批式加入，而产物则一次性或间断性排出。因此该种反应器兼具了间歇反应器和连续反应器的有关特点，在一定程度上弥补了它们的不足。

(三) 根据流体流动或混合状况分类

对于连续反应器，有两种理想的流动模型：一种是反应器内的流体在各个方向完全混合均匀，称为全混流；另一种则是在流体流动方向上完全不混合，而在流动方向的截面上则完全混合，称为平推流、活塞流或柱塞流。在实际生产中很难达到理想状态，实际反应器内流体的流动方式则往往介于上述两种理想流动模型之间，称为非理想流动（混合）模型。

(四) 根据反应器结构特征及动力输入方式分类

根据反应器的主要结构特征的不同，可以将其分为釜（罐）式、管式、塔式和生物膜反应器等。釜式生物反应器能用于间歇、流加和连续这三种操作模式，而管式、塔式和生物膜反应器等则一般只适用于连续操作的细胞反应过程。

根据动力输入方式的不同，生物反应器可以分为机械搅拌反应器、气流搅拌（气升式）反应器和液体环流反应器。机械搅拌反应器采用机械搅拌实现反应体系的混合（图 9-1）。气流搅拌反应器以压缩空气作为动力来源（图 9-2）。而液体环流反应器则通过外部的液体循环泵实现动力输入（图 9-3）。

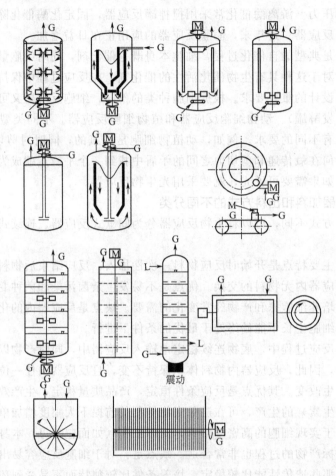

图 9-1 机械搅拌反应器（岑沛霖等，2005）
G—气体；L—液体；M—电机

通气搅拌罐是最常用的生物反应器，规模可从实验式的几升小型发酵罐到工业规模几百立方米的大型发酵罐。其优点是：在搅拌桨的剪切力作用下，一方面强化了流体的湍流；另一方面，搅拌对气泡具有良好的破碎作用，可以减小气泡的平均尺寸，增大气液相间接触面积，有利于促进氧传递，使通气搅拌罐即使在发酵液黏度较高时也能满足细胞生长和代谢对氧传递的要求。当然，过高的剪切力对细胞生长有害，应该通过对搅拌桨结构、数量、转速及挡板和搅拌罐内构件的优化设计予以避免。目前，通气搅拌罐虽广泛使用，但仍存在许多问题：通气搅拌罐的放大在很大程度上还需要逐级放大数据和实际经验；由于机械搅拌装置的存在，通气搅拌罐在避免杂菌污染问题上也会遇到困难；通气搅拌罐的能耗比较高、设备投资也比较大，等等。

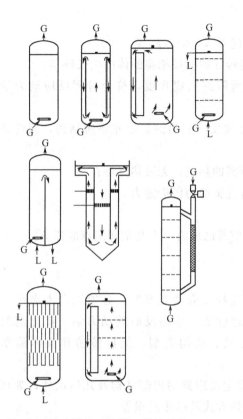

图 9-2　气流搅拌反应器（岑沛霖等，2005）

G—气体；L—液体

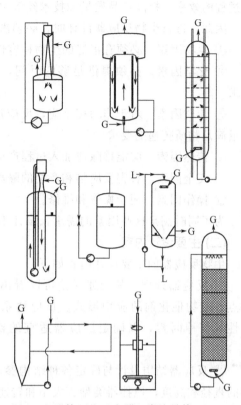

图 9-3　液体环流反应器（岑沛霖等，2005）

G—气体；L—液体

气升式反应器由压缩空气提供能量，分为外循环和内循环两种形式。其原理是利用上升管中气体与液体混合物密度小于下降管中气体和液体混合物密度的这一性质，使反应器中的流体达到良好的混合和传质效果。气升式反应器既可用于游离细胞、也适合于固定化细胞培养过程。其优点是：没有机械传动装置，杂菌污染的概率较小，能耗也比较低。目前，对这种反应器的传质和反应特性都已经进行了深入研究，并用于植物细胞培养、环境生物工程及单细胞蛋白生产等领域，例如英国帝国化学公司曾建造了以烷烃为原料生产单细胞蛋白的容积大于 $3000m^3$ 的气升式发酵罐。由于气升式发酵罐内的剪切力较小及氧传递能力受到限制，一般不适用于丝状微生物培养及高黏度体系。

液体环流反应器只适用于厌氧发酵，至今尚无在有氧发酵工业中应用的报道。

此外，管式反应器、流化床反应器和生物膜反应器等通常只适用于固定化细胞。这类反应器目前主要用于环境生物工程；在工业发酵中的应用虽已研究了多年，但由于细胞遗传稳定性及传质阻力等因素，真正应用的例子几乎没有。

二、生物反应器的设计要求

一个良好的生物反应器应具备：严密的结构，良好的流体混合特性与高效的传质和传热性能，可靠的检测与控制系统。判断生物反应器性能好坏的主要标准是：该装置是否能满足生物反应的要求，是否能取得最大的生产效率。

(一) 设计要求

生物反应器设计的主要目标是将生物催化剂的活性控制在最佳水平，以提高生物催化反应过程的效率，提高产品质量和技术经济水平。

因此，进行生物反应器设计时，必须满足下述要求（戚以政等，2007）。

① 生物因素。必须有很好的生物相容性，能较好的模拟细胞的体内生长环境。

② 化学因素。必须提供足够的时间，完成所需的反应程度，符合过程反应动力学的要求。

③ 传质因素。对于非均相反应，反应过程常被反应底物的扩散速率所制约，因此必须尽量满足物质传递的要求。

④ 传热因素。应能移除或加入过程产生或所需的热量，无过热点存在。

⑤ 安全因素。有害反应物和产物的隔离，有优良的防污染能力。

⑥ 操作因素。便于操作和维修。

为了同时满足这些因素的需求，设计生物反应器已成为一个复杂和困难的任务。

(二) 主要设计内容

生物反应器的主要设计内容如下。

① 反应器选型。从上述讨论可以看出，在选择反应器类型时，必须综合考虑反应的特点、生物催化剂的应用形式、反应物系的物理性质、生物反应的动力学、催化剂的稳定性等多种因素，以确定反应器适宜的操作方式、结构类型、能量传递和流体流动方式等。

② 反应器结构设计与确定各种结构参数。确定反应器的内部结构及几何尺寸，如反应器的直径和高度，搅拌器类型、大小和转速，换热方式及换热面积等。

③ 确定工艺参数及控制方式。主要参数有温度、pH、通气量、压力和物料流量等。

进行细胞反应器的设计时还应特别重视防止杂菌污染、高好氧反应的传质速率以及大型生物反应器的热量移除等工程问题的解决。

三、生物反应器的操作模式

(一) 基础方程

对细胞反应，理想生物反应器操作的基础方程通常是由一组包括底物消耗、产物生成和细胞生长动力学在内的质量衡算方程来表示。通过该方程可以描述这些状态随时间变化的规律。

通用的质量衡算方程可以表示为：累计量＝输入量－输出量±反应量。式中，积累量指反应器内某组分的变化速率；反应量对于底物是指底物的消耗速率，符号为"－"，对于产物和细胞是指其生成和生长速率，符号为"＋"。

假设反应器为理想混合生物反应器，即反应器内物料处于完全混合、空间各处的浓度完全均一，则细胞、底物和产物的质量衡算方程可分别表示如下（戚以政等，2007）。

细胞：

$$\frac{\mathrm{d}(V_R C_X)}{\mathrm{d}t} = F_{in} C_{X0} - F_{out} C_X + V_R\left(\frac{\mathrm{d}C_X}{\mathrm{d}t}\right) \tag{9-4}$$

底物：

$$\frac{\mathrm{d}(V_R C_S)}{\mathrm{d}t} = F_{in} C_{S0} - F_{out} C_S - V_R\left(\frac{\mathrm{d}C_S}{\mathrm{d}t}\right) \tag{9-5}$$

产物：

$$\frac{d(V_R C_P)}{dt} = F_{in} C_{P0} - F_{out} C_P + V_R \left(\frac{dC_P}{dt}\right) \tag{9-6}$$

体积：

$$\frac{dV_R}{dt} = F_{in} - F_{out} \tag{9-7}$$

式中，V_R 表示反应器内物料体积，又称有效体积；F_{in} 指进料体积流量；F_{out} 指出料体积流量；C_{X0}、C_{S0}、C_{P0} 分别为细胞、底物和产物加料浓度；C_X、C_S、C_P 分别为细胞、底物和产物出料浓度。

对于分批式操作，有

$$F_{in} = F_{out} = 0, \frac{dV_R}{dt} = 0 \tag{9-8}$$

对连续式操作，有：

$$F_{in} = F_{out} = F, \frac{dV_R}{dt} = 0 \tag{9-9}$$

对流加操作，则有：

$$F_{in} > 0, F_{out} = 0, \frac{dV_R}{dt} > 0 \tag{9-10}$$

对不同的操作模式，根据上述特征，可对其基础方程进行简化，并在已知反应动力学和操作参数的基础上，确定有关变量的变化特征，进而为生物反应器的设计、优化操作和控制提供必要的理论依据。

(二) 操作参数

描述生物反应器的操作性能时，常用的参数有停留时间、转化率、生产率、选择性和收率等。

1. 停留时间

停留时间系指从反应物料进入反应器时算起到离开反应器为止所经历的时间。对分批操作搅拌槽式反应器，所有物料的停留时间都是相同的，且等于反应时间；对连续操作的搅拌槽式反应器，则由于物料在反应器内存在停留时间分布不均，常使用平均停留时间表示。如果反应器的体积为 V_R，物料流入反应器的体积流量为 F，平均停留时间 τ 的定义式为：

$$\tau = \frac{V_R}{F} \tag{9-11}$$

τ 又称空间时间，简称空时。τ 值越小，表示反应器处理物料能力越大。τ 的倒数 $1/\tau$ 称为空时速度，简称空速。它表示单位反应器体积单位时间内所处理的物料量，空速越大，反应器处理能力越大。

2. 转化率

又称转化分率，它表示供给反应的底物发生反应的分率。表示为：

$$X_S = \frac{\text{反应底物的转化量}}{\text{反应底物的起始量}} = \frac{C_{S0} - C_S}{C_{S0}} \tag{9-12}$$

对分批式操作，C_{S0} 为底物初始浓度；C_S 为反应时间 t 时底物的浓度。对连续式操作，C_{S0} 为流入反应器中底物浓度；C_S 为流出反应器的底物浓度。

3. 反应器生产率

又称反应器生产能力。它表示单位反应器体积、单位时间内产物的生成量。

对分批式操作，其定义式为：

$$P_r = \frac{C_P}{t} = \frac{C_{S0}X_S}{t}$$ (9-13)

式中，C_P 为 t 时单位反应液体积中产物生成量。

对连续式操作：

$$P_r = \frac{C_P}{\tau} = \frac{C_{S0}X_S}{\tau}$$ (9-14)

式中，C_P 为流出液中产物浓度；τ 为物料平均停留时间。

4. 选择性

系指在有副反应发生的复合反应中，能够转化为目的产物的底物变化量占底物变化总量的比例。若使用的酶催化剂中含有不纯物时，这是一个重要的操作参数。

底物 S 生成目的产物 P 的选择性表示为：

$$S_{SP} = \frac{C_P}{a_{SP}(C_{S0} - C_S)}$$ (9-15)

式中，a_{SP} 为 1mol 底物所能得到产物 P 的物质的量，它由反应的计量关系所决定。

上式所确定的 S_{SP} 为反应的平均选择性。由于反应过程中的选择性并不一致，又定义了瞬时选择性，为：

$$S_{SP} = \frac{r_P}{r_P + r_S}$$ (9-16)

式中，r_P 主反应速率；r_S 为副反应速率。

5. 收率

系指实际产物生成量与底物全部生成目的产物的理论量之比值，表示为：

$$Y_P = \frac{C_P}{a_{SP}C_{S0}}$$ (9-17)

收率（Y_P）、转化率（X_S）和选择性（S_{SP}）之间的关系可表示为：

$$Y_P = X_S S_{SP}$$ (9-18)

案例 9-2 气升式环流生物反应器在废水处理中的应用——非粮燃料乙醇废水生物处理资源化利用（Qiu et al.，2011）

天津大学采取高温厌氧-中温好氧-常温生物滤床耦合系统对玉米秸秆/玉米芯燃料乙醇废水进行净化处理，同时获得清洁能源沼气。耦合系统由高温厌氧流化床、好氧气升式环流生物反应器和曝气生物滤床组成。在高温厌氧阶段对燃料乙醇蒸馏废水进行一级处理，有机负荷达 14.1g COD/(L·天)，同时甲烷产量达到 280ml/g COD$_{removed}$；在中温好氧阶段共代谢降解处理厌氧出水和预处理废水，COD 和氨氮去除率分别达 88.5% 和 96.7%；最后在常温生物滤床阶段对好氧出水进行深度处理，最终出水 COD 及氨氮降至 65.1mg/L 和 3.9mg/L，远低于国家酒精行业废水排放一级标准（GB 8978—1996）。

第三节　生物反应器的传递和混合特性

生物反应器中所进行的生物反应过程的速率，不仅取决于生物化学本身的速率，而且还要受到各种传质速率与特性的影响。因此一个好的生物反应器必须为生物体代谢提供一个优良的物理及化学环境，使生物体能更好地生长，以得到更多的生物量或代谢产物。

一、生物反应器的流体流动特性

(一) 生物反应器的流体流变特性

生化反应器中发酵液的流变特性将影响其混合的程度，从而影响其传质和传热的速率。发酵液是由液相和固相构成的多相体系，对于细菌和酵母发酵液，一般来说其黏度较低，流动性较好，热量和质量传递速率较快。如果采用特殊的培养技术得到高浓度的细胞发酵液，则会因其黏度的大大增加而造成热量和质量传递的困难，因此必须予以充分重视。

流体的流变性常用流体在外加剪切应力的作用下与所产生的相应剪切速率之间的关系表示：

$$\tau = \tau_0 + K(\dot{\gamma})^n \tag{9-19}$$

式中，τ 为剪切应力，单位流体面积上的剪切力，N/m^2；$\dot{\gamma}$ 为剪切速度，又称切变率，s^{-1}；K 为稠度系数，$Pa \cdot s$；τ_0 为屈服应力，N/m^2；n 为流动特性指数。

式(9-19)称为流变性模型方程，式中 K、n 为表征流体流变特性的参数，所以该方程又称双参数模型，根据该式，流体的流变特性可分为牛顿型和非牛顿型流体，非牛顿型流体又可分为宾汉塑性流体、拟塑性流体和涨塑性流体。

发酵介质的流变特性主要取决于细胞的浓度和其形态。一般发酵介质中液相部分黏度较低，但是随着细胞浓度的增加，发酵介质的黏度也相应增大，流体偏离牛顿特性越大。细胞的形态对发酵介质流动特性也有较大影响，如细胞为丝状形态时会导致发酵介质成为非牛顿型流体。影响发酵介质流变特性的另一个因素为胞外产物，如产物为多糖，此时细胞的存在对发酵介质的流变特性影响相对较小，而多糖浓度的高低则对介质的黏度产生较大影响。一般当发酵介质中细胞的浓度较低，且其形态为球形时，通常为牛顿型流体，此时流体的流动性能较好，传质和传热性能较好，如酵母和细菌发酵液即具有这种特性。

(二) 生物反应器的流体剪切特性

1. 剪切力的度量方法

剪切力是设计和放大生物反应器的重要参数。在生物过程中，严格地讲，对细胞的剪切作用仅指作用于细胞表面且与细胞表面平行的力，但由于发酵罐中流体力学的情况非常复杂，一般剪切力指影响细胞的各种机械力的总称。

对于机械搅拌反应器剪切力的度量方法，主要是估算积分剪切因子、时均切变率和最小湍流旋涡长度。对于气体搅拌反应器（如鼓泡式反应器）的剪切力，主要是由气泡在形成、上升和气液分离的过程中产生，其中气泡脱离液面处细胞受到的剪切力最大，其主要影响因素是液体的表面张力、密度和气泡的液膜厚度。

2. 剪切作用的影响

(1) 剪切力对微生物的影响　对细菌的影响较小，因为它的大小比发酵罐中常见的旋涡要小，而且有坚硬的细胞壁。但对某些细菌的影响比较大，如在细菌发酵中生产黏多糖（如黄原胶）时，由于胞外多糖的积累，从而造成细胞内外物质交换的障碍，使多糖的产量下降。当剪切力增加到一定程度的时候，就能将其表面的多糖除去而增加产量。

对酵母，它比细菌大，但仍比常见的湍流旋涡小。酵母的细胞壁也较厚，具有一定抵抗剪切力的能力，但其细胞壁上的芽痕和蒂痕对剪切力的抗性较弱。

丝状微生物包括霉菌和放线菌。在深层液体培养中，丝状微生物可形成两种特别的颗粒，即自由丝状颗粒和球状颗粒。自由丝状颗粒需要强烈的搅拌，但高速的搅拌产生的剪切力会打断菌丝，造成机械损伤。搅拌会对球状颗粒产生两种物理效果，一种是搅拌消去菌球外围的菌膜，减小粒径；另外一种是使菌球破碎。这些效果主要是由于湍流旋涡剪切引起。

（2）剪切力对动物细胞的影响　动物细胞可分为贴壁依赖性和非贴壁依赖性两种。剪切力对两种细胞的破坏机制不同，对前者，剪切的破坏作用主要是由点到面小的湍流旋涡作用及载体与载体间、载体与桨及反应器壁的碰撞造成的。对于后者则主要是因为气泡的破碎造成的。

用大规模的动物细胞培养来生产高价值的药物已日趋广泛，但因动物细胞无细胞壁对剪切力非常敏感，又因其细胞尺寸大更容易受到剪切作用的影响。因此如何克服剪切力已是动物细胞大规模培养的一个重要问题。

（3）剪切作用对植物细胞的影响　用植物细胞培养的方法可以产生某些高价值的代谢产物，植物细胞因有细胞壁所以比动物细胞对剪切力有较大的抗性，但因其细胞个体相对较大，细胞壁较脆，柔韧性差，所以与微生物相比它对剪切力仍然很敏感，在高剪切力的作用下会受到损伤以至死亡或解体。植物细胞在培养的过程中一般会结团，结团的大小会影响产物的释放，细胞结团的大小受到剪切力的影响。

（4）剪切对酶反应的影响　酶是一种有活性的蛋白质，剪切力会在一定程度上破坏酶蛋白分子精巧的三维结构，影响酶的活性，一般认为酶活性随剪切强度和时间的增加而减小。在同样的搅拌时间下，酶活力的损失与叶轮尖速度是一种线性关系，且不同的类型的叶轮对酶活性的影响有差异。

二、生物反应器的传质特性

反应器中微生物的所有活动最终导致生物量的增加或形成所期待的产品，它与环境的质量传递及微生物的热量扩散有联系。质量传递在选择反应器形式（搅拌式、鼓泡式、气升式等）、生物催化剂状态（悬浮或固定化细胞）和操作参数（通气率、搅拌速度、温度）中起决定性的作用。并将直接或间接影响过程中上下各步骤以及系统周期性单元设计的很多方面。

(一) 氧气的传质特性

对于好氧生化过程，氧的供给是反应得以正常进行的一个关键问题。供氧速率通常被认为是生物反应器的选择和设计的主要考虑因素之一。常温常压下，纯水中氧的溶解度约为0.2mmol/L，在发酵液中的溶解度则更低。单位体积发酵液每小时的耗氧量，一般为25～100mmol/(L·h)，如谷氨酸发酵18h时耗氧速率为51mmol/(L·h)。同一类微生物的耗氧速率还可能受温度、发酵液成分和浓度的影响而不同，如当供氧不足，葡萄糖浓度为1%时，酵母的耗氧速率为15～18mmol/(L·h)；而供氧充足，葡萄糖浓度为15%时，耗氧速率则达396～342mmol/(L·h)。

氧从气相到微生物细胞内部的传递可分为七个步骤：①从气泡中的气相扩散通过气膜到达气液界面；②通过气液界面；③从气液界面扩散通过气泡的液膜到达液相主体；④液相溶解氧的传递；⑤从液相主体扩散通过包围细胞的液膜到达细胞表面；⑥氧通过细胞壁；⑦微生物细胞内氧的传递。

(二) 气-液传质的基本理论

1. 双膜理论

双膜理论认为，气液两相间存在一个界面，界面两侧分别为层流状态的气膜和液膜；在气液界面上两相浓度相互平衡，界面上不存在传递阻力；气液两相的主体中不存在氧的浓度差。氧在两膜间的传递在定态下进行，因此氧在气膜和液膜间的传递速率是相等的。

2. 渗透扩散理论

渗透扩散理论对双膜理论进行了修正，认为层流或静止液体中气体的吸收是非定态过程，液膜内的氧边扩散边被吸收，氧浓度分布随时间变化而变化。

3. 表面更新理论

表面更新理论又对渗透扩散理论进行了修正，认为液相各微元中气液接触时间也是不等的，而液面上的各微元被其他微元置换的概率是相等的。

虽然后两种理论比双膜理论考虑得更为全面，从瞬间和微观的角度分析了传质的机理，但由于双膜理论较简单，所用的参数少，因此根据双膜理论发展起来的应用更为广泛。

双膜理论描述氧的气液传质过程如下（戚以政等，2007）。

当气液传质过程达到稳态时，通过气膜和液膜的传质速率相等，即有：

$$N_{O_2} = \frac{p - p_I}{1/k_G} = \frac{C_I - C_L}{1/k_L} \tag{9-20}$$

式中，N_{O_2} 为氧气的传质通量；p 为气相主体氧分压；p_I 为气液界面氧分压；C_I 为气液界面氧浓度；C_L 为液相主体氧浓度；k_G 为气膜传质系数；k_L 为液膜传质系数。

若定义：K_G 为以氧分压为推动力的总传质系数；K_L 为以氧浓度为推动力的总传质系数。

则有：

$$\frac{1}{K_G} = \frac{1}{k_G} + \frac{H}{k_L}$$

$$\frac{1}{K_L} = \frac{1}{k_L} + \frac{1}{Hk_G} \tag{9-21}$$

对于难溶的气体氧，有：$\frac{1}{k_L} \gg \frac{1}{Hk_G}$，所以：$K_L \approx k_L$。所以，氧的气液传质速率为：

$$OTR = k_La(C_{OL}^* - C_{OL}) \tag{9-22}$$

式中，OTR 为氧的传质速率，$mol/(m^3 \cdot s)$；a 为比表面积，m^2/m^3；k_La 为体积传质系数，s^{-1}；C_{OL}^* 为与气相分压相平衡的液相氧浓度，mol/m^3。

上述描述方法同样适应于 CO_2 等其他气体在气液相间的传质过程。

体积质量传递系数 k_La 是决定反应器结构的最关键参数。它是质量传递的比速率，指在单位浓度差下，单位时间、单位界面面积所吸收的气体。它取决于系统的物理特性和流体动力学。体积质量传递系数是由两项产生：一是质量传递系数 k_L，它取决于系统的物理特性和靠近流体表面的流体动力学；二是气液比表面积 a。从一定意义上讲，k_La 越大，好氧生物反应器的传质性能越好。影响体积质量传质系数的因素很多，概括起来可以分为如下几点。

① 搅拌　搅拌可从三方面改善溶氧速率：把空气打成细泡，从而增加有效界面传递面积；搅拌使液体形成湍流，可以延长气泡在液体中心的停留时间；加强液体湍流，减少气泡周围液膜厚度，减少液膜阻力，从而增大 k_La 值。

② 空气流速　机械搅拌通风发酵罐的溶氧系数 k_La 与通气线速度 v_s 有关系：k_La 正比于空气线速度 v_s，当加大通风量 Q 时，v_s 相应增加，溶氧增加。但是，另一方面，增加

Q，在转速 N 不变时，P_g 会下降，又会使 k_La 下降。同时 v_s 过大时，会发生过载现象。因此，单纯增大通风量来提高溶氧系数并不一定取得好的效果。因此，只有在增大 Q 的同时也相应提高转速 N，使 P_g 不至过分降低的情况下，才能最有效地提高 k_La。

③ 空气分布装置　空气分布装置有单管、多孔环管和多孔分支环管等几种。当通风量很小时，气泡的直径与空气喷口直径的 1/3 次方成正比，也就是说喷口直径越小，溶氧系数越大。但是，一般发酵工业的通风量远远超过这个范围，这时气泡直径只与通风量有关，与喷口直径无关。

④ 发酵罐内柱高度　据报道，当 H/D（高径比）从 1 加到 3 时，k_La 可增加 40% 左右。当 H/D 从 2 增加到 3 时，k_La 增加 20%。由此可见，H/D 小，氧利用率小，氧利用率差；H/D 太大，溶氧系数增加不大，相反由于罐身过高液柱压差大气泡体积被压缩，以至造成气液界面小的缺点。H/D 大，对厂房要求也高，一般 H/D 在 1.7～4，以 2～3 为宜。

⑤ 发酵液的物理性质　有些有机物质，如蛋白胨，能降低 k_La 值。当水中加入 1% 蛋白胨时，会将 k_La 减少到原来的 1/3 左右，同时气泡直径减少 15% 左右，而 k_La 值降到未加蛋白胨时的 40% 左右。在发酵过程中，营养物质的利用、代谢产物的积累、菌体的繁殖都会改变培养液的黏度、表面张力、离子强度等，从而影响气泡大小、气泡稳定性和氧的传递速度。培养物浓度增大，黏度增大、k_La 值降低。

⑥ 温度　温度对溶氧系数 k_La 的影响可用下式来表示：

$$\frac{k_La(t_1)}{k_La(t_2)} = \sqrt{\frac{T_1 \mu_2}{T_2 \mu_1}} \tag{9-23}$$

可以看出，k_La 随温度升高而增大。

⑦ 其他因素的影响　表面活性剂：消沫用的油脂分布在气液界面，增大传递阻力，使 k_La 下降。离子强度：在电解质溶液中生成的气泡比在水中小得多，因而有较大的比表面积，电解质浓度大的溶液的 k_La 比浓度低的溶液的 k_La 大。细胞：培养液中细胞浓度的增加，会使 k_La 变小，细胞的形态对 k_La 的影响也很显著，球状菌悬浮液的 k_La 比同样浓度丝状菌的大。

三、生物反应器的传热特性

细胞反应是对温度变化十分敏感的放热反应。因此，生物反应器的设计对温度控制的要求较高。特别是随着反应器体积的增大，其热量移去和温度控制成为反应器设计的一项重要内容。为此，必须研究生物反应过程的热量传递特性。

细胞的生命活动总是伴随着大量的化学反应，这些化学反应往往伴随着热量的释放。例如，在异化作用时，细胞分解糖类或其他有机物，将分解过程中产生的一部分能量以高能磷酸键或还原型辅酶的形式储存起来，但并不是每步反应的能量变化都恰好等于高能磷酸键或还原型辅酶所能储存的量，总有一部分多余的能量以热量的形式被释放到细胞的生长环境中。同样，在消耗能量的同化反应中，也并不是高能磷酸键或还原型辅酶上所有的能量都完全被转移到反应产物上。即便是在氧化磷酸化过程中，在产生 ATP 的同时，也会释放多余的能量。因此，生物反应本身是放热过程。此外，机械搅拌和通气所做的功最终也将转化为热量。这些热量如果不能被及时地从反应体系中移去，就会使体系温度上升。另一方面，生物反应体系不可避免地与外界环境之间存在自然的热量交换。这种热量交换的方向随环境温度和反应体系温度的不同而不同。当环境温度低于反应温度时，热量会从反应体系向环境转移。对好氧发酵，随通气而产生的液体的挥发也会带走一些热量。

但是，生物反应体系产生热量的速度和热量自然排出的速度通常并不一致。对实验室中的小型反应器，当室温较低时，热量自然排出的速度可能大于热量产生的速度；而对工业上用的大型反应器，热量产生的速度一般就会大于热量自然释放的速度。这样，为控制反应温度，就必须采用一定的热交换装置人为调节热量的输入或输出。因此，生物反应器的热量传递也是设计反应器时必须考虑的因素。

一般而言，生物反应体系的能量平衡可以描述为（戚以政等，2007）：

$$Q_{met} + Q_{ag} + Q_{gas} = Q_{acc} + Q_{exch} + Q_{evap} + Q_{sen} \tag{9-24}$$

式中，Q_{met} 为反应（细胞生长和维持）产生热量的速率；Q_{ag} 为机械搅拌产生热量的速率；Q_{gas} 为通气做功产生热量的速率；Q_{acc} 为反应体系中热量积累的速率；Q_{exch} 为环境或热交换器带出热量的速率；Q_{evap} 为液体挥发带出热量的速率；Q_{sen} 为流体流动（流入或流出）带出显热的速率。

忽略反应体系与外部环境之间的自然传热，为保证反应器温度恒定，热交换器应该具有的热量交换速率为：

$$Q_{exch} = Q_{met} + Q_{ag} + Q_{gas} - Q_{acc} - (Q_{evap} + Q_{sen}) \tag{9-25}$$

上式右边各项中，Q_{ag} 和 Q_{gas} 可由前面介绍的搅拌和通气功率的估算方法计算；Q_{acc} 取决于要控制的温度曲线，对恒温反应，稳态时 Q_{acc} 等于零；Q_{evap} 与反应温度和通气量有关，若反应温度不高，该项一般不会太大；Q_{sen} 则取决于进出反应器的流体的温度，对间歇反应，该项可以忽略。因此，只要能知道 Q_{met}，就可以估计出所需的 Q_{exch}。

Q_{exch} 与细胞的生长和维持能有关，如果细胞生长速率较快，维持能一项可以忽略，则微生物的产热速率可以描述为：

$$Q_{met} = V_{reactor} \mu X \frac{1}{Y_{\Delta}} \tag{9-26}$$

式中，$V_{reactor}$ 为反应器体积；Y_{Δ} 为产热系数，其定义为生物反应体系每释放单位热量相对应的细胞产量，kg/kcal[❶]。

另一方面，热交换速率 Q_{exch} 可以与热交换器的传热面积 A 和反应体系与冷却液或保温液之间的温差 ΔT 呈正比，即：

$$Q_{exch} = \bar{h} A \Delta T \tag{9-27}$$

式中，$\bar{h}$ 为总括传热系数。

这样，只要知道 $\bar{h}$，就可以根据反应体系与冷却液或保温液之间的温差 ΔT 计算出所需的传热面积 A；反之，也可以根据传热面积 A 和反应体系温度计算出所需冷却液或保温液之间的温度。

四、生物反应器的混合特性

混合是生物反应过程中普遍存在的一种现象。混合可视为反应体系实现均一性的物理过程。通过混合，可使反应器中的细胞和底物分布更加均匀，气体分散更好，热量传递更快，可使反应器中物料组成和温度分布更加趋于均匀，为生物反应过程创造适宜的反应环境。常

---

❶ 1kcal＝4.1840kJ。

用两个概念来描述混合过程的特性，即混合程度和混合尺度（戚以政等，2007）。

混合程度表示了反应器内流体的混合状况与其完全混合时的偏离程度。但是，对同一混合状态的混合程度是随所取样品的尺寸大小而变的。这表明，混合程度的好与差，都是针对某一混合尺度而言的，仅凭混合程度还不能完全反映其混合状态。

混合尺度表示了允许不均一性的最小尺寸。该尺寸将小于体系本身的尺寸，但又大于该体系中所存在的最小颗粒。根据混合发生的尺度，反应器的混合过程可分为宏观混合与微观混合两种。

宏观混合系指设备尺度上的混合过程，如对机械搅拌槽式反应器，由于机械搅拌的作用，反应物流发生设备尺度上的环流，使物料在设备尺度上得到混合，所以它是描述流体微元在反应器内总体的混合特性。这里的流体微元系指其体积与反应器体积相比很小，但它却含有足够多的细胞和底物分子。对连续流动反应器，宏观混合即为返混。宏观混合特性是用流体微元在反应器内的停留时间分布来描述的。某些流体微元在反应器内可能循环流动多次，而另外一些流体微元则可能通过"短路"很快离开反应器，这种停留时间的分布将会影响到反应的结果。

微观混合是指小尺度的湍流脉动将流体破碎成微团，再通过微团间的碰撞、合并和分散，以及通过分子扩散使反应物系达到分子尺度均匀的过程。故微观混合反映了反应器内物料的聚集状态。所谓物料的聚集状态是指进入反应器不同物料微团间物质交换所能达到的程度和在流体微元尺度上所能达到物料组成的均匀程度。反应物料的聚集状态有两种极限，分别称为宏观流体和微观流体。

宏观流体系指不同物料微团间不能进行物质交换，流体微元间不存在微观混合，处于完全离析的状态。实际流体中，不聚集的液滴、固体颗粒和黏性很大的液体可视为宏观流体。

微观流体系指不同物料微团间能进行物质交换，流体微元间能达到最大的微观混合，能达到分子尺度的混匀，处于完全不存在离析的状态。实际流体中，反应物系为气相、不很黏稠的互溶液相可视为微观流体。

介于上述两者之间的中间状态，则称为部分离析或称之为不完全微观混合。此时两种状态并存于体系之中。如气液相和不互溶的液相间的反应体系。所以，具有相同宏观混合状态的反应器，其微观混合状态则可能完全不同。

反应物系的微观混合状态亦随反应物系的相态不同而有很大的差异。对于多相反应体系，固相物料一般均表现为宏观流体；而气体与液体则视其接触方式而定。例如，在鼓泡式反应器中，气泡在液体中，则气体可视为宏观流体，液体为微观流体；在喷雾式反应器中，液滴在气体中，故液体可视为宏观流体而气体则为微观流体。

从混合过程的机理分析认为，大多数混合过程是通过流体主体的对流扩散、湍流扩散和分子扩散三种机理的综合作用来完成的。

主体对流扩散是搅拌器把其能量传递给它周围的液体而产生的一股高速液流，该股液流又带动周围的液体并使全部液体在反应器内流动起来而产生循环流动，由此而产生的扩散称为主体对流扩散。在它的带动下，反应流体将被分散成具有一定尺寸的流体微元并由主体流动带到反应器各处，造成整个反应器内宏观的均匀混合。

湍流扩散的作用是使大尺寸的流体微元（团块）分割成较小尺寸的流体微元（微团）。这是由于高速旋转的旋涡与流体微元间产生很大的剪切力，在这种剪切力的作用下流体微元被破碎得更加微小，流体微元的最小尺寸取决于旋涡的最小尺寸。

在通常的搅拌情况下，流体微元的最小尺寸为几十微米。因此，单靠机械搅拌是不能达到分子尺度上的均匀混合。要实现流体分子尺度上的均匀混合，只能凭借分子的扩散作用达到。分子扩散的作用将使流体微元消失，从而达到分子尺度上的混合。

在实际的混合过程中，主体对流扩散、湍流扩散和分子扩散所作用的尺度将依次减小。对流扩散仅能将流体进行粗略的混合；湍流扩散将使流体的不均匀性将至旋涡大小的尺度；分子扩散则实现在分子尺度上的混合，即完全的微观混合。由于湍流扩散系数远大于分子扩散系数，因此在实际的湍流搅拌时，湍流扩散在整个混合过程中亦占有重要地位。

第四节　动植物细胞培养生物反应器

根据不同类型细胞的生理特点（表 9-1），对反应器也有不同的要求。例如，动植物细胞是好氧的，同时对剪切力又非常敏感，在设计反应器时如何在氧传递和剪切力之间的矛盾找到一个平衡点就成为要考虑的首要问题；植物细胞培养可能需要可见光，就要采用光生物反应器。

表 9-1　微生物细胞与动植物细胞的比较（戚以政等，2007）

项目	微生物细胞	哺乳动物细胞	植物细胞
直径	$1\sim10\mu m$	$10\sim100\mu m$	$10\sim100\mu m$
在液体中的生长	悬浮生长，有时聚集成团	有些可悬浮生长，多数依赖表面	可悬浮生长，常聚集成团
营养要求	简单	极复杂	复杂
生长速率	较快，倍时间 0.5～5h	慢，倍增时间 15～100h	慢，倍增时间 24～72h
细胞壁	有	无	有
对环境的敏感性	一般耐受范围较大	无细胞壁，对环境敏感	耐受范围大
需氧量	高	低	较低
对剪切力的敏感性	低	极高	高

一、动物细胞培养生物反应器

哺乳动物细胞的离体培养技术出现于 1945 年，是指从动物组织中分离出单个细胞，在无菌、适温和丰富的营养条件下，模拟在体内生长的环境条件，使细胞在体外继续生长、繁殖和维持其结构和功能的技术（岑沛霖等，2005）。

由动物细胞合成的蛋白质经过充分的翻译后修饰，产物与天然蛋白质的结构高度一致，且都能释放到细胞外，具有很高的生物活性，不会使人体产生免疫原性。因此，虽然动物细胞培养的培养基昂贵、培养周期长、产物分离提纯要求高，但是在生产需要复杂的翻译后修饰的蛋白质产物时，动物细胞培养仍是最佳选择。由于其巨大经济价值和重要的应用前景，动物细胞培养已经成为现代生物技术的研究和开发重点之一。

动物细胞对生长条件的要求苛刻，培养基中需要含有各种氨基酸、维生素、生长因子和无机盐，还需要加入适量的血清；对 pH、溶氧、温度、剪切力等要求更高，低耗氧速率与对剪应力敏感等特点对动物细胞培养的反应器设计提出了很高的要求，如生长缓慢、培养时间长等。

动物细胞根据是否需要依附在支撑材料表面生长可以分为悬浮生长型和贴壁生长型，两者的培养方法对生物反应器提出了完全不同的要求，因此，动物细胞的体外培养有三种类型。第一类为悬浮培养，指细胞在培养器内自由悬浮生长，适用于非贴壁依赖型细胞。第二类为贴壁培养，指必须贴附在固体介质表面生长的细胞培养，主要用于贴壁依赖型细胞。除少数哺乳动物细胞可以悬浮生长外，如 CHO、BHK 和骨髓瘤细胞等，大多数的动物细胞都属于贴壁依赖型细胞。第三类为包埋型培养，对上述两种类型细胞完全适用。

(一) 贴壁培养

贴壁培养的动物细胞会在人工固体介质表面以单层细胞膜的形式生长，由于动物细胞一般带负电荷，采用表面带正电荷的固体介质有利于黏附细胞。常用的贴壁培养固体介质有玻璃和一次性塑料等。在实验室规模下，动物细胞贴壁培养通常采用多孔板培养皿、培养皿和培养瓶等小容积培养容器。常见的动物细胞大规模贴壁培养反应器有旋转瓶和中空纤维反应器。

中空纤维反应器是由许多根具有选择性透过膜的中空纤维所组成的（图 9-4）。中空纤维是由聚砜和丙烯共聚物等制成的纤细管状纤维，它可以透过各种营养物质，但细胞却不能穿过；同时又能提供非常大的比表面积，非常适合在生长过程中需要大量营养物质，又需要

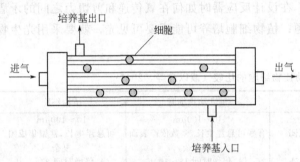

图 9-4 中空纤维细胞培养反应器

较大表面积的细胞培养体系。当利用中空纤维反应器进行贴壁细胞培养时，细胞一般贴附在中空纤维（微细毛细管）束外侧表面生长，养分及溶氧随新鲜的培养基从中空纤维束内流动，并透过中空纤维管壁的大量微孔到外表面为动物细胞生长和代谢提供营养。中空纤维反应器的放大主要通过中空纤维管数量的增加实现，放大效应较小，因此常用于动物细胞的大规模贴壁培养。中空纤维反应器的优点是能提供较大的细胞生长面积，易于实现细胞的高密度培养；放大容易，放大效应小。其主要缺点是管状纤维容易堵塞和污染，且不易清洗。

1967 年，Wezel 等人首先将微载体技术引入了哺乳动物细胞的贴壁培养，1972 年，他们将此项新技术用于脊髓灰质炎疫苗的工业规模生产。微载体培养技术具有表面积大、细胞密度高等优点，提高了生产效率，从而受到了人们的重视。

微载体的直径在 $200 \sim 250 \mu m$ 的范围内，密度稍高于培养液体，当轻微搅拌时，微载体会悬浮在液体中，避免了细胞受剪切力而受损；当搅拌停止时，微载体又能够快速沉降，有利于细胞的分离和产物的分离提纯。采用贴壁培养或悬浮培养的方法得到作为种子的哺乳动物细胞后，就可以接种到含有微载体的培养液中。贴壁培养的细胞还需要用胰蛋白酶处理后才能接种。接种的细胞一部分吸附到微载体表面，附着过程可以分为三个阶段：①物理吸附；②由蛋白质分子介导的细胞附着；③细胞在微载体表面的生长扩展直至覆盖微载体的所有表面。微载体上附着的哺乳动物细胞对剪切力仍很敏感，而要保证微载体悬浮及维持一定的氧传递速率又必须进行适当的搅拌，因此微载体培养时，搅拌桨的选型和设计、搅拌转速选择等因素都必须经仔细研究后确定。

(二) 悬浮培养

连续化哺乳动物细胞能像微生物那样进行悬浮培养，反应器大多在微生物反应器基础上发展形成，以笼式通气搅拌反应器最常见。它既适用于动物细胞的悬浮培养，也适用于动物细胞的微载体培养（戚以政等，2007）（图 9-5）。该反应器的优点有：由于吸管搅拌叶的作

用，可在较低搅拌速度下实现反应器内液体的混合和营养物质的均衡分布，也有助于减轻剪切力对细胞的伤害。缺点是氧传递速率低，不能满足高密度细胞培养的要求，且反应器结构复杂、清洗困难。

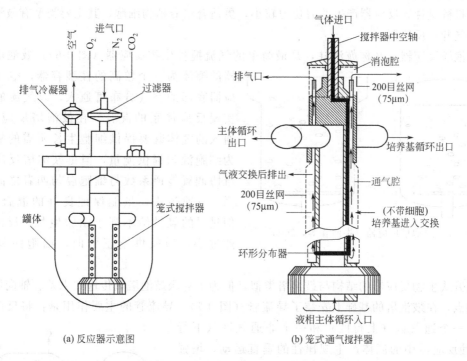

(a) 反应器示意图   (b) 笼式通气搅拌器

图 9-5　笼式通气搅拌反应器结构（戚以政等，2007）

二、植物细胞培养生物反应器

与微生物培养和动物细胞培养相比，植物细胞培养的特点如下：①植物细胞的大小为 $10\sim100\mu m$，比微生物细胞大；②植物细胞有较厚的细胞壁，比微生物细胞对剪切力敏感，但抵御剪切力的能力强于动物细胞；③与微生物相比，植物细胞生长速度缓慢，倍增时间较长。且植物细胞培养过程中易形成多细胞聚集体，黏度较大；代谢产物大都在细胞内，产量较低，需进行高密度培养。

植物细胞大规模培养的基本步骤如下：①建立细胞株，选择次生代谢物含量高的植物种类、品种或高产植株的高产组织，利用外植体诱导出愈伤组织；②将愈伤组织转移到培养基中，在适宜条件下，使细胞团从愈伤组织中剥离，形成具有自我复制能力的悬浮细胞株，培养 2～3 周后将悬浮细胞转移到新鲜培养基培养，得到可以悬浮培养的植物细胞株，从中进一步筛选出目标产物产量高、性能优良的无性繁殖系，并确定其细胞生长和产物积累的最佳条件；③扩大培养，将上述筛选得到的高产目标细胞株扩大培养，得到一定量的细胞，作为接种用的"种子"，就可以接种到实验室通气搅拌罐或进一步放大到几百升至几立方米的生物反应器中培养。

用于植物细胞培养的反应器主要有机械搅拌式、非机械搅拌式（鼓泡塔、气升式）和固定化（填充床、流化床）反应器等（岑沛霖等，2005）。

(一) 机械搅拌式反应器

由于植物细胞对氧的需求量较低，也容易受到剪切力的影响，因此在利用机械搅拌式反应器培养植物细胞时，需要一个不仅混合效果好而且剪切力低的搅拌装置，以力求减少产生的剪切力，同时又能满足供氧和混合的要求。

(二) 非机械搅拌式反应器

非机械搅拌式反应器产生的剪切力较小，更适合培养植物细胞，其主要类型有鼓泡式反应器和气升式反应器。

鼓泡塔反应器，又称鼓泡柱，是最简单的气流搅拌生物反应器（图9-6）。鼓泡塔反应器的罐体为一个较高的柱型容器，空气由反应器底部的空气分布管通入，以气流的动力实现反应体系的混合。在鼓泡塔反应器中，通入的气体既要提供细胞生长所需的氧又要为细胞混匀提供能量，但是鼓泡塔反应器很难协调氧传递系数与细胞混匀两者之间的关系。气速过大，虽能保证良好的混合状况，但过量的氧供给不利于细胞生长；反之，气速过小，当氧供给正常时，细胞团易沉降下来。

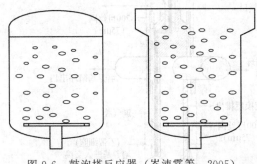

图9-6　鼓泡塔反应器（岑沛霖等，2005）

气升式生物反应器的结构与鼓泡塔类似，但为了克服鼓泡塔氧传递效果差、轴向混合不良的缺点，在鼓泡塔的基础上安装了导流管（图9-7）。导流管的主要作用是：将反应体系隔离为一个通气区（上行区）和一个非通气区（下行区），使反应器中的流体产生规律性的垂直运动，增强流体的轴向循环；使流体沿固定的方向运动，减少了气泡之间的接触机会，减少了气泡的碰撞和兼并，使气泡的平均尺寸降低、k_La提高，促进了氧传递；使整个反应器内的剪切力分布更加均匀。

气升式反应器中，空气在导流筒中与培养基混合，由于降低了流体的密度，从而向上流动，带动了流体的循环，既为植物细胞的生长提供了必须的氧气和良好的混合，流体剪切力又比较适合植物细胞生长和代谢，而且没有机械传动，因此在植物细胞培养中得到了广泛应用。

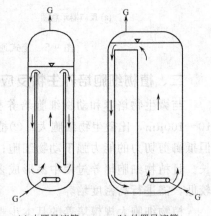

(a) 内置导流管　　(b) 外置导流管
图9-7　气升式反应器
（岑沛霖等，2005）
G 为进气分配装置

鼓泡塔反应器具有密封性好、剪切力小、易于放大等优点。它的缺点是反应器内部流体的流型不确定。由于植物细胞形成了有较大尺寸的细胞团颗粒，鼓泡塔反应器实际上属于流化床反应器。大量比较实验表明，气升式反应器非常适合于植物细胞培养，但当细胞密度比较高或反应器高径比过大时，会出现混合不好、细胞粘壁生长等现象。

(三) 固定化植物细胞反应器

固定化植物细胞培养是与固定化酶或固定化微生物相似的一种植物细胞培养技术，目前主要是将植物细胞包埋于海藻酸盐或卡拉胶中的凝胶包埋法和高分子载体表面吸附法。固定化培养有利于植物细胞次生代谢产物的积累和获取；植物细胞经包埋固定后，所受剪切力损伤减小；有利于进行连续培养和生物转化。

固定化植物细胞反应器主要有流化床、填充床和膜反应器。

对填充床反应器，固定化植物细胞不动，通过培养液的流动来实现混合和传质（图9-8）。优点在于单位体积可容纳大量细胞。缺点是混合效果差，细胞颗粒人，对必要的氧传递、pH、温度和产物的排泄带来困难；填充床中颗粒或支持物的破碎会阻塞液体的流动，固定化材料也会在高压下变形，进而阻塞填充床。

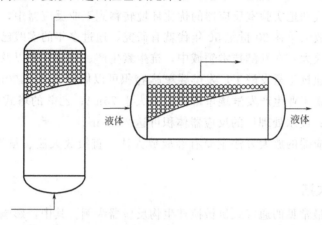

图 9-8　填充床反应器（岑沛霖等，2005）

流化床反应器通过培养液自下而上的流动而使固定化细胞成流动悬浮状态，优点是培养液能与植物细胞充分接触，传质和传热的效果好；缺点在于剪切力和颗粒碰撞会损坏固定化细胞，反应器放大困难等（图9-9）。

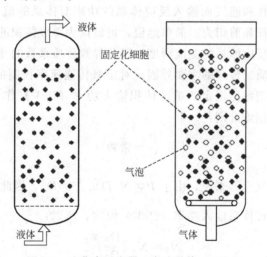

图 9-9　流化床反应器（岑沛霖等，2005）

第五节　生物反应器的放大

生物反应过程的开发，通常需经历实验室小型试验、中间规模试验和工业化规模放大等三个阶段。在大小不同的生物反应器内进行同一生物反应时，由于规模的不同，生物反应器的流体流动，动量、热量和质量传递性能难免会存在差异，这可能导致在工业生产反应器上不能达到实验反应器的最优结果。生物反应器的放大是指在实验性和示范性小型设备操作的基础上，设计大型生物反应器并确定其操作参数，以成功实现大规模工业化生产的过程。研究生物反应器的放大，目的在于尽可能使大型反应器的性能与小型反应器接近，从而使二者的生产效率相似。

工业生物过程的放大一直是一个世界性的难题，许多在实验室很成功的发酵过程，由于在放大过程中未能成功把实验室反应器的优化环境转移到工业反应器中，导致工业化放大失败。生物反应器的放大早在 20 世纪 50 年代就有研究，通过多年的实践已实现了一些生物反应过程的工业规模放大。在发酵技术领域中，抗生素生产、酒精发酵以及废水处理已实现了较大规模操作。新建抗生素发酵工厂发酵罐单罐容积可以做到 $200\sim400m^3$；而解决过程放大问题之前，抗生素工业生产发酵罐单罐体积不大于 $75m^3$；乙酸的塔式发酵罐单罐体积达到了 $500\sim1000m^3$；废水处理厂的反应器体积可达 $2000m^3$。

目前，生物反应器的放大方法主要有经验放大法、直接放大法、量纲分析法和缩小-放大法。

一、经验放大法

以工业生产中最常见的通气式机械搅拌生物反应器为例。其中，影响其操作性能的主要因素是流体的流动与混合、氧的传递以及剪切力等，与此相对应的操作参数有搅拌速度和单位体积所输入的功率、通气速率和氧的传递系数、搅拌桨叶端速度等。在下述的讨论中：下标 1 表示模型反应器；下标 2 表示放大反应器。

(一) 单位体积的输入功率

在反应器内，随搅拌和通气而输入反应体系的功率对体系的流体力学行为产生显著影响，从而改变其传质特征和剪切力。简单地说，可以认为单位体积的输入功率决定了流体流动的雷诺数，即影响了反应体系的湍流程度，因此导致传质系数的变化。因此，输入功率可以认为是影响反应体系质量传递的主要外因。对于氧传递速率控制的非牛顿流体反应体系，在几何相似的基础上，把保持恒定的单位体积输入功率（P/V）作为放大的依据非常方便（戚以政等，2007）。依据该准则：

$$\frac{P}{V} = 常数 \tag{9-28}$$

对于不通气的搅拌反应器来说，由于 $P \propto N^3 D^5$，$V \propto D^3$，因此 $\frac{P}{V} \propto N^3 D^2$。

在放大时，保持单位体系输入功率（P/V）恒定，所以：

$$N_2 = N_1 \left(\frac{D_1}{D_2}\right)^{2/3} \tag{9-29}$$

$$P_2 = P_1 \left(\frac{D_2}{D_1}\right)^2 \tag{9-30}$$

对于通气的搅拌反应器，根据通气时搅拌功率的计算公式 $\frac{P}{V} \propto \frac{N^{3.15} D^{2.346}}{u_s^{0.252}}$，得到：

$$N_2 = N_1 \left(\frac{D_1}{D_2}\right)^{0.745} \left(\frac{u_{s2}}{u_{s1}}\right)^{0.08} \tag{9-31}$$

这种放大方法的最大优点是方法比较简单，不需要测定或关联 $k_L a$；缺点是放大过程要求保持严格的几何相似性，限制了反应器形式的变化，而且对不同的生物反应体系和反应器尺寸，这种放大方法取得的效果也有较大差异。早期的青霉素发酵生物反应器的放大就是根据几何相似和单位体系输入功率恒定的方法进行的，应用得比较成功。

(二) 单位体积的通气量

保持单位培养基体积的通气量恒定也是生物反应器放大过程中经常采用的准则。它通常与恒定的单位体积输入功率或恒定的 k_La 值结合使用（戚以政等，2007）。

生物反应过程中空气流量的表示方法有两种，一种是以单位液体体积在单位时间内的通气量 VVM $[m^3/(m^3 \cdot min)]$ 表示，即：

$$VVM = \frac{Q_0}{V} \tag{9-32}$$

另一种是以操作状态下通气的线速度 u_{s2} （m/h）表示。

二者的关系为：

$$u_{s2} = \frac{27465.6(VVM)V_L(273+t)}{P_L D^2} \tag{9-33}$$

式中，D 为反应器内径，m；t 为反应器的温度，℃；V_L 为反应液的体积，m^3；P_L 为液柱平均绝对压力，Pa。

若根据 $(VVM)_1 = (VVM)_2$ 放大，有：

$$\frac{u_{s2}}{u_{s1}} = \frac{D_2}{D_1} \times \frac{P_{L1}}{P_{L2}} \tag{9-34}$$

若根据 $u_{s1} = u_{s2}$，则有：

$$\frac{(VVM)_1}{(VVM)_2} = \frac{D_2}{D_1} \times \frac{P_{L1}}{P_{L2}} \tag{9-35}$$

(三) 体积氧传递系数 k_La

对于需氧的细胞，由于氧在培养液中溶解度不高，细胞反应容易因反应器的供氧能力的限制而受到影响。由于 k_La 是反应体系氧传递效率的集中体现，以它作为放大依据也就顺理成章。有关 k_La 的关联式很多，其中一种 k_La 仅与通气量相关联，另一种 k_La 与搅拌功率等参数相关联（戚以政等，2007）。

根据：

$$k_La \propto \left(\frac{Q_g}{V}\right)\left(\frac{u_{s2}}{u_{s1}}\right) H_L^{2/3} \tag{9-36}$$

式中，Q_g 为操作状况下的通气流量，m^3/m；H_L 为液柱高度，m。

当 k_La 相同时，有：

$$\frac{(Q_g/V)_2}{(Q_g/V)_1} = \left(\frac{P_{L1}}{P_{L2}}\right)^{2/3} \tag{9-37}$$

又因 $Q_g \propto u_s D^2$，$V \propto D^3$，所以：

$$u_{s2} \propto u_{s1}\left(\frac{D_1}{D_2}\right)^3 \tag{9-38}$$

而：$u_s \propto (VVM) D/D_L$，所以：

$$\frac{(VVM)_2}{(VVM)_1} = \left(\frac{D_1}{D_2}\right)^{2/3} \times \frac{P_{L2}}{P_{L1}} \tag{9-39}$$

若依据：

$$k_La = 1.86(2+2.8m)\left(\frac{P}{V}\right)^{0.56} u_s^{0.7} H^{0.7} \tag{9-40}$$

式中，m 为搅拌器层数。

$$\frac{P}{V} \propto \frac{N^{3.15} D^{2.346}}{u_s^{0.252}} \tag{9-41}$$

就有：

$$N_2 = N_1 \left(\frac{u_{s2}}{u_{s1}}\right)^{0.23} \left(\frac{D_2}{D_1}\right)^{0.53} \tag{9-42}$$

$$P_2 = P_1 \left(\frac{u_{s2}}{u_{s1}}\right)^{0.967} \left(\frac{D_2}{D_1}\right)^{3.667} \tag{9-43}$$

(四) 搅拌桨叶端速度

搅拌桨叶端速度等于搅拌转速和搅拌桨直径的乘积 ND，它反映了搅拌桨尖端的线速度 πND，也即由搅拌造成的最大剪切力（剪切力与搅拌桨转速及直径的平方成正比，即 ND^2）。动植物细胞和丝状微生物等对剪切力非常敏感，因此，在进行动植物细胞培养或丝状微生物发酵过程的放大时，维持恒定的 ND 也是一种常见的经验方法（戚以政等，2007）。

当叶端速度相同时，有：

$$N_1 D_1 = N_2 D_2 \tag{9-44}$$

又因：$P \propto N^3 D^5$，

故：

$$P_2 = P_1 \left(\frac{D_2}{D_1}\right)^2 \tag{9-45}$$

(五) 混合时间 t_m

对不同的反应器形式和反应介质，混合时间有不同的关联式，在进行设计和放大时需做出合理选择（戚以政等，2007）。

有观点认为：$t_m \propto \dfrac{D^{1/6}}{N^{2/3}}$。

当 $t_{m1} = t_{m2}$ 时，有：

$$N_2 = N_1 \left(\frac{D_1}{D_2}\right)^4 \tag{9-46}$$

$$P_2 = P_1 \left(\frac{D_2}{D_1}\right)^{5.75} \tag{9-47}$$

生物反应是复杂而多变的。在任何情况下，都有许多因素共同影响反应效率。在放大过程中要保证所有的因素都不变是不可能的，因为各种因素之间是相互关联的，而且这种联系又并不都是简单的比例关系。对于经验放大法，实际放大过程中应用最多的是单位体积的输入功率和体积氧传递系数相同的原则。

二、直接放大法

由于大规模生物反应器内流动、传质、反应耦合的复杂性，特别是目前人们对其内部的流动-反应特性的深入研究还很少，反应器的放大方法主要依靠设计人员的经验和无量纲经验公式的分析。然而，随着 CFD（计算流体力学）技术的蓬勃发展，应用 CFD 技术能够对大规模生物反应器内的流动和反应特性进行模拟、预测，并对反应器的放大设计起到越来越重要的作用。

利用 CFD 技术的直接放大法是数学模拟法的一种。数学模拟法是根据相关的原理和必要的实验结果，对实际的反应过程运用数学方程的形式进行描述，然后利用计算机进行模拟研究、设计和放大。

数学模拟法是以过程参数间的定量关系式为基础而建立的数学模型，因此可有效避免经验放大法和量纲分析法对选择放大原则和无量纲数的盲目性，并能较好的进行高倍数放大，具有明显的优越性。但由于大多数模型是在小型反应器中求得的，所建立的生物反应动力学模型多为"黑箱模型"，所以该方法存在对不同规模反应器能否适用的问题。图 9-10 为利用数学模拟法进行放大的一般过程开发示意图。

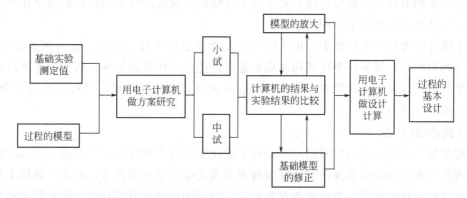

图 9-10　数学模拟放大方法示意图（戚以政等，2007）

该法的数学模型根据其建立的方法的不同，可分为由过程机理推导而得的机理模型、由经验数据归纳而得的经验模型和介于二者之间的混合模型。机理模型是从分析过程的机理出发而建立起来的严谨的、系统的数学方程式。此模型建立的基础是必须对过程要有深刻而透彻的理解。经验模型是一种以小型实验、中间试验或生产装置上实测的数据为基础而建立的数学模型。混合模型是通过理论分析，确定各参数之间的函数关系的形式，再通过实验数据确定此函数式中各参数的数值，也就是把机理模型和经验模型相结合而得到的一种模型。

CFD 是指利用数值方法通过计算机求解描述流体运动的数学方程，揭示流体运动的物理规律，研究定常流体运动的空间物理特征和非定常流体运动的时空物理特征。化学工程学科的整体发展方向使得从局部、微观、瞬态的观点出发，定量模拟多相反应器内的流动、传质和反应行为已成为多相流反应器模型化发展的一个新趋势。

对生物反应过程采用 CFD 模拟技术进行工程放大，由于单元模拟采用机理性模型，原则上不限制结构形式、结构尺寸、工艺参数、操作参数，因此可以跳过"实验室-小试-中试-工业"传统放大过程的某些环节，例如经过小试后直接进行工业装置放大验证。单元模拟技术作为一种工程放大手段，可以大量节省资金和时间，而且由于掌握了大量数据，放大的可靠性也较高。

案例 9-3　鼓泡塔生物反应器 CFD 直接放大

天津大学应用 CFD 技术对工业规模的鼓泡塔生物反应器内苯酚生物降解动态过程中不同时刻的全塔气含率分布、气相速度场、液相速度场、苯酚和菌体细胞浓度场的瞬态变化情况进行了定量预测。为该生物反应过程的直接放大提供了依据。

三、其他放大方法

(一) 量纲分析法

量纲分析法又称相似模拟法，是根据相似性，以保持无量纲特征数相等的原则进行放大。该法通过对影响反应过程因素的确定，用量纲分析方法求得相似特征数。该法根据相似理论第一定律，若能保证放大前后的无量纲数群相同，则有可能保证放大前后的某些特性或反应过程机理不发生变化。

迄今为止，量纲分析法已成功地应用于各种物理过程，但对有生化反应参与的反应器的放大则存在一定的困难。这是由于，在放大过程中，要同时保证放大前后几何相似、流体力学相似、传热相似和反应相似实际上几乎是不可能的，保证所有无因次数群完全相等也是不现实的，并且还会得出极不合理的结果。

在生物反应器的放大过程中，由于同时涉及微生物的生长、传质、传热和剪切等因素，需要维持的相似条件较多，要使其同时满足是不可能的，因此用量纲分析法一般难以解决生物反应器的放大问题。为此常需要根据已有的知识和经验进行判断，以确定何者更为重要，同时也能兼顾其他的条件。

(二) 缩小-放大法

在研发新产品时，若需要对已经在进行工业化生产的生物反应过程做进一步的改进，比如要将现用菌种替换为具有高产量的新菌种或者改变某些培养条件等，在生产规模上利用大型反应器试验和评估这些因素的改变对生物反应过程的影响具有较高的风险且代价高昂。这时，就需要将现有的生产规模发酵罐按一定的方法缩小至实验室规模，其目的是在实验室规模中模拟出大型反应器的细胞生长和代谢的环境条件。

从原理上分析，生物反应的宏观速率受到其本征速率和传质速率的控制，二者的控制机制决定过程的机理。若能保持本征反应时间常数不变，则反应器放大过程的机理就不会发生变化。据上述原理，Kossen 等提出了缩小-放大法。此法的关键在于确定生物反应器中所进行的生物反应过程的控制机理，对此，采用时间常数法来进行过程分析。

时间常数是指某一变量与其变化速率之比，常用的时间常数有反应时间 t_r、扩散时间 t_D、混合时间 t_m、传质时间 t_{mt}、传热时间 t_h 和停留时间 τ 等。时间常数法就是通过对这些时间常数的比较，找出过程放大的主要控制机制。例如，当混合时间常数 t_m 大于反应时间 t_r 时，表示流体混合时间比反应所需时间长，此时流体的混合成为控制因素，在反应器的放大过程中，首先保证流体的混合达到要求（戚以政等，2007）。

思考题：

1. 细胞生长反应动力学、酶催化反应动力学和固定化生物反应动力学的区别和联系是什么？
2. 生物反应器的设计主要考虑哪些方面的因素？为什么？
3. 生物反应器的主要操作模式有哪些？它们各自的优缺点是什么？
4. 生物反应器的传质和传热特性对生物反应过程有哪些重要影响？
5. 动、植物细胞生物反应器与微生物细胞反应器的主要区别是什么？
6. 生物反应器的放大方法有哪些？哪种方法更好，为什么？

参 考 文 献

[1] 岑沛霖，关怡新，林建平. 生物反应工程. 北京：高等教育出版社，2005.

[2] 戚以政，汪叔雄. 生物反应动力学与反应器. 第三版. 北京：化学工业出版社，2007.

[3] Qiu C D, Jia X Q, Wen J P. Purification of high strength wastewater originating from bioethanol production with simultaneous biogas production. World J Microb Biot，2011，27（11）：2711-2722.

[4] Qiu C S, Wen J P，Jia X Q. Extreme-thermophilic biohydrogen production from lignocellulosic bioethanol distillery wastewater with community analysis of hydrogen-producing microflora. Int J Hydrogen Energy，2011，36（14）：8243-8251.

[5] Qi H S，Xin X，Li S S，Wen J P，Chen Y L，Jia X Q. Higher-level production of ascomycin (FK520) by *Streptomyces hygroscopicus* var. *ascomyceticus* irradiated by femtosecond laser. Biotechnol Biop Eng，2012，17（4）：770-779.

第十章 生物分离
工程基础

引言

生物工程的主要目标是生物物质的高效生产，而分离纯化过程是生物产品实现工业化生产的重要环节。因此，生物分离工程是生物技术的重要组成部分，在生物技术研究和产业发展中发挥着重要作用。

就生物工程产品的生产成本而言，分离纯化处理步骤多、要求严，其费用占产品生产总成本的比例一般在 50% ~ 70%。抗生素分离纯化的成本费用为发酵部分的 3 ~ 4 倍，有机酸或氨基酸生产则为 1.5 ~ 2 倍，特别是基因工程药物，其分离纯化费用可占总生产成本的 80% ~ 90%。由于分离纯化技术是生产获得合格生物工程产品保证，对提高药品质量和降低生产成本具有举足轻重的作用。

知识网络

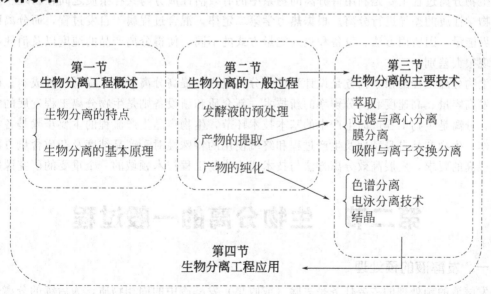

259

本章着重对生物工程中的萃取分离、离心与过滤分离、吸附与离子交换分离、色谱分离、膜分离和结晶设备等在生物分离工程中的应用进行介绍。

第一节　生物分离工程概述

一、生物分离的特点

生物分离工程（bioseparation engineering）是对于由自然界天然生成的或由人工经微生物菌体发酵、动植物细胞培养及酶反应等各种生物工业生产过程获得的生物原料，经分离、纯化并精制其中目的成分，并最终使其成为产品的技术，也称为生物下游技术（downstream processing）。生物分离工程是生物工程学的一个组成部分，属于生物产品现代化生产的关键技术，研究内容包括分离技术的基本原理、工艺流程、设备及应用等。

生物产品的分离过程有以下特点。

① 原料组成复杂。发酵液或动物细胞培养液是复杂的多相体系，黏度较大，固液分离难度较大，组成成分多样，很难通过单一手段将产物分离和纯化。

② 产品容易失活。生物产品具有生理活性，遇热、极端 pH 值、有机溶剂、搅拌会引起失活或分解，而且一些酶的活性与一些辅因子、金属离子的存在和分子的空间构型有关，分离过程中辅因子的丢失往往导致酶的活性丧失。

③ 产品浓度低。生物产品在发酵液中的浓度一般较低，而杂质含量却很高，加大了分离的难度。

④ 产品纯度要求高。大多数生物产品作为药品或食品使用，对产品的纯度和安全性要求较高。

二、生物分离的基本原理

生物分离过程主要是利用待分离的物系中的有效活性成分与共存杂质之间在物理、化学及生物学性质的差异进行分离。根据热力学第二定律，混合过程属于自发过程，而分离则需要外界能量。因所用方法、设备和投入能量方式的不同，使得分离产品的纯度以及消耗的能量出现很大差别。

生物分离工程的根本任务是设计和优化分离过程，提高分离效率，降低过程成本；而研究开发高容量、高速度和高分辨率的新技术、新介质和新设备则是生物分离工程发展的主要目标。分离是生物工程产品生产中的基本技术环节，生物产品生产流程的主要步骤是各类分离操作。生物产品自身特性及生产过程和终端使用的特殊性对于产品纯度及杂质含量方面提出了很高的要求，发展高效分离方法与技术成为生物工程技术领域的一个重要的研究课题。

第二节　生物分离的一般过程

一、发酵液的预处理

发酵液的预处理的主要任务是去除（或收集）发酵液中的固相物质，为后续的分离过程提供原料。经过这一步操作，产物的浓度或品质一般不会有太大的改善。

对于直接分泌到细胞外的生物产品一般通过对发酵液加热、调节发酵液 pH 值、添加絮凝剂后，采用过滤和离心这两个单元操作进行固液分离。对于胞内产物，往往需要先通过收集细胞，再进行细胞破碎释放产品，这样可以减少分离体系的体积，增加产品浓度。由于产品释放之后体系中又同时存在有固体和可溶物产品，因此需要再进行固液分离以除去细胞碎片。

二、产物的提取

产物提取的主要目的是除去与目标产物性质差异较大的杂质并对产品进行浓缩。对于不同性质产品，根据其各自的特点采用不同的方法进行分离，萃取、沉淀、吸附和膜分离是这一阶段中的典型操作。这一阶段往往是由许多个单元操作组合起来的多级加工过程，经过处理，产品的浓度有大幅提高和改善。

三、产物的纯化

产物的纯化是通过针对性和选择性较强的分离技术对产品进行分离纯化，希望除去与产品的物理、化学性质比较相近的一些杂质。这一阶段主要采用色谱、电泳、结晶等分离手段和方法，以便获得高纯度的产品。

第三节　生物分离的主要技术

一、萃取

萃取过程可包括简单的物理溶解和/或沉淀过程，这些过程也可通过化学反应进行，利用溶解度的不同，使混合物中的组分得到完全或部分分离的过程，称为萃取。萃取是一个重要的提取和分离混合物的单元操作，因为萃取法具有：①溶剂萃取对热敏物质的破坏少，采用多级萃取时，物质浓缩倍数和纯化程度高，便于连续操作，容易实现自动控制；②分离效率高、生产能力大等一系列优点。

(一) 萃取的概念

萃取是利用溶液中各组分在所选用的溶剂中溶解度的差异，使溶质进行液液传质，以达到分离均相液体混合物的操作，也就是利用物质在两种不互溶（或微溶）溶剂中溶解度或分配比的不同来达到分离。

(二) 萃取的分类

若被萃取混合物料都是液体，则此过程是液液萃取；若被处理物料是固体，则此过程称为固液萃取或浸取；如果是利用超临界流体来进行萃取，则称为超临界萃取；如果采用微波或超声的方法对萃取过程进行强化处理，则称为微波萃取或超声萃取。

(三) 不同萃取体系及方法

1. 固液萃取

固液萃取主要应用于天然活性成分或中药材有效成分的提取与分离，也称为浸取。由于固液萃取过程中，溶剂首先进入组织中溶解有效成分，因而组织内如溶液的浓度高，而组织外部溶液浓度低，就会形成传质动力，使系统浓度趋向均匀，有效成分从高浓度向低浓度扩散，此过程可以用 Fick 定律描述。有效成分溶解后在组织内形成浓溶液而具有较高的渗透压，从而形成扩散点，不停地向周围扩散其溶解的成分以平衡其渗透压，这是浸取的推动力。

2. 双水相萃取

双水相体系的形成主要是由于高聚物之间的不相溶性，即高聚物分子的空间阻碍作用，相互无法渗透，不能形成均一相，从而具有分离倾向，在一定条件下即可分为两相。一般认为只要两聚合物水溶液的憎水程度有所差异，混合时就可发生相分离，且憎水程度相差越大，相分离的倾向也就越大。

与一些传统的分离方法相比，双水相分配技术有以下特点：双水相系统与常规的液液萃取相比有着特殊的物理性质；系统的含水量多达 $75\% \sim 95\%$，是在接近生理环境的温度和体系中进行萃取，不会引起生物活性物质失活或变性。两相界面张力极低（$10^{-7} \sim 10^{-4}$ mN/m），有助于两相之间的质量传递，界面与试管壁形成的接触角几乎是直角。分相时间短，特别是聚合物-盐系统，自然分相时间一般为 $5 \sim 15$min。双水相分配技术易于连续操作，若系统物性研究透彻，可运用化学工程中的萃取原理精确地按比例规模放大，但要加强萃取设备方面的研究。具有高的生产力，目标产物的分配系数一般大于 3，大多数情况下目标产物有较高的收率。大量杂质能够与所有固体物质一起去掉，与其他常用固液分离方法相比，可直接从含有菌体的发酵液和培养液中提取所需的生物物质，还能不经破碎直接提取细胞内的有效成分，因此双水相分配技术可使整个分离过程更经济，降低投资成本。有生物适应性，组成双水相的高聚物及某些无机盐对生物活性物质无伤害，因此不会引起生物物质失活或变性，有时还有保护作用。

双水相萃取的发现

双水相萃取（aqueous two-phase partitioning）是 1896 年 Beijerinck 把琼脂和可溶性淀粉或明胶相混合时最早发现的。1956 年，瑞典伦德大学的 Albertsson 重新发现此体系并第一次用来提取生物物质。1979 年，Kula 和 Kroner 等人将双水相体系用于从细胞匀浆液中提取酶和蛋白质，使胞内酶的提取过程大为改善。此后，对于双水相体系的研究和应用逐步展开并取得很大进展。在提纯有生理活性的生物物质方面，与其他提取方法相比，它具有许多优势。现在双水相萃取已被广泛用于蛋白质、酶、核酸、病毒、细胞、细胞器等生物产品的分离和纯化，并逐步向工业化生产迈进，展现了在食品工业、生物学研究和生物工程方面的巨大应用前景。

---

3. 反胶束

反胶束（reversed micelles）是表面活性剂在有机溶剂中自发形成的纳米尺度的一种聚集体，是透明的、热力学稳定系统。表面活性剂是由亲水性的极性头部和疏水性的非极性尾部组成的两性分子。阴离子表面活性剂、阳离子表面活性剂和非离子表面活性剂都可以形成反胶束。在反胶束溶液中，组成反胶束的表面活性剂其非极性端伸入有机溶剂中，而极性端则向内排列成一个极性核（polar core），此极性核具有溶解水和大分子的能力。反胶束结构见图 10-1。

当含有此种反胶束的有机溶剂与生化物质的水溶液接触后，主要因胶束内壁电荷与生物分子之间静电引力的相互作用和极性核的胞溶作用，后者可从水相转入反胶束的极性核内。通过控制操作条件，萃入有机相的产物又可重新返回水相。有机溶剂中表面活性剂浓度超过临界胶束浓度（CMC）时，才能形成反胶束溶液，这是体系的特征，与表面活性剂的化学结构、溶剂、温度和压力等因素有关。

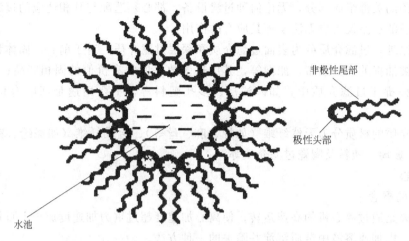

非极性尾部

极性头部

水池

图 10-1　反胶束结构（袁其朋，制药工程原理与设备，2009）

在反胶束内部，双亲分子极性头基相互聚集形成一个"极性核"，可以增溶水、蛋白质等极性物质，增溶了大量水的反胶束体系即为微乳液（microemulsion）。水在反胶束中以两种形式存在：自由水和结合水。后者由于受到双亲分子极性头基的束缚，具有与主体水（普通水）不同的物化性质，如黏度增大，介电常数减小，氢键形成的空间网络结构遭到破坏等。对于增溶了物质（如水、蛋白质等）的反胶束基本上都认为是单层双亲分子聚集的近似球体，并忽视胶束之间的相互作用。

1977 年 Iuisi 等首次提出用反胶束萃取蛋白质的概念，但未引起人们的广泛注意。直到 20 世纪 80 年代，生物学家们才开始认识到其重要性，逐渐成为生化物质提纯方面的研究热点。它有许多优点：反胶束萃取率高；反胶束在萃取过程中表现极为稳定，不会由于萃取中的机械混合而破坏导致生化物质返回到料液；反胶束可反复使用；反胶束可直接用于发酵液的分离；反胶束的"微水池"环境接近细胞环境，活性物质不易变性；反胶束萃取工艺可实现连续化生产。

二、过滤与离心分离

(一) 过滤

1. 过滤的概念

过滤是固液混合物在推动力的作用下通过多孔介质的操作过程。过滤的推动力可以是重力、加压、真空或离心力。过滤操作有两类：滤饼过滤和深层过滤。

2. 过滤的原理

在压力差的作用下，悬浮液中的液体（或气体）透过可渗性介质（过滤介质），固体颗粒为介质所截留，从而实现液体和固体的分离。实现过滤具备的两个条件：①具有实现分离过程所必需的设备；②过滤介质两侧要保持一定的压力差（推动力）。

滤饼过滤是固体粒子在过滤介质表层积累，很短时间内发生架桥现象，此时沉积的滤饼亦起过滤介质的作用，过滤在介质的表面进行，所以也称为表面过滤。深层过滤是固体粒子在过滤介质的孔隙内被截留，固液分离过程发生在整个过滤介质的内部。实际过滤中以上两类过滤机理可能同时或前后发生。

3. 过滤介质

允许非均相物系中的液体或气体通过而固体被截留的可渗透性的材料通称为过滤介质。

它是过滤设备的关键组成部分，无论何种过滤设备，都必须选配与其相适应的过滤介质，否则，结构先进的过滤设备也无法发挥其应有的作用。

按过滤原理，过滤介质分为表面过滤介质和深层过滤介质。对于前者，固体颗粒是在过滤介质表面被捕捉的，如滤布、滤网等，其用途多数是回收有价值的固相产品；对于后者，固相颗粒被捕捉于过滤介质中，如砂滤层、多孔塑料等，主要用途是回收有价值的液相产品。

按过滤介质的材质分为天然纤维（如棉、麻、丝等）、合成纤维（如涤纶、锦纶、丙纶等）、金属、玻璃、塑料及陶瓷过滤介质等。

(二) 离心

1. 离心的概念

离心分离是通过离心机的高速运转，使离心加速度超过重力加速度成千上百倍，而使沉降速度增加，以加速溶液中杂质沉淀并除去的一种方法。

离心对分离那些固体颗粒很小或液体黏度很大，过滤速度很慢，甚至难以过滤的悬浮液十分有效，对那些忌用助滤剂或助滤剂使用无效的悬浮液的分离，也能得到满意的结果。离心不但可以用于悬浮液中液体或固体的直接回收，而且可用于两种互不相溶液体的分离。

2. 离心机

用于生物体分离的离心机一般有批式流离心机和连续流离心机两类。

(1) 批式流离心机　最典型的是台式离心机，常用于分子生物学实验等实验室研究规模。其次是大容量落地式离心机，用于细胞、菌体、血清等实验室及中试规模的分离，一般为低速（<6000r/min）、大容量（10L/批以上）。

离心机的温度控制是要保证样品在 4℃ 左右进行离心，以保持其生物活性。恒温系统一般有两个作用：一是控制轴承的温度，使轴承不致过热；二是冷却离心腔，以控制转头的温度。超速离心机还增加了真空系统，其目的是减少转头在高速旋转时因空气与转头之间发生摩擦而产生的阻力和热量，同时也可减少红外线探测转头温度时空气的干扰。

用于动物细胞大规模灌注培养的细胞回收及分离系统：通过轻柔离心作用（离心分离因素小于 200g），采用一次性的离心分离袋，将分离袋（图 10-2 所示）安装在台式离心机的转子内壁与固定环之间的狭缝内。分离开始后分离袋转动，液体从内袋底部进入分离袋。在离心作用下活细胞较死细胞更快地向外壁移动，再滑向内袋顶部并回收到反应器，死细胞与分离液从底部另一出口排出。该系统已用于单克隆抗体、疫苗、重组蛋白等生产，若与生物反应器配套使用会取得良好的效果。

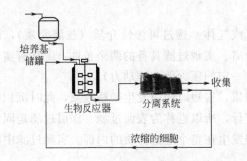
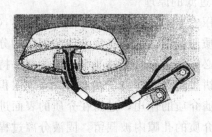

图 10-2　细胞回收及分离系统（袁其朋，制药工程原理与设备，2009）

(2) 连续流离心机　连续流工业离心系统是美国 CARR Power-fuge 公司开发的新的离

心分离机，它综合了管式离心机的高速和碟片式离心机的大批量自动化的优点，加上在位清洗和在位灭菌（CIP/SIP）、符合 GMP 要求等特点，可应用于细菌和酵母收集、包涵体回收及洗涤、细胞碎片澄清、疫苗和血液制品制备等生产场合。该系统的最大优点是全封闭，这样可以和发酵罐、后处理系统直接连接，这对于药物生产是十分重要的。

三、膜分离

膜分离（membrane separation）是利用具有一定选择透过性的过滤介质进行物质的分离纯化，是人类最早应用的分离技术之一，如酒的过滤、中草药的提取等。近代工业膜分离技术的应用始于 20 世纪 30 年代利用半透性纤维素膜分离回收苛性碱。20 世纪 60 年代以后，不对称性膜制造技术取得长足的进步，各种膜分离技术迅速发展，在包括药物物质在内的分离过程中得到越来越广泛的应用。

(一) 膜分离的概念

膜分离过程是用天然的或合成的、具有选择透性的薄膜为分离介质，当膜两侧存在某种推动力（如压力差、浓度差、电位差、温度差等）时，原料侧液体或气体混合物中的某一种或某些组分选择性地透过膜，从而达到分离、分级、提纯或富集的目的。

物质透过膜主要有三种传递方式，即被动传递、促进传递和主动传递。最常见的是被动传递，即物质由高化学位相侧向低化学位相侧传递，这一化学位差就是膜分离传递过程的推动力。促进传递过程中，膜内有载体，在高化学位一侧，载体同被传递的物质发生反应，而在低化学位一侧又将被传递的化学物质释放，这种传递过程有很高的选择性。

膜分离过程的机理非常复杂，这是由于分离体系具有多样性，如被分离的物质有不同的物理、化学特性，包括粒度大小、分子量、分子直径、溶解度、相互作用力、扩散系数等。过程中用的膜差别也很大，如膜材料、结构形态等。因此不同的膜分离过程往往有不同的分离机理，甚至同一分离过程也可有不同的机理模型。主要用于描述膜分离过程机理的包括：筛分机理、溶解-扩散机理和孔流模型。

膜分离的优点：高效的分离过程；低能耗；接近室温的工作温度，分离条件温和，对于热敏性物质复杂的分离过程很重要，非常适用于药物制品的分离；品质稳定性好；操作简便，结构紧凑，维修费用低，易于连续化和自动化操作；灵活性强；纯物理过程，无需从外界加入其他物质，节约资源和环保。但是膜分离也存在一定的问题，如：在操作中膜面会发生污染，使膜性能降低，故有必要采用与工艺相适应的膜面清洗方法；从目前获得的膜性能来看，其耐药性、耐热性、耐溶剂能力都是有限的，故使用范围受限制；单独采用膜分离技术效果有限，因此往往都将膜分离工艺与其他分离工艺组合使用。

(二) 膜分离过程类型及原理

1. 以静压力差为推动力的膜分离过程

以静压力差为推动力的膜分离有三种：微滤（MF）、超滤（UF）和反渗透（RO）。

微滤和超滤的机理与常规过程相同，属于筛分过程，但作为推动力的压力差比常规过滤大，且一般不采用真空过滤。常用的压力为 $100\sim500kPa$。

微滤可用于处理含细小粒子和大分子溶质的溶液，介于均相分离和非均相分离之间。微滤特别适用于微生物、细胞碎片、微细沉淀物和其他在微米级范围的粒子，如 DNA 和病毒等的截留和浓缩。超滤分离的是大分子溶质和溶液，属于均相分离过程。适用于分离、纯化和浓缩一些大分子物质，如在溶液中或与亲和聚合物相连的蛋白质、多糖、抗生素以及热原，也可以用来回收细胞和处理胶体悬浮液。

溶剂中盐类、糖类等浓溶液透过膜，因此渗透压加高，必须提高操作压力，打破溶剂的化学平衡，才能使反渗透过程进行，因此反渗透过程中压力差在 2～10MPa。制药工业中反渗透过程已应用于超纯水制备，从发酵液中分离溶剂以及浓缩抗生素、氨基酸等。

2. 以蒸汽分压差为推动力的膜分离过程

以蒸汽分压差为推动力的膜分离过程有两种，即膜蒸馏和渗透蒸发。

膜蒸馏（MD）是在不同温度下分离两种水溶液的膜分离过程，已经用于高纯水的生产、溶液脱水浓缩和挥发性有机溶剂的分离。膜蒸馏中使用的膜应是疏水性微孔膜，气相透过微孔膜而液相因膜的疏水特性被阻止通过。两个温度在溶液-膜界面上形成两个不同的蒸汽分压，在这种情况下，水和挥发性有机溶剂蒸气在较高的溶剂蒸气压下，从温度高的流体一侧流向膜温度低的一侧并凝结成一个馏分，这个过程是在大气压和比溶剂沸点低的温度下进行的。

渗透蒸发是以蒸汽压差为推动力的过程，但是在过程中使用的是致密（无孔）的聚合物膜。在膜的低蒸汽压一侧，已扩散过来的组分通过蒸发和抽真空的办法或加入一种恰当的惰性气体流，从表面去除，用冷凝的办法回收透过物。当一个液体混合物的各组分在膜中的扩散系数不相同时，这个混合物就可以分离。

渗透萃取是从渗透蒸发发展起来的另一个过程。在这个过程中，对于透过物的移去不是使用真空而是使用清洗液体，然后用传统的重蒸馏法来分离清洗液体和透过物的混合物，清洗液体重新回到渗透器中。合适的清洗液体，应该能与透过物完全混溶，其通过膜的渗透率可以忽略不计，并且易与透过物分离。如果透过物不是昂贵的产品，一般也不采用渗透萃取。

3. 以浓度差为推动力的膜分离过程

渗析是一种重要的、以浓度差为推动力的膜分离过程，它最主要的应用是血液（人工肾）的解毒，也用在实验室规模的酶的纯化上，使用的是微孔膜如胶膜管。酶的传统纯化办法是使用渗析袋，从样品中除去无用的低相对分子质量溶质和置换存在于渗透液中的缓冲液，由于在样品中盐和有机溶剂的浓度高，渗透压的结果导致水向渗透袋内迁移，体积增加，所以渗透在除去多余的低相对分子质量溶质的同时，引进了一个新的缓冲溶液（或许是水）。可以制作不同尺寸的渗析管，阻止相对分子质量 15000 以上的分子通过，让所有的低相对分子质量分子扩散通过管子，最后两侧的缓冲溶液组成相等。渗析法虽然速度相对比较慢，但是方法和设备都比较简单，现在普遍使用的是渗析管。

4. 以电位差为推动力的膜分离过程

离子交换膜电渗析（EDTM），简称电渗析，是一个膜分离过程，在该过程中，离子在电势的驱动下，通过选择性渗透膜，从一种溶液向另一种溶液迁移。用于该过程的膜，只有共价结合的阴离子或阳离子交换基团。阴离子交换膜只能透过阴离子，阳离子交换膜则只能透过阳离子。离子交换膜电渗析在生物技术中已在血浆处理、免疫球蛋白和其他蛋白质的分离上应用。

四、吸附与离子交换分离

(一) 吸附

吸附是指流体与固体多孔物质接触时，流体中的一种或多种组分传递到多孔物质表面和微孔内表面并附着在这些表面的过程。被吸附的流体称为吸附质，多孔固体颗粒称为吸附剂。吸附达到平衡时，流体的本体相称为吸余相，吸附剂内的流体称为吸附相。

吸附与生物和制药工程有着密切的联系，如在酶、蛋白质、核苷酸、抗生素、氨基酸等药物的分离中，吸附分离技术经常被用到。发酵行业中的空气净化和除菌也离不开吸附过程。此外在生化药物的生产中，还常用各类吸附剂进行脱色、去热原、去组胺等。

1. 吸附原理

固体表面分子或原子所处的状态与固体内部分子或原子所处的状态有所不同。固体内部分子或原子受到的作用力是对称的，即作用力总和为零，分子处于平衡状态。而在界面上的分子同时受到不相等的两相分子的作用力，因此界面分子所受力是不对称的，作用力的合力方向指向固体内部，即处于表面层的固相分子始终受到一种力的作用，它能从外界吸附分子、原子或离子，并在其表面形成多分子层或单分子层。

2. 特点

吸附法一般具有以下特点：①常用于从稀溶液中将溶质分离出来，由于受固体吸附剂的限制，处理能力较小；②对溶质的作用较小，这一点在蛋白质的分离中特别重要；③可以直接从发酵液中分离所需的产品，为发酵与分离的耦合过程，从而可消除某些产物对微生物的抑制作用；④溶质和吸附剂之间的相互作用及吸附平衡关系通常是非线性关系，故设计比较复杂，实验的工作量较大。

3. 类型

根据吸附剂与吸附质相互作用力不同，吸附可以分为物理吸附和化学吸附。

物理吸附过程中，吸附剂与吸附质间的作用力为分子间引力（即范德华力），因此无选择性、无需高活化能，吸附层可以是单层，也可以是多层，吸附和解吸附速度通常较快。其原理主要是基于以下四种。

① 选择性吸附　吸附力的大小与吸附剂表面性质以及吸附质分子的性质有关。各种表面和分子的这些性质的差异引起了吸附力的差异，即选择性吸附。对同一表面而言，吸附力大的分子在吸附相的浓度高。

② 分子筛效应　有些多孔固体中的微孔孔径是均一的，而且与分子尺寸相当。尺寸小于微孔孔径的分子可以进入微孔而被吸附，比孔径大的分子则被排斥在外，这种现象称为分子筛效应。

③ 通过微孔的扩散　气体在多孔固体中的扩散速率与气体的性质、吸附剂材料的性质以及微孔尺寸等因素有关。利用扩散速率的差别可以将混合物分离。

④ 微孔中的凝聚　多孔固体周围的可凝缩气体会在其孔径对应的压力下在微孔中凝聚。

化学吸附过程中，被吸附的分子和吸附剂表面的原子发生化学作用，在吸附质和吸附剂之间发生了电子转移、原子重排或化学键的破坏与生成现象。化学吸附过程的吸附作用力为化学键合力，因此需要高活化能，只能以单分子层吸附，选择性强。在相同条件下，与物理吸附相比，化学吸附和解吸附速度较慢。

4. 常用吸附剂

吸附剂是物质吸附分离过程得以实现的基础。目前在吸附分离过程中常用的吸附剂主要有活性炭、硅胶、活性氧化铝、合成沸石（分子筛）和大孔吸附树脂等。在生物产品的分离过程中，针对不同的混合物系及不同的净化度要求需采用不同的吸附剂。

① 活性炭　活性炭是目前最普遍使用的吸附剂，它是一种多孔含碳物质的颗粒粉末，常用于生物加工产品的脱色和除臭等过程。

② 硅胶　硅胶有天然和人工合成之分。天然的硅胶即多孔 SiO_2，通常称为硅藻土；人

工合成的就称为硅胶。目前作为生物分离所用吸附剂一般都采用人工合成的硅胶，因为人工合成的多孔 SiO_2 杂质少，品质稳定，耐热耐磨性好，而且可以按需要的形状、粒度和表面结构制取。

③ 活性氧化铝　活性氧化铝是最常用的一种吸附剂，特别适用于亲脂性成分的分离，广泛应用于醇、酚、生物碱、染料、核苷类、氨基酸、蛋白质以及维生素、抗生素等物质的分离。活性氧化铝价格便宜、再生容易、活性易控制；但操作不便，手续繁琐，处理量有限，因此限制了其在工业生产中的大规模应用。

④ 大孔吸附树脂　大孔吸附树脂同时兼有吸附性和筛选性，其吸附性是由于范德华力或氢键作用的结果，而筛选性是由于它具有多孔网状结构，欲分离成分的极性大小和分子体积是影响分离的关键。根据骨架材料是否带功能基团，大孔吸附树脂可分为非极性、中等极性和极性三类。

大孔吸附树脂，特别是非极性吸附树脂在吸附过程中，主要是物理结构（如比表面、孔径等）起作用，吸附剂的比表面积愈大，吸附量愈高。通常大孔吸附树脂的比表面积可达 $100\sim600m^2/g$，因此它又具有吸附容量大的特点。但当分子立体结构较大的分子进入颗粒间隙时，则需要考虑树脂颗粒的孔径。由于大孔吸附树脂的粒径一般较大，用于色谱时其分辨率有限，因此在植物天然产物的分离纯化过程中一般用于目标产物的初分离阶段，仅起到富集浓缩或初分离的目的。常用的大孔吸附树脂有 Amberlite 系列（美国）、三菱系列（日本）、天津试剂二厂的 GDX 系列以及南开大学化工厂生产的多种型号（如 AB-8、NKA-9、X-5）等。

(二) 离子交换

离子交换是指能解离的不溶性固体物质在与溶液接触时可与溶液中的离子发生离子交换反应。这种带有可交换离子的不溶性固体称为离子交换剂。

利用离子交换树脂作为吸附剂，将溶液中的待分离组分，依据其电荷差异，依靠库仑力吸附在树脂上，利用离子交换剂与不同离子结合能力的强弱差别，用合适的洗脱剂将吸附质从树脂上洗脱下来，达到分离的目的。

离子交换树脂是能在水溶液中交换离子的固体，其分子可以分成三个部分：一部分是交联的具有三维空间立体结构的网络骨架，通常不溶于酸、碱和有机溶剂，化学稳定性良好；一部分是联结在骨架上的功能基团（活性基团）；一部分是活性基团所带的相反电荷的离子，称为可交换离子。惰性不溶的网络骨架和活性基团联成一体，不能自由移动。活性离子则可以在网络骨架和溶液间自由迁移。当树脂发生离子交换时，其上的活性离子与溶液中的同性离子，按与树脂的化学亲和力不同发生交换过程。

离子交换树脂按活性基团的性质不同可分为阳离子交换剂（cation exchanger）和阴离子交换剂（anion exchanger）。前者对阳离子具有交换能力，活性基团为酸性；后者对阴离子具有交换能力，活性基团为碱性。阳、阴离子交换剂又根据其活性基团的电离能力强弱不同，分为强酸性阳离子交换剂和弱酸性阳离子交换剂、强碱性阴离子交换剂和弱碱性阴离子交换剂。强离子交换剂的离子化率基本不受 pH 的影响，离子交换作用的 pH 范围广；而弱离子交换剂的离子化率受 pH 的影响大，离子交换作用的 pH 范围小。根据离子交换剂的材料也可分为两类：第一类是包含合成树脂骨架的多孔弹性颗粒，通常是苯乙烯和二乙烯苯共聚而成的聚苯乙烯树脂，用线状聚合苯乙烯交联而成网状结构，改变原始单体的化学组成，使三维结构的骨架基质与所需的离子基团或功能基团连接；第二类离子交换剂是多糖类骨架的离子交换树脂。

五、色谱分离

(一) 色谱概述

色谱本身是由植物天然产物分离纯化发展出来的,其起源是在 1903 年由俄国的植物学家 Tswett 首先以碳酸钙作为固定相,在玻璃柱上将叶绿素、叶黄素和胡萝卜素进行了分离。从那以后,天然产物的研究与色谱方法始终保持着密切的关系。

由于色谱技术具备了较高的分离能力、选择性、通用性而成本相对较低,操作条件温和,因而显示出巨大的潜力,成为植物天然产物的分离过程中最为广泛使用的技术。色谱过程实际上是一种化合物在流动相和固定相中的分配过程。分离过程的实现是基于化合物本身在两相中分配的特性。

(二) 液-固色谱技术

液-固色谱,顾名思义,是指固定相为固体而流动相为液体的色谱。俄国植物学家 Tswett 于 1903~1906 年间发明的经典液相色谱是世界上最早的色谱,同时也是最早的液-固色谱。经典液相色谱由于分离速度慢,分离效率低,长时间内未引起重视。直到 20 世纪 60 年代中期,人们从气相色谱高速、高效和高灵敏度得到启发,着手克服经典液相色谱的缺点:采用高压泵加快液体流动相的流动速率;采用微粒固定相提高柱效;设计、使用高灵敏度、死体积小的检测器。到 1969 年,在经典液相色谱基础上发展成高速、高效的现代液相色谱 (modern liquid chromatography),一般称为高效液相色谱 (high performance liquid chromatography,HPLC)、高压液相色谱 (high pressure liquid chromatography,HPLC) 或高速液相色谱 (high speed liquid chromatography,HSLC)。现在,一般将其通称为高效液相色谱 (HPLC)。

1. 液-固色谱分类

(1) 吸附色谱　吸附色谱 (adsorption chromatography) 是根据物料中各组分对固定相 (吸附剂) 的吸附程度不同,以及其在相应的流动相 (溶剂) 中溶解度的差异来实现的。对于每一种溶质分子来说,其在固定相与流动相之间 (分别为吸附和解吸过程) 达成的动平衡是具有特异性的,并且受到各种溶质和溶剂对固定相位点的竞争作用的影响,这是一种纯粹的无化学键引入的物理作用,只存在相对较弱的氢键力、范德华力和偶极力相互作用,特别适用于脂溶性的中等分子量组分的分离，但对同系物的分离或某些烷基聚合物的分离就显得无能为力了。吸附色谱常用的介质范围很广，可制成许多具有各种化学特性的固定相，包括硅胶、氧化铝、大孔吸附树脂、聚酰胺、活性炭、羟基磷灰石等。

（2）正相和反相色谱 在植物天然产物的分离纯化中，正相与反相色谱起着举足轻重的作用，其应用最为广泛，其分离对象几乎涵盖了所有类型的植物天然产物。正相和反相色谱在某种意义上同属于分配色谱的范畴，反相色谱是相对于正相色谱而言的，常指以具有非极性表面的介质为固定相，以比固定相极性大的溶剂系统为流动相的色谱方式。正相与反相两种操作模式的主要差别见表 10-1。

表 10-1 正相色谱和反相色谱的区别

比 较 项 目	正 相 色 谱	反 相 色 谱
固定相	极性	非极性或弱极性
流动相	非极性或弱极性	极性
流出次序	极性组分的保留值大	极性组分的保留值小
流动相极性的影响	极性增加，保留值增大	极性增加，保留值减小

正相色谱的保留机理一般认为是溶质分子在流动相与固定相之间竞争吸附的作用，因而归于吸附色谱一类；而反相色谱的作用机理是分配作用与吸附作用的结合，无法明确地加以区分。反相键合相色谱法的分离机制常见的学说有：疏溶剂理论、双保留机制、顶替吸附-液相相互作用模型等。大多用疏溶剂理论来解释。疏溶剂理论假定烃基键合相表面是一层均匀的非极性烃类配位基，并认为极性溶剂分子与非极性溶质分子或溶质分子中的非极性部分互有排斥力，溶质与键合相的结合是为了减少受溶剂排斥的面积，而不是由于非极性溶质分子或溶质分子的非极性部分与键合相烷基之间的相互作用力。或者说，溶质的保留主要是由于疏溶剂效应（简称溶剂效应）。

反相色谱介质主要是以键合相硅胶为主，一般是 2、4、6、8 或 18 烷基碳链，这类介质最大的特点是颗粒强度高、选择性好。在以高分子聚合物为基质的介质中，目前使用较为广泛的是微球形交联聚苯乙烯树脂，这类树脂的表面具有烷基改性介质那种非极性的特征，在无配基键合的条件下可直接用作反相色谱固定相。

反相色谱的流动相是水与有机溶剂的混合液，所选的有机溶剂应与水互溶、黏度低、表面张力小、紫外吸收本底小。乙腈和甲醇是其最常用的有机溶剂，乙醇毒性虽然低，但由于黏度太高，因此很少作为液相色谱的流动相。选择流动相的具体要求如下：

① 黏度低，因为黏度增加，分子扩散系数减小，柱效降低，在流速一定时柱压升高。但对于粒度非常均匀的介质，流动相的黏度并不是主要考虑的因素。

② 紫外吸收本底小。

③ 表面张力小，因为组分的保留随流动相表面张力的增加而增加，即表面张力大会导致洗脱能力下降。

不同有机溶剂的选择性有很大差别。另外，通常还通过控制流动相的 pH 值或加入第三种溶剂改变流动相的选择性，但通过改变流动相而导致的选择性的改变远不如由固定相改变所产生的变化大。

（3）离子交换色谱 离子交换色谱（ion-exchange chromatography，IEC）的分离基础是带电的目标产物分子与其他带相同电荷的盐或带电的杂质分子竞争地与介质上带相反电荷的离子交换基团相结合，由于样品分子与交换位点相互作用的强度不同从而实现分离。它对于天然产物中水溶性成分如氨基酸、生物碱、有机酸及酚类化合物的分离具有很大的潜力。目前离子交换树脂的商品品种已达几千种，影响离子交换色谱分离效果的因素除介质的种类外，主要有缓冲液的类型、取代离子、pH 值、洗脱方式、色谱柱高径比、操作温度以及调节剂等。

(4) 凝胶过滤色谱　尺寸排阻色谱（size-exclusion chromatography，SEC）又称凝胶过滤色谱（gel filtration chromatography，GFC），与其他形式的色谱有所不同，它是基于分子大小不同而实现混合物分离的一种色谱方式。用于尺寸排阻色谱的柱子一般填充的是聚合物颗粒，所用的聚合物包括：聚丙烯酰胺、交联葡聚糖或以硅胶为基质的凝胶等。通过控制聚合物的交联度可使得颗粒具有一定的孔隙率。这些孔的结构决定了最大的溶质分子由于太大而被排斥在孔外，尺寸小于孔径的较小分子则能够扩散到颗粒中，而尺寸最小的分子则能够扩散到最小的孔中。因而，最大的分子顺着颗粒间的最直接的孔道迅速穿过柱子；而较小的分子由于具有更大的可扩散空间，就会在扩散进孔后花更长的时间顺着迂回曲折的路线穿过柱子到达柱底；最小的分子则渗入最小的孔道，穿过更长的路线最后才被洗脱。尺寸排阻色谱作为一种非常简单而又无破坏性的技术，最适用于分离分子大小范围很宽的生物分子，例如蛋白质等，但对于大多数相对较小而又没有明显尺寸差别的植物天然产物来说，却很少用这种方法来进行分离。但凝胶过滤介质 Sephadex LH-20 常用来分离植物天然产物，是因为这种介质可用于非水相系统，且在分离过程中凝胶过滤不是起作用的唯一方式，吸附也同时起着重要作用。

2. 液-固色谱介质

色谱介质的选择范围很广，从 20 世纪 50 年代末使用的软凝胶（纤维素、琼脂糖和交联葡聚糖等），到 70 年代初发展的如二氧化硅等无机载体和 70 年代末制备的高机械强度、宽 pH 适用范围的有机树脂，以及其他如表面改性介质等，采用何种介质按其物理化学性质，同时视分离体系和组分的性质而定。常见的不同色谱介质特点及适应性如表 10-2 所示。色谱介质的物理性质的描述包括颗粒尺寸及分布、形状、孔隙率和比表面积等。用于常压或低压柱色谱的介质，其平均粒径在 $10 \sim 200 \mu m$ 范围内；粒径较小的颗粒（$2 \sim 8 \mu m$）当流动相流过时，会产生相当大的反压，因而一般适用于 HPLC；颗粒的形状可以从无定形到绝对球形。孔隙率表示的是孔的体积与整个颗粒体积的比值。孔尺寸的变化范围巨大，从大约 50nm 到微米级。根据不同的分离要求，通过颗粒尺寸及分布、形状、孔隙率等结构参数可以进行介质的选择，以达到高效、低耗的分离提纯目的。

表 10-2　色谱介质的特点及适应性

介质种类	基本结构	优点	缺点
天然有机介质	琼脂糖、纤维素等	衍生性好，可制成特异性介质	机械强度差，在有机溶剂中体积变化大，不耐某些有机溶剂
合成有机介质	交联聚苯乙烯等	衍生性好，pH 适应范围广，机械强度好	质量难保证，造价高
无机介质	硅胶、金属氧化物等	机械强度好，耐有机溶剂，生物稳定性好	衍生性不好，在碱性水溶液中不稳定
表面改性介质	在无机介质上键合有机高分子	衍生性好，可制成特异性介质，机械强度好	质量难保证，造价高，不耐某些有机溶剂

3. 液-液色谱技术

高速逆流色谱（high speed counter current chromatography，HSCCC）是20世纪80年代初美国Ito博士发明的一种新的逆流色谱技术。高速逆流色谱是一种连续高效的液-液分配色谱技术。由于不需要固体支撑体，物质的分离依据其在互不相溶的两相液体中的分配系数的差异而实现，因而避免了固体固定相不可逆吸附而引起的样品损失、失活、变性等问题，样品回收率高，回收的样品更能反映其本来的特性，特别适合于天然产物中有效成分的分离。

我国是继美国、日本之后最早开展逆流色谱应用的国家，技术水平在国际领域也处于领先地位，目前，我国也是世界上为数不多的高速逆流色谱仪生产国之一。如我国的上海同田生化技术有限公司生产的高速逆流色谱仪TBE系列；北京天宝物华生物技术有限公司生产的半制备型的GS10A和分析型的GS20等。

（1）高速逆流色谱原理　　高速逆流色谱是建立在一种特殊的流体动力学平衡的基础上，利用螺旋管的高速行星式运动产生的不对称离心力，使互不相溶的两相不断混合，同时保留其中的一相（固定相），利用恒流泵连续输入另一相（流动相），此时在螺旋柱中任何一部分，两相溶剂反复进行着混合和静置的分配过程。流动相不断穿过固定相，随流动相进入螺旋柱的溶质在两相之间反复分配，按分配系数的大小次序被依次洗脱。

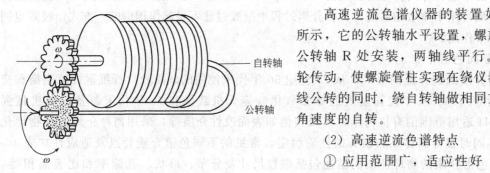

图10-3　高速逆流色谱仪器
装置示意图（袁其朋，2009）

高速逆流色谱仪器的装置如图10-3所示，它的公转轴水平设置，螺旋管柱距公转轴R处安装，两轴线平行。通过齿轮传动，使螺旋管柱实现在绕仪器中心轴线公转的同时，绕自转轴做相同方向相同角速度的自转。

（2）高速逆流色谱特点

① 应用范围广，适应性好　　由于溶剂系统的组成及配比可以是无限多的，因而从理论上讲高速逆流色谱可以适用于任何极性范围内样品的分离，在分离天然化合物方面具有其独到之处。由于聚四氟乙烯管中的固定相为液体（不需要固相载体），因而可以消除固-液色谱中由于使用固相载体而带来的吸附损失，特别适用于分离极性物质。

② 操作简便，容易掌握　　仪器操作简单，对样品的预处理要求低，一般的粗提物即可进行高速逆流色谱的制备分离或分析。

③ 回收率高　　高速逆流色谱不需要固相载体，消除了由于样品在固相载体上的不可逆吸附和降解造成的损失，理论上样品的回收率可达100%。在实验中只要调整好分离条件，一般都有很高的回收率。

④ 重现性好　　如果样品不具有较强的表面活性作用，酸碱性也不强，即使多次进样，其分离过程都保持很稳定，而且重现性相当好。

⑤ 分离效率高，分离量较大　　由于其与一般的色谱分离方式不同，能实现梯度洗脱和反相洗脱，亦能进行重复进样，使其特别适用于制备性分离，产品纯度高，制备量大。

六、电泳分离技术

(一) 电泳概述

电泳（electrophoresis）指带电颗粒在电场力作用下向所带电荷相反电极的泳动。许多重要的生物分子如氨基酸、多肽、蛋白质、核苷酸、核酸等都含有可电离基团，在非等电点条件下均带有电荷，在电场力的作用下，它们将向着与其所带电荷相反的电极移动。电泳技术就是利用样品中各种分子带电性质、分子大小、形状等的差异，在电场中的迁移速度不同，从而对样品分子进行分离、鉴定、纯化和制备的一种综合技术。

1937 年，瑞典生化学家 Tiselius 集前人百余年探索电泳现象之大成，发明了 Tiselius 电泳仪，在此基础上建立了研究蛋白质的自由界面电泳方法，利用该法首次证明人血清是由白蛋白（A）、α-球蛋白、β-球蛋白、γ-球蛋白组成，并因此于 1948 年获得诺贝尔化学奖。随后电泳技术的发展突飞猛进，1949 年，Ricketls Marrack 等人证明人血清蛋白质经电泳分离可依次分为白蛋白、α1-球蛋白、α2-球蛋白、β-球蛋白、γ-球蛋白五个组分。1957 年 Reiner 对人血清五个组分蛋白进行了定量分析。但自由界面电泳没有固定支持介质，扩散和对流作用较强，影响分离效果，于是在 20 世纪 50 年代相继出现了固相支持介质电泳。最初的支持介质是滤纸和醋酸纤维素膜，目前这些介质在实验室已经应用较少。在很长一段时间里，小分子物质如氨基酸、多肽、糖等通常用滤纸、纤维素或硅胶薄层平板作为介质进行电泳分离、分析，但目前一般使用灵敏度更高的技术如高效液相色谱法（HPLC）等来进行分析。而对于复杂的生物大分子，以滤纸、硅胶或醋酸纤维素膜等作为支持介质进行电泳，其分离效果并不理想。于是 1959 年，Raymond 和 Weintraub、Davis 和 Ornstein 先后利用人工合成凝胶作支持介质建立了聚丙烯酰胺凝胶电泳，从而大大提高了电泳的分辨率和分离效果，增强了电泳技术的发展、渗透及与其他技术结合配套的能力。致使各式各样的电泳技术和电泳材料如雨后春笋、竞相争荣，成为当代实验科学技术中品种繁多、应用广泛、基础与尖端技术皆备的大技术。

(二) 电泳的分类

1. 按其分离的原理不同

① 区带电泳：电泳过程中，待分离的各组分分子在支持介质中被分离成许多条明显的

区带，这是当前应用最为广泛的电泳技术。

② 自由界面电泳：这是瑞典 Uppsala 大学的著名科学家 Tiselius 最早建立的电泳技术，是在 U 形管中进行电泳，无支持介质，因而分离效果差，现已被其他电泳技术所取代。

③ 等速电泳：需使用专用电泳仪，当电泳达到平衡后，各电泳区带相随，分成清晰的界面，并以等速向前运动。

④ 等电聚焦电泳：由两性电解质在电场中自动形成 pH 梯度，当被分离的生物大分子移动到各自等电点的 pH 处聚集成很窄的区带。

2. 按支持介质的不同

① 纸电泳。

② 醋酸纤维薄膜电泳。

③ 琼脂凝胶电泳。

④ 聚丙烯酰胺凝胶电泳（PAGE）。

⑤ SDS-聚丙烯酰胺凝胶电泳（SDS-PAGE）。

3. 按支持介质形状不同

① 薄层电泳。

② 板电泳。

③ 柱电泳。

4. 按用途不同

① 分析电泳。

② 制备电泳。

③ 定量免疫电泳。

④ 连续制备电泳。

5. 按所用电压不同

① 低压电泳：100～500V，电泳时间较长，适于分离蛋白质等生物大分子。

② 高压电泳：1000～5000V，电泳时间短，有时只需几分钟，多用于氨基酸、多肽、核苷酸和糖类等小分子物质的分离。

电泳分离的发展

1809 年，俄国物理学家 Reuss 首次发现电泳现象。早期的电泳技术是瑞典 Uppsala 大学物理化学系 Svedberg 教授提出的荷电的胶体颗粒在电场中移动的现象，称其为电泳（electrophoresis）。1937 年，诺贝尔奖获得者 ArneTiselius 教授，发明了最早期的界面电泳，用于蛋白质分离的研究，开创了电泳技术的新纪元。

近几十年以来，电泳技术发展很快，各种类型的电泳技术相继诞生，在生物化学、医学、免疫学等领域得到了广泛应用。

七、结晶

(一) 结晶概述

晶体在溶液中形成的过程称为结晶。结晶的方法一般有两种：一种是蒸发溶剂法，它适用于温度对溶解度影响不大的物质，沿海地区"晒盐"就是利用这种方法；另一种是冷却热饱和溶液法，此法适用于温度升高，溶解度也增加的物质，如北方地区的盐湖，夏天温度高，湖面上无晶体出现，每到冬季，气温降低，纯碱（$Na_2CO_3 \cdot 10H_2O$）、芒硝（$Na_2SO_4 \cdot 10H_2O$）等物质就从盐湖里析出来。在实验室里为获得较大的完整晶体，常使用缓慢降低温度、减慢结晶速率的方法。

(二) 结晶理论基础

利用不同物质在同一溶剂中的溶解度的差异，可以对含有杂质的化合物进行纯化。所谓杂质是指含量较少的一些物质，它们包括不溶性的机械杂质和可溶性的杂质两类。在实际操作中是先在加热情况下使被纯化的物质溶于一定量的水中，形成饱和溶液趁热过滤，除去不溶性机械杂质，然后使滤液冷却，此时被纯化的物质已经是过饱和，从溶液中结晶析出；而对于可溶性杂质来说，远未达到饱和状态，仍留在母液中，过滤使晶体与母液分离，便得到较纯净的晶体物质。如果一次结晶达不到纯化的目的，可以进行第二次重结晶，有时甚至需要进行多次结晶操作才能得到纯净的化合物，这种操作过程就叫做重结晶。重结晶纯化物质的方法，只适用于那些溶解度随温度上升而增大的化合物，对于其溶解度受温度影响很小的化合物则不适用。

从溶液中析出的晶体颗粒大小与结晶条件有关。假如溶液的浓度高，溶质的溶解度小，冷却得快，那么析出的晶体颗粒就细小；否则，就得到较大颗粒的结晶。搅动溶液和静置溶液，可以得到不同效果。前者有利于细小晶体的生成，后者有利于大晶体的生成。从纯度的要求来说，细小晶体的生成有利于生成物纯度的提高，因为它不易裹入母液或别的杂质；而粗大晶体，特别是结成大块的晶体的形成，则不利于纯度的提高。若溶液容易发生过饱和现象，这时可以搅动、摩擦器壁或投入几粒小晶体（晶种）等办法，使形成结晶中心，过量的溶质便会全部结晶析出。

在结晶和重结晶纯化化学试剂的操作中，溶剂的选择是关系到纯化质量和回收率的关键问题。选择适宜的溶剂时应注意以下几个问题。

① 选择的溶剂应不与欲纯化的化学试剂发生化学反应。例如脂肪族卤代烃类化合物不宜用作碱性化合物结晶和重结晶的溶剂；醇类化合物不宜用作酯类化合物结晶和重结晶的溶剂，也不宜用作氨基酸盐酸盐结晶和重结晶的溶剂。

② 选择的溶剂对欲纯化的化学试剂在较高温度时应具有较大的溶解能力，而在较低温度时对欲纯化的化学试剂的溶解能力大大减小。

③ 选择的溶剂对欲纯化的化学试剂中可能存在的杂质或是溶解度甚大，在欲纯化的化学试剂结晶和重结晶时留在母液中，在结晶和重结晶时不随晶体一同析出；或是溶解度甚小，在欲纯化的化学试剂加热溶解时，很少在热溶剂溶解，在热过滤时被除去。

④ 选择的溶剂沸点不宜太高，以免该溶剂在结晶和重结晶时附着在晶体表面不容易除尽。

用于结晶和重结晶的常用溶剂有：水、甲醇、乙醇、异丙醇、丙酮、乙酸乙酯、氯仿、冰醋酸、二氧六环、四氯化碳、苯、石油醚等。此外，甲苯、硝基甲烷、乙醚、二甲基甲酰胺、二甲亚砜等也常使用。二甲基甲酰胺和二甲亚砜的溶解能力大，当找不到其他适用的溶剂时，可以试用。但往往不易从溶剂中析出结晶，且沸点较高，晶体上吸附的溶剂不易除去，是其缺点。乙醚虽是常用的溶剂，但是若有其他适用的溶剂时，最好不用乙醚，因为一方面乙醚易燃、易爆，使用时危险性特别大，应特别小心；另一方面乙醚易沿壁爬行挥发而使欲纯化的化学试剂在瓶壁上析出，以致影响结晶的纯度。

在选择溶剂时必须了解欲纯化的化学试剂的结构，因为溶质往往易溶于与其结构相近的溶剂中。极性物质易溶于极性溶剂，而难溶于非极性溶剂中；相反，非极性物质易溶于非极性溶剂，而难溶于极性溶剂中。即"相似相溶"原理这个溶解度的规律对实验工作有一定的指导作用。如：欲纯化的化学试剂是个非极性化合物，实验中已知其在异丙醇中的溶解度太小，异丙醇不宜作其结晶和重结晶的溶剂，这时一般不必再实验极性更强的溶剂，如甲醇、水等，应实验极性较小的溶剂，如丙酮、二氧六环、苯、石油醚等。适用溶剂的最终选择，只能用实验的方法来决定。

第四节　生物分离工程应用

一、双水相萃取分离生物工程产品

双水相萃取混合过程的放大很简单，关键是两相的分离。对于连续和大规模操作，在线或静态混合与离心分离器联合使用是最受欢迎的。

1. 基因工程药物

双水相萃取技术可以保证基因工程药物在温和的条件下得以分离和纯化。其中有代表性的工作是用 PEG4000/磷酸盐从重组大肠杆菌碎片中提取人生长激素，采用 3 级错流连续萃取，1h 处理量为 15L，收率达 80%。

2. 酶工程药物

目前，双水相萃取技术提取纯化的酶有几十种，如从微生物细胞碎片中提取纯化甲酸脱氢酶，其分离经 4 次连续萃取，已达到 1h 处理 50kg 湿细胞的规模，处理的酶蛋白高达 150g，收率为 95% 以上。

3. 抗生素

以青霉素类为例，先以 PEG/$(NH_4)_2SO_4$ 将青霉素从发酵液中提取到 PEG 相，用醋酸丁酯进行反萃取，再结晶，处理 1000ml 青霉素发酵液得到青霉素晶体 7.228g，纯度为 84.1%，3 步操作总收率为 76.5%。将 3 次调节 pH 值改为只调节 1 次，可减轻青霉素的失活；将 3 次萃取改为 1 次萃取，减少了溶剂用量，缩短了工艺流程。

4. 天然植物药用有效成分的分离与提取

具有代表性的工作是对黄芩苷和黄芩素的分离。黄芩苷和黄芩素都有一定的憎水性，在 PEG6000/磷酸二氢钾中主要分配在富含 PEG 的上相，2 种物质分配系数为 30 和 35。其分配系数随温度升高而降低，黄芩苷的降幅比黄芩素大，通过一定手段去掉溶液中的 PEG，浓缩结晶后即可得到黄芩苷和黄芩素产品。

二、反胶团萃取分离生物工程产品

(一) 分离蛋白质混合物

分子量相近的蛋白质，由于它们的 pI 及其他因素不同而具有不同的分配系数，可利用反胶团溶液进行选择性分离。以 AOT/异辛烷反胶团体系为萃取剂，通过调节 pH 值和离子强度，成功地对核糖核酸酶、细胞色素 C 和溶菌酶混合物进行了分离，其结果令人非常满意。

在 pH=9 时，核糖核酸酶带负电，在有机相中溶解度很小，保留在水相而与其他两种蛋白质分离；相分离得到的反胶团相（含细胞色素 C 和溶菌酶）与 $0.5mol/dm^3$ 的 KCl 水溶液接触后，细胞色素 C 被反萃取到水相，而溶菌酶保留在反胶团相；再通过调节 pH 值和盐浓度实现溶菌酶的反萃取。

(二) 浓缩 α-淀粉酶

有报道称用由 2 个混合槽和 2 个澄清槽组成的连续萃取/反萃取装置，以 AOT/异辛烷反胶团体系为循环萃取剂，将 α-淀粉酶浓缩了 8 倍，酶活力损失约 30％。反胶团相循环 3～5 次以后，表面活性剂的缓慢损失造成了萃取效率的下降，重新添加表面活性剂，又可完全恢复。对该过程优化，用高分配系数（在反胶团有机相中加入非离子表面活性剂）和高传质速率（加大搅拌转速），反萃取液中，α-淀粉酶活力得率达 85％，浓缩了 17 倍，反胶团相中每次循环表面活性剂损失减少到 2.5％。

(三) 直接提取细胞内酶

有报道采用反胶团萃取从全料液中提取和纯化棕色固氮菌的胞内脱氢酶，将全细胞的悬浮液注入十六烷基三甲基溴化铵（CTAB）/己醇辛烷反胶团溶液中，完整的细胞在表面活性剂的作用下溶解，析出酶进入反胶团的"水池"中，经反萃取，可选择性地回收浓度很高的酶。在最优条件下，对分子质量较小的 β-羟丁酸脱氢酶（63000Da）和异柠檬酸脱氢酶（80000Da），反萃液中酶活性的回收率超过 100％（相对于用无细胞抽提液），分子质量较大的葡萄糖-6-磷酸脱氢酶（200000Da）不能被抽提出来。不利的是细胞碎片留在反胶团相中使得反胶团相不能重复使用，如能便利地回收有机溶剂和表面活性剂，那么这种细胞溶解与蛋白质萃取相结合的工艺方法，将成为从细胞中直接提取蛋白质的重要途径。

(四) 蛋白质在反胶团内的重折叠

非均匀重组 NDA 蛋白质在细菌中的生产会形成不正确折叠的蛋白质，它们在细菌细胞里沉淀形成夹杂体。为了重新获得这些蛋白质正确的生物活性，需要进行这些夹杂体的下游加工，即蛋白质的重新折叠。传统的步骤包括：通过变性剂和还原剂从夹杂体中开折蛋白质；在低蛋白质浓度下重新折叠蛋白质以防止分子间的相互作用（浓度小于 1mg/L）；最后，从稀溶液中回收蛋白质。

反胶团萃取可以为蛋白质提供一个微环境，在这个微环境内提供适当的条件可以使每一个反胶团内只能有一个蛋白质，这样就可以实现蛋白质的分离。这样的活性蛋白质总浓度可达 1～10g/L，即至少比传统的重折叠过程浓缩倍数高 1000 倍。

反胶团萃取和蛋白质的重折叠可以有机地结合在一起。具体步骤如下：提供萃取使加溶后的变性蛋白质从夹杂体中向反胶团相中传递；利用另一水相溶液水洗反胶团相以降低变性物的浓度，并将蛋白质保留在反胶团相内；向反胶团相中加入氧化剂使蛋白质在反胶团相内重折叠；再通过反萃取从水相中回收活性蛋白质。上述方法也有其局限性，开折蛋白质与表面活性剂或有机溶剂之间的相互作用不能太强。例如，疏水性蛋白质 α-干扰素不能在反胶团内重折叠。因此，溶剂表面活性剂体系内 pH 值和离子强度需经优化才能避免不需要的相互作用发生。

(五) 从植物中同时提取油和蛋白质

使用以烃类为溶剂的反胶团溶液作为提取剂，油被直接萃入到有机相，蛋白质却溶入反胶团的"水池"内。先用水溶液反萃取得到蛋白质，再用冷却反胶团溶液使表面活性剂沉淀分离，最后用蒸馏方法将油与烃类分离，实验结果表明该方法相当优越。

三、膜分离生物工程产品

超滤可用于发酵液的过滤和细胞收集。Merck 公司利用截留相对分子质量为 24000 的 Dorr-o-liver 平叶式超滤器来过滤头霉素发酵液，收率达到 98%，比原先采用的带助滤剂层的真空鼓式过滤器高出 2%，材料费用下降到原来的 1/3，而投资费用减少 20%。

Millipore 公司对头孢菌素 C 发酵液的过滤进行了研究，所采用的是 0.2×10^{-6} m 孔径的微孔膜，通量开始时很大，但当保留液浓度逐渐增大成浆状后，通量逐渐减小而不能继续操作，收率仅为 74%。如欲提高收率，则必须进行透析过滤，但会使滤液稀释。

当发酵产物在胞内时，则需进行细胞的收集。它与蛋白质溶液过滤的情况不相同，当细胞浓度比较低时，通量降低较慢；但当细胞浓度增加，接近填充状态时，通量则急速下降。

大多数抗生素的相对分子质量都小于 1000，而通常超滤膜的截留相对分子质量为 10000～30000，因此，抗生素能透过超滤膜，而蛋白质、多肽、多糖等杂质被截留，以致抗生素与大分子杂质达到一定程度的分离，这对后续提取操作是很有利的。MilliPore 公司用截留相对分子质量为 10000 的膜，以卷式超滤器进行头孢菌素 C 发酵滤液的试验表明，不仅透过液中蛋白质等分子含量较低，而且可除去红棕色色素。发酵液中的色素通常为低分子量物质，可能与蛋白质结合在一起，因而能被截留。经过超滤特别是透析过滤以后，常使产物浓度变稀，为便于后道工序的处理，常需浓缩。

超滤可用于蛋白质类物质的浓缩和精制以及多糖类物质的精制等。采用截留相对分子质量为 6000 的膜，对硫酸软骨素酶解过滤液进行浓缩，可将体积缩小到原来的 1/3 左右，并可去掉体系因酸碱中和产生的盐分和效价低的小分子量产物，硫酸软骨素损失率为 17%～18%，该浓缩液用乙醇沉淀，易于析出，且沉淀析出的产品颗粒较大。

思考题：

1. 生物分离工程的特点和一般过程是什么？
2. 双水相萃取的原理及主要适用于分离哪些生物产品？
3. 膜分离过程的类型及原理是什么？
4. 简述主要的吸附和离子交换介质有哪些，其原理是什么？
5. 固液色谱与逆流液液色谱有何不同，各有何优缺点？
6. 根据分离原理的不同，电泳可以分为几类？

参 考 文 献

[1] 孙彦. 生物分离工程. 北京：化学工业出版社，2005.
[2] 李锦等. 生物制药设备和分离纯化技术. 北京：化学工业出版社，2003.
[3] 袁惠新. 分离过程与设备. 北京：化学工业出版社，2008.
[4] 严希康. 生化分离工程. 北京：化学工业出版社，2001.
[5] 姚日生. 制药工程原理与设备. 北京：高等教育出版社，2007.
[6] 李淑芬，姜忠义. 高等制药分离工程. 北京：化学工业出版社，2004.
[7] 郑裕国. 生物工程设备. 北京：化学工业出版社，2007.
[8] 袁其朋. 制药工程原理与设备. 北京：化学工业出版社，2009.

第十一章 生物工程经济学

引言

生物工程产业是指以生命科学理论为基础，应用生物工程与技术，结合物理、化学、工程学、信息学理论与技术，通过对生物体及其细胞、亚细胞、分子的结构与功能开展研究并制造产品，或改造动物、植物、微生物等并使其具有所期望的作用，为社会提供商品和服务的行业统称，包括生物医药（生物技术药物、疫苗、血液制品、生化药物、诊断试剂、抗生素等）、生物农业（转基因农作物、现代育种和超级杂交水稻、植物组织培养、生物农药、饲料添加剂、兽用疫苗等）、生物能源（生物乙醇、生物柴油、生物制氢、沼气、生物燃料电池等）、生物环保（有机固废生物处理、厌氧与好氧有机废水生物处理、生物整治）以及生物制造（氨基酸、发酵有机酸、酶制剂、生物单体材料、维生素、天然香精香料）等产业。

知识网络

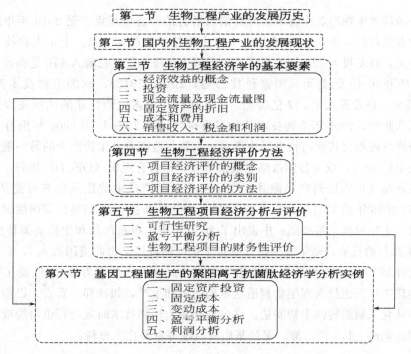

第一节　生物工程产业的发展历史

第二节　国内外生物工程产业的发展现状

第三节　生物工程经济学的基本要素
一、经济效益的概念
二、投资
三、现金流量及现金流量图
四、固定资产的折旧
五、成本和费用
六、销售收入、税金和利润

第四节　生物工程经济评价方法
一、项目经济评价的概念
二、项目经济评价的类别
三、项目经济评价的方法

第五节　生物工程项目经济分析与评价
一、可行性研究
二、盈亏平衡分析
三、生物工程项目的财务性评价

第六节　基因工程菌生产的聚阳离子抗菌肽经济学分析实例
一、固定资产投资
二、固定成本
三、变动成本
四、盈亏平衡分析
五、利润分析

第一节 生物工程产业的发展历史

在19世纪中期以前，人类没有建立生物学的基本理论知识体系，但通过长期的实践，不自觉地掌握了利用微生物发酵食品的经验，如古埃及人掌握了"面包"、"啤酒"的制作技术，古巴尔干人掌握了"酸奶"制作技术，古亚述人掌握了"葡萄酒"制作技术，我国古代也掌握了高粱酒和豆酱制作技术。但这还不能称为生物工程产业。直到19世纪50年代随着微生物学的建立，人们认识到发酵是微生物的作用，是微生物细胞中酶的作用，生物工程产业才初步形成，这一阶段的生物工程产品主要是初级代谢产物，如有机溶剂，包括乙醇、丙酮、丁醇等；有机酸，包括乳酸、柠檬酸、乙酸、丙酸、富马酸等；多元醇，包括甘油等；酶制剂，包括淀粉酶、糖化酶、蛋白酶、果胶酶等；疫苗，包括天花、狂犬、炭疽、霍乱、破伤风、卡介苗等。生物工程产业形成规模的标志，是从青霉素的工业开发成功和液体深层发酵开始的，此后一大批抗生素、氨基酸、核苷酸、维生素、多糖、新的有机酸和酶制剂生产技术研究成功并投入工业化生产（俞俊棠等，2003）。20世纪70年代分子生物学的兴起和基因工程技术的诞生标志着现代生物工程产业的形成。激素如胰岛素、细胞因子如干扰素、疫苗等基因工程药品的生产，单克隆抗体的生产、动植物组织培养技术、转基因动植物等现代生物工程产业迅速发展。进入21世纪以来，基因组技术、蛋白质组技术、干细胞技术、生物信息学技术、合成生物学技术的出现，为生物技术和生物工程产业提供了强大的推动力。生物产业的发展将最终解决世界人口、粮食、环境、健康、能源和海洋等影响21世纪人类生存的重大问题。

第二节 国内外生物工程产业的发展现状

世界各国都将生物产业作为未来最具增长潜力的经济增长点。至2010年年底，全球发达经济体约有生物技术企业4700多家，上市生物技术公司622家。上市生物技术公司总收入846亿美元，研发投入228亿美元。其中美国生物技术产业总收入616亿美元，研发支出176亿元，净利润49亿美元（国家科技部等，2011，2012）；欧洲生物技术产业总收入172.77亿美元，研发投入45.17亿美元。生物医药产业占医药行业的比例逐步提高，在全球十大畅销药物中，2000年生物技术药物只有两个，而2008年和2009年则有5个，说明生物技术药物发展相比其他药物发展快得多。生物制造产业是生物产业的另一重要部分，世界年均增长率达30%，成为各国战略发展的重点，据经合组织（OECD）预测，生物基化学品和其他工业品（生物医药产品除外）在全部化学品产量中的比重将有可能从2005年的1.8%提升到2015年的12%~20%，到2030年将进一步提升到35%。美国能源部与农业部共同制定的《生物质技术路线图》中提出了2030年用生物基产品和生物能源替代25%的有机化学品和20%的石油，每年减少碳排放量1亿吨的目标。为此美国投入7.05亿美元启动了"生物质计划"，其中生物炼制和热化学炼制的研发投入分别为3.39亿美元和0.5亿美元。大批的化工巨头也投入到生物制造领域的研发和生产，如杜邦、嘉吉、巴斯夫、德固赛等也在逐步从化工制造转向生物制造。许多中小企业生物技术研发公司也纷纷成立，开发出纤维素乙醇、乳酸、1,3-丙二醇、聚羟基脂肪酸酯等重要化工原料。

我国推动生物技术研发和产业发展已有30多年的历史，中国政府采取一系列措施优先支持生命科学、生物技术研发和生物产业发展，先后发布实施《生物产业发展"十一五"规划》、《促进生物产业加快发展的若干政策》、《国家中长期科学和技术发展规划纲要（2006—2020年）》、《"十二五"生物技术发展规划》等，以培育生物产业链的快速形成，推动生物产业高端化发展。2009年6月国务院批准发布《促进生物产业加快发展的若干政策》，《国务院关于加快培育和发展战略性新兴产业的决定》将生物产业列为七大战略新兴产业之一，重点进行培育和发展，大力推进生物技术研发和创新成果产业化，推进我国产业结构升级和经济发展方式转变，提升我国自主发展能力和国际竞争力。一批生物科技重大基础设施相继建成，治疗性疫苗与抗体、细胞治疗、转基因作物育种、生物能源作物培育等一批关键技术取得突破，人用高致病性流感疫苗、乙肝防治技术、分子诊断试剂、超级水稻、聚乳酸等一批创新产品得到推广应用，产业化项目大幅增加。市场融资、外资利用和国际合作取得积极进展。生物产业产值以年均20%的速度增长，2011年实现总产值约2万亿元，其中，生物医药总产值累计16369.7亿元，生物育种650亿元，生物发酵产品2500亿元，生物质能源规模达到2676t标准煤。我国抗生素、疫苗、有机酸、氨基酸、部分维生素、乳酸链球菌素、丙烯酰胺产量位居世界前列，出现一批年销售额超过100亿元的大型企业和年销售额超过10亿元的大品种。我国在生物技术研发、产业培育和市场应用等方面已初步具备一定基础（国家发改委高新技术司等，2011）。

但是我国生产的生物产品大多是传统的生物产品，以大量消耗原材料、土地资源为代价，水耗、能耗、电耗高，环境排放压力大，劳动密集，利润低。如含量为99%的味精的售价仅为9000元/t，而98%纯度的青霉素价格也仅为8万元/t，酶法制备的麦芽糊精仅为4000元/t左右，多数企业生产成本压力极大，只能考虑生存问题，无法考虑新技术开发和企业长远发展。而辉瑞公司的抗癌药开普拓的零售价格超过2万元/g，可见高新技术产品与大众传统产品之间的巨大价格与利润差异。由于我国劳动力价格大幅度上升，粮食等原材料价格以及土地、水、电、能源价格不断上升，环境排放标准也越来越严，面临着巨大的经济结构调整压力。如果再生产没有核心技术的传统产品，各方要素都不能承受。所以，必须要进行产业转型升级，其中生物工程产业是最重要的一级。

第三节　生物工程经济学的基本要素

一、经济效益的概念

经济效益是指经济活动中所取得的使用价值或经济成果与取得该使用价值或经济成果所消耗的劳动的比较，即产出和投入的比较。

通常经济效益可表达为：

$$E（经济效益）=\frac{V（使用价值）}{C（劳动消耗）} \tag{11-1}$$

式中，E称为相对经济效益，表示单位消耗获得的使用价值。

另外也可以绝对经济效益来表示：

$$E（经济效益）=V-C \tag{11-2}$$

其中，劳动消耗部分C包括活劳动消耗和物化劳动消耗。活劳动消耗是指劳动者在经济活动中所消费的劳动量；物化劳动消耗指经济活动中所消费的实物量，包括所消耗的设备、工器具、材料、燃料、动力等。而使用价值部分应该从各方面衡量，如产品产量和质量满足社会对产品品种或功能的要求、减轻劳动强度、保持环境的效果，以及对产品生产可持续发展的价值等。这些使用价值有的能用货币衡量，有的却不能。因此，使用价值应从可定量的和不可定量的两方面予以衡量（宋航等，2008）。

二、投资

(一) 投资的基本概念

投资是指人们在社会经济活动中，为了保证项目投产和生产经营活动的正常运行所进行的投入资金、项目建设与运营管理活动。资金投入主要由固定资产投资、建设期贷款利息以及流动资金构成，有的项目还包括固定资产投资方向调节税。

1. 固定资产投资

是指按拟定的建设规模、产品方案、建设内容等，建成一座工厂或一套装置所需的费用，包括设备和工器具购置费、工程建设其他费用和总预备费。

2. 流动资金投资

是指建设项目生产经营活动正常进行而预先支付并周转使用的资金。流动资金用于购买原材料、燃料动力、备品备件，支付工资和其他费用，以及垫支在制品、半成品和制成品所占用的周转资金。

(二) 项目资产

当项目建成投产运营时，固定资产投资、固定资产投资方向调节税和建设期贷款利息将形成企业的项目资产，包括固定资产、无形资产（王光华等，2007）。

1. 固定资产

固定资产是指使用期限超过一年，单位价值在规定标准以上，并且在使用过程中保持原有物质形态的资产。固定资产原值包括：工程费用（即建筑工程费、设备购置费和安装工程费）、固定资产其他费用、建设期利息等。

2. 无形资产

无形资产是指企业长期使用但没有实物形态的可辨认非货币性资产。无形资产原值包括：技术转让费或技术使用费（含专利权和非专利技术）、商标权、商誉等。

(三) 固定资产投资的估算

固定资产投资的估算，是技术经济分析和评价的基础资料之一，也是投资决策的重要依据。常用的几种计算方法有直接计算法、单位生产能力投资估算法、装置能力指数法等。直接计算法根据所确定的生物工程项目的技术方案和生产规模，计算所需土地、道路厂房、水电汽等建设工程费，设备、管道、配件及工具购置费，安装调试费等各单项费用以及其他费用，汇总计算即得固定资产投资。直接计算法是最常用也是最准确的方法，但较繁琐。

(四) 流动资金的估算

流动资金的需要量估算，是指为使项目生产和流动正常进行所必须保证的最低限度的原料等物质储备量和必须维持在制品与产成品量的那部分周转用资金，也称为定额流动资金。流动资金估算方法有多种，主要分为类比估算法和分项详细估算法。本书不作具体介绍。

三、现金流量及现金流量图

(一) 现金流量的概念

在某一生物工程项目整个寿命周期内所发生的费用和收益进行分析，在该周期的某一时间点上，该系统实际支出的费用为现金流出，该系统实际收益为现金流入，现金流入和流出的净差额为净现金流量。其计算式为：

$$净现金流量＝现金注入－现金流出＝收入款－支出款 \qquad (11-3)$$

因此，净现金流量可以是正、负和零，其中零表示盈亏平衡。

(二) 现金流量的构成

在生物工程项目技术经济分析与评价中，项目寿命周期内现金流量主要由固定资产投资（固定资产的购入或建造成本、运输成本和安装成本等）及其贷款利息 I_P、流动资金投资 I_F（材料、在制品、产成品和现金等流动资产上的投资）、经营成本 C、销售收入 S、税金 R、新增固定资产投资 I_Φ、新增流动资金投资 I_W、回收固定资产净残值 I_S 和回收流动资金 I_r 构成。而现金流量 CF 在不同时期可表示如下（宋航等，2008）：

$$建设期：CF＝IP+IF \qquad (11-4)$$
$$生产期：CF＝S-C-R-I_\Phi-I_W \qquad (11-5)$$
$$最末年：CF＝S-C-R+I_S+I_r \qquad (11-6)$$

四、固定资产的折旧

(一) 折旧

折旧是资本化成本在有效年限内的分配，普遍用于耐用设备或设施，即必须在生产和经营过程中使用，寿命周期长于一年，由于使用、自然损耗、技术进步而磨损、贬值或废弃，如生产设备、厂房等。

固定资产在使用的过程中形成有形磨损和无形磨损，造成使用价值和价值的降低。这部分损失或降低的固定资产价值，分次逐渐转移或分摊到产品中。产品销售后，将分次逐渐转移到产品中去的固定资产价值回收（即计入成本）称为固定资产折旧。同样的，将生产过程中，设备保修和维修耗费从产品价值中收回，称为大修理折旧。

(二) 固定资产折旧的计算方法

折旧不仅涉及产品的成本，而且关系到设备和技术的更新速度，因而折旧是生产经营活动中的一项复杂而重要的工作。按财税制度规定，企业固定资产应当按月计提折旧，并根据用途计入相关资产的成本或者当期损益。

计算固定资产折旧应当考虑三个因素：固定资产成本、残值和使用寿命。

固定资产成本是指账面成本或账面原值。比如购买并安装一套设备的花费是 2000 万元，那么这 2000 万元就是固定资产成本。

残值是指预计设备使用寿命结束时可售价值减去拆卸费用和处置费用后剩下的部分。

使用寿命是指固定资产在其报废处置之前所提供的服务单位的数量，服务单位既可以用固定资产的服役时间表示（如年、月），又可以用固定资产的业务量或产出量表示。

企业计提固定资产折旧的方法有多种，基本上可以分为两类，即直线法（包括年限平均法和工作量法）和加速折旧法（包括年数总和法和双倍余额递减法）。企业应当根据固定资产所含经济利益预期实现方式选择不同的方法。企业折旧方法不同，计提折旧额相差很大。

一般常用的折旧方法为直线折旧法，直线折旧法是在资产的折旧年限内，平均地分摊资产损耗的价值，即假定资产在使用过程中以恒定的速率降低。直线折旧法包括年限平均法和工作量法两种。

1. 年限平均法

年限平均法计算年固定资产折旧额 D 的计算公式为：

$$D = \frac{\text{资产原值} - \text{预计资产残值}}{\text{折旧年限}} = \frac{P - S}{n} \qquad (11\text{-}7)$$

由上述公式可以导出年折旧率 r 的计算公式:

$$r = \frac{P - S}{nP} \qquad (11\text{-}8)$$

若残值 S 可以忽略不计,则又可简化为:

$$r = \frac{1}{n} \qquad (11\text{-}9)$$

可见,折旧率可以用折旧年限的倒数来估计,而设备的折旧年限在我国是由主管部门根据设备分类、企业的承受能力以及设备更新的速度等因素规定的。

2. 工作量法

工作量法分为按行驶里程计算折旧和按工作小时计算折旧两种方法,前者不适合生物工程项目,后者一般也不用。

五、成本和费用

(一) 产品成本的概念及构成

产品成本费用是在产品的生产和销售过程中所消耗的活劳动和物化劳动的货币表现。产品成本费用的高低,反映了投资方案的技术水平,也基本决定了企业利润的多少,是一项重要的经济指标。项目建成投产之前,计算出产品成本费用,可作为评价项目经济效益的依据。

目前计算产品成本的方法主要有制造成本法和要素成本法。前者计算相对复杂,但能反映不同生产技术条件下的产品成本,有利于成本分析;后者则较简单,易于掌握。

(二) 制造成本

制造成本也称生产成本,是指在生产经营过程中为生产产品实际消耗的直接材料能耗、直接工资、其他直接支出费用以及制造费用等费用之和。计算公式为:

$$\text{制造成本(或生产成本)} = \text{原材料费} + \text{燃料及动力费} +$$
$$\text{工资及福利费} + \text{制造费用} - \text{副产品净收入} \qquad (11\text{-}10)$$

其中,制造费用是指企业各生产单位,如车间、分厂等,为管理和组织生产活动的各项业务费用和管理费用,包括车间固定资产折旧费、车间维修费和车间管理费。而副产品净收入是指生产主要产品时附带生产的、具有一定价值的非主要产品。

(三) 费用的概念及构成

费用是指建设项目在生产经营活动中除生产成本外的其他支出,包括管理费用、财务费用和销售费用,统称期间费用。

1. 管理费用

管理费用是指企业行政管理部门组织和管理全场生产经营活动中支出的各项费用,包括企业管理人员的工资及附加费、办公费、职工教育经费、业务招待费、土地使用费、排污费等一切管理支出。

2. 财务费用

财务费用是指企业为筹集生产经营所需资金而发生的各项支出,如贷款的利息支出、汇兑损失、金融机构手续费等。

3. 销售费用

销售费用是指企业销售产品和促销产品而发生的费用支出。如运输费、包装费、广告费、保险费、展览费、委托销售费以及专设销售部门的经费等。

在我国财务管理中，管理经费、财务费用及销售费用，作为期间费用不计入产品成本，而直接计入当期损益，直接从当期收入中扣除。

(四) 总成本费用和经营成本

1. 总成本费用

总成本费用是指建设项目在一定时期（一年）内，为生产和销售产品而支出的全部成本和费用。其计算公式为：

$$总成本费用＝制造成本＋管理费用＋财务费用＋销售费用 \qquad (11-11)$$

2. 经营成本

经营成本是指建设项目的总成本费用扣除固定资产折旧费、摊销费用、贷款利息以后的成本费用。其计算公式为：

$$经营成本＝总成本费用－折旧费－摊销费－贷款利息 \qquad (11-12)$$

六、销售收入、税金和利润

(一) 销售收入

销售收入是指产品作为商品售出后所得的收入。

$$销售收入＝商品单价×销售量 \qquad (11-13)$$

在经济评价中，销售收入是根据项目设计的生产能力和估计的市场价格计算的，是一种预测值。

(二) 税金

税金是国家依据税法向企业或个人征收的财政资金，用以增加社会积累和对经济活动进行调节，具有强制性、无偿性和固定性的特点。无论是盈利或亏损，都应照章纳税。与项目的技术经济评价有关的税种主要有增值税、城市维护建设税、教育附加税、资源税和所得税等。

(三) 增值税

增值税（value-added tax）是指商品（含应税劳务，即收入应该依法纳税的劳务）在生产、流通或劳务服务过程中产生的新增价值或商品的附加值征收的一种税，由消费者负担，有增值才征税，没增值不征税。由于商品新增价值或附加值在生产和流通过程中是很难准确计算的。因此，中国也采用国际上普遍采用的税款抵扣的办法。即根据销售商品或劳务的销售额，按规定的税率计算出销项税额，然后扣除之前取得该商品或劳务时所支付的增值税款，也就是进项税额，其差额就是增值部分应交的税额，这种计算方法体现了按增值因素计税的原则。即：

$$增值税额＝销项税额－进项税额 \qquad (11-14)$$

(四) 城市维护建设税

对于生产企业，其税额为：

$$城市维护建设税＝增值税额×城建税率 \qquad (11-15)$$

城建税率因地而异，纳税者所在地是城市市区的为 7%，县城、镇为 5%。

(五) 教育附加费

$$教育附加费＝增值税额×3\% \qquad (11-16)$$

(六) 利润

利润是劳动者为社会劳动所创造价值的一部分，是反映项目经济效益状况的最直接、最重要的一项综合指标。生物工程企业若不考虑营业外收入，只考虑主营业收入，则：

$$年利润总额＝年产品销售额－年销售税金及附加－年总成本费用 \tag{11-17}$$

其中，

$$年销售税金及附加＝$$
$$年增值税（年营业税）＋年资源税＋年城市维护建设税＋年教育附加税 \tag{11-18}$$
$$税后利润（净利润）＝利润总额－所得税 \tag{11-19}$$

第四节　生物工程经济评价方法

一、项目经济评价的概念

项目经济评价是指在对影响项目的各项技术经济因素预测、分析和计算的基础上，评价投资项目的直接经济效益和间接经济效益，为投资决策提供依据的活动。经济效益需要从多个方面运用多个评价指标进行全面客观的评价。投资者可根据不同的评价目标、规模和时间阶段等选用不同的指标和方法。为了使经济评价体系科学化、标准化、规范化，国家发改委、建设部颁发了《建设项目经济评价方法与参数》（第三版）。

二、项目经济评价的类别

项目经济评价按评价角度、目标及费用与效益识别方法的不同可分为财务评价和国民经济评价；按所处的时间阶段，可分为投资前期评价、投资期评价和投资运行期评价。投资前期评价又称为事前评价，属于预测性和探索性评价，处在项目立项和预可行性研究阶段，若投资项目的经济效益不佳，则停止投资。投资期评价又称事中评价，处在项目可行性研究阶段，在此期间若发现问题，可采取改进措施，或暂停项目。投资运行期评价也称事后评价，为在项目投产后，将设计生产能力与实际生产能力、预计经济效益与实际经济效益比较，考察投资项目是否符合投资目标及设计要求。

三、项目经济评价的方法

根据是否考虑时间因素，投资项目的评价方法分为两大类：静态评价和动态评价。静态评价是指在对项目效益和费用计算时，不考虑时间价值，不进行利息计算。所以，静态评价比较简单、直观、使用方便，但不精确，经常应用于可行性研究初始阶段的分析和评价。动态评价是指在对项目效益和费用计算时，充分考虑资金的时间价格，即考虑利息成本与收益，把不同时间点的效益流入和费用流出折算为同一时间点的等值价值。动态评价主要用于项目最后决策前的可行性。动态评价是经济效益评价的主要评价方法。

(一) 静态评价方法

项目投资首先要考虑到投资回收期，也称投资偿还期或投资返本期，是指项目实施后净收益或净利润抵偿全部投资额所需的时间，一般以年表示，为简单起见，不考虑资金的时间价值，即利息价值。

一般静态投资期的计算公式为：

$$P_t = \sum_{t=0}^{n} (CI - CO)_t = 0 \tag{11-20}$$

式中，P_t 为以年表示的静态投资回收期；CI 为现金流入量；CO 为现金流出量；t 为计算期的年份数。

如果某一生物工程项目第一年建成，投资 $CI = -1000$ 万元，$CO = 0$，即 $(CI - CO)_1 = -1000$ 万元；第二年投产获得净收益 $(CI - CO)_2 = 100$ 万元；第三年净收益 $(CI - CO)_3 = 300$ 万元；第四年净收益 $(CI - CO)_4 = 600$ 万元，第五年净收益 $(CI - CO)_4 = 600$ 万元，则项目的静态回收期：

$$P_t = (CI - CO)_1 + (CI - CO)_2 + (CI - CO)_3 + (CI - CO)_4$$
$$= -1000 + 100 + 300 + 600 = 0 \text{（万元）}$$

即项目的静态投资回收期为 4 年，若从投产年算起则为 3 年。如果采用动态评价方法，则应考虑利息成本。

(二) 动态评价方法

项目方案的动态评价，是指对项目的效益和费用的计算考虑了资金的时间因素，根据利率或折现率，将不同时点的支出和收益折算为相同时点的价值，满足了时间的可比性。动态评价方法依据一系列动态指标，每一动态指标都从不同角度、不同范围体现项目的主要技术经济特点。净现值法（NPV）计算公式如下：

$$NPV = \sum_{t=0}^{n} (CI - CO)_t (1 + i_0)^{-t} \tag{11-21}$$

还以上述生物工程项目为例，按动态评价方法计算项目的投资回收期，设折现率为 $i_0 = 0.08$，则：

$$NPV = \sum_{t=0}^{n} (CI - CO)_t (1 + i_0)^{-t} = -1000 + 100 \times \frac{1}{(1 + 0.08)^2} + 300 \times \frac{1}{(1 + 0.08)^3} +$$
$$600 \times \frac{1}{(1 + 0.08)^4} + 600 \times \frac{1}{(1 + 0.08)^5} = 173.25 \text{（万元）}$$

显然按净现值法，4 年不能完全收回投资，而 5 年收回投资后还可盈余 173.25 万元。由此可见，动态评价法更为科学。

第五节　生物工程项目经济分析与评价

生物工程项目经济分析可从三方面进行：可行性研究、财务评价和国民经济评价（赵阳等，2009）。

一、可行性研究

(一) 可行性研究的定义

可行性研究是指在投资决策之前，对拟建项目进行全面技术经济分析，包括对与项目有关的自然、社会、经济、技术、环境等方面进行调研，综合论证项目财务的盈利性、经济上的合理性、技术上的先进性和适应性以及建设条件的可能性和可行性，对项目建成后的经济效益、社会效益、环境效益等进行科学预测与评价，从而为投资决策提供科学依据。

可行性研究广泛应用于新建、改建和扩建工程项目，使项目的投资决策建立在科学的基础上，避免投资决策失误。如果不进行充分的可行性研究，使项目错误上马，造成的损失将是十分巨大的。

可行性研究可作为项目评估、银行申请贷款、拟定合同和协议的依据，是项目初步设计的基础，也是采用和研制新技术、新设备的依据。

(二) 可行性研究的内容

可行性研究的内容主要包括：①项目总论，相当于整个项目的摘要，如项目的基本信息、可行性研究结论、主要经济技术指标等；②项目背景和发展概况；③市场分析；④产品方案和建设规模，如产品种类、产量及生产建设规模等；⑤建设条件与厂址选择；⑥工厂技术方案，包括生产工艺流程、主要工艺设备的选择、总平面布置与运输、土建工程和其他工程等；⑦组织结构，项目的各业务职能部门的职能定位与工作职责；⑧环境保护与劳动安全、卫生；⑨项目实施进度安排；⑩项目财务分析，包括投资估算与资金筹措，项目投资回收期、折旧及摊销等，销售收入、成本费用分析，利润及利润分配，资金来源与运用，资产负债估算，盈利能力分析，短期与长期偿债能力分析，财务评价结论；⑪项目风险因素及其对策；⑫结论。

二、盈亏平衡分析

(一) 盈亏平衡分析的概念

项目的经济效益受各种因素的影响，如销售量、成本、产品价格等。这些因素发生变化时，项目方案的经济效益也会产生相应的变化。当这些不确定因素变化达到某一临界值时，就会影响方案的取舍。此时，方案处于特殊的临界状态，即不盈不亏的盈亏平衡状态。

盈亏平衡分析的目的就是通过确定方案的盈亏平衡状态，为决策提供依据。其实质是分析产量、成本和盈利三者的相互关系。当它们之间的关系均是线性时，称为线性盈亏平衡分析；反之称为非线性盈亏平衡分析。

(二) 线性盈亏平衡分析

盈亏平衡可以用产量、销售收入或生产能力利用率等表示。

以实际产品产量或销售量表示的盈亏平衡的含义是：在销售价格 P 不变的条件下，必须至少生产或销售一定数量的产品，才能使收支平衡。此时，项目的销售收入 S 与产品产量或销售量 Q 的关系如下：

$$S = PQ \tag{11-22}$$

而产品的总成本为 $C = V_c Q + C_f$，其中 V_c 为单位产品的可变成本，如外购原材料、外购燃料及动力费用等；C_f 为总固定成本，为与产量变化无关的费用，如工资与福利费、折旧费、技术转让等摊销费、修理费等。当处于盈亏平衡时，销售量 Q_0 为保本产量，应满足：

$$PQ_0 = V_c Q_0 + C_f$$

因此可推导出盈亏平衡时的销售量：

$$Q_0 = \frac{C_f}{P - V_c} \tag{11-23}$$

只有当 $S > C$ 时，该生产方案才处于盈利状态。如图 11-1，总成本 C 与销售收入 S 相交的点，称为盈亏平衡点，此时销售产量为 Q_0，当销售量低于 Q_0 时出现亏损，当销售量高于 Q_0 时获得盈利。盈亏平衡点越低，表示盈利的机会越大。在评价项目或方案选择时，应选择盈亏平衡点较低的一种。

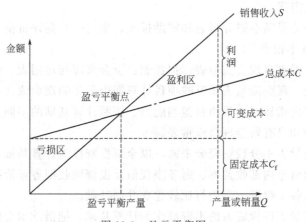

图 11-1　盈亏平衡图

三、生物工程项目的财务性评价

项目的财务评价亦称财务分析，是从企业角度，根据国家现行财税制度和价格体系，分析测算项目的费用和效益，编制财务报表，计算评价指标，考察项目的获利能力、贷款偿还能力及外汇平衡等财务状况，评判财务上的可行性。

财务评价目的主要有：①衡量经营性项目的盈利能力；②制定资金规划的依据；③作为合营项目谈判签约的重要依据；④确定非盈利项目或微利项目的财政补贴、经济优惠措施或其他弥补亏损措施。

(一) 生物工程项目投资估算

投资估算是对项目的建设规模、产品方案、工艺技术及设备、土建、公用工程、安装调试、生产运行、销售等进行研究的基础上，估算项目所需的资金总额，包括建设投资和流动资金，并测算建设期分年资金使用计划。投资估算是编制项目建议书、可行性研究的重要组成部分，是项目决策的重要依据之一。常用估算方法如下。①生产能力指数法，根据已建成的、性质类似的建设项目的投资额和生产能力与拟建项目的生产能力，估算拟建项目的投资额。②比例估算法，有两种，一种以拟建项目的全部设备费为基数进行估算，根据已建成的同类项目的建筑安装费和其他工程费用等占设备价值的百分比，求出相应的建筑安装费及其他工程费等，加上其他费用，总和即项目或装置的投资；另一种以拟建项目的最主要工艺设备费为基数进行估算，根据同类已建成项目的有关统计资料计算出拟建项目的各专业工程占工艺设备投资的百分比，将各部分投资相加求和，再加上其他有关费用，即为项目的总投资。例如，某生物工程设备购置费为 150 万元，根据以往资料，与设备配套的建筑工程、安装工程和其他费用占设备费的百分比分别为 40%、15% 和 15%，则工程建设投资为：150+150×(40%+15%+15%)=255（万元）。③流动资金估算，流动资金为进行正常生产经营，用于购买原辅材料、燃料，支付工资及其他经营费用等周转资金。流动资金可采用分项详细估算法估算，对流动资金构成的各项流动资产和流动负债分别进行估算。在可行性研究中，仅对存货、现金、应收账款和应付账款四项内容进行估算，计算公式为：

$$流动资金 = 流动资产 - 流动负债 \tag{11-24}$$

其中：

$$流动资产 = 应收账款 + 存货 + 现金 \tag{11-25}$$

$$流动负债 = 应付账款 \tag{11-26}$$

(二) 财务评价的内容

项目财务评价是凭借基本财务报表和辅助报表，采用一系列评价指标来具体进行的。

1. 财务评价的基本报表

财务评价的基本报表有现金流量表、损益表、资金来源与运用表、资产负债表。

（1）现金流量表　现金流量表是反映项目计算期内各年的现金流入和现金流出，用以计算各项动态和静态评价指标，分析项目盈利能力。按照计算基础的不同，现金流量表可分为全部投资现金流量表和自有资金现金流量表。

全部投资现金流量表不分投资资金来源，以全部投资作为计算基础，用以计算全部投资所得税前及所得税后财务内部收益率、财务净现值及投资回收期等评价指标，考察项目全部投资的盈利能力，为各个投资方案进行比较建立共同基础。

自有资金现金流量表以投资者的出资额作为计算基础，把借款本金偿还和利益支付作为现金流出，用以计算自有资金财务内部收益率、财务净现值等评价指标，考虑项目自有资金的盈利能力。

（2）损益表　损益表反映项目生产期内各年的利润总额、所得税后利润的分配情况，用以计算投资利润率、投资利税率和资本利润率等指标。

（3）资金来源与运用表　该表反映项目计算期内各年的资金来源、资金运用、盈余和累计盈余资金等，反映资金盈余或短缺情况。用于选择资金筹措方案，制定适宜的借款及偿还计划，为编制资产负债表提供依据。

（4）资产负债表　资产负债表综合反映项目计算期内各年末资产、负债和所有者权益（所有者权益是指企业资产扣除负债后由所有者享有的剩余权益，在股份制企业又称为股东权益）的增减变化及对应关系，以考察项目资产、负债、所有者权益结构是否合理，并计算资产负债率、流动比率（流动资产总额和流动负债总额之比）等，进行清偿能力分析。

2. 财务评价指标

项目的财务评价主要考察项目的盈利能力、清偿能力等财务状况。以下主要列出盈利水平评价指标。

（1）财务内部收益率（FIRR）　财务内部收益率是指项目在整个计算期内各年净现金流量值累计等于零时的折现率，反映项目所占用资金的盈利率，是考察项目取得能力的主要动态评价指标。表达式为：

$$\sum_{t=0}^{n}(CI-CO)_t(1+FIRR)^{-t}=0 \qquad (11\text{-}27)$$

式中，CI 为现金流入量；CO 为现金流出量；$(CI-CO)_t$ 为第 t 年净现金流量；t 为计算期的年份数；n 为计算期。

财务内部收益率与行业的基准收益率或设定的基准折现率（i_C）进行比较，当 $FIRR = i_C$ 时，应认为项目在财务上是可行的。

（2）投资回收期（T）　投资回收期是指以项目的净收益抵偿全部投资（固定资产和流动资金）所需的时间。为考察项目在财务上的投资回收能力的主要静态评价指标。投资回收期一般从计算期第一年算起。其表达式为：

$$T=\sum_{t=0}^{T}(CI-CO)_t=0 \qquad (11\text{-}28)$$

（3）财务净现值（$FNPV$）　财务净现值是按行业的基准收益率或设定的折现率，将项目计算期内各年的净现金流量折现到建设初期的现值之和。该指标是考察项目计算期内盈利能力的动态评价指标。其表达式为：

$$FNPV = \sum_{t=0}^{n}(CI - CO)_t(1 + i_c)^{-t} \tag{11-29}$$

财务净现值可根据财务现金流量表计算求得。财务净现值 $FNPV = 0$ 时，项目可接受。

（4）投资利润率　投资利润率为项目达到设计生产能力后的一个正常生产年份的年利润总额与项目总投资的比率，是考察项目单位投资盈利能力的静态指标。对生产期内各年的利润总额变化幅度较大的项目，应计算生产期年平均利润总额与项目总投资的比率。计算公式为：

$$投资利润率 = \frac{年总利润额或年平均利润总额}{项目总投资} \times 100\% \tag{11-30}$$

$$项目总投资 = 建设投资 + 建设期利息 + 流动资金 \tag{11-31}$$

$$投资利税率 = \frac{年利税总额或年平均利税总额}{项目总投资} \tag{11-32}$$

$$年利税总额 = 年利润总额 + 年销售税金及附加 \tag{11-33}$$

$$资本金利润率 = \frac{年利润总额或年平均利润总额}{资本金} \times 100\% \tag{11-34}$$

投资利税率可根据损益表中的有关数据计算。在财务评价中，将投资利税率与行业投资利税率相比较，以判断是否达到行业平均水平。生物工程项目应根据生物工程行业的平均利税率水平比较。

第六节　基因工程菌生产多聚阳离子抗菌肽经济学分析实例

食品防腐剂在食品的生产、运输和储存过程中对防止食品腐败、保障食品质量具有非常重要的作用。我国目前食品生产中使用的防腐剂绝大多数都是人工合成的，然而长时间的摄入，可能存在潜在的食品安全隐患；另外，滥用非食用物质或超量超范围使用食品防腐剂用于食品防腐的现象还时有发生，引起了严重的食品安全事件。因此，开发天然、安全、高效而价格适中的食品防腐剂是解决我国食品安全的重要举措。

抗菌肽是生物体内经诱导产生的一种具有抗菌活性的小分子多肽，多数具有碱性、带正电荷、抑菌效率高的特点，是构成宿主防御细菌、真菌等入侵的重要分子屏障。目前大多数抗菌肽应用于医药领域，用于食品防腐剂领域的只有乳酸链球菌素和 ε-多聚赖氨酸。乳酸链球菌素存在不耐热的问题，且对 G^- 菌抑菌效果不佳；ε-多聚赖氨酸不能被胃肠道消化，进入肠道可能会抑制肠道中的正常菌群。前者属于两亲型阳离子抗菌肽，而后者属于单一阳离子抗菌肽，由于两者均作用于带负电荷的细菌磷脂双分子层细胞膜结构，因而细菌很难通过改变细胞膜的结构而产生抗性。单一阳离子抗菌肽主要由多聚碱性必需氨基酸赖氨酸和精氨酸以及半必需氨基酸组氨酸组成，其抑菌作用不依赖于空间三维结构，有很强的耐热性；对 G^+ 菌和 G^- 菌都有较好的抑菌作用，具有广谱性。如果合成由碱性氨基酸通过 α-氨基连接而成的多肽，则进入人体消化道后可被胰蛋白酶酶解形成必需与半必需氨基酸，有营养作用。因此，合成由精氨酸、赖氨酸、组氨酸三种碱性氨基酸组成的 α-多聚阳离子抗菌肽用于食品防腐，将具有耐热、高效、广谱、营养、不易形成耐药性、天然和安全的特点。由于大肠杆菌不是食品安全菌，所以采用食品安全菌毕赤酵母表达体系对单一多聚阳离子抗菌肽进行表达。毕赤酵母表达系统作为一种真核表达系统，具有乙醇氧化酶 AOX1 基因启动子，这是目前最强、调控机理最严格的启动子之一，一般外源蛋白基因整合到毕赤酵母染色体上，随染色体复制而复制，不易丢失，所以外源蛋白基因遗传稳定，操作也较为简单，通过人工合成多聚阳离子抗菌肽基因，转化毕赤酵母，表达融合抗菌肽，用于食品生物防腐剂将具有明显的经济和社会效益。

毕赤酵母基因工程菌生产多聚阳离子抗菌肽的生产工艺如图 11-2。

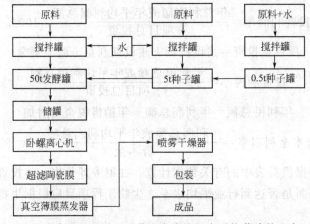

图 11-2　毕赤酵母基因工程菌生产多聚阳离子抗菌肽的生产工艺

项目总发酵罐体积为 300t，发酵周期为 3 天，每年按生产 300 天计，则可生产 300/3＝100 批，装料系数按 0.7 计算，每批可生产 300×0.7＝210t 发酵液。设发酵液中目标产物多聚阳离子抗菌肽的含量达到 0.04％，经过离心去菌体、超滤、浓缩、喷雾干燥后，得到多聚阳离子抗菌肽的粉状物，得率为 90％，将该粉状物再加入填充剂，配制成多聚阳离子抗菌肽含量为 2.5％ 的标准产品，每批发酵液能生产纯多聚阳离子抗菌肽 210×0.04％×90％＝0.0756t，每年纯多聚阳离子抗菌肽产量为 0.0756×100＝7.56t，配制成 2.5％ 的标准产品后可得 18.9/2.5％＝302.4t 产品，参考目前市场的乳酸链球菌素的售价，若售价为 60 万元/t，则总产值为 60×302.4＝18144（万元）。

一、固定资产投资

(一) 设备投资
采用 316L 不锈钢发酵罐

需要 6 个 50t 发酵罐，6 个 5t 发酵罐，6 个 0.5t 发酵罐。

每个 50t 发酵 210 万元，6 个发酵罐为：

$$210×6＝1260（万元）$$

每个 5t 发酵罐 70 万元，6 个发酵罐为：

$$70×6＝420（万元）$$

每个 0.5t 发酵罐 30 万元，6 个发酵罐为：

$$30×6＝180（万元）$$

6 组三级种子罐成本为：

$$1260＋420＋180＝1860（万元）$$

每个发酵配置 2 个补料罐，补料罐成本约为发酵罐的 20％，补料罐成本：

$$1860×20％＝372（万元）$$

空压机按吸气量与发酵罐体积比＝1：1.5 配置，空压机进气量为 75m³/min，30 万元/台

6 台空压机费用：

$$30×6＝180（万元）$$

不锈钢平台 60 万元

卧螺离心机，处理量需 6～8t/h，30 万元/台

陶瓷膜过滤器 1 台，处理量 6t/h，100 万元/台

四效薄膜蒸发器 160 万元

包装机 150 万元

设备总投资＝发酵罐、补料罐投资＋空压机＋不锈钢平台＋卧螺离心机＋陶瓷膜过滤器＋四效薄膜蒸发器＝1860＋372＋30＋180＋60＋30＋100＋160＋600＋150＝3542（万元）

其中，其他设备按已知设备投资的 20％计算，600 万元

(二) 土地与厂房投资

20 亩[1]土地

$$50 万元/亩×20 亩＝1000 万元$$

5000m³ 厂房

$$2500 元/m³×5000＝1250 万元$$

(三) 技术转让费

500 万元

$$固定资产投资＝3542＋1250＋1000＋500＝6292（万元）$$

二、固定成本

(一) 折旧与摊销

设备与厂房按 20 年折旧，残值不计，则每年固定资产折旧为：

$$(3542＋1250)/20≈240（万元/年）$$

土地摊销按 40 年计算为：

$$1000/40≈25（万元/年）$$

引进技术按 10 年寿命周期，每年摊销为：

$$500/10＝50（万元）$$

(二) 人员成本

高级管理人员成本 140 万元：总经理 1 人，年薪 50 万元；副总经理，年薪 30 万元；行政与财务、生产与技术、销售各 1 人，共 3 人，30×3＝90 万元。

中级管理人员成本 70 万元：行政与人事办公室主任 1 人，财务室主任 1 人，生产车间主任 1 人，品控室主任 1 人，年薪 10 万元；研发部主任 1 人，销售部主任 1 人，年薪 15 万元。

部门人员 92 人，平均年薪 5 万元，成本 460 万元。

其中，办公室 6 人（含司机），财务 4 人，研发与质量 10 人。生产 52 人，包括：空压

---

[1] 1 亩＝666.67m²。

机 3 班 6 人；配料 1 班 2 人；发酵罐 3 班 9 人；卧螺离心机 3 班 6 人；超滤 3 班 6 人；多效浓缩设备 3 班 6 人；喷雾干燥 3 班 6 人；包装 2 班 6 人。机修 2 人，采购 1 人，库房 2 人。

销售人员：15 人。

其他 5 人。

人力资源总成本 670 万元

其他固定成本为 50 万元

每年固定成本：

$$C_f = 240 + 25 + 50 + 50 + 670 = 1035 （万元）$$

三、变动成本

(一) 原料成本

每 3 天可生产 1 批共 210t 发酵液，每年可生产 2.1 万吨发酵液。发酵培养基组成为（按每吨发酵液千克含量计）：酵母提取物 10kg/t，胰蛋白胨 20kg/t，其他成分。原料成本为：

酵母提取物：21000t × 10kg/t × 60 元/kg = 12600000 元 = 1260 万元

胰蛋白胨：21000t × 20kg/t × 100 元/kg = 42000000 元 = 4200 万元

填充料：5000 元/t × 250t = 125 万元

其他：2000 万元

总原料成本：1260 + 4200 + 125 + 2000 = 7585 （万元）

(二) 水成本

每年用水量为 25 万吨，水成本 4 元/t × 250000t = 100 万元

(三) 动力成本

电耗：每台空压机功率为 250kW，6 台空压机功率：

$$250kW × 6 = 1500kW$$

每台发酵罐的功率为 75kW，6 台发酵罐功率：

$$75kW × 6 = 450kW$$

每罐生产周期为 3 天，发酵时间为 2.5 天，0.5 天为清洗、装料、灭菌与放罐时间；每年生产 100 批，发酵时间为 250 天，所以空压机工作时间为：

$$250 天 × 24h/天 = 6000h$$

卧螺离心机功率为 55kW

空压机、发酵罐、卧螺离心机电耗为：

$$(1500 + 450 + 50) kW × 6000 = 12000000kW$$

设其他电耗为 3000000kW，则总电耗为 15000000kW，工业电价为 1 元/h，则全厂每年电费为 1500 万元

蒸汽成本：

每年生产 21000t 发酵液。每吨发酵液灭菌需要 0.3t 蒸汽，灭菌需要 6100t 蒸汽；通过多效真空薄膜浓缩和喷雾干燥蒸发 90% 的水分，需蒸发 18900t 水，蒸发每吨水需 0.3t 蒸汽。全厂全年需消耗蒸汽：

$$6100t + 18900t × 0.3t/t = 11770t$$

每吨商业蒸汽售价为 220 元，蒸汽成本为：

$$220 元/t × 11770t = 2589400 元 ≈ 259 万元$$

动力成本为：

$$1500+259=1759（万元）$$

若管理费用为销售费用的 2%，则管理费用为：

$$18144×2\%=362.88（万元）$$

若销售费用为销售额的 7%，则销售费用为：

$$18144×7\%=1270.08（万元）$$

其他变动成本按 1000 万元计，则年项目变动成本（300 天）为：

$$7585+100+1759+362.88+1270.08+1000=12077（万元）$$

每吨项目变动成本：

$$V_c=12077 \text{万元/年} ÷302.4t/\text{年}=39.94 \text{万元}/t$$

四、盈亏平衡分析

盈亏平衡时的销售量：

$$Q_0=\frac{C_f}{P-V_c}=\frac{1035}{60-39.94}=51.59（t）$$

生产能力利用率为：

$$\Phi=\frac{Q_0}{Q_s}=\frac{51.59}{302.4}=17.06\%$$

说明项目的盈利能力很好。

五、利润分析

项目的增值税额＝销项税额－进项税额＝$\frac{18144}{1+17\%}×17\%-\frac{7585+100+1759}{1+17\%}×17\%$

$$=2636.31-1372.21=1264.1（万元）$$

另外还有城市维护建设税 7% 和教育附加费 3%，所以三项税费合计：

$$1264.1+1264.1×7\%+1264.1×3\%=1390.5（万元）$$

年利润总额＝年产品销售额－年销售税金及附加－年总成本费用

$$=18144-1390.5-(1035+12077)=3641.5（万元）$$

年利润率＝$\frac{3641.5}{18144}=20.07\%$

投资利润率＝$\frac{3641.5}{6292}=57.88\%$

思考题：

1. 当前我国生物工程产业有什么特点？为什么要转型升级？

2. 经济效益的概念。

3. 什么是投资？

4. 什么是现金流量？如何画现金流量图？

5. 什么是固定资产折旧？固定资产投资如何计入成本？

6. 什么是成本和费用？成本与费用的区别？

7. 什么是销售收入？什么是税金？生物工程企业经营过程中涉及的税种有哪些？

8. 增值税额如何计税？

9. 请叙述经济评价概念，经济评价有哪些类别？

10. 项目经济评价有哪些方法？

11. 静态投资期如何计算？

12. 可行性研究的内容有哪些？有何意义？

13. 如何进行盈亏平衡分析？

14. 财务评价的基本报表有哪些？各有何作用？

15. 盈利水平的评价指标有哪些？

16. 请假设投资一生物工程项目，进行经济分析。

参 考 文 献

[1] 国家发展和改革委员会高技术产业司，中国生物工程学会．中国生物产业发展报告．北京：化学工业出版社，2011：34-39．

[2] 宋航，付超，杜开峰．化工技术经济．北京：化工业出版社，2008．

[3] 王光华，李红超．化工技术经济学．北京：科学出版社，2007．

[4] 俞俊棠，唐孝宣，邬行彦，李友荣，金青萍．新编生物工艺学（上册）．北京：化学工业出版社，2003：1-29．

[5] 赵阳，齐小琳，孙秀伟．工程经济学．北京：北京理工大学出版社，2009．

[6] 中华人民共和国科学技术部社会发展科技司，中国生物技术发展中心．2010中国生物技术发展报告．北京：科学出版社，2011：1-9．

[7] 中华人民共和国科学技术部社会发展科技司，中国生物技术发展中心．2011中国生物技术发展报告．北京：科学出版社，2012：37-38．

第十二章　生物技术伦理与知识产权

引言

伴随着生物技术的快速发展,人们在享有由此带来的各种益处的同时,在国际社会中也引发了一系列深受人们普遍关注甚至担忧的问题,其中比较重要的就是有关生物和生物技术的安全问题,生物技术的社会伦理问题,以及生物技术的知识产权问题。在这些问题中有的已经在联合国及其所属机构的主持下在世界范围内确立了基本的原则和要求,有的甚至通过国际公约的形式确立了基本的行为准则,但是由于各个国家的情况不同,差异较大,许多问题还需要进一步的研究和规范。本章围绕上述三个重要问题介绍和阐述了相关的国际和我国的相关内容和要求。

知识网络

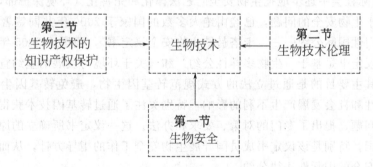

第一节　生物安全

人类是生物圈的组成部分，在现代生物科学中，人们正在利用生物技术改变和影响着自己赖以生存的生物圈，改变和影响着生物圈中的生物和它们的生境，由此可能对人类产生直接或者间接的危害。因此，人们越来越关注生物技术的创新和应用的问题，也越来越重视生物安全的问题，这种观念已经体现在人们的日常生活中。

一、生物安全概述

(一) 生物安全的基本含义

生物安全是一个专业性的术语，其含义有广义和狭义之分。广义的概念是指某一特定的生物对人类、环境和其他生物是否存在危害性，如果存在危害性就称为非安全性生物，如果不存在危害性就称为安全性生物。这类生物可能是自然界中存在的，也可能是人类制造的。

狭义的是指人类通过生物技术获得的生物对于人类、环境和其他生物是否存在危害性，如果存在危害性就称为非安全性生物，如果不存在危害性就称为安全性生物。

当前，有关生物安全的国际公约和各个国家的国内立法中所使用的"生物安全"的概念基本上都是狭义上的概念，而且主要是指经过基因工程获得的生物的安全问题。

(二) 生物安全的国际性公约

20 世纪 80 年代，生物安全的问题开始引起国际社会的关注，1982 年联合国通过的《世界自然宪章》中就开始关注生物安全问题，1986 年联合国经济合作与发展组织发布了《重组 DNA 安全因素》的报告，1991 年联合国粮农组织制定了《影响植物遗传资源保护和利用的植物生物技术守则》，1992 年联合国环境和发展大会通过了《21 世纪议程》和《生物多样性公约》，在国际社会中逐步地把生物安全问题法律化和完善化（环境保护部，2008）。

当前，对于生物安全的问题，已经由绝大多数的国家于 2000 年共同签署了一部具有法律强制性的专门性国际公约——《卡塔赫纳生物安全议定书》，我国于 2005 年正式加入了该议定书。这一议定书是基于《生物多样性公约》和《关于环境与发展的里约宣言》的精神和要求建立的。其主要目的是通过立法的方式规范转基因生物，避免转基因生物对人类、环境、生物多样性和社会发展产生不利的影响，特别关注了通过转基因技术获得的活的生物材料的越境转移问题，提出了专门的对策、要求和办法。这一议定书所确立的原则、方法和要求成为世界各国，特别是该议定书成员国开展生物安全工作的指导方针，从而成为当前最重要的有关生物安全的国际性法律公约。

在世界各国中，美国是世界上最早对生物安全问题进行研究并进行立法的国家，1976年 7 月，美国制定了《重组 DNA 分子研究准则》，这是世界上第一部有关生物技术安全的法律规定。1986 年 6 月，美国又颁布了《生物技术管理协调大纲》。除了美国之外，欧盟是当今世界上另一个有关生物安全立法比较完善的国家（联盟）。美国与欧盟立法上的最大区别在于美国立法中侧重于对转基因生物产品进行管理和规范，而欧盟立法中侧重于对转基因技术的管理和规范（环境保护部，2008）。

(三) 生物安全涉及的主要领域

当前生物安全主要涉及农业（包括林业、畜牧、水产、草原等）、卫生（包括医疗和医药）、食品和环境等领域。涉及的内容主要包括转基因动植物（包含种子、种畜禽、水产苗种等）和微生物；转基因动植物和微生物产品；转基因农产品的直接加工品；含有转基因动植物、微生物或者其产品成分的农药、兽药、肥料、添加剂（包括食品添加剂、饲料添加剂、其他工业产品添加剂）、医药（包括中药和西药）、食品（包括粮食、蔬菜、食用油、瓜果、肉食、水产品等）、生活用品（包括化妆品、洗浴用品等）等（环境保护部，2008）。

(四) 我国对于农业转基因生物安全的规定

我国目前有关生物安全的专门性法律只有一部，即由国务院颁布的《农业转基因生物安全管理条例》，与之配套的是由国家农业部及相关部门颁布实施的部门规章，主要有《农业转基因生物安全评价管理办法》、《农业转基因生物进口安全管理办法》、《农业转基因生物标识管理办法》、《农业转基因生物加工审批办法》、《进出境转基因产品检验检疫管理办法》等规定。我国这些法律规定的最大特点是主要局限于农产品方面，还没有覆盖到整个转基因生物及其产品上。

二、生物安全工作中的基本原则

在世界范围内，国际社会所遵从的基本原则主要体现在《卡塔赫纳生物安全议定书》中，我国是该议定书的成员国，也遵从着这些原则。其主要内容是在承认发展生物技术的重要性的同时，确定了下列的基本原则：生物技术的研究和开发利用不能损害人类的生命健康。不能损害生物多样性、环境以及人类社会的可持续发展。在不同国家之间转移通过转基因技术获得的活性生物材料时，应当事先告知将要经过的国家，而且必须获得该国的书面同意。接到过境或者进口申请的国家应当先对申请所指的活性生物材料的危险性进行评估，然后在合理的期限内做出是否同意过境的决定。对于那些由于受到当前技术水平和评估方式的限制无法确定是否存在直接或者潜在风险的申请，不能得出无风险的结论。收到申请的国家对于是否同意过境或者进口具有自主决定权。对于申请逾期不予答复的，在法律上视为不同意。对于已经同意的决定，当发现存在错误或者依据的情形发生变化时，做出决定的国家可以立即撤销原有的同意决定。提交申请的国家发现做出同意的决定存在错误或者所依据的情形已经发生变化时，也有义务通知做出决定国撤销原有的同意决定。由于生物安全问题造成危害的，责任方要向受害方承担赔偿责任。非法地进行活性生物材料的扩散和过境的是犯罪行为。加强国际的合作，加强成员国之间的信息和资料的沟通与交流。坚强对公众的宣传和对公众的公开，要求公众积极地参与。

由此可见，议定书中所确立的基本原则是比较科学的。

三、我国生物安全工作涉及的主要事项

在我国依据法律规定，目前生物安全工作主要涉及农业转基因生物的安全问题。工作事项主要包括以下内容：进行安全等级评估；获取农业转基因生物安全证书；获取《农业转基因生物加工许可证》；设立转基因生物标示；提供境外的试验材料和证明材料；对危害的处理。

四、我国对生物安全工作的基本要求

凡在我国境内从事农业转基因生物试验、进口、生产、加工活动，或者进行安全等级为Ⅲ和Ⅳ级研究的，都必须事先向农业转基因生物安全管理办公室报告或者提出申请。从事经营活动应当事先取得农业转基因生物安全证书。中外合作、中外合资或者外方独资企业在我国境内从事农业转基因生物研究与试验活动的，应当经过批准。生产经营转基因植物种子、

种畜禽、水产苗种，应当分别取得生产许可证和经营许可证。境外公司向我国出口转基因植物种子、种畜禽、水产苗种和利用农业转基因生物生产的或者含有农业转基因生物成分的植物种子、种畜禽、水产苗种、农药、兽药、肥料和添加剂的，应当先向我国主管部门申请进行试验，通过试验并通过安全评价后可以获得农业转基因生物安全证书，然后才能申请进口。农业转基因生物在我国过境转移的，货主应当事先向我国出入境检验检疫部门提出申请，经批准方可过境转移。进口农业转基因生物不按照规定标识的，重新标识后才可入境。假冒、伪造、转让或者买卖农业转基因生物有关证明文书的，由县级以上农业行政主管部门收缴相应的证明文书，并处 2 万元以上 10 万元以下的罚款；构成犯罪的，依法追究刑事责任。进境供展览用的转基因产品，必须具备主管部门签发的批准文件才能入境，展览期间应当接受检验检疫机构的监管。

第二节　生物技术伦理

一、伦理概述

简单地说，伦理是一种已经被社会广泛认可并且普遍遵从的社会管理制度，它虽然不是以文字和法律的形式公布于众，但是它借助人们的言行来宣告和实施自己的内容，并且通过约束人们的心理活动来控制和规范人们的行为。

伦理和道德的含义比较接近，对于两者的关系，人们没有统一的区分和界定，德国哲学家黑格尔把道德作为伦理的一部分（黑格尔，2013）。

在英语中，伦理一词来自于希腊文的"ethics"，意思是品性、习惯、道德等，它与英语中的"moral"基本同义。

从人类的历史来说，伦理的产生和发展都是必然的，它既是社会成员的需要，也是社会自身的需要。古今中外，"真诚"、"善良"、"友好"、"信誉"、"勤劳"、"仁义"、"道德"、"助人"、"追求幸福和快乐"、"不损害他人"、"公平正义"等，都是伦理追求的基本目标，也是整个人类社会的精神归宿。

在我国历史上，从先秦到汉唐，再到宋明清，提出过多种伦理理念，出现过儒家、道家、墨家、法家等多种流派，诞生了诸如孔子、孟子、荀子、老子、庄子、墨子等诸多大师。当佛教传入我国之后，又增添了佛教的伦理主张。

在国外，古希腊的哲学大师亚里士多德、苏格拉底、柏拉图等人都提出过自己的伦理主张，亚里士多德的《尼各马可伦理学》更是影响深远，它是人类思想史上第一部也是最重要的一部伦理学体系著作（宋希仁，2012）。随后的霍布斯、休谟、康德、黑格尔等哲学大师，又丰富和拓展了伦理的内涵，使得西方国家也先后出现了众多的流派。

总之，伦理不仅是历史悠久的，也是属于全人类的，是人类精神家园中不可缺少的支柱。

二、生物技术与伦理的关系

伦理问题属于社会的道德和精神层面，生物技术属于自然科学领域，两者相距较远，而且在自然科学中，除了生物技术之外还有许多其他科学技术，之所以专门探讨生物技术与伦理的关系问题，主要就在于在当前的社会中有些生物技术的应用已经引起了众多的伦理问题。

在生物技术与伦理的关系中，比较突出的问题发生在医学领域，在这一领域中，主要涉及临床诊断、人体器官移植、疾病预防与控制、人体医学试验、生育控制和人类辅助生殖、临终关怀、死亡鉴定、安乐死、人类的克隆技术、人类胚胎干细胞研究、基因研究、医患关系等内容（王明旭，2010）。

为了增强对生物技术与伦理相互关系的认识，下面列出了两个相关的故事。

故事1　孩子的父亲应该是谁

赵晓敏大学毕业后在一家外企工作，丈夫孙强在当地市政府工作，结婚后两人生活幸福。但是美中不足的是结婚两年以来赵晓敏一直没有怀孕，在婆婆的催促下他们到多家医院进行过检查治疗，结论都是孙强有生育问题，难以治疗和生育。婆婆咨询后得知可以通过人工授精的方式获得怀孕，经过婆婆和亲属们的多次秘密协商，又通过熟人找到一家妇产医院的大夫帮忙，很快就使赵晓敏成功怀孕，十月怀胎后顺利地产下了一个男婴，一家人都十分高兴。但是没过多久，赵晓敏就发现丈夫孙强越来越郁闷，婆婆的热情也明显地锐减，她还听人背后议论说小孩长得很像孙强的二叔。她的心里充满着矛盾，因为她和孙强都不知道这个孩子的父亲到底是谁？又怕知道真的是谁！只是知道绝对不是孙强！

题记——人工辅助生殖技术本身是先进的，但是在有些情况下它不但不能给人们带来幸福，还会把人们推向痛苦的深渊！

故事2　父亲眼前的老鼠药——安乐死

罗兵的父亲被确诊为肝癌时已经是晚期，医生们动手术准备摘除病灶时发现癌细胞已经在身体里广泛地扩散，已经无法清理，只好又缝合上了刀口。在开具了一些药之后，医生动员家属把病人接回家里护理，实际上就是下达了死亡通知书。

在家里，肝癌的疼痛给罗兵的父亲带来了无尽的折磨，最后发展到用药物也难以控制的地步。在忍无可忍的情况下，罗兵的父亲多次提出要求一包老鼠药，但是子女们都不可能去做，看着病痛的父亲，几个子女的心里既流泪又流血！

随着病情的进一步加重，罗兵的父亲已经虚弱到极点，在病痛的一次次折磨中，他也不分昼夜地一次次地用细小沙哑的声音祈求尽早地获得老鼠药，在极度痛苦和矛盾的折磨中，几个子女商量后，为了给父亲精神上一种安慰，他们把一小包父亲熟悉的老鼠药摆在了父亲不远处的方凳上，父亲能够看到，但却拿不到。每当子女们走近他时，他都会无力地祈求递给他那包老鼠药，但是谁也不会去做。每当他们转身离开时，都早已泪流满面！最后，罗兵的父亲就在子女们内心的挣扎和冲击中走完了自己的人生。

题记——死亡是对亲情的折磨！

通过以上两个故事可以看出，当生物技术应用于人体的时候，就不能单纯地只从技术的角度来衡量，还需要考虑它可能产生的社会后果，就需要从社会道德和社会伦理的角度进行综合评价和分析。

三、医学中不同生物技术的伦理问题

(一) 人类辅助生殖技术中的伦理要求

1. 存在的主要伦理问题

生殖技术（procreation technique）是指能够用来代替人类自然生殖方式的一类现代生

物医学技术。最基本的生殖技术有三类：人工授精、体外受精——胚胎移植、无性繁殖（王明旭，2010）。

人工授精技术就是采用人工方式将精液注入女性体内使其怀孕的一种生殖方式，在现实中遇到的主要伦理问题在于精液可能来自于他人，从而出现父子血缘关系、精液的商业化、生育与婚姻分离、未婚女子能否通过人工授精怀孕等问题（王明旭，2010）。

体外受精——胚胎移植技术是指利用人工技术使得卵子和精子在体外结合，并进行培养，然后把胚胎移植到女性子宫内进行自然发育和生殖的技术，俗称试管婴儿。世界上第一例试管婴儿路易斯·布朗于1978年7月26日在英国诞生，我国于1988年3月10日诞生了第一例试管婴儿。现在试管婴儿的成功率在30%左右（王明旭，2010）。其中存在的主要伦理问题在于子女与父母的血缘关系难以保障、代理母亲的问题等。

对于无性繁殖（克隆人）的问题，当前国际社会禁止这种行为。

2. 人类辅助生殖技术中的伦理要求和法律规定

对于生殖技术的伦理问题，国际社会和我国都制定了相应的伦理规则，我国的相关法律规定有《人类辅助生殖技术和人类精子库伦理原则》、《人类辅助生殖技术管理办法》、《人类精子库基本标准和技术规范》等。

基本的原则是：①有利于患者的原则。②让患者事先知情，并且自愿同意的原则。③保护后代的原则。④为患者保密的原则。⑤维护社会公共利益和基本社会道德的原则，包括禁止买卖精子、卵子、配子、合子、胚胎；不让单身的妇女受孕；不实施生殖性克隆技术；同一供者的精子、卵子最多只能使5名妇女受孕；不将其他生物的精子、卵子用于人的生殖；不实施以生育为目的的嵌合体胚胎技术；不实施非医学需要的性别选择；不实施胚胎赠送助孕技术；不实施代孕技术；不对近亲间及任何不符合伦理、道德原则的精子和卵子实施人类辅助生殖技术；精液经过检疫后才使用；不用商业广告的形式募集供精者；不采集、检测、保存和使用未签署知情同意书者的精液；精子库不能提供2人或者2人以上的混合精液；精子库工作人员及其家属不能供精；不能提供未经检验或检验不合格的精液；供精者的原籍必须是中国公民；不能使人类与其他生物的配子杂交；不能在人类体内移植其他生物的配子、合子和胚胎；不能往其他生物体内移植人类的配子、合子和胚胎；不能以生殖为目的对人类的配子、合子和胚胎进行基因操作；不能实施近亲间的精子和卵子结合；在同一治疗周期中，配子和合子都必须来自同一男性和同一女性；不能在患者不知情和不自愿的情况下，将配子、合子和胚胎转送他人或者进行科学研究；不能开展人类嵌合体胚胎试验研究。⑥接受伦理委员会的监督管理的原则。

对于克隆人的问题，目前国际社会和我国的法律中都明确规定禁止克隆人的活动。2005年3月8日通过的《联合国关于人的克隆的宣言》中规定，由于担忧克隆人可能危害人类尊严、人权和个人基本自由方面的伦理问题，也可能对所涉及的人产生医学、身体、心理和社会方面的严重危险，郑重地要求全体会员国禁止违背人类尊严和人的生命安全的一切形式的人的克隆行为；并且要求禁止应用可能违背人类尊严的遗传工程技术。我国法律中也明确规定不得实施克隆人的活动和代孕技术。

(二) 临床诊疗和人体器官移植中的伦理要求

1. 存在的主要伦理问题

"临床"是医护人员直接面对患者的意思。"诊疗"是医护人员对患者进行诊断和治疗的意思。临床诊疗是体现和实施医学伦理的重要环节，主要包含诊断过程的伦理、治疗过程的伦理、检查（检测）过程中的伦理问题，也是医患关系伦理的重要基础。人体器官移植技术也是治疗某些疾病的一种手段和方法，如治疗尿毒症、白血病和肝癌等，就是把他人健康的器官移植到患者身上以置换已经衰竭或者丧失功能的器官，主要涉及心脏、肺脏、肝脏、肾脏或者胰腺等器官的全部或者部分。这一技术从诞生以来就一直处在伦理的争议之中。

比较突出的伦理问题有医源性疾病的问题，利用基因进行研究、诊断和治疗的问题，放弃治疗和撤除治疗的问题，对严重缺陷新生儿的处置问题，对遗传病症状前检查与易感性检查的问题，对脑的物理干预问题，对精神病人进行药物控制的问题，对非自愿的精神病进行收容医治的问题，治疗中的药物滥用问题，利用手术整容的问题，过度医疗的问题等事项（王明旭，2010）。

2. 临床诊疗和人体器官移植中的伦理要求和法律规定

我国《人体器官移植条例》中对人体器官行为规定如下：不得以任何形式买卖人体器官。人体器官的捐献应当遵循自愿、无偿的原则。捐献人对已经表示捐献其人体器官的意愿，有权予以撤销。任何组织或者个人不得强迫、欺骗或者利诱他人捐献人体器官。公民生前表示不同意捐献其人体器官的，任何组织或者个人不得捐献、摘取该公民的人体器官；公民生前未表示不同意捐献其人体器官的，该公民死亡后，其配偶、成年子女、父母可以以书面形式共同表示同意捐献该公民人体器官的意愿。任何组织或者个人不得摘取未满 18 周岁公民的活体器官用于移植。活体器官的接受人只能限于活体器官捐献人的配偶、直系血亲或者三代以内旁系血亲，或者有证据证明与活体器官捐献人存在因帮扶等形成亲情关系的人员。所有的人体器官捐献行为都必须事先经过伦理委员会的批准。摘取尸体器官，应当在依法判定尸体器官捐献人死亡后才能进行。从事人体器官移植的医务人员不得参与捐献人的死亡判定。从事人体器官移植的医疗机构及其医务人员应当尊重死者的尊严；对摘取器官完毕的尸体，应当进行符合伦理原则的医学处理，除用于移植的器官以外，应当恢复尸体原貌。从事人体器官移植的医务人员应当对人体器官捐献人、接受人和申请人体器官移植手术的患者的个人资料保密。

对于基因治疗、手术整容、脑的物理干预、严重缺陷新生儿的处置、放弃治疗和撤除治疗、精神病人的药物控制等问题，从伦理的角度来说，都应当以有利于患者的生命恢复健康为目的，在获得患者或者监护人同意的情况下积极地进行治疗。对于治疗中的药物滥用问题则明确禁止。

（三）人体试验相关技术的伦理要求

在利用人体进行科学实验（试验）的问题上，国际社会确立的基本原则是人的生命健康高于一切科学实验（试验）。

2008 年我国曾经发生过引发国内外普遍关注的"黄金大米"试验事件，这一事件在 2012 年被曝光。2008 年 5 月至 6 月，有三名中国医学系统的官员和研究人员帮助和参与了美国塔夫茨大学在中国湖南衡阳市对 25 名 6 至 8 岁的小学生进行的转基因大米人体试验，在试验中欺骗性地告知被试的小学生，"黄金大米"不仅没有任何害处，还能帮助他们长个子。事发后，三名中方责任人受到处罚，25 名学生家庭获得当地政府 8 万元的赔偿（梁为，2012）。

从医学研究的角度来说，利用人体试验开展一些医学研究是必要的，但是应当符合法律规定和伦理要求。从接受试验的人群特点来分，可以划分为用健康人做实验，用病人做实验和用胎儿及儿童做实验三种类型。

对于利用人体做试验的问题，国际社会一直非常重视，并且专门建立了《世界医学大会赫尔辛基宣言——人体医学研究的伦理准则》，确立的伦理原则是：在医学研究中，保护受试者的生命和健康，维护他们的隐私和尊严是医生的职责。每项试验都必须提交伦理委员会审核批准后才能进行。只有当试验的风险确定并且小于能够获得的受益和科学重要性时才能进行试验，否则就应当立即终止试验。受试者必须是自愿参加并且对研究项目有充分的了解时才能进行。要保护受试者的尊严和隐私。必须始终尊重受试者保护自身的权利，在任何人体研究中都应当向每位受试候选者充分地告知研究的目的、方法、资金来源、可能的利益冲突、研究者所在的研究机构，以及研究的预期受益和潜在的风险，以及可能出现的不适。我国卫生部 2007 年颁布的《涉及人的生物医学研究伦理审查办法（试行）》中也做了类似的规定。

(四) 安乐死中的伦理问题

安乐死中的伦理问题主要涉及是否允许实施安乐死，任何科学地设立脑死亡的标准，以及如何确立对病人的临终关怀等事项，其中争议比较大的问题是应否允许实施安乐死的问题。

目前，包括我国在内的绝大多数国家在法律中都没有允许实施安乐死。在我国，按照现行的法律规定，实施安乐死甚至还属于故意伤害他人生命健康的犯罪行为，是要受到法律惩治的违法行为。当前世界上只有荷兰、比利时等少数国家在自己的法律中规定允许实施安乐死。

(五) 亲子鉴定技术中的伦理要求

目前我国还没有对亲子鉴定行为进行专门的立法，对于亲子鉴定行为的法律性质只是在相关的司法批复意见中有所涉及。当前，通过 DNA 检测技术进行亲子鉴定，对于这一科学技术本身和鉴定结果人们都已经普遍地接受，但是由此引发的社会伦理问题却难以得到合理的解决。从保护人的基本尊严、基本权利和基本自由的角度出发，应当对亲子鉴定这一行为进行科学规范，应当尊重作为子女父母的男女双方的意见，当子女成长到一定年龄后还应征求子女本人的意见。应当尊重父母和子女的基本人权和人格尊严，充分保护他们的隐私和相关信息。国家应当尽快对这一问题进行立法以进行科学的规范。

(六) 医学中的其他伦理问题

除了上述讨论的问题以外，还有个人基因信息的保密问题，以及在基因检测、基因治疗、基因生殖、基因克隆、基因生态等方面的伦理问题（胡庆澧，2009）；医患关系之间的伦理问题；动物利用与研究中的伦理问题；疫病预防和控制中的伦理问题；遗传和优生的伦理问题等。在这些问题中都应当坚持患者的利益至上，人的生命健康至上，人的基本人权和基本尊严至上，社会公共利益至上的基本原则。应当围绕医学中的主要伦理问题完善我国的法制建设。

四、生物技术应当承担的伦理义务

(一) 国际社会对生物技术伦理义务的法律规范

随着生物技术对社会发展和人们生命健康的影响日益加深，生物技术所涉及的社会伦理问题也日益突出，为此，在世界各国的呼吁和推动下，联合国及其所属机构围绕生物技术的伦理问题先后颁布实施了一系列的倡议、宣言和具有法律约束力的公约等法律文件，在世界范围内统一各国的思想和原则，协调各国的立法和行动。

在这些国际性的文件中，比较突出的是建立了专门的《世界生物伦理与人权宣言》。

(二) 国际社会关于生物技术伦理确立的基本原则

概括起来，对于生物技术伦理问题国际社会确立的基本原则集中体现在 2005 年 10 月 19 日在联合国教科文组织大会第 35 次会议上通过的《世界生物伦理与人权宣言》中，包括下列内容。

1. 尊重人的尊严、人权和基本自由的原则

(1) 人的尊严、人权和基本自由应当受到优先保护。

(2) 人的生命健康高于单纯的科学利益或社会利益。

(3) 在人格尊严和人权面前，人人平等。无论所处的国家、民族、文化、历史、经济条件等各方面存在多大的差异，任何人都应当获得公正和公平的对待。

(4) 任何国家、任何群体、任何个人都不得以任何理由侵犯他人的尊严、人权和基本自由，不得歧视和诋毁他人或群体。

(5) 应当尊重和保护当事人的隐私以及他们个人的信息。应当尽最大可能地只是出于收集或同意提供该信息的初始目的而使用这类信息，不能为了其他目的而使用或披露这类信息。

2. 知情同意和自主决定的原则

(1) 只有在当事人事先获得了充分、易懂、完整、准确的信息，并被告知有权随时自主地决定收回已经做出的"同意"意见后，当事人出于自己的自愿，在其明确地表示同意后，才能对其实施任何预防性、诊断性、治疗性的医学措施和医学研究。

特别是对于自己做出的"同意"决定，当事人可以在任何时候、以任何理由撤销这一决定，这一撤销权由当事人享有，对于当事人的这种行为，不能让当事人承担任何不利的后果和损害。

(2) 如果是以某个群体或某个社区为对象的研究，则需要由该社区或者群体中的全体个人同意。

3. 当事人受益和利益共享的原则

(1) 在应用和推进医学生物技术时应当尽可能地使当事人直接或者间接地从中受益，并且最大限度地减少可能给他们带来的损害。

(2) 这种利益还应当与全社会和在国际社会内共享，特别是要与发展中国家共享。

4. 保护后代的原则

应当充分重视生命科学技术对后代的影响，包括对他们遗传基因的影响。

5. 保护环境、生物圈和生物多样性的原则

(1) 对生物技术的应用应当考虑和重视人类与其他生命类型生物之间的相互关系，重视和保护生物圈。

(2) 应当重视合理地获得和利用，以及有效地保护生物及遗传资源，重视传统知识，保护生物的多样性。

(3) 应当重视和保护人类的环境。

6. 设立伦理委员会并进行伦理评估的原则

(1) 应当设立国家、各级政府和各个专业领域的伦理委员会，伦理委员会自身应当独立，包含多学科和多专业。

(2) 伦理委员会要对涉及人的研究项目进行伦理、法律、科学及社会问题的评估；对医

疗方面的伦理问题提出评估意见；评估科学技术的发展状况等。未经伦理委员会评估同意，有关人体的试验和研究，以及特殊的医疗活动都不能进行。

7. 进行风险评估和处理的原则

应当对医学、生命科学及其相关技术可能产生的风险进行必要和充分的评估，并做出合理的处理方案。

8. 国家应当承担重要责任的原则

（1）促进民众的身体健康和整个社会的健康发展是各国政府基本的社会职责。

（2）健康权是人的一项最基本的人权，政府发展科学技术应当有助于提供高质量的医疗技术和高质量的药品，有助于提供充分的营养和食物，有助于改善生活条件和环境，有助于消除对人的生命健康的忽视和排斥，有助于减少贫困，有助于降低文盲率。

（3）政府应当在决策中积极倡导专业化、诚实敬业的精神、公平公正的原则和决策的透明度。应当尽一切可能充分利用现有的科学技术和知识来对生物伦理问题加以审查和监督管理，并且公开所有的利益冲突问题接受社会的监督。

（4）政府应当积极地围绕生物技术伦理工作展开宣传，组织培训，设立伦理委员会，颁布法律，传播知识和组织国家合作与交流。

（5）政府应当在国家和国际层面采取必要的措施与生物恐怖主义以及非法贩卖人体器官、组织和标本、遗传资源和与基因等相关材料的犯罪行为作斗争。

（6）在生物技术的利用方面，政府应当帮助和促进个人、家庭、群体以及社区之间的团结互助，尤其应当重视和帮助那些因为疾病、残疾，或因为其他个人、社会或环境的原因所导致的脆弱群体以及资源极其有限的群体，使他们能够从中受益。

以上就是国际社会确立的应当受到普遍遵守的有关生物科学技术伦理的一般原则。

第三节　生物技术的知识产权保护

一、知识产权基本概述

(一) 知识产权是一类法律规定的权利

知识产权是一种法律概念，它的英文是"intellectual property rights"，它是法律上设定的一种权利。当前，知识产权是七大类法定权利的综合称谓，人们熟悉的专利权、商标权和著作权是其中比较重要的三类权利，除此之外，还有植物新品种权、集成电路布图设计专有权、地理标志和反不正当竞争四大类。

(二) 知识产权与人们密切相关

知识产权与人们的工作和生活密切相关，特别是其中的著作权，可以说，每位上过学的人都有自己的著作权，而且不止一项。只要自己写过作文，不论老师对这一作文的评价如何，在法律上它都是作品，作者基于它都可以获得一项著作权。因此，每位大学生实际上都拥有着许多项著作权，而且每一项著作权都受法律的保护。

(三) 知识产权法是一系列法律的总称

当前，在世界范围内，凡是 WTO 成员都必须在自己的国家通过立法保护知识产权，这是 WTO 组织对各个成员的强制性规定。在 WTO 规则中专门设立了《与贸易相关的知识产权协议》（简称 Trips 协议），其中明确规定了世界各国保护知识产权的基本类别、基本方式、基本条件和保护的最低标准，从而使得世界范围内的知识产权保护具有了基本一致性。

Trips协议中规定的知识产权共有七大类，分别是著作权、专利权、商标权、植物新品种权、集成电路布图设计专有权、地理标志和反不正当竞争（包括商业秘密）。

其中，著作权保护的是作品；专利权保护的是技术方案和外观设计；商标权保护的是商标；植物新品种权保护的是植物新品种；集成电路布图设计专有权保护的是集成电路布图设计；地理标志保护的是地理标志产品；反不正当竞争保护的是商业经营活动中的合理经营行为以及商业秘密。近年来，国际社会又把非物质文化遗产、传统知识和遗传资源的保护也列入到了知识产权保护的范畴。

我国当前按照Trips协议的规定已经对上述七类知识产权都专门进行了立法，已经初步建立起了一个相对完整的法律体系。当人们谈到知识产权法时，是指上述七类法律的总称，并没有一部单独的法律叫知识产权法。

在我国，获取著作权和商业秘密不需要办理任何手续；获取专利权、商标权、植物新品种权需要经过申请和审查核准（批准）；获取集成电路布图设计专有权和地理标志产品需要办理申请和审查登记。获得植物新品种权和专利权中的发明专利技术要求都比较高，难度相对较大。

二、生物技术所涉及的知识产权

(一) 生物技术领域中的著作权

1. 著作权是生物技术人员最普遍享有的权利

（1）著作权是基于作品诞生的权利。

在我国，创作完成了作品之后，只要作品的内容不违背法律的规定，作者就能自动地获得著作权。

（2）生物技术人员的许多脑力劳动成果都是作品。

作品是由人们创作产生的包含一定信息的脑力劳动成果。在生物技术人员的工作、学习和生活中，所有的实验（试验）方案、实验（试验）报告、实验（试验）总结、学术论文，以及有关生物技术研究、开发和利用的汇总、报告、书籍等材料都是作品。除此之外，个人在生活中写的书信、微博、日记等也都是作品。

因此对于从事生物技术学习、研究和开发利用的人们来说，每个人都曾经和正在创作着各类作品。

（3）能否产生著作权与作品的学术价值和经济价值无关。

值得说明的是，在一件作品上能否产生著作权与该作品的学术价值、学术水平或者文学艺术价值的高低，以及学术观点的正误都没有关系，只要已经包含了一定的明确的含义就是作品，只要其内容不违法、不是抄袭他人的作品内容就能获得著作权。

2. 版权登记证书只是一种证明材料

著作权在作品创作完成之日时诞生。按照我国法律规定，作者可以自愿地到版权保护部门去办理版权登记手续，但是这与是否能够享有著作权无关，版权登记证书只是表明享有某一著作权的证明文件。

3. 每项著作权中包含着多项具体的权利（也称为权能）

我国法律规定，每项著作权中包含着多项具体的权利，其中有人身性的权利（也称为精神权利）和财产性的权利。人身权都不能转让，只能归属于作者享有。财产性权利主要有复制权、发行权、信息网络传播权、翻译权、汇编权等权利，每一项财产性权利都可以单独转让，全部财产性权利也可以整体转让，也都有具体的保护期限，超过法定的保护期限就不再受到保护，其他人就可以行使这些权利。我国法律规定，著作权属于个人的，保护期限是作者终生加死亡后 50 年；著作权归单位的保护期限是 50 年。

4. 职务作品和个人作品

我国法律规定，个人创作完成的作品属于个人作品，其著作权归个人所有。利用单位的物质技术条件和资料，作为完成单位的工作任务创作完成的作品属于职务作品，著作权属于单位，但是作者享有署名权。

(二) 生物技术领域中的专利权

1. 专利的基本类型

我国的专利分为三类：分别是发明专利、实用新型专利和外观设计专利。发明专利又分为产品发明和方法发明。生物技术申请的主要是发明专利，一些与生物技术相关的实验工具能够申请实用新型专利和外观设计专利。

2. 申请专利权的基本条件

(1) 基本的三性要求　在我国，申请专利的条件有两类：一类是申请发明专利和实用新型专利的条件，需要同时满足新颖性、创造性和实用性的三性要求；另一类是申请外观设计专利的条件，没有三性要求，只要求新颖性和与现有设计的区别性。

新颖性是指申请的技术方案应当是新的，这种"新"包含着两层含义，以申请日为界线，一是要求该技术方案在申请日之前在世界范围内不为人们能够从公开的渠道获知；二是指在申请日之前该技术方案没有被他人提交到国家专利局并且在申请日之后被国家专利局进行过公开。

创造性是指与现有技术相比，该发明具有突出的实质性特点和显著的进步，该实用新型具有实质性特点和进步。实用性是指该发明或者实用新型能够制造或者使用，并且能够产生积极效果。现有技术是指申请日以前在国内外为公众所知的技术。

对于外观设计的申请，则要求应当具有新颖性，不能属于现有设计，而且与现有设计或者现有设计特征的组合相比，应当具有明显区别，还不得与他人在申请日以前已经取得的合法权利相冲突。现有设计是指申请日以前在国内外为公众所知的设计。

(2) 发明专利和实用新型专利都是技术方案　发明专利既可以保护产品又能保护方法，申请时可以分别单独地申请产品专利或者方法专利；如果产品和方法相关联，也可以同时申请产品和方法专利。实用新型专利只能保护产品，不能保护方法，而且这种产品只能是有形状的产品；发明专利中的产品除了有形状的产品之外，还包括无形状的产品，两类产品的范围不同。外观设计专利只能保护外观设计。

技术方案是指对要解决的技术问题所采取的技术手段的集合。一个技术方案中可能只有一项技术，也可能包含着多项相关的技术。技术手段通常是由技术特征来体现的。发明专利中的方法包括产品的制造方法、使用方法、通讯方法、处理方法、计算机程序以及将产品用于特定用途等。

就方法专利和产品专利的保护效果来说，产品专利对于专利权人的保护力度更大，因为方法专利不能限制他人利用其他的方法制造该产品。

3. 不能获得专利权的事项

(1) 不能获得专利权的一般事项　我国法律规定，下列事项不能获得专利权：①违反法律、社会公德或者妨害公共利益的发明创造；②违反法律、行政法规的规定获取或者利用遗传资源，并依赖该遗传资源完成的发明创造；③科学发现；④智力活动的规则和方法；⑤疾病的诊断和治疗方法；⑥动物和植物品种，但是新品种的生产方法，可以授予专利权；⑦用原子核变换方法获得的物质；⑧对平面印刷品的图案、色彩或者二者的结合做出的主要起标识作用的设计。

（2）不能获得专利权的生物事项　我国法律规定下列事物也不能获得专利权：人类胚胎干细胞及其制备方法；处于各个形成和发育阶段的人体，包括人的生殖细胞、受精卵、胚胎及个体；动物的胚胎干细胞、动物个体及其各个形成和发育阶段，例如生殖细胞、受精卵、胚胎等；植物的单个植株及其繁殖材料（如种子等）；转基因动物或植物是通过基因工程的重组 DNA 技术等生物学方法得到的动物或植物等。

4. 能够获得专利权的生物事项

我国法律规定，下列生物技术领域中的技术和事物都能申请专利：经过人工获得的，并且具有特定的工业用途的各类微生物，包括细菌、放线菌、真菌、病毒、原生动物、藻类等；以及从微生物、植物、动物或人体分离获得的，或者通过其他手段制备得到的基因或是 DNA 片段；特别是，首次从自然界分离或提取出来的基因或 DNA 片段，其碱基序列是未曾发现的，则该基因或 DNA 片段本身及其得到方法均可给予申请专利；植物的细胞、组织和器官等也都可申请专利。

对于生物技术及其产品的专利申请，按照法律规定还应当把经过检疫的活的生物材料提交到国家知识产权局指定的保存单位进行保藏，并由他们出具相关的证明文件。

5. 我国专利权的基本权利内容

我国法律规定，发明和实用新型专利权人，有权禁止任何单位或者个人未经其许可为了生产经营的目的而制造、使用、许诺销售、销售、进口其专利产品，或者使用其专利方法以及使用、许诺销售、销售、进口依照该专利方法直接获得的产品。

外观设计专利权人有权禁止任何单位或者个人擅自为了生产经营的目的而制造、许诺销售、销售、进口其外观设计专利产品。

值得注意的是，专利权与产品的质量无关，一件专利产品的质量是否合格并不影响该专利权的有效性。

（三）生物技术领域中的商标权

商标权是与生物技术经营活动相关的一类权利。

1. 商标的基本含义

在法律中商标等于商标的标示加上被核准使用的具体的商品或者服务，是两者结合的统一体。

申请注册商标时需要明确地指定即将使用的具体商品或者服务，商标注册成功后也只能在被核准注册的商品或者服务上使用该商标，如果想要在其他商品或者服务上使用该商标，则必须提交新的商标申请，需要申请获得另一个注册商标。虽然两个商标的标示相同，但是却是两个注册商标。

2. 我国商标的基本类别

我国商标法规定，商标包括注册商标和非注册商标两大类。注册商标又包括商品商标、服务商标、集体商标、证明商标四种。在注册商标和非注册商标之上，法律设立了驰名商标。注册商标和非注册商标都可以申请被认定为驰名商标。

3. 商标权对生物技术是间接性的保护

商标的基本功能是在市场上区别同类产品或者服务的不同来源，帮助消费者选择和确认不同生产者的产品和服务，同时具有体现产品和服务的质量的功能。

显然，只有当生物技术及其产品和服务进入了市场以后，商标才能对这种已经商业化的产品和服务提供标示及保护，因此，对于生物技术来说这是一种间接性的保护措施。

(四) 生物技术领域中的植物新品种权

在植物新品种的研究和培育过程中使用着许多生物技术和生物材料，对植物新品种的保护在一定程度上就是对相关生物技术的保护。

1. 获得植物新品种权的六项申请条件

植物新品种权保护的是植物新品种，植物新品种是指经过人工培育的或者对发现的野生植物加以开发以后，具备新颖性、特异性、一致性和稳定性并有适当命名的植物品种。当一个植物品种同时满足了上述六项条件时，在我国才能够获得品种权。

2. 品种权的归属和保护期限

在我国自授权之日起，品种权的保护期限，藤本植物、林木、果树和观赏树木为20年，其他植物为15年。

(五) 生物技术是部分地理标志产品的技术基础

1. 地理标志产品的含义

地理标志产品是指产自特定的地域，产品所具有的质量、声誉或者其他特性本质上取决于该产地的自然因素和人文因素的产品。

目前，除了国家质量监督检验局负责审批和管理全国的地理标志之外，国家农业部也在审核登记农产品地理标志，并且颁布了统一的农业产品地理标志图案。在我国已经获得的地理标志还可以申请集体商标或者证明商标。国家工商行政管理总局也为地理标志颁布了统一的标示图案。

2. 利用生物技术可以培育出地理标志产品

地理标志产品主要是应用于农业中的动物、植物和微生物产品，在这些产品的新品种培育和加工生产中都需要应用生物技术，通过对这些地理标志产品的保护能够间接地保护这些生物技术。

(六) 商业秘密中包含着生物技术信息

我国《反不正当竞争法》中包含着对商业秘密的规定，商业秘密是指不为公众所知悉、能为权利人带来经济利益、具有实用性并经权利人采取保密措施的技术信息和经营信息。

在社会现实中，许多生物技术都是被作为商业秘密加以保护和进行利用的。

三、侵犯知识产权的基本方式和保护途径

(一) 侵犯知识产权的基本方式和法律责任

1. 侵权的基本方式主要有以下两种

(1) 未经权利人的许可擅自使用受保护的权利客体，这种使用包括不加改变的使用和擅自进行修改后再使用，这是侵犯知识产权的主要方式。

(2) 假冒他人的知识产权。

2. 侵犯知识产权的法律责任

在我国侵犯他人知识产权的，应当分别承担民事责任、行政责任和刑事责任。我国《刑

法》中规定了侵犯著作权、专利权、商标权和商业秘密的犯罪罪名和刑罚条款。

(二) 知识产权保护的基本途径和管理行政部门

1. 保护的基本途径

发生侵权行为后，可以通过四种途径进行救济：一是权利人自己进行救济；二是通过他人调解进行救济；三是通过行政机关进行救济；四是通过法院或者仲裁机关进行救济。

在上述四种途径中，受害人采用最多的途径就是利用法院进行侵权诉讼，其次是向行政机关进行投诉。利用其他三种方式实现维权的可能性较小，效果也不明显，甚至还可能进一步扩大受害人的损失。

2. 当前我国保护和管理知识产权的主要行政部门

当前我国保护知识产权的行政机关分别是：版权管理部门保护著作权，知识产权（专利）管理部门保护专利权和集成电路布图设计专有权；工商管理部门保护商标权、地理专有标志和商业秘密；农业部门和林业部门保护植物新品种权；质量检验检疫部门、农业部门、工商部门保护地理标志。

另外，我国海关负责对著作权、专利权和商标权的进出口保护。对于侵犯知识产权程度严重涉嫌构成犯罪的，受害人还可以向案发地的公安机关报案，要求追究侵权人的刑事责任。

四、知识产权的国际化保护

当前，在国际贸易和科学文化交流中，知识产权已经成为十分重要的内容，知识产权保护也已经成为国际社会非常关注的问题。在知识产权的国际保护中，除了大量的知识产权国际公约以外，以美国和欧盟为代表的国内（区域）知识产权保护法律也正在发挥着重要的作用，对世界各国的经济贸易和立法理念都起着重要的导向和示范作用。随着科学技术在人类社会经济和文化发展中的作用日益增强，各类知识产权侵权和纠纷案件还可能大量地增加，全球范围内的知识产权保护力度也会随之加强。这一切都要求我国在知识产权保护工作中必须关注国际社会的发展变化，并进一步加强国际性的合作。

当然就某一具体的知识产权案件来说，可以根据相关国际公约的规定，以及双方当事人的约定，或者依据侵权人所在国、侵权行为发生地、侵权结果发生地，或者受害人所在国的国内法律的规定进行处理。

思考题：

---

1. 什么是生物安全？生物安全主要涉及哪些领域？
2. 我国的生物安全工作涉及的主要工作事项有哪些？
3. 人类辅助生殖技术中的伦理要求是什么？
4. 人体器官移植中的伦理要求是什么？
5. 知识产权包括哪几类权利？
6. 哪些生物技术和材料能够在我国申请专利？

参 考 文 献

[1] 陈仁彪，张春美. 基因伦理学. 上海：上海科学技术出版社，2009：8-12.
[2] （中国）环境保护部. 中国转基因生物安全性研究与风险评估. 北京：中国环境科学出版社，2008：145-171.

［3］ 梁为，郭丽萍. 衡阳黄金大米事件始末：25名学生每人获赔8万.

［4］ http://money.163.com/12/1213/06/8IJ8A2JE00252G50_2.html [2012-12-13/2014-05-28].

［5］ 宋希仁. 西方伦理思想史. 北京：中国人民大学出版社，2012；47.

［6］ 王明旭. 医学伦理学. 北京：人民卫生出版社，2010；31-32，103-106，190-196.

［7］ ［德］黑格尔著. 法哲学原理. 范扬，张企泰译. 北京：商务印书馆，2013；160-170.